高等学校教材

飞机钣金成形原理与工艺

（第2版）

主　编　李西宁　常正平　翟平

西北工业大学出版社

西安

【内容简介】 本书是在《飞机钣金成形原理与工艺》(第1版)的基础上修订而成的。除绪言外,本书共分为8章。第1,2章为金属塑性变形的物理和力学基础。第3~5章为冲裁、弯曲、拉深等主要冲压方法。第6章为飞机钣金零件成形。第7章为旋压成形。第8章为特种成形。

本书可作为高等学校飞行器制造工程专业的教材,也可供压力加工专业师生和从事冲压加工的工程技术人员参考。

图书在版编目(CIP)数据

飞机钣金成形原理与工艺/李西宁,常正平,翟平主编. —2版. —西安:西北工业大学出版社,2021.7(2025.1重印)
　ISBN 978 - 7 - 5612 - 7787 - 4

　Ⅰ.①飞…　Ⅱ.①李…　②常…　③翟…　Ⅲ.①飞机-钣金工　Ⅳ.①V261.2

中国版本图书馆 CIP 数据核字(2021)第 132595 号

FEIJI BANJIN CHENGXING YUANLI YU GONGYI

飞 机 钣 金 成 形 原 理 与 工 艺

责任编辑:胡莉巾		**策划编辑:**杨　军	
责任校对:王梦妮　吕颐佳		**装帧设计:**李　飞	

出版发行: 西北工业大学出版社
通信地址: 西安市友谊西路 127 号　　　邮编:710072
电　　话: (029)88491757,88493844
网　　址: www.nwpup.com
印 刷 者: 兴平市博闻印务有限公司
开　　本: 787 mm×1 092 mm　　　1/16
印　　张: 17
字　　数: 446 千字
版　　次: 1995 年 11 月第 1 版　2021 年 7 月第 2 版　2025 年 1 月第 2 次印刷
定　　价: 59.00 元

第 2 版前言

自《飞机钣金成形原理与工艺》(第 1 版)1995 年 11 月出版以来,受到相关院校师生好评,它是国内航空院校飞行器制造工程专业的教材及重要参考书,对于本科生的培养发挥了重要作用。

随着钣金成形理论与技术的不断发展,为了更好地适应广大读者的需要,笔者在多年教学实践的基础上,对第 1 版教材内容进行了补充和修订,具体如下:

对绪言部分进行完善;重构旋压成形章节;在特种成形部分增加激光切割技术、渐进成形等内容。另外,按照最新材料牌号国家标准,对材料牌号对照表进行更新;对课后习题进行重新编写。

通过修订,使第 2 版内容更为充实、完善,希望可以为飞机钣金成形技术的学习和研究提供帮助。

在本书修订的过程中,得到了西北工业大学王仲奇教授和赵阳博士的支持和帮助,在此表示衷心的感谢。

编写本书曾参阅了相关文献资料,在此向其作者深表谢意。

由于水平有限,书中难免存在不足之处,请广大读者批评指正。

编 者
2020 年 12 月

第 1 版前言

本书是供飞行器制造专业使用的专业教材,是在李寿萱主编的《钣金成形原理与工艺》一书基础上、按照新的教学大纲重新编写的。全书包含了金属塑性变形基础和板材成形工艺两大部分。

飞机钣金零件成形与一般冲压加工相比,两者理论基础相同,皆用到金属材料学和弹塑性变形力学。但前者多采用有色金属,对制件的技术要求普遍较高。此外,与冲压加工适于大批量生产不同,飞机钣金零件品种繁多,每一品种的产量却较少,给工艺方法、成形设备以及生产管理等方面带来很多特点,并非一般冲压加工所能替代。

由于受课程学时所限,本书只包含了基本理论和基本工艺方法等内容,一些人们感兴趣的问题,如新型航空航天材料的成形方法、成形过程的计算机模拟、模具的 CAD/CAM 技术、成形设备的数控化等,本书未曾述及,有兴趣者可在掌握本书内容的基础上学习相关课程,或阅读有关文献。

本书由西北工业大学翟平教授任主编,南京航空航天大学林兆荣教授任副主编,参加编写的人员有:翟平(绪言、第 1、2 章),张中元(第 3 章),林兆荣(第 4、8 章),王俊彪(第 5、7 章),吴建军(第 6 章)。

张钧教授对全书进行了认真、细致的审阅,提出了很多宝贵意见,在此表示感谢。

由于受编者水平和经验所限,难免有错误和不当之处,请同行专家和读者批评指正。

编　者
1995 年 6 月

目　　录

绪　言

§0-1　钣金的基本概念和本课程的任务

一、钣金

钣金就是金属板材(型材、管材等)。钣金成形工艺为"画线—下料—成形—热处理—校修—表面保护"。制作钣金件的第 2 道工序是下料,下料前需在原始板料毛坯上画线,画线就是把制件展开图准确地画在原始板料上。

二、展开图

把制件表面的真实形状和大小依次画在一个平面上的图形称为展开图。画展开图的步骤为:①按 1∶1 的比例画出制件的全部或部分投影图;②按投影图画出展开图。

三、本课程的任务

本课程以塑性力学为基础,主要阐述冲裁、弯曲、拉深、旋压和特种成形等常用钣金成形原理和工艺,并介绍飞机钣金零件的成形工艺和先进成形技术。

§0-2　钣金的成形与模具

钣金成形是在室温下利用压力机通过模具对材料进行分离或塑性变形的过程。钣金成形也称为冲压加工。钣金成形的加工对象主要是金属板材(包括管材、型材等),加工依据是板材冲压成形性能(主要是塑性),加工设备主要是压力机,加工工艺装备是模具。

钣金成形的三要素是合理的成形工艺、先进的模具和高效的冲压设备。

在钣金成形中,将材料加工成零件(或半成品)的一种特殊工艺装备,称为模具(俗称冲模)。冲模是钣金成形必不可少的特殊工艺装备。冲模没有通用性。冲模与钣金件有"一模一样"的关系,它决定着产品的质量、效益和新产品的开发能力。冲模的功能和作用、冲模设计与制造方法和手段,决定了冲模是技术密集、高附加值型产品。

一、钣金成形的加工特点

钣金成形是制造业中最常用的一种材料成形加工方法。钣金成形的加工特点是:低耗、高效、低成本、"一模一样"、质量稳定和高一致性。钣金成形可加工薄壁、复杂零件,要求板材有良好的冲压成形性能,模具成本高。所以,钣金成形适宜批量生产。

二、钣金成形工序的分类

根据材料的变形特点,钣金成形工序可分为分离工序和成形工序。分离工序是指冲压成形时,变形材料内部的应力超过强度极限 σ_b,使材料发生断裂而产生分离,从而成形零件。分离工序主要有剪裁和冲裁等。成形工序是指冲压成形时,变形材料内部应力超过屈服极限 σ_s,但未达到强度极限 σ_b,使材料产生塑性变形,从而成形零件。成形工序主要有弯曲、拉深和翻边等。

三、冲模

根据工艺性质,冲模可分为冲裁模、弯曲模、拉深模和成形模等;根据工序组合程度,冲模可分为单工序模、复合模和连续模(级进模)。

冲模通常由上、下模两部分构成。组成模具的零件主要有两类:一类是工艺零件,即直接参与工艺过程的完成,并和坯料有直接接触,包括工作零件、定位零件、卸料与压料零件等;另一类是结构零件,即不直接参与、完成工艺过程,也不和坯料有直接接触,只对模具完成工艺过程起保证作用,或对模具功能起完善作用,包括导向零件、紧固零件、标准件及其他零件等。

模具设计与制造包括工艺设计、模具设计与模具制造三大基本工作。工艺设计是冲模设计的基础和依据。模具设计的目的是保证实现成形工艺。模具制造则是模具设计过程的延续,目的是使设计图样,通过原材料的加工和装配,转变为具有使用功能和使用价值的模具实体。

模具设计与制造必须有系统观点,必须考虑企业实际情况和产品生产批量,在保证产品质量的前提下,寻求最佳的技术经济性。

四、钣金成形技术现状与发展方向

1.我国钣金成形技术现状

我国钣金成形技术较为落后、经济效益低。其主要原因有以下4点:①基础理论与成形工艺落后;②模具标准化程度低;③模具设计方法和手段、模具制造工艺及设备落后;④模具专业化水平低。所以,我国的模具在寿命、效率、加工精度、生产周期等方面与先进工业发达国家的模具相比差距很大。

2.钣金成形技术的发展方向

钣金成形技术的发展方向是产品市场变化:多品种、少批量、更新换代速度快。技术发展方向:计算机技术、制造新技术。模具设计与制造技术正由手工设计、依靠人工经验和常规机械加工技术向以计算机辅助设计(CAD)、数控切削加工、数控电加工为核心的计算机辅助设计与制造(CAD/CAM)技术转变,满足产品开发在时间 T(Time)、质量 Q(Quality)、成本 C(Cost)、服务 S(Service)、环境友善性 E(Environment)的要求。

§0-3 飞行器常见钣金成形零件

现代飞机壳体依然是钣金铆接结构。据统计,一架中型飞机上,钣金零件的数量达六万多件,制造工时占全机总工时的 12% 左右。

典型的飞机钣金零件有蒙皮、隔框、壁板、翼肋、导管等(见图0-1)。

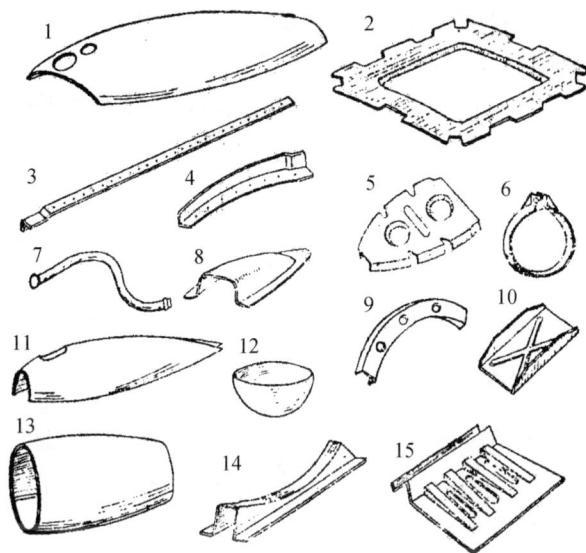

1—蒙皮;2—口框;3—长桁;4—肋缘;5—翼肋;6—卡箍;7—导管;8—整流罩;9—框缘;
10—隔板;11—翼尖;12—半球;13—副油箱壳体;14—支架;15—加强板

图0-1　飞机钣金零件

　　飞机钣金零件具有尺寸大、厚度薄、刚度小、形状复杂和精度要求高的特点,对钣材质量的要求也很严格。

　　一架飞机的钣金零件总数虽然很大,但同种零件的数量却很小,而且所用材料品种较多。

　　飞机钣金零件可分为型材零件、板材零件和管材零件三大类,每类零件又可以进一步细分(见图0-2)。

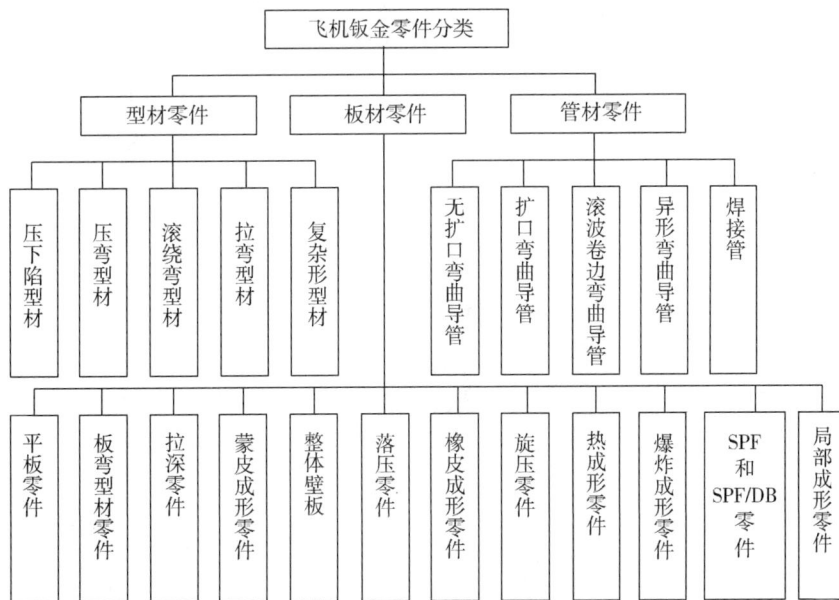

图0-2　飞机钣金零件分类

钣金零件成形时,毛料在设备和模具作用下产生变形内力,此变形内力达到一定数值后,毛料就产生相应的塑性变形,从而获得一定形状、尺寸和性能的零件。可以看到,要掌握钣金成形工艺方法,必须了解金属在外力作用下的塑性变形规律。

随着科学技术的不断进步和工业生产的迅速发展,钣金成形理论与技术也在不断革新和发展,主要表现在以下方面。

1. 成形理论的研究方面

应深入研究钣金成形的基本规律、各种冲压工艺的变形理论、失稳理论与极限变形程度等;应用有限元、边界元等技术,对冲压过程进行模拟分析,以预测某一工艺过程中坯料对冲压的适应性及可能出现的质量问题,从而优化冲压工艺方案,使塑性变形理论逐步起到对生产过程的直接指导作用。

2. 钣金成形材料方面

制造钣金件用的传统金属材料,正逐步被高强钢板、涂敷镀层钢板、塑料夹层钢板和其他复合材料或高分子材料替代。随着材料科学的发展,应加强研究各种新材料的钣金成形性能,不断发展和改善钣金成形技术。

3. 模具技术方面

在模具设计与制造中,应开发并应用计算机辅助设计和制造系统,发展高精度、高寿命模具和简易模具(软模、低熔点合金模具等)制造技术以及通用组合模具、成组模具和快速换模装置等,以适应钣金产品的更新换代和各种生产批量的要求。

4. 生产过程自动化方面

应推广应用数控钣金设备、钣金柔性加工系统(FMS)、多工位高速自动钣金机以及智能机器人送料取件,实现机械化与自动化的流水线钣金生产。

5. 钣金成形技术方面

精冲与半精冲、液压成形、旋压成形、爆炸成形、电液成形、电磁成形和超塑成形等技术得到不断发展和应用,某些传统的钣金加工方法将被它们所取代,产品的钣金加工趋于更合理、更经济。

飞机钣金成形技术是一门实用性很强的课程,要求学生能将塑性成形理论的分析方法具体运用到各个成形工序的分析中去,并对板料在变形过程中的应力、应变分布及其影响因素,有比较清晰的概念,为制定正确的工艺方案和设计合理的模具结构奠定基础。

<h1 style="text-align:center">习　题</h1>

1. 钣金工艺的含义是什么? 它具体有哪些特点?
2. 钣金零件的成形工序主要有哪些?
3. 飞机钣金零件一般分为哪几类? 分别应用到飞机的哪些部位?

第1章　金属塑性变形的物理基础

§1-1　金属结构和金属的变形

一、金属结构

大多数金属是在结晶状态下使用的。所谓结晶,就是原子按一定几何规律在空间作周期性排列。使金属原子结合在一起的是金属键,这种键的结合特点是每个正离子处境都是等同的。因此,金属塑性变形时,原子在变形后的新位置上能重新键合。金属键的方向性很小,这种相互的吸引力将金属原子在各个方向等同地堆积起来,形成空间点阵,并使原子的堆积占有最小空间。点阵的定义是每个阵点在空间具有相同的环境。也就是说,在一个空间点阵的每个阵点上,所看到的是完全相同的景象,并且永无止境。

能满足点阵定义的原子排列仅有十四种,其中金属结构所占不到一半。具体地说,除极少数外,绝大多数金属皆形成下列之一的简单结构,它们是体心立方、面心立方、密排六方和正方。

多数金属的晶格形式是不变的,但有些金属在不同温度下晶格形式却不相同,称之为同素异形体。

晶体中,通过晶体中原子中心的平面叫做晶面;通过原子中心的直线为原子列,其所代表的方向叫做晶向。同一种晶格在不同晶面上的原子密度和不同晶向上的原子间距是不相同的,而金属的物理、化学、机械性质又取决于原子之间的相互作用,因此,原子密度和间距的不同就导致了性能上的差异,这是结晶物质的特点,也是金属各向异性的根源。

常用金属和合金为多晶体。大量结晶方位互不相同的晶粒聚集在一起,在宏观上或统计上呈现出各方向大体相同的性质,称为伪同向性。

晶粒的大小、形状和方位对多晶体的性质有重要影响。

以上是理想的晶体结构,即全部原子都规则地排列在晶体格点上。但实际晶体总是存在着各种缺陷,最明显的是多晶体,如晶界、位错、空位和间隙原子等。它们对金属和合金的性质(包括塑性变形性质)起着非常重要的作用。

二、金属的变形

金属受外力作用就会变形。大部分金属都会呈现出明显的弹性变形阶段和塑性变形阶段。弹性变形时,金属原子的位置发生相对变化,表现为原子之间的间距有微小的改变,从而引起体积的变化。弹性变形时,原子的稳定平衡状态遭到破坏,作用在物体上的外力与力图使原子恢复到最小势能位置的原子之间的反作用力相平衡,这种反作用力就是内力。单位面积上的内力称为应力。弹性变形是可逆的,外力去除后变形体就完全恢复它原来的尺寸和形状。

当物体受力较大,使原子偏离其稳定平衡位置超过某一数值而达到邻近原子的稳定平衡位置时,外力去除后原子就不会再回到其原来位置,而是停留在邻近的稳定平衡位置上,于是变形就表现为不能恢复的,这种变形称为塑性变形。

作用在变形体上的外力去除后,原子也可能既未回到原来的稳定平衡位置,也未转移到其他稳定平衡的位置上去,则说明原子仍处于受力状态。此时原子所受的内力称为残余应力。残余应力经常带来不利的影响,可以通过热处理或机械振动法消除。在消除残余应力的过程中,物体也要产生一定的变形。

晶体塑性变形后,表面呈现出一些很细的平行线,称为滑移线。滑移线是塑性变形时晶体的一部分沿着一定的晶面和晶向相对于其他部分平行滑动后所留下的痕迹,它是了解金属塑性变形的关键线索。

金属和合金在再结晶温度以下变形时,主要的塑性变形方式是晶内滑移和孪动,现分别予以介绍。

1.晶内滑移

晶内滑移是晶体塑性变形的主要方式,在回复和再结晶温度以下时尤其如此。

晶内滑移又称滑移,是指晶体的一部分沿一定的晶面和该晶面的一定方向相对于晶体的另一部分作有规律的移动。移动后,在金属内部和表面出现的痕迹称为滑移线。滑移线实际上是滑移后在晶体表面留下的小台阶。相互靠近的一组小台阶宏观上反映为一个大台阶,称为滑移带,如图1-1所示。滑移带说明,滑移所引起的变形是不均匀的,即在滑移带内发生了剧烈的滑移,而在两个滑移带之间则没有发生或只发生了极少的滑移。

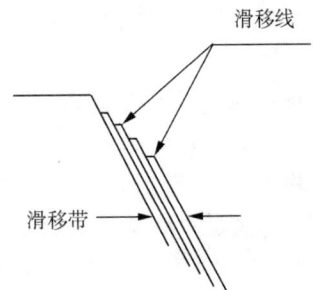

图1-1 滑移线和滑移带

在原子密度最大的面内,沿原子密度最大的方向,临界剪应力最低,故沿此面和此方向发生滑移的可能性最大。此面和此方向称为滑移面和滑移方向。不同晶格所含的滑移面和滑移方向是不同的。例如,面心立方晶格的{111}族滑移面有4个,每个滑移面有3个滑移方向,总的滑移系数为4×3=12。图1-2给出了面心立方、体心立方和密排六方结构的滑移面和滑移方向。表1-1给出了几种金属元素和合金的晶格类型、滑移面和滑移方向。显然,潜在的滑移系统越多,则沿不同方向屈服应力的变化就越小,各向异性程度也就越低。

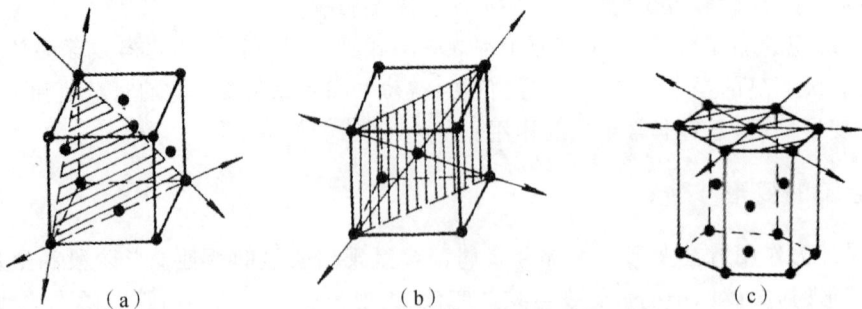

图1-2 滑移面和滑移方向
(a)面心立方;(b)体心立方;(c)密排六方

原则上因滑移而产生的塑性变形不产生体积变化。而金属的破坏则起因于原子结合的分离及其所造成的微小裂纹的成长和传播。垂直应力若为拉应力,则会促进破坏;若为压应力,则会抑制破坏。

表 1-1　几种金属和合金的晶格类型和滑移系统

晶　　体	晶格类型	滑移面	滑移方向
Cu,Ag,Au,Ni,CuAu, α-CaZn,AlCu,AlZn	面心立方	{1 1 1}	⟨1 1 0⟩
Al	面心立方	{1 1 1} {1 0 0}	⟨1 1 0⟩ ⟨1 1 0⟩
α-Fe	体心立方	{1 1 0} {1 1 2} {1 2 3}	⟨1 1 1⟩ ⟨1 1 1⟩ ⟨1 1 1⟩
α-Fe+4%Si	体心立方	{1 1 0}	⟨1 1 1⟩
Mo,Nb	体心立方	{1 1 0}	⟨1 1 1⟩
Cd,Zn,ZnCd	密排六方	{0001}	⟨2 $\bar{1}$ $\bar{1}$ 0⟩
Mg	密排六方	{0001} {10 $\bar{1}$ 1} {10 $\bar{1}$ 0}	⟨2 $\bar{1}$ $\bar{1}$ 0⟩ ⟨2 $\bar{1}$ $\bar{1}$ 0⟩ ⟨2 $\bar{1}$ $\bar{1}$ 0⟩
Be	密排六方	(0001) {10 $\bar{1}$ 0}	⟨2 $\bar{1}$ $\bar{1}$ 0⟩ ⟨2 $\bar{1}$ $\bar{1}$ 0⟩
Ti	密排六方	{10 $\bar{1}$ 1} {10 $\bar{1}$ 1} {0001}	⟨2 $\bar{1}$ $\bar{1}$ 0⟩ ⟨2 $\bar{1}$ $\bar{1}$ 0⟩ ⟨2 $\bar{1}$ $\bar{1}$ 0⟩

2. 孪动

孪动又称双晶,是晶格绕着一定晶面转动,从而使该面的两侧部分互成镜像对称的形状,如图 1-3 所示。

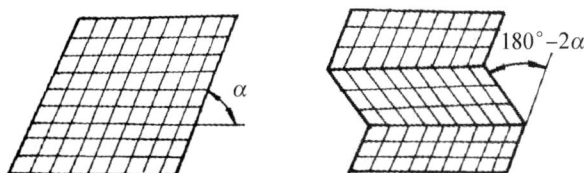

图 1-3　晶体孪动示意图

孪动所能提供的塑性变形较小,如镉单晶体,靠孪动只能获得 7.39% 的变形量,而靠滑移则可以达到 300% 的变形量。

实验证实,孪动会在晶体内部造成空隙,使晶体提早破裂。

孪动虽然不能提供较大的塑性变形，但在滑移发生困难时，能够起到调整晶体取向和增加位错的作用，以使滑移能够继续进行。

§1-2 位 错

一、概述

前面所讨论的滑移是设想把滑移面两侧的原子群视为刚体，沿滑移面相互滑动。如果确实如此，则可以根据静力学理论粗略地估算所需要的临界剪应力。

如图 1-4 所示，x 是上一行原子相对于下一行原子的剪切位移。显然，当 $x=b$ 或 x 为 b 的整数倍时，各原子所处状态与原始状态相同，仍为不受力状态。只有当 x 达到 b 的一定分数倍时才会发生不稳定状态。也就是说，要发生滑移，必须使 $x=\eta b$，式中 η 为一分数。利用胡克（Hooke）定律，可以粗略地计算出所需要的临界剪应力为

$$\tau_{cp} \approx G \frac{x}{b} = \eta G$$

式中，G 为材料的剪切模量，对一般金属而言，G 的数量级为 10^4 MPa，粗略估计时取 $\eta=1$，则 $\tau_{cp} \approx G$。此值较实际金属发生滑移时的剪应力大 4～5 个数量级。更精确的计算表明，τ_{cp} 的理论值仍较实际值大 3～4 个数量级。

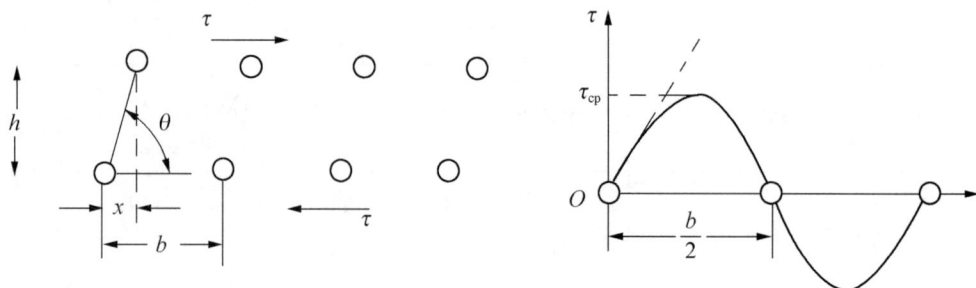

图 1-4 理想晶体的滑移

位错理论就是为了解决上述矛盾而提出来的，之后为实验所证实。它是决定金属力学性质的一个基本环节，对固体其他方面的问题也起着重要作用。

实际晶体由于结晶过程或随后的热处理过程中各种因素的影响，在结晶体内部造成了各种缺陷：某些原子偏离了理想位置，某些部位可能多出一个原子，而另一些部位又可能缺少一个原子，等等。这些缺陷使金属内部形成了承受载荷的薄弱环节。当晶体受外力作用时，滑移就会首先在这些部位发生，然后逐步扩展到滑移面的其余部分。这样，在逐步滑移的任何阶段，已滑移区和未滑移区之间总存在一个过渡区。这个过渡区称为位错区，或简称"位错"。区域内晶格畸变最严重的点的连线称为位错线。

既然滑移过程是滑移区不断扩展的过程，而位错又是滑移区的边界，那么，滑移过程也就表现为位错在滑移面上的运动。在已滑移区中，滑移状态可用一个矢量 b 来描述，称之为伯格斯（burgers）矢量，它表示了已滑移区中滑移面上部原子相对于滑移面下部原子所移动的方向

和距离。

晶体中的位错是高度易动的,即它在滑移面上移动时,晶体点阵对它的阻力很小,可以被很小的外力所克服。

二、刃型位错

刃型位错是最简单的一种位错,也是研究金属塑性变形时被最早提出来的一种位错。

图 1-5 为滑移面上发生了局部滑移的示意图,其中 $A'B'EF$ 表示已发生了滑移的区域。图 1-6 分别表示:(a)滑移前;(b)局部滑移;(c)滑移已扩展至整个晶面。图 1-5 中滑移面的上部,即 $EFGH$ 面的左边部分已产生了滑移,而右边部分尚无滑动。因此,在 $EFGH$ 处多挤进了一层原子。这点在图 1-6(b)中看得更清楚,即在 HE 处多出一列原子。尽管如此,可以看出,四周原子基本上仍保持了晶格排列,只在 E 处[图 1-6(b)画有符号⊥处]的附近,由于上、下两层原子数不同,局部地完全丧失了晶格排列。从图 1-5 可以看出,这种局部的晶格缺陷集中在滑移区的边界线 EF 附近,这个线状的缺陷就是刃型位错。从晶格排列情况看,就如同在滑移面上部插进了一片原子,位错的位置正好在插入的一片原子的刃上。在刃型位错之上晶格受到压缩作用,在它之下晶格受到伸张作用,这种情况表明,一个刃型位错除沿位错线原子排列错乱以外,它的四周还存在一定的弹性应力场。

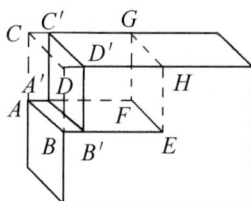

图 1-5　局部滑移

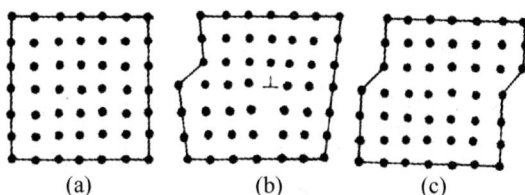

图 1-6　滑移过程

按照上述对滑移的看法,滑移过程是滑移区域不断扩展的过程,而位错正是滑移区的边界,所以滑移过程也就为位错在滑移面上的运动。一个刃型位错从滑移面的一边运动到另一边就完成了如图 1-6 所示的滑移过程。

图 1-7 给出位错运动过程中实际原子的运动情况。可以看出,位错运动时,只有位错附近的原子作了比较小的移动。而且,这里的原子和正常格点上的原子不同,即处于很不稳定的状态,在很小的剪应力作用下,就可以发生位错移动。

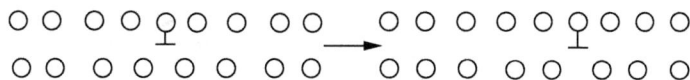

图 1-7　位错运动

此外,值得注意的是,位错的方向和滑移的方向垂直,这是刃型位错的一个基本特征。

自然界和日常生活中有许多类似刃型位错的例子。如拖动沉重的地毯需要很大外力,但如抖动使其前移,则会有波通过地毯,使其一小段一小段地前移,省力得多。再如蚯蚓前进时,首先是使身体局部伸长,从而头部先前移,再将伸长部分逐渐移至尾部,则整个身躯就前进了一段距离。

三、螺旋位错

螺旋位错是另一种基本类型的位错。

如果设想把晶体沿一个铅垂晶面 ABCD 切开，并使两边的晶体上、下相对滑移一个原子间距，然后黏合起来，就得到图 1-8 所示的情况。这里滑移区的边界 BC 显然和滑移方向平行，这就是螺旋位错的主要特征。除了 BC 线附近的原子外，其他原子依然保持了晶格排列，只有 BC 线附近的局部区域内原子丧失了晶格排列，构成所谓螺旋位错的缺陷。

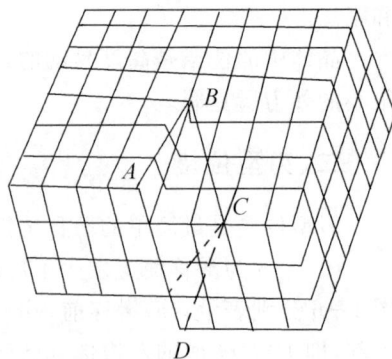

图 1-8　螺旋位错示意图

由图 1-8 很容易看出，如果在原子平面上环绕螺旋位错走一周，就会从一个晶面转到另一个晶面上去。也就是说，在这种情况下，原子已不再构成一些平行的原子平面，而是形成了以螺旋位错为轴的螺旋面，螺旋位错正是由此而得名。

螺旋位错四周的原子虽然基本上保持着晶格排列，但是，从原来的平行晶面变为螺旋面后，显然受到了一定的扭曲，因此，环绕螺旋位错也一定存在着弹性应力场。

四、混合位错

在图 1-9 中，滑移面 ABCDA 的上部原子相对于下部原子按伯格斯矢量 b 发生了位移。已滑移区和未滑移区的分界线 ADC 为一条曲线，这条表明位移边界的曲线即为位错线。这种位错称为混合位错。

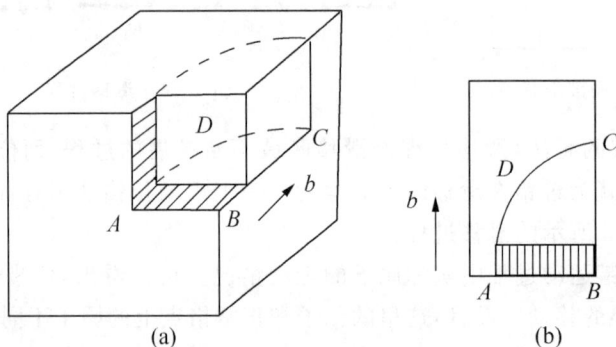

图 1-9　混合位错示意图

由于伯格斯矢量 b 在滑移区各处都相同，故在靠近 A 点处，矢量 b 与位错线平行，属于纯螺旋型位错；在靠近 C 点处，矢量 b 与位错线垂直，属于纯刃型位错；而在 AC 线之间任意点 D 处，矢量 b 与位错线之间呈某一夹角，称为混合型位错。

混合型位错可以分解为刃型部分和螺旋部分，分别称为位错的刃型特性和螺旋特性。

五、位错的增殖

由上述两种基本类型的位错不难看出，在滑移结束后，位错线也就因移至晶体表面而归于消失，晶体中位错线的数量也会随着塑性变形的增加而逐渐减少，但实际观察并非如此。一般说来，未经塑性变形的晶体位错密度约为 $10^4 \sim 10^8$ 条/cm²，而经过剧烈的塑性变形后，其密度

可增至 10^{12} 条/cm^2 数量级,约相当于变形体平面中每一千个原子中就有一个位错。由此可见,塑性变形结果不是减少,而是大大地增加了晶体中位错的数量,这种现象称为位错的增殖。

在塑性变形过程中,位错的增殖有好几种方式。如果将可能增殖位错的所在称为位错源,则由弗兰克(Frank)与瑞德(Read)共同提出的位错源增殖过程大致如图 1-10 所示。

假设由于作用力的分布情况或其他原因,致使某一位错线上只有 DD' 段可以滑动,D 和 D' 两点就像 DD' 段位错的下锚点一样被钉扎住不能移动。这样,在适当的剪应力 τ_b 的作用下,DD' 段位错线就只能呈现弧形扩展,直至两端弧线相接,从而生成一段新的直线位错和一个环形位错。这个过程不断重复,就可以使位错无限增殖。所以,随着变形程度增加,位错密度也就增大,这有利于塑性变形。但晶体中位错数量增加也会出现硬化,又不利于滑移继续进行。

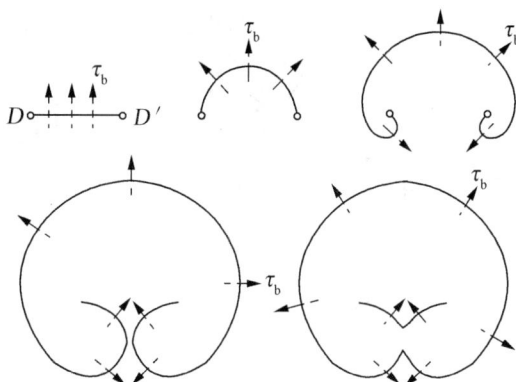

图 1-10　位错源增殖示意图

§1-3　界　面

实际金属皆为多晶体,微小的晶态区称为晶粒,晶粒平均尺寸在 0.015～0.24 mm 之间。

晶粒通常不是完整的单晶体,它可以分为更小的亚晶粒,这些亚晶粒才接近于理想的单晶体。

晶界和亚晶界是位向不同的晶体间的界面,金属的物理机械性能依赖于这些界面的性能。例如多晶体金属各晶粒变形的不一致主要是靠晶界变形来协调的。因此,晶界的变形能力对金属的塑性具有重大意义。

一、界面的几何关系

图 1-11 表示的是两个互成 θ 角的二维点阵汇聚在一起时所形成的界面。

根据界面与两个点阵之一的某一平面之间的夹角不同,晶界可能以两种不同的方式形成,如图 1-11(b)(c)所示。要完全确定晶界,就必须确定以下两点:

(1)一个点阵相对于另外一个点阵的位向角 θ;

(2)晶界相对于一个点阵的位向角 φ。由于这种晶界能用两个角度确定,故称作二自由度晶界。

为了描述三维空间晶体间的晶界,必须同时确定晶体间的相对位向和晶界相对于其中一个晶体的位向。现考虑图 1-12 中的晶体。

设想将此晶体沿 xOz 平面切开,然后将右半部绕 x 轴旋转,就可以造成两部分晶体之间的失配,如图 1-12(b)所示。一般地说,可以绕 x、y、z 三轴中的任一轴旋转,因此,为了确定两个晶体之间的位向,就必须确定三个角度。现考虑两个具有固定位向的晶体之间的晶界,如图 1-12(b)所示。在此情况下,晶界位于 xOz 平面上。通过绕 x 轴或 z 轴旋转可以改变此晶界的位向,但绕 y 轴旋转则此晶界位向不变。因此,要确定三维空间中晶界的位向就需要 5 个自由度,其中三个确定晶粒间的位向,两个确定晶界相对于一个晶粒的位向。

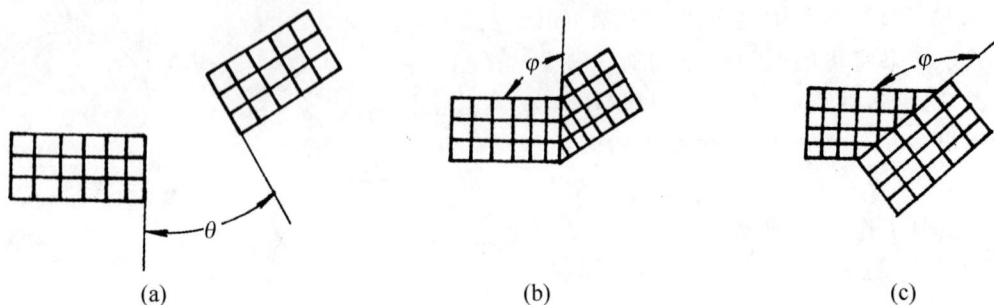

图 1-11 二自由度晶界

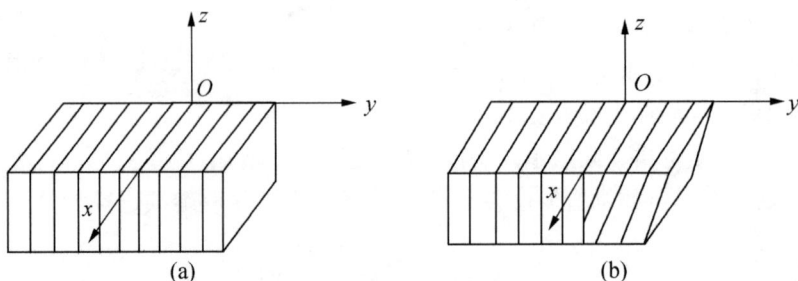

图 1-12 三自由度晶界

二、小角度晶界

实验证实,晶界厚度不超过 $2\sim3$ 个原子层的数量级。因此,相互有小角度($5'\sim2°$)倾斜的两部分晶体之间所形成的"小角度晶界",就可以看成是由一系列的刃型位错排列而成的。图 1-13 表示了小角度晶界的情况。

小角度晶界的结构可以这样理解:在图 1-13 所示的小角度倾斜部分中,为了使原子尽可能完整地排列,并使两部分晶体能弥合在一起,就要每隔几列插入一片原子,这样,小角度晶界就成了一系列平行排列的刃型位错。

金属经过冷加工,晶格产生塑性变形和弹性畸变之后,再在较高温度下退火,就可能形成小角度晶界。

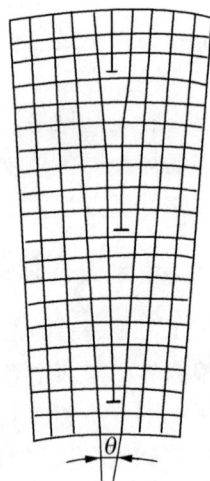

图 1-13 小角度晶界

三、扭转晶界

除小角度晶界外,另外一种可用位错描述的简单晶界为扭转晶界。可把这种晶界设想为某个晶粒相对于其邻近晶粒绕垂直于晶面的轴发生转动的结果,它是由交叉的螺旋型位错组成的方形网格构成的,如图 1-14 所示。

扭转晶界是最简单的螺旋型位错晶界,而小角度晶界则是最简单的刃型位错晶界。

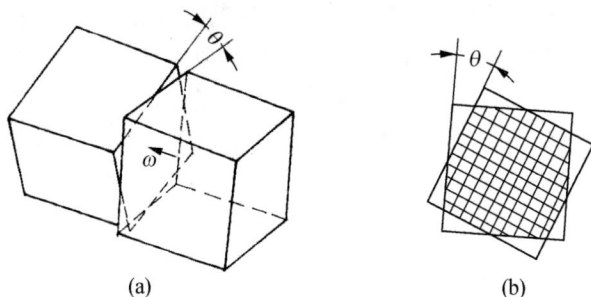

图 1 - 14　扭转晶界示意图

四、孪晶界

孪晶界是最简单的晶界。孪晶界可以分为共格的和部分共格的两种。图 1 - 15(a)是共格孪晶界。由于这类特殊界面上点阵自然地完全匹配,故在晶界上获得了无点阵畸变的完全共格。如将这类孪晶界的对称面转动 θ 角,如图 1 - 15(b),即可得到部分共格的孪晶界,通常称之为非共格孪晶界。

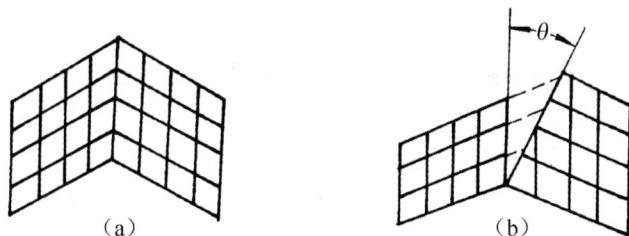

图 1 - 15　孪晶界示意图
(a)共格孪晶界;(b)部分共格孪晶界

§1 - 4　硬　　化

一、变形硬化

金属和合金的强度是由其所含位错的数量和位错运动的难易所决定的。在纯金属中,使位错移动所需要的力是很低的,因此,为了强化金属,就必须限制位错运动,方法是:或造成阻碍位错运动的内应力,或在位错运动的通道上设置颗粒,使位错回绕或切过它们。

根据同样的道理,金属和合金塑性变形时,硬度会随变形程度的增加而不断提高,直至破坏,此即所谓的变形硬化。

硬化由位错运动的阻碍增大所致,这种阻碍主要是由位错线本身所造成的。

为了说明以上机制,现以单晶体的塑性变形为例。

单晶体受到外力作用时,随着应力增加,滑移系上的剪应力将达到临界剪应力值,位错开始运动,从而产生滑移,这是塑性变形的第一阶段。在此阶段中,位错的运动和增殖所受的阻力很小,因此应力升高不多。

当晶体在外力作用下转动到足够程度,使滑移在相交的滑移系发生时,塑性变形的第二阶段就开始了。在此阶段中,相交滑移系统的位错在运动时彼此交截,这种相互交截作用使许多位错被钉扎住,位错运动因而变得比较困难,金属开始硬化。

一个被钉扎住的位错将阻止同一滑移面上其他位错的越过,这是因为这个被钉扎住的位错会对接近它的位错产生斥力。图1-16(a)表示了位错被交叉滑移所钉扎的情况。

当应力高到足以使被钉扎住的位错开始运动时,变形的第三阶段开始。在此阶段中,变形硬化率略有下降。图1-16(b)指出,此时位错可以通过交叉滑移过渡到一个与其平行的滑移面上,从而能够在同一滑移系上继续运动。

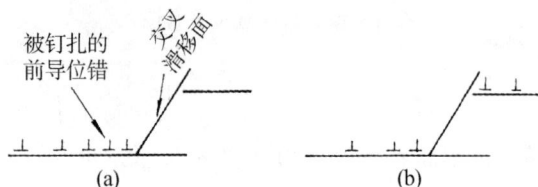

图1-16 交叉滑移使位错钉扎

二、显微组织硬化

实践指出,金属的流动应力随晶粒尺寸的减小而增加。实验数据表明,流动应力 σ 与晶粒直径 d 的1/2次方的倒数之间存在着如下的线性关系(式中的 σ_0 为临界应力):

$$\sigma = \sigma_0 + K\frac{1}{\sqrt{d}} \tag{1-1}$$

造成显微组织硬化的原因是显微组织中的界面阻碍了位错运动。金属滑移时,位错线不断向晶界运动,最后将在晶界处堵塞。进一步的运动就得依靠由这个晶粒中塞积的位错所造成的局部应力场在临近晶粒中产生新位错。因此,式(1-1)中的 K 可解释为在邻近晶粒中释放或产生位错的难易程度。

此外,外来原子溶于固体金属时,它可以成为位错运动的障碍。通过析出或直接植入向晶体点阵中引进颗粒后,这些颗粒将与位错发生交互作用,也会成为位错运动的障碍。

§1-5 影响金属塑性的主要因素

一、金属成分和组织对塑性的影响

通常工业用金属都是合金。合金元素与金属基体的结合有固溶体、化合物和中间相。化合物和中间相属电子键结合,原子间结合力强,表现出变形抗力高而塑性差。固溶体,特别是替代式固溶体并不改变基体金属的晶格形式,只是使晶格略有畸变,因而变形抗力和塑性与基体金属并无显著差别。所以,从塑性要求来说,希望合金呈固溶体状态。此外,加入元素的数量一定要控制在形成固溶体所能容纳的溶解度以下,以避免生成化合物。例如碳钢,碳元素除溶入铁晶格中形成替代式固溶体外,还会生成 Fe_3C 化合物,称之为渗碳体。而固溶体与渗碳体的相对数量与分布情况就与含碳量多少有关。随着含碳量增加,固溶体的含量相对减少,铁碳化合物的含量则相对增加,塑性也随之降低。

金属中难免有杂质存在,杂质含量对金属塑性的影响很大。如果杂质以单独夹杂物的形式分布在晶格内或晶粒之间,则对塑性影响较小。但如晶粒是被杂质包围着,则对塑性影响较大。不过,杂质影响如何还要由杂质本身确定。如果它是脆性的,则将使塑性降低。例如铁中含有 0.01% 的硫时,由于生成脆性的硫化铁,使铁呈现脆性。但如铁中含有 0.5%～1.0% 的杂质锰或镁时,就可生成沿晶粒边界分布的球状硫化锰或分布在晶粒内部的球状硫化镁,从而降低了硫的不利影响。可见有些杂质能减少另一些不利杂质对塑性变形的危害程度。

一般说来,双相或多相组织状态是不利的,因为相结构不同,塑性变形的难易程度也不同,变形时势必相互制约而产生副应力,从而降低了塑性。如果其中之一是脆性相,而又分布在塑性相的晶界上,则塑性降低更甚。因此,一般总是希望在单相组织状态下完成塑性变形。

晶粒大小和形状对金属塑性也有重要影响。在回复和再结晶温度以下时,晶界是变形困难区,因此,若晶界面积与晶界体积之比较大,则塑性变形困难。物体表面面积与体积之比以球形最小,故晶粒愈接近球形,其塑性就愈好。此外,金属塑性总是随晶粒度的细化而提高,其原因是:细晶粒是快速结晶的结果,结晶愈快,则金属成分分布愈均匀,副应力愈小,从而提高了塑性。晶粒愈细,晶界总面积愈大,晶间杂质相对浓度则愈小,有利于塑性变形。

二、变形温度的影响

金属塑性变形时,由于各晶粒变形不均匀,滑移层内晶格遭到破坏,滑移层附近的晶格产生畸变等原因,部分原子处于不稳定平衡状态。温度升高到一定程度时,原子热振荡幅度加大,促使一部分处于不稳定位置的原子回复至稳定平衡状态,可消除大部分内应力,减少晶格畸变程度,此温度称为回复温度,它大致在 $(0.25～0.3)T_m$ 之间,此处,T_m 为金属的熔化温度,以绝对温度表示。

由于回复温度较低,所以只能使原子做小于原子间距的迁移,不能改变晶粒的形状和方位,也不能消除塑性变形所引起的晶内和晶间破坏,因而改善塑性的作用并不显著,但能明显降低抗腐蚀性能和消除成形后工件自行开裂的风险。

温度继续升高,原子运动增大,变形组织随之消失,开始出现新的结晶中心,生长新的晶粒,这一过程称为再结晶。再结晶是在固态下进行的,生成和变形前相同的晶体结构,因而能比较彻底地恢复金属变形前的性能,消除由变形引起的晶内和晶间破坏,从而提高金属的塑性。工业纯金属的再结晶温度约为 $(0.4～0.5)T_m$。

三、变形速率的影响

变形速率对金属塑性的影响比较复杂,而且与温度的影响紧密地联系在一起,必须综合考虑。

金属塑性变形时,变形功将转化为热能,并根据变形条件,一部分散失于周围介质,另一部分则保留于物体内部,从而提高变形体的温度。通常将因塑性变形致使变形体温度升高的作用称为热效应。

显然,变形速率大,向周围介质散失的热量就较少,热效应也就较大,变形体温度升高也就较多。在变形速率提高到一定程度后,塑性功转化的热量几乎来不及向周围介质散失,变形近于绝热状态,几乎全部热能都成了促使变形体升温的因素。

一般说来,变形体温度升高也就提高了金属的塑性。但如变形体的温度刚好处于析出脆性化合物的温度附近,尽管热效应使金属温度升高不多,仍有可能使其进入或脱离热脆性范围,从而明显地影响金属的塑性。

从另一角度看,变形速率决定了物体变形延续时间的长短,从而限制了变形体软化作用或析出异相的完善程度。例如,变形速率快,虽然热效应大,变形体温度高,但变形延续时间短,回复和再结晶过程来不及充分完成,因而塑性也就得不到较大的改善。

目前机床成形时,变形体应变速率大致在 $10^{-6} \sim 10^{6} \mathrm{s}^{-1}$ 之间。实践证明,应变速率在 $10^{-4} \sim 10^{-2} \mathrm{s}^{-1}$ 时,金属机械性质一般没有明显变化。当应变速率大于 $10^{-2} \mathrm{s}^{-1}$ 时,金属机械性质才有较明显的变化。

四、应力状态的影响

设想由变形体中取出一微小立方体素,此体素无限缩小时可以看做是一个点。以后将证明,围绕变形体内任一质点总可以取得这样的微体,在它的三个相互垂直的面上只有正应力而无剪应力。这些正应力称为主应力,分别以 σ_1、σ_2、σ_3 表示。任何一点的主应力即表示了该点的应力状态。主应力可以分解为两部分,即平均应力和偏斜应力。平均应为 $\sigma_m = \frac{1}{3}(\sigma_1 + \sigma_2 + \sigma_3)$,负的平均应力常称为各向等压力。实践证实,变形体的塑性在很大程度上取决于各向等压力的大小,各向等压力愈大,则变形体所呈现的塑性就愈好。

金属的塑性之所以随各向等压力的增大而提高,一般认为是:各向等压力会使变形体的组织在变形过程中更加致密,也会使晶界变形难以进行,从而封闭了晶粒和晶界处的裂纹和缺陷,使材料不会像受到拉伸应力那样裂纹容易扩展而导致破裂。

苏联学者古布金提出了主应力状态图的概念。主应力状态图共有九种,如图 1-17 所示,其中包含了四种立体应力状态图,三种平面应力状态图和两种线性应力状态图。

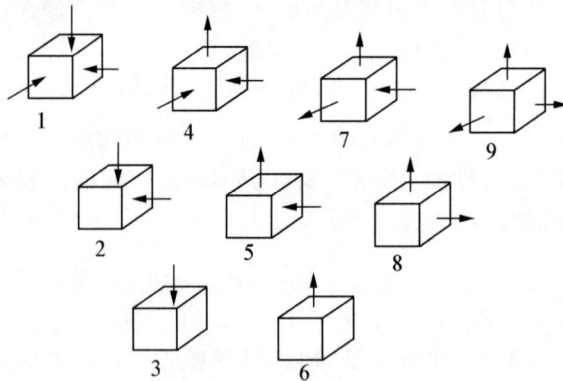

图 1-17　主应力状态图

根据以上分析可知,主应力状态图的三个主应力中压应力比例愈大,则物体内部存在的空隙、裂纹和杂质等缺陷愈难暴露,愈有利于材料塑性的发挥。

主应力状态图是按塑性好坏的顺序编排的,人们可以参照主应力状态图适当选择加工方式,以利于材料的塑性发挥。

五、摩擦与润滑的影响

金属塑性成形时,它的某些表面必然要与工具表面接触并相对移动,因此,接触摩擦不可避免。

接触摩擦将造成材料变形的困难区,使材料各部分的变形更加不均匀,从而降低了塑性。此外,接触摩擦会增大变形力和变形功,容易引起表面划伤。为了降低接触摩擦的不利影响,就需要在材料和工具的接触面上涂以适宜的润滑剂,或降低工具的表面粗糙度,使工件具有适宜的表面状态。

工件表面状态对摩擦因数起主要作用的是表面氧化膜的性质和厚度。均匀、韧性和塑性好的薄氧化膜较好。厚薄不均匀的脆性氧化膜变形时容易破坏,使金属和工具表面直接接触而产生黏结现象,增加了摩擦力,使塑性变形更加困难。

涂以适宜的润滑剂是降低摩擦因数的最有效的途径。润滑剂的化学成分要与变形体表面和工具表面有较强的结合力,这样才能使变形体和工具之间的摩擦被润滑剂的内摩擦所代替,润滑效果才会好。此外,还要求润滑剂对人体无害、无腐蚀、易清除、易保管、不变质、供应方便。

§1-6　塑性变形对金属组织和性能的影响

我们知道,金属的性能决定于其成分和组织结构。因而,在成分确定的情况下,通过冷、热加工,热处理和变形处理,可以在很大范围内改变金属材料的组织结构,从而在很大范围内改变金属材料的性能。

本节将简要介绍冷变形及其后的热过程对金属和合金的组织结构及性能的影响。

从位错理论可知,金属材料塑性变形的实质就是位错的运动。随着变形的发展,位错数量增加,并且相互牵制而使变形困难,这样,在金属内部就会不断积蓄起应变能,引起加工硬化。

塑性变形时,晶粒将沿加工方向伸长,晶粒取向也不断改变,不断形成有规则排列,形成纤维组织,引起变形体的各向异性。

金属或合金内部含有第二相或夹杂物时,塑性变形后会引起这些夹杂物或碳化物集聚区因变形伸长而生成带状组织。例如钢的组织是由铁素体和渗碳体构成的,铁素体可以产生很大的变形,而渗碳体和杂质则硬而脆,不易变形,会成为变形的障碍,这些组织的附近还会积累起过多的应变能,这就是断裂的原因。

晶粒伸长而形成的纤维组织可用退火消除,但夹杂物或碳化物集聚区因变形而产生的带状组织虽经高温退火也经常不能完全消除。

冷加工后,金属材料的强度指标(弹性极限、屈服应力、强度极限、硬度)提高,而塑性指标(延伸率、断面收缩率)降低,同时韧性下降。冷加工是通过塑性变形改变材料性能的重要手段之一,常用于提高金属强度。

冷加工必然会产生内应力,一般来说,有内应力存在时应力腐蚀就激烈。

经过冷加工的金属材料内部存在着大量纵横交错的位错,如果将其加热至略低于再结晶温度,则位错数量会减少。与此同时,原子将采取能量更低的排列状态,并将应变能释放出来,这一过程称为回复。在回复过程中,变形体的内部应力也不断消失。

如果将经过冷加工的金属材料加热至高于再结晶温度,则将生长出新晶粒,并逐渐长大,最后遍及整体。这种把变形能几乎全部释放的过程称为再结晶。

从金相组织看,冷塑性变形中被拉长的晶体在回复过程中虽然基本上不发生变化,但再结晶后将变成等轴晶粒。温度愈高,在再结晶温度以上保持的时间愈长,则晶粒组织愈粗大,机械性质愈差。

§1-7 金属的超塑性

一、金属超塑性变形特点

金属的塑性通常以单向拉伸时的延伸率 $\delta(\%)$ 表示。一般黑色金属在室温下的延伸率为 $30\%\sim40\%$,铝、铜及其合金为 $50\%\sim60\%$。即使在高温下,这些材料的延伸率也难超过 100%。然而,在特定条件下,某些金属和合金的延伸率可以达到百分之几百或百分之一千以上,如钢超过 500%,Ti-6A1-4V 超过 $1\,000\%$,锌铝共晶合金能超过 $2\,000\%$,比一般金属材料的延伸率高出 $1\sim2$ 个数量级,这种性能称为金属的超塑性。

金属超塑性变形时有明显特征,主要表现在:超塑性单向拉伸时能产生很大的均匀伸长,即使在试件的断口处也无明显的细颈;材料流动性极好,特别有利于成形变形大而且形状复杂的零件;变形抗力很小,流动应力通常不超过 6.9 MPa,比一般变形小很多倍。

金属超塑性可分为两种,即结构超塑性和相变超塑性。结构超塑性起因于材料的组织结构。相变超塑性是金属材料在应力的作用下经反复相变和反复热循环而产生塑性变形的性能。

这里只对结构超塑性作简单介绍。

二、结构超塑性的变形条件

一般认为,结构超塑性要同时满足以下三个条件才能获得:

(1)晶粒:结构超塑性要求晶粒微细,晶粒度在 10 μm 以下,最好在 $0.5\sim5.0$ μm 之间。晶粒基本等轴。在高温下要有一定的稳定性,如果在高温下晶粒很快长大,则超塑性就会很快丧失。

(2)温度:结构超塑性一般是在 $(0.5\sim0.7)T_m$ 温度下获得的,此处 T_m 是以绝对温度表示的材料的熔化温度。

(3)变形速率:介于蠕变和常规拉伸速率之间,一般应变速率在 $10^{-7}\sim10^{-2}$ s^{-1} 之间,比普通成形时的应变速率小得多。

三、超塑性变形机理和力学特性

一般塑性变形的机理是晶体的位错滑移,因而即使在较小的变形程度下,金属中每一颗晶粒的形状和尺寸都会发生明显的变化,也就是说,沿变形方向伸长,而沿垂直于变形的方向缩短。但在超塑性变形时,情况则完全不同,变形前、后晶粒的形状基本保持不变。确切地说,晶粒沿变形方向并不伸长,变形前基本为等轴的晶粒,变形后仍为甚至更接近于等轴。这一事实说明,晶粒本身的位错滑移不能作为超塑性变形的依据,而在晶粒本身不发生变化的条件下,晶粒依靠界面而相对移动和转动的晶界滑移才是超塑性变形的主要机制。一些实验测定认为,这种变形约占总变形的 70%。因而在进行分析时,就要以黏弹性流动作为理论依据,其流动状态方程可用下式表示:

$$\sigma = K \dot{\varepsilon}^{m}$$

式中,σ 为流动应力;K 为材料常数;$\dot{\varepsilon}$ 为应变速率;m 为应变速率敏感系数。

应变速率敏感系数是超塑性变形中的重要参数,其值小于 1,由实验确定。一般认为,只要满足 $m > 0.3$,就可以实现超塑性变形。处于超塑性状态的金属材料的 m 值在 $0.3 \sim 0.8$ 范围内。这个数值与加热后的聚合物的 m 值很接近,因此,为玻璃和塑料的成形而发展起来的加压吹塑法和减压吸引法等技术几乎可以不加修改地适用于金属的超塑性成形。

习　题

1. 金属结晶体因何种微观机制而塑性变形?

2. 金属结晶体的弹性变形常发生体积变化,而塑性变形不发生体积变化,试解释其原因。

3. 金属超塑性变形机制与金属塑性变形机制有何不同?

第 2 章　金属塑性变形的力学基础

在第 1 章中,从微观方面论述了金属塑性变形的物理现象,这对深入了解塑性变形的本质是很重要的。但是,如要定量地解决塑性变形中的一些问题,如需要求变形力和允许的变形程度等,还需从力学角度进行分析。

进行力学分析时,大都假设材料是均匀、连续、各向同性的。这种假设当然不符合实际情况,但为了简化问题,这种假设是必要的,由此而产生的误差也是工程上所允许的。

§2-1　金属的力学性质

一、金属的塑性性质

根据单向拉伸试验,可以由载荷 P 和伸长 Δl 得到应力-应变曲线。应变的度量方法有两种。如果拉伸试件的长度由 l_0 增加至 l,则变形量可用名义应变度量,即 $e = (l - l_0)/l_0$,或用对数(自然)应变度量,即 $\varepsilon = \int_{l_0}^{l} \mathrm{d}l/l = \ln(l/l_0)$。这两种度量方法之间的关系为:$\varepsilon = \ln(1 + e)$。通常取载荷 P 除以试件初始横截面积 A_0 作为应力的度量,即 $\sigma_0 = P/A_0$,称为名义应力。这种计算方法虽然简单,但并不能反映真实的应力,因为在变形过程中实际横截面积在逐步减小。试件发生局部颈缩后,名义应力 σ_0 将降低,然而若以载荷 P 除以瞬时最小横截面积 $A_{\min}$,所得的应力 σ_r 称为计量应力,此时应力-应变曲线是一条继续上升直至断裂的曲线。通常在颈缩形成之后,曲线斜率增加与颈缩区的三维应力有关,如果将应力状态的三维性计算在内,就可以得到表示材料特性的应力-应变曲线(见图 2-1)。

现在分析应力-应变曲线的主要性质。由图 2-1 可以看出,曲线的起始部分是线性的,这一部分的终点 p 代表着称之为比例极限的应力,在这一范围内,变形是弹性的,即在载荷卸除后,变形将消失。当变形稍微超出 p 点而到达 s 点时,便开始出现塑性(永久)变形,此时之应力 σ_s 称为屈服应力。精确测定屈服应力相当困难,通常规定残余变形为 0.2% 时的应力作为屈服应力,以 $\sigma_{0.2}$ 表示。要进一步增加塑性变形就必须增大载荷,这一非常重要的效应称为材料的变形强化,应力-应变曲线的斜率 $c_1 = \mathrm{d}\sigma/\mathrm{d}\varepsilon$ 被称为强化模量。应力超过屈服极限以后若将载荷卸去,则在卸载过程中曲线 AB 近似平行于开始时的弹性曲线 Op。在此期间,一小部分变形消失,它代表着应变的弹性部分 ε^e,未消失的变形为塑性部分 ε'。若卸载后再重新加载,则直至某一点 s',变形仍是弹性的。由于对应于 s' 的应力水平比对应于 s 处的应力水平高,故可以说,已产生过塑性变形的材料其屈服极限将增高。达到 s' 点以后,再稍微增大载荷,材料又开始塑性变形。若到达 A 点后继续加载,则所得曲线和中间未曾卸载时所得的曲线重合。

金属受到压缩时,通常得到与拉伸时相同的应力-应变曲线,只是改变了应力和应变的符

号。然而,假如对预先进行过拉伸塑性变形的材料进行压缩,则材料表现出不同的性质。如图
2-2 所示,将试件拉伸加载至点 A,卸载至点 B 后进行压缩,则会发现屈服极限有所降低,即
$\sigma'_s < \sigma_s$。这种现象称为包辛格尔(Baushinger)效应。若将曲线 BC 移动至 BC',则可以看出它
在曲线 OAE 的下面。

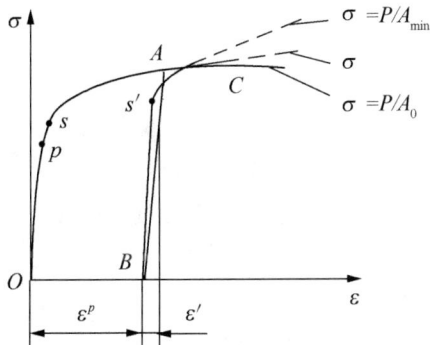

图 2-1　金属的应力-应变曲线

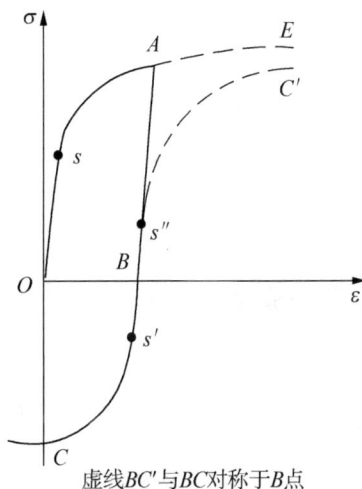

图 2-2　Baushinger 效应示意图

　　进行塑性成形理论分析时,需要了解金属的塑性性质,而这种性质主要是由单向拉伸实验
确定的。当然,利用单向拉伸实验来确定这些性质也有不足之处,主要缺点是:单向拉伸试件
在比较小的塑性变形后即发生颈缩而失去稳定性。颈缩时,细颈处为三维应力状态,变形也局
限于颈缩区。因而在颈缩开始形成之前所能达到的均匀变形通常不超过百分之几。实际的塑
性成形过程中,在大多数情况下,尤其在压应力占优势时,塑性变形较大,因而,那些能得到较
大应变的材料实验方法具有很大的实际意义,其中包括扭转实验等。

二、应力-应变曲线的简化模型

　　在塑性成形理论分析中,利用真实的应力-应变曲线进行计算在数学上有很大困难,故常
采用简化的应力-应变曲线。最常用的简化方法是忽略弹性变形。这是因为在大多数塑性成
形过程中,塑性变形较弹性变形大两个数量级。此外,还不计包辛格尔效应,认为拉伸和压缩
的屈服应力相等。

　　图 2-3 是塑性材料的几种简化模型。图 2-3(a)表示的是理想刚塑性材料,这是一种最
粗略的简化模型,这种模型认为:拉伸应力达到屈服应力 σ_s 之前材料完全是刚性的,达到 σ_s
时,材料在不变的应力下流动。这种模型忽略了弹性变形和应变强化效应,卸载后不会回弹,
全部变形为永久变形。理想刚塑性材料可用以求解大量有关塑性成形问题,很有实用价值,特
别在高温条件下塑性成形时,采用这种模型与实际情况没有明显偏差。

　　假如不能忽略应变强化效应,就要采用其他类型的材料模型。图 2-3(c)是最简单的一
种,其特点是强化模量为常数,应力和应变具有线性关系。在某些特殊情况下,也可以采用非
线性强化模型求解。

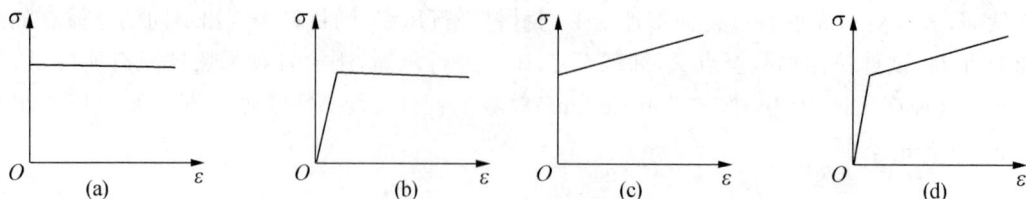

图 2-3 塑性材料理想模型

(a)理想刚塑性材料;(b)理想弹塑性材料;(c)线性强化刚塑性材料;(d)线性强化弹塑性材料

§2-2 点的应力状态

一、应力张量

在直角坐标系中,物体内任一点 O 处的应力状态可用九个应力分量确定(见图 2-4)。若以 σ 表示正应力分量,τ 表示剪应力分量,则 O 点的应力分量可以表示为

$$\sigma_x, \sigma_y, \sigma_z, \tau_{xy}, \tau_{xz}, \tau_{yz}, \tau_{yx}, \tau_{zx}, \tau_{zy}$$

物体在固定的受力情况下,任一点的受力情况也是确定的,但各应力分量的大小则与坐标轴的方向有关。当坐标改变时,对应于新坐标系的应力分量可以通过坐标变换关系得到。具有这种变换关系的九个分量总体称为"应力张量",可用来表示一点的应力状态。

以符号 $\sigma_{ij}(i, j = x, y, z)$ 表示应力张量,可写成如下形式:

$$\sigma_{ij} = \begin{bmatrix} \sigma_x & \tau_{xy} & \tau_{xz} \\ \tau_{yx} & \sigma_y & \tau_{yz} \\ \tau_{zx} & \tau_{zy} & \sigma_z \end{bmatrix} \quad (2-1)$$

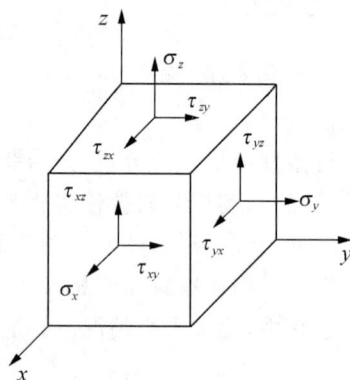

图 2-4 点的应力状态

式(2-1)只是一种表达形式,与行列式不同,只能按照张量分析法进行数学运算。由于剪应力互等,即 $\tau_{xy} = \tau_{yx}, \tau_{yz} = \tau_{zy}, \tau_{zx} = \tau_{xz}$,因此,式(2-1)为对称张量。

设三个正应力的平均值称为平均应力,并以 σ_m 表示,即

$$\sigma_m = \frac{1}{3}(\sigma_x + \sigma_y + \sigma_z) \quad (2-2)$$

于是有

$$\sigma_x = \sigma_m + (\sigma_x - \sigma_m)$$
$$\sigma_y = \sigma_m + (\sigma_y - \sigma_m)$$
$$\sigma_z = \sigma_m + (\sigma_z - \sigma_m)$$

则应力张量可以分解为两个分张量

$$\sigma_{ij} = \begin{bmatrix} \sigma_m & 0 & 0 \\ 0 & \sigma_m & 0 \\ 0 & 0 & \sigma_m \end{bmatrix} + \begin{bmatrix} \sigma_x - \sigma_m & \tau_{xy} & \tau_{xz} \\ \tau_{yx} & \sigma_y - \sigma_m & \tau_{yz} \\ \tau_{zx} & \tau_{zy} & \sigma_z - \sigma_m \end{bmatrix} \quad (2-3)$$

等式右端第一个张量称为球张量,第二个张量称为应力偏量。应力偏量常表示成另一个种形

式,即

$$s_{ij} = \begin{bmatrix} s_x & s_{xy} & s_{xz} \\ s_{yx} & s_y & s_{yz} \\ s_{zx} & s_{zy} & s_z \end{bmatrix} \qquad (2-4)$$

式中,$s_x = \sigma_x - \sigma_m$;$s_y = \sigma_y - \sigma_m$;$s_z = \sigma_z - \sigma_m$;$s_{xy} = \tau_{xy}$;……应力偏量 s_{ij} 与应力张量 σ_{ij} 的关系可表示为

$$s_{ij} = \sigma_{ij} - \delta_{ij}\sigma_m \qquad (2-5)$$

式中,δ_{ij} 为柯氏符号,定义为

$$\delta_{ij} = \begin{cases} 1, & \text{当 } i=j \text{ 时} \\ 0, & \text{当 } i \ne j \text{ 时} \end{cases} \qquad (2-6)$$

在塑性变形理论中,应力偏量非常重要。因为球形张量为静水压力,故只引起体积变化,几乎不产生塑性变形。而应力偏量则为与塑性变形有关的部分。

二、主应力与应力不变量

已知物体内某点处的九个应力分量后,即可求出通过该点任意斜面上的应力。设图 2 - 5 中 ABC 为通过 O 点的任意斜面,N 表示此斜面的法线方向。以 l,m,n 分别代表法线 N 的方向余弦。在此面上作用着应力 p,它在三个坐标轴方向上的投影分别为 p_x,p_y 和 p_z。

现以 $\mathrm{d}F,\mathrm{d}F_x,\mathrm{d}F_y,\mathrm{d}F_z$ 分别代表图 2 - 5 中三角形 ABC,OBC,OAC,OAB 的面积,则

$$\left. \begin{aligned} \mathrm{d}F_x &= l\mathrm{d}F \\ \mathrm{d}F_y &= m\mathrm{d}F \\ \mathrm{d}F_z &= n\mathrm{d}F \end{aligned} \right\} \qquad (2-7)$$

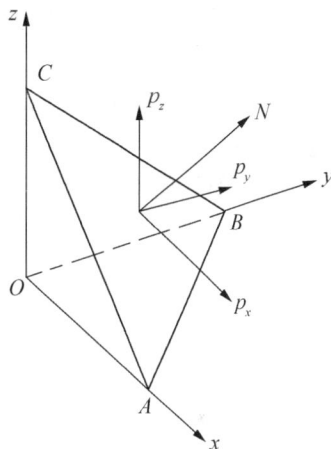

图 2 - 5　四面体单元

利用平衡条件可知

$$p_x\mathrm{d}F = \sigma_x\mathrm{d}F_x + \tau_{xy}\mathrm{d}F_y + \tau_{xz}\mathrm{d}F_z$$
$$p_y\mathrm{d}F = \tau_{yx}\mathrm{d}F_x + \sigma_y\mathrm{d}F_y + \tau_{yz}\mathrm{d}F_z$$
$$p_z\mathrm{d}F = \tau_{zx}\mathrm{d}F_x + \tau_{zy}\mathrm{d}F_y + \sigma_z\mathrm{d}F_z$$

从而有

$$\left. \begin{aligned} p_x &= \sigma_x l + \tau_{xy}m + \tau_{xz}n \\ p_y &= \tau_{yx}l + \sigma_y m + \tau_{yz}n \\ p_z &= \tau_{zx}l + \tau_{zy}m + \sigma_z n \end{aligned} \right\} \qquad (2-8)$$

求出 p_x,p_y,p_z 在法线 N 方向投影之和,则可得到此斜面上之正应力 σ_N,即

$$\begin{aligned} \sigma_N &= p_x l + p_y m + p_z n \\ &= \sigma_x l^2 + \sigma_y m^2 + \sigma_z n^2 + 2\tau_{xy}lm + 2\tau_{yz}mn + 2\tau_{zx}nl \end{aligned} \qquad (2-9)$$

此斜面上的剪应力 τ_N 可由下式求得:

$$\tau_N^2 = p^2 - \sigma_N^2 = p_x^2 + p_y^2 + p_z^2 - \sigma_N^2 \qquad (2-10)$$

通过受力物体内任何一点都可作出无数个斜平面,这些斜平面上的正应力 σ_N 和剪应力 τ_N 一般说来都不相同。法国科学家柯西(Cauchy)曾经证明,通过受力物体内任一点,总可以

找到三个互相垂直的斜平面,在这三个互相垂直的斜平面上没有剪应力,而正应力取极值,称为主应力(这个问题可用线性代数方法直接证明,或用通常解析方法分步证明),这样的三个相互垂直的斜平面称为主平面。

主应力和主平面的方向可用下面方法求出。

设倾斜面为主平面,则在该面上 $\tau_N=0$,σ_N 即为主应力,它在三个坐标轴上的投影分别为

$$\left.\begin{aligned} p_x &= \sigma_N l \\ p_y &= \sigma_N m \\ p_z &= \sigma_N n \end{aligned}\right\} \tag{2-11}$$

将式(2-11)代入式(2-8),整理后得

$$\left.\begin{aligned} (\sigma_x-\sigma_N)l+\tau_{xy}m+\tau_{xz}n &= 0 \\ \tau_{yx}l+(\sigma_y-\sigma_N)m+\tau_{yz}n &= 0 \\ \tau_{zx}l+\tau_{zy}m+(\sigma_z-\sigma_N)n &= 0 \end{aligned}\right\} \tag{2-12}$$

此外,法线 N 的三个方向余弦必须满足关系式

$$l^2+m^2+n^2=1 \tag{2-13}$$

式(2-12)和式(2-13)共四个方程,未知数除 σ_N 外,还有 l,m,n。如果只将 l,m,n 看作未知量,则由式(2-13)可知,l,m,n 不能同时为零,而线性方程组式(2-12)有非零解的充要条件为该方程组的系数行列式等于零,即

$$\begin{vmatrix} (\sigma_x-\sigma_N) & \tau_{xy} & \tau_{xz} \\ \tau_{yx} & (\sigma_y-\sigma_N) & \tau_{yz} \\ \tau_{zx} & \tau_{zy} & (\sigma_z-\sigma_N) \end{vmatrix}=0 \tag{2-14}$$

将行列式展开得

$$\sigma_N^3-J_1\sigma_N^2-J_2\sigma_N-J_3=0 \tag{2-15}$$

式中

$$\left.\begin{aligned} J_1 &= \sigma_x+\sigma_y+\sigma_z \\ J_2 &= -(\sigma_x\sigma_y+\sigma_y\sigma_z+\sigma_z\sigma_x)+(\tau_{xy}^2+\tau_{yz}^2+\tau_{zx}^2) \\ J_3 &= \sigma_x\sigma_y\sigma_z+2\tau_{xy}\tau_{yz}\tau_{zx}-(\sigma_x\tau_{yz}^2+\sigma_y\tau_{zx}^2+\sigma_z\tau_{xy}^2) \end{aligned}\right\} \tag{2-16}$$

因为 J_1,J_2,J_3 是三个实数,可以证明,方程式(2-15)的三个根都是实根,这三个实根就是三个主应力 σ_1,σ_2 和 σ_3。主应力既是 J_1,J_2,J_3 的函数,不难理解,只要 σ_x,σ_y,$\cdots$,τ_{zx} 等应力分量已知,就可以求出三个主应力的数值。

求得主应力 σ_1 后,将其代入式(2-12)中的 σ_N,该方程组中未知数就只剩下 l,m,n。结合式(2-13),就可解出三个方向余弦,分别用 l_1,m_1,n_1 表示,这三个方向余弦所确定的就是主应力 σ_1 的方向。分别将 σ_2 和 σ_3 代入式(2-12),同样可以解得 σ_2 和 σ_3 相对于 x,y,z 坐标轴的方向。这样,三个主应力的方向就全部确定了。

当坐标的方向改变时,应力张量的各分量均将改变,但主应力值并不改变,即方程式(2-15)的根不会改变,亦即该式的系数不变。关于这一点也可以这样理解:受力物体中任一点的主应力是个物理量。也就是说,物体的几何形状和受力状态确定以后,任一点的主应力即已确定,其值与坐标的选择无关。因而,三次方程式(2-15)中的系数 J_1,J_2,J_3 应为确定值,不随坐标的选择而变化,分别称之为应力张量的第一、第二、第三不变量。

若所取坐标轴与应力主轴方向重合,因主平面上无剪应力,则由式(2-16)可得

$$\left.\begin{array}{l} J_1 = \sigma_1 + \sigma_2 + \sigma_3 \\ J_2 = -(\sigma_1\sigma_2 + \sigma_2\sigma_3 + \sigma_3\sigma_1) \\ J_3 = \sigma_1\sigma_2\sigma_3 \end{array}\right\} \qquad (2-17)$$

而平均应力可以表示为

$$\sigma_m = \frac{1}{3}J_1 = \frac{1}{3}(\sigma_1 + \sigma_2 + \sigma_3) = \frac{1}{3}(\sigma_x + \sigma_y + \sigma_z) \qquad (2-18)$$

式(2-4)所示的应力偏量 s_{ij} 也是一种应力状态,同样也有不变量。进行类似的推导,可以得到三次方程:

$$\sigma^3 - J_1'\sigma^2 - J_2'\sigma - J_3' = 0 \qquad (2-19)$$

式中

$$\left.\begin{array}{l} J_1' = (\sigma_x - \sigma_m) + (\sigma_y - \sigma_m) + (\sigma_z - \sigma_m) = s_x + s_y + s_z \\ J_2' = \frac{1}{6}\left[(\sigma_x - \sigma_y)^2 + (\sigma_y - \sigma_z)^2 + (\sigma_z - \sigma_x)^2 + 6(\tau_{xy}^2 + \tau_{yz}^2 + \tau_{zx}^2)\right] \\ \quad = -(s_x s_y + s_y s_z + s_z s_x - \tau_{xy}^2 - \tau_{yz}^2 - \tau_{zx}^2) \\ \quad = \frac{1}{2}(s_x^2 + s_y^2 + s_z^2) + \tau_{xy}^2 + \tau_{yz}^2 + \tau_{zx}^2) \\ J_3' = s_x s_y s_z + 2\tau_{xy}\tau_{yz}\tau_{zx} - s_x\tau_{yz}^2 - s_y\tau_{zx}^2 - s_z\tau_{xy}^2 \end{array}\right\} \qquad (2-20)$$

J_1'、J_2'、J_3' 分别为应力偏量的第一、第二、第三不变量,s_x,s_y 和 s_z 分别为应力偏量沿 x,y,z 轴的分量。应力偏量同样可以用主应力表示。若选取主方向为坐标轴方向,主应力偏量用 s_1,s_2,s_3 表示,即可得到用主应力表达的应力偏量不变量为

$$\left.\begin{array}{l} J_1' = s_1 + s_2 + s_3 = 0 \\ J_2' = \frac{1}{6}\left[(\sigma_1 - \sigma_2)^2 + (\sigma_2 - \sigma_3)^2 + (\sigma_3 - \sigma_1)^2\right] \\ \quad = -s_1 s_2 - s_2 s_3 - s_3 s_1 \\ J_3' = s_1 s_2 s_3 \end{array}\right\} \qquad (2-21)$$

在塑性理论中,应力偏量第二不变量 J_2' 使用得最多。

在塑性理论中引入了等效应力(或称应力强度)概念。等效应力 σ_i 不是一个实际的应力,但具有应力的因次,将它定义为

$$\begin{aligned} \sigma_i &= \frac{1}{\sqrt{2}}\sqrt{(\sigma_1 - \sigma_2)^2 + (\sigma_2 - \sigma_3)^2 + (\sigma_3 - \sigma_1)^2} \\ &= \frac{1}{\sqrt{2}}\sqrt{(\sigma_x - \sigma_y)^2 + (\sigma_y - \sigma_z)^2 + (\sigma_z - \sigma_x)^2 + 6(\tau_{xy}^2 + \tau_{yz}^2 + \tau_{zx}^2)} \\ &= \sqrt{3J_2'} \end{aligned} \qquad (2-22)$$

单向拉伸时

$$\sigma_1 = \sigma, \quad \sigma_2 = \sigma_3 = 0$$

代入式(2-22)得

$$\sigma_i = \sigma$$

与单向应力相等,"等效"的命名由此而来。

三、等斜面上的应力和最大剪应力

在塑性理论中,研究物体产生塑性变形的条件时,需要用到等斜面上的剪应力和最大剪

应力。

等斜面又称为正八面体面,它是通过变形体中任一点而与三个主平面夹角相等的平面。若取主应力方向为坐标轴,则在空间八个象限中,可以得到八个这样的平面,构成一个八面体,如图 2-6 所示。当所有这些特殊平面都通过所考查的一点时,共有四个平面。

设等斜面上法线的方向余弦分别为 l_0, m_0, n_0。既然该面的法线和三个主轴的夹角相等,根据式(2-13)得

$$l_0 = m_0 = n_0 = \frac{1}{\sqrt{3}} \qquad (2-23)$$

将此方向余弦值代入式(2-8),可以得到等斜面上合应力 p_8 的分量为

$$\left. \begin{aligned} p_{81} &= \frac{1}{\sqrt{3}}\sigma_1 \\ p_{82} &= \frac{1}{\sqrt{3}}\sigma_2 \\ p_{83} &= \frac{1}{\sqrt{3}}\sigma_3 \end{aligned} \right\} \qquad (2-24)$$

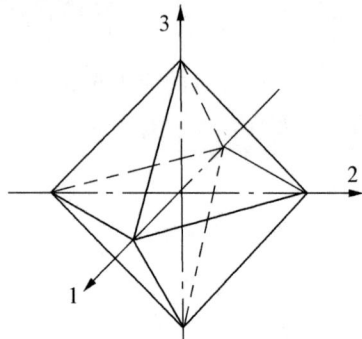

图 2-6 正八面体面

合应力 p_8 的数值为

$$p_8 = \sqrt{p_{81}^2 + p_{82}^2 + p_{83}^2} = \frac{1}{\sqrt{3}}\sqrt{\sigma_1^2 + \sigma_2^2 + \sigma_3^2} \qquad (2-25)$$

等斜面上的正应力 σ_8 和剪应力 τ_8 分别为

$$\sigma_8 = p_{81}l_0 + p_{82}m_0 + p_{83}n_0$$
$$= \frac{1}{3}(\sigma_1 + \sigma_2 + \sigma_3) = \frac{1}{3}J_1 \qquad (2-26)$$

$$\tau_8 = \sqrt{p_8^2 - \sigma_8^2} = \frac{1}{3}\sqrt{(\sigma_1-\sigma_2)^2 + (\sigma_2-\sigma_3)^2 + (\sigma_3-\sigma_1)^2}$$
$$= \sqrt{\frac{2}{3}J_2'} \qquad (2-27)$$

由此可见,等斜面上的正应力 σ_8 的数值刚好是三个主应力 $\sigma_1, \sigma_2, \sigma_3$ 的代数平均值,它与第一应力不变量 J_1 相比只差一个常数系数,可见 σ_8 也是任意坐标系中三个正应力的代数平均值,因此可称为平均应力,以 σ_m 表示。

由式(2-22)和式(2-27)可以求得等效应力 σ_i 和等斜面上的剪应力 τ_8 之间的关系为

$$\sigma_i = \frac{3}{\sqrt{2}}\tau_8 \qquad (2-28)$$

现在求最大剪应力及其作用面。

如果坐标轴与主方向重合,则任意斜面上的剪应力可由下式求得:

$$\tau_N^2 = p_N^2 - \sigma_N^2 = (\sigma_1^2 l^2 + \sigma_2^2 m^2 + \sigma_3^2 n^2) - (\sigma_1 l^2 + \sigma_2 m^2 + \sigma_3 n^2)^2 \qquad (2-29)$$

式(2-29)说明,若主应力 $\sigma_1, \sigma_2, \sigma_3$ 为已知,则任何斜平面上的剪应力值由该斜平面的法线方向余弦确定。利用关系式

$$l^2 + m^2 + n^2 = 1$$

消去式(2-29)中的 n,使 τ_N 只取决于 l 和 m,则

$$\tau_N^2 = (\sigma_1^2 - \sigma_3^2)l^2 + (\sigma_2^2 - \sigma_3^2)m^2 + \sigma_3^2 - [(\sigma_1 - \sigma_3)l^2 + (\sigma_2 - \sigma_3)m^2 + \sigma_3]^2 \qquad (2-30)$$

为了求出剪应力 τ_N 的极值,令式(2-30)分别对 l 和 m 的偏导数为零,即

$$\frac{\partial(\tau_N^2)}{\partial l} = 0, \quad \frac{\partial(\tau_N^2)}{\partial m} = 0$$

可以得到

$$\left. \begin{array}{l} l\left[(\sigma_1 - \sigma_3)l^2 + (\sigma_2 - \sigma_3)m^2 - \dfrac{1}{2}(\sigma_1 - \sigma_3)\right] = 0 \\[3mm] m\left[(\sigma_1 - \sigma_3)l^2 + (\sigma_2 - \sigma_3)m^2 - \dfrac{1}{2}(\sigma_1 - \sigma_3)\right] = 0 \end{array} \right\} \qquad (2-31)$$

显然,$l = m = 0$ 是方程组[式(2-31)]的一组解,相应有 $n = \pm 1$。这是一个主平面,面上的剪应力为零。l 和 m 不同时为零的解有两组,即

$$l = 0, \quad m = \pm\sqrt{\frac{1}{2}}, \quad n = \pm\sqrt{\frac{1}{2}} \text{ 和 } m = 0, \quad l = \pm\sqrt{\frac{1}{2}}, \quad n = \pm\sqrt{\frac{1}{2}}$$

如果由式(2-29)中消去的不是 n 而是 l,则可以得到第三组非零解为

$$n = 0, \quad m = \pm\sqrt{\frac{1}{2}}, \quad l = \pm\sqrt{\frac{1}{2}}$$

其余可能的解都是重复的。每组解都给出两个相互正交的斜平面,所有斜平面都通过一个应力主轴,且平分其余两个应力主轴之间的夹角。每组斜平面上的剪应力为极值,其值可将以上各解分别代入式(2-29)中得到,它们是

$$\left. \begin{array}{l} \tau_{23} = \pm\dfrac{1}{2}(\sigma_2 - \sigma_3) \\[3mm] \tau_{31} = \pm\dfrac{1}{2}(\sigma_1 - \sigma_3) \\[3mm] \tau_{12} = \pm\dfrac{1}{2}(\sigma_1 - \sigma_2) \end{array} \right\} \qquad (2-32)$$

如果主应力代数值的大小顺序为 $\sigma_1 > \sigma_2 > \sigma_3$,则三个剪应力中绝对值最大的一个是 τ_{31},常用 τ_{max} 表示。此外,三个剪应力之间存在着如下关系:

$$\tau_{12} + \tau_{23} + \tau_{31} = 0 \qquad (2-33)$$

每组斜平面上的正应力可按下式求得:

$$\sigma_N = \sigma_1 l^2 + \sigma_2 m^2 + \sigma_3 n^2 \qquad (2-34)$$

表 2-1 给出了以上的计算结果。

倾斜于主轴的特殊平面如图 2-7 所示。

表 2-1　主平面、主切应力平面及其面上的正应力和切应力

l	0	0	± 1	0	$\pm\sqrt{\dfrac{1}{2}}$	$\pm\sqrt{\dfrac{1}{2}}$
m	0	± 1	0	$\pm\sqrt{\dfrac{1}{2}}$	0	$\pm\sqrt{\dfrac{1}{2}}$
n	± 1	0	0	$\pm\sqrt{\dfrac{1}{2}}$	$\pm\sqrt{\dfrac{1}{2}}$	0

τ_{max}	0	0	0	$\pm\dfrac{\sigma_2-\sigma_3}{2}$	$\pm\dfrac{\sigma_1-\sigma_3}{2}$	$\pm\dfrac{\sigma_1-\sigma_2}{2}$
σ	0	0	0	$\dfrac{\sigma_2+\sigma_3}{2}$	$\dfrac{\sigma_1+\sigma_3}{2}$	$\dfrac{\sigma_1+\sigma_2}{2}$

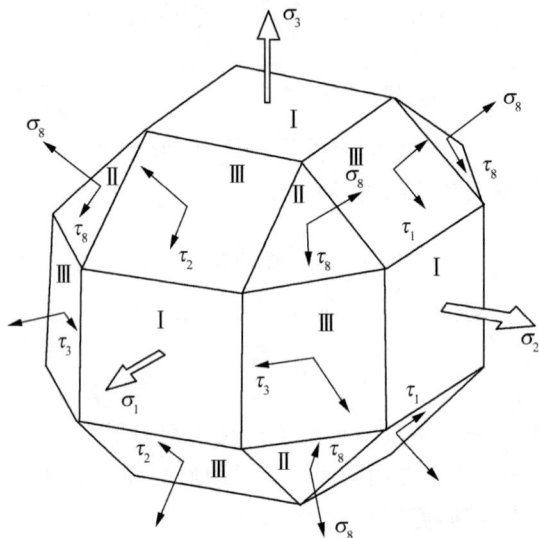

Ⅰ—主平面;Ⅱ—等斜面;Ⅲ—最大剪应力面

图 2-7　倾斜于主轴的特殊平面

四、以摩尔(Mohr)圆表示应力状态

在与主轴呈任意倾斜角度的平面上的应力状态可用摩尔圆图解法求得。

如果平行于一个主轴,并与其余两个主轴呈任何倾斜角度的平面上的应力为已知,则利用摩尔圆图解法求解应力是非常方便的。

现考虑图 2-8 所示的、与主轴 3 平行、其法线与主轴 1 呈 α 夹角的平面上的应力状态。根据式(2-34)可得

$$
\left.
\begin{aligned}
\sigma_\alpha &= \sigma_1\cos^2\alpha + \sigma_2\sin^2\alpha \\
&= \frac{\sigma_1+\sigma_2}{2} + \frac{\sigma_1-\sigma_2}{2}\cos2\alpha \\
\tau_\alpha &= -\sigma_1\cos\alpha\sin\alpha + \sigma_2\sin\alpha\cos\alpha \\
&= -\frac{\sigma_1-\sigma_2}{2}\sin2\alpha
\end{aligned}
\right\}
\tag{2-35}
$$

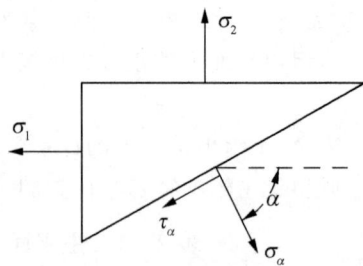

图 2-8　平行于主轴 3 的任意平面上的应力

在平行于主轴 1 或主轴 2 的平面上能得到类似的关系式。若以 τ、σ 为坐标轴,则关系式(2-35)是一个直径为($\sigma_1-\sigma_2$)的圆 B[见图 2-9(a)]。因此,利用这个圆就能直接得到与主轴 3 平行,且法线与主轴 1 的夹角为 α 的任意一个平面上的应力状态。其值为通过圆 B 的圆心

并与水平轴倾角为 2α 的半径与圆 B 交点的坐标。

同样，圆 A 表示与主轴 2 平行的平面上的应力状态。而圆 C 则表示平行于主轴 1 的平面上的应力状态[见图 2-9(b)]。位于图 2-9(a)中阴影区内的点，则对应于不平行于任何主轴的平面上的应力状态。在三个摩尔圆的每一个圆上，最大剪应力对应于角度 $2\alpha=90°$，在受力物体的任一点上则对应于 $\alpha=45°$。最大剪应力值 τ_{max} 等于最大摩尔圆的半径。

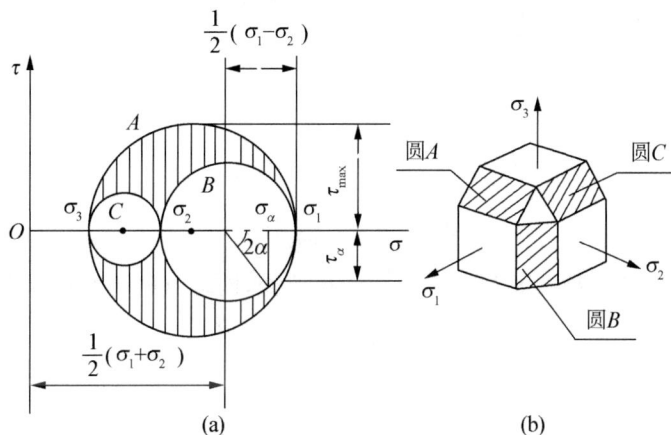

图 2-9　以 Mohr 圆表示应力状态的几何解释

§2-3　点 的 应 变 状 态

一、位移和位移分量

在外力作用下，物体可能发生两种位移。一种是与位置改变有关的位移，称为刚体位移。一种是与形状改变有关的位移，称为变形位移。塑性变形理论研究的是后一种位移。

变形位移是指物体受到外力作用时内部两点间相对位置的变化，它是连续体内点的坐标的函数。

设变形物体中某点 M 变形前的坐标为 x,y,z，变形后此点移至 M_1 点，新坐标为 x_1,y_1,z_1，则矢量 $\overrightarrow{MM_1}$ 代表此点的位移。矢量 $\overrightarrow{MM_1}$ 在 $Oxyz$ 坐标系上的投影称为位移分量，分别以 u,v,w 表示（见图 2-10）。则 M 点与 M_1 点的坐标有如下关系：

$$x_1=x+u, y_1=y+v, z_1=z+w \tag{2-36}$$

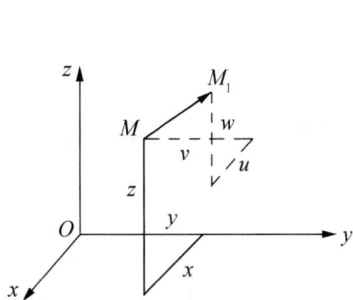

图 2-10　点的位移分量

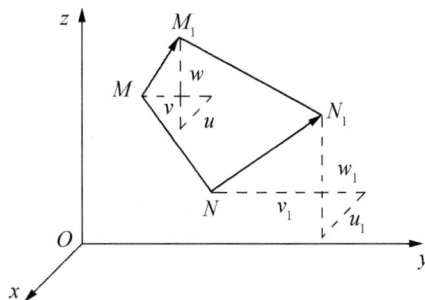

图 2-11　线段 AM 的位移

位移分量亦为坐标的连续函数,即

$$u = f_1(x, y, z), \quad v = f_2(x, y, z), \quad w = f_3(x, y, z)$$

现于无限接近点 M 处另取一点 N,其坐标分别为 $x+\mathrm{d}x, y+\mathrm{d}y, z+\mathrm{d}z$(见图 2-11)。$N$ 点位移后占据新位置 N_1 点,位移分量 u_1, v_1 和 w_1 亦可表示为 $u_1 = f_1(x+\mathrm{d}x, y+\mathrm{d}y, z+\mathrm{d}z), v_1 = f_2(x+\mathrm{d}x, y+\mathrm{d}y, z+\mathrm{d}z), w_1 = f_3(x+\mathrm{d}x, y+\mathrm{d}y, z+\mathrm{d}z)$。将位移 u_1, v_1, w_1 展开成马克劳林级数,并略去高阶微量得

$$\left. \begin{aligned} u_1 &= u + \frac{\partial u}{\partial x}\mathrm{d}x + \frac{\partial u}{\partial y}\mathrm{d}y + \frac{\partial u}{\partial z}\mathrm{d}z \\ v_1 &= v + \frac{\partial v}{\partial x}\mathrm{d}x + \frac{\partial v}{\partial y}\mathrm{d}y + \frac{\partial v}{\partial z}\mathrm{d}z \\ w_1 &= w + \frac{\partial w}{\partial x}\mathrm{d}x + \frac{\partial w}{\partial y}\mathrm{d}y + \frac{\partial w}{\partial z}\mathrm{d}z \end{aligned} \right\} \tag{2-37}$$

经位移后,直线 MN 变成了 $M_1 N_1$,由于长度改变,两端点的相对位移为

$$\left. \begin{aligned} \delta u &= u_1 - u = \frac{\partial u}{\partial x}\mathrm{d}x + \frac{\partial u}{\partial y}\mathrm{d}y + \frac{\partial u}{\partial z}\mathrm{d}z \\ \delta v &= v_1 - v = \frac{\partial v}{\partial x}\mathrm{d}x + \frac{\partial v}{\partial y}\mathrm{d}y + \frac{\partial v}{\partial z}\mathrm{d}z \\ \delta w &= w_1 - w = \frac{\partial w}{\partial x}\mathrm{d}x + \frac{\partial w}{\partial y}\mathrm{d}y + \frac{\partial w}{\partial z}\mathrm{d}z \end{aligned} \right\} \tag{2-38}$$

正是这种相对位移,引起了物体的变形,从而产生应力。

二、应变与位移的关系(几何方程)

与讨论应力状态时所采用的方法相同,首先分析直角坐标系中微小六面体的应变。

设此微小六面体的各边分别平行于 x、y、z 坐标轴,长度分别为 $\mathrm{d}x$、$\mathrm{d}y$、$\mathrm{d}z$。

当物体变形时,微小六面体将变动其位置并改变其形状,它的边长和各面之间的直角都将改变。

在研究微小六面体应变时,只要研究它在各坐标面上的投影即可。任何线应变和角应变都能在相应坐标面的投影中完全得到反映。

图 2-12 所表示的是微小六面体的一个侧面 $abcd$ 变形前、后的情况。该侧面变形前平行于 xOy 平面,变形后该侧面在 xOy 平面上的投影为 $a_1 b_1 c_1 d_1$。设 a 点的位移分量是 u 和 v,根据式(2-37),可以得到 b 点和 d 点的位移分量为

$$\left. \begin{aligned} u_b &= u + \frac{\partial u}{\partial x}\mathrm{d}x, \quad u_d = u + \frac{\partial u}{\partial y}\mathrm{d}y \\ v_b &= v + \frac{\partial v}{\partial x}\mathrm{d}x, \quad v_d = v + \frac{\partial v}{\partial y}\mathrm{d}y \end{aligned} \right\} \tag{2-39}$$

由图 2-12 还可以看出,ab 边和 ad 边在 x 轴和 y 轴方向的线应变分量分别是

$$\left. \begin{aligned} \varepsilon_x &= \frac{a_1 b_2 - ab}{ab} = \frac{\left(u + \frac{\partial u}{\partial x}\mathrm{d}x + \mathrm{d}x - u\right) - \mathrm{d}x}{\mathrm{d}x} = \frac{\partial u}{\partial x} \\ \varepsilon_y &= \frac{a_1 d_2 - ab}{ad} = \frac{\left(v + \frac{\partial v}{\partial y}\mathrm{d}y + \mathrm{d}y - v\right) - \mathrm{d}y}{\mathrm{d}y} = \frac{\partial v}{\partial y} \end{aligned} \right\} \tag{2-40}$$

而 ad 边的转角在 xOy 平面上的投影是

$$\tan a_{xy} = \frac{d_1 d_2}{a_1 d_2} = \frac{u + \dfrac{\partial u}{\partial y}\mathrm{d}y - u}{v + \dfrac{\partial v}{\partial y}\mathrm{d}y + \mathrm{d}y - v} = \frac{\dfrac{\partial u}{\partial y}}{1 + \dfrac{\partial v}{\partial y}}$$

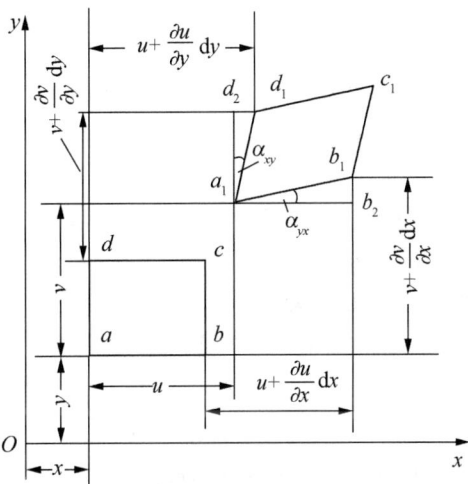

图 2 - 12　微六面体变形前后在 xOy 平面上的投影

由于所研究的是小变形,上式分母中的 $\partial v/\partial y = \varepsilon_y$ 与 1 相比很小,可以略去。此外,在转角很小的情况下,可近似取 $\tan a_{xy} = a_{xy}$,故上式可近似表示为

$$a_{xy} = \frac{\partial u}{\partial y}$$

同理,ab 边在 xOy 平面内所反映的转角可近似表示为

$$a_{yx} = \frac{\partial v}{\partial x}$$

两个转角之和即为 a 点处在 xOy 平面上的角应变,即

$$\gamma_{xy} = \gamma_{yx} = a_{xy} + a_{yx} = \frac{\partial u}{\partial y} + \frac{\partial v}{\partial x} \tag{2-41}$$

对微小六面体其余两个投影面上的应变图像进行同样分析后,也可以得出相应的线应变分量和角应变分量。这样,就可以列出下面的六个关系式:

$$\left. \begin{aligned} &\varepsilon_x = \frac{\partial u}{\partial x}, \ \gamma_{xy} = \gamma_{yx} = \frac{\partial u}{\partial y} + \frac{\partial v}{\partial x} \\ &\varepsilon_y = \frac{\partial v}{\partial y}, \ \gamma_{yz} = \gamma_{zy} = \frac{\partial v}{\partial z} + \frac{\partial w}{\partial y} \\ &\varepsilon_z = \frac{\partial w}{\partial z}, \ \gamma_{zx} = \gamma_{xz} = \frac{\partial w}{\partial x} + \frac{\partial u}{\partial z} \end{aligned} \right\} \tag{2-42}$$

式(2-42)称为几何方程,它建立了受力物体中任一点处的线应变和角应变与位移之间的微分关系。

三、应变转换公式和应变张量

现在研究变形物体中已知点处沿任意方向的伸长。

图 2-11 中直线 MN 是物体变形前无限接近的两点，直线 M_1N_1 是变形后的位置。若以 L 表示线段 MN 的原长，则

$$L^2 = \mathrm{d}x^2 + \mathrm{d}y^2 + \mathrm{d}z^2 \tag{a}$$

线段 MN 的方向余弦为

$$l = \frac{\mathrm{d}x}{L}, \quad m = \frac{\mathrm{d}y}{L}, \quad n = \frac{\mathrm{d}z}{L} \tag{b}$$

若以 L_1 表示线段 M_1N_1 的长度，根据图 2-11，有

$$L_1^2 = (\mathrm{d}x + u_1 - u)^2 + (\mathrm{d}y + v_1 - v)^2 + (\mathrm{d}z + w_1 - w)^2$$

将上式展开后得

$$L_1^2 = \mathrm{d}x^2 + \mathrm{d}y^2 + \mathrm{d}z^2 + 2\mathrm{d}x(u_1 - u) + 2\mathrm{d}y(v_1 - v) +$$
$$2\mathrm{d}z(w_1 - w) + (u_1 - u)^2 + (v_1 - v)^2 + (w_1 - w)^2 \tag{c}$$

此外，线段的原长及其相对伸长 ε 有如下关系：

$$L_1 = L(1 + \varepsilon)$$

或写成

$$L_1^2 = L^2(1 + 2\varepsilon + \varepsilon^2) \tag{d}$$

由式(c)减去式(a)，并略去增量的平方项，可以得到

$$L_1^2 - L^2 = 2\mathrm{d}x(u_1 - u) + 2\mathrm{d}y(v_1 - v) + 2\mathrm{d}z(w_1 - w) = 2L^2\varepsilon$$

或写成

$$\varepsilon = \frac{\mathrm{d}x}{L}\frac{u_1 - u}{L} + \frac{\mathrm{d}y}{L}\frac{v_1 - v}{L} + \frac{\mathrm{d}z}{L}\frac{w_1 - w}{L}$$

根据式(2-37)和式(b)，上式可改写成

$$\varepsilon = l\left(\frac{\partial u}{\partial x}\frac{\mathrm{d}x}{L} + \frac{\partial u}{\partial y}\frac{\mathrm{d}y}{L} + \frac{\partial u}{\partial z}\frac{\mathrm{d}z}{L}\right) + m\left(\frac{\partial v}{\partial x}\frac{\mathrm{d}x}{L} + \frac{\partial v}{\partial y}\frac{\mathrm{d}y}{L} + \frac{\partial v}{\partial z}\frac{\mathrm{d}z}{L}\right) +$$
$$n\left(\frac{\partial w}{\partial x}\frac{\mathrm{d}x}{L} + \frac{\partial w}{\partial y}\frac{\mathrm{d}y}{L} + \frac{\partial w}{\partial z}\frac{\mathrm{d}z}{L}\right)$$

重新组合各项后得

$$\varepsilon = \frac{\partial u}{\partial x}l^2 + \frac{\partial v}{\partial y}m^2 + \frac{\partial w}{\partial z}n^2 + \left(\frac{\partial u}{\partial y} + \frac{\partial v}{\partial x}\right)lm + \left(\frac{\partial v}{\partial z} + \frac{\partial w}{\partial y}\right)mn + \left(\frac{\partial w}{\partial x} + \frac{\partial u}{\partial z}\right)nl$$

根据几何方程式(2-42)，最后得到

$$\varepsilon = \varepsilon_x l^2 + \varepsilon_y m^2 + \varepsilon_z n^2 + \gamma_{xy}lm + \gamma_{yz}mn + \gamma_{zx}nl \tag{2-43}$$

这样，若已知某点处的六个应变量 ε_x、ε_y、ε_z、γ_{xy}、γ_{yz}、γ_{zx}，则通过该点沿任意方向的正应变 ε 可由式(2-43)求得。

式(2-43)的结构与式(2-9)相似，所不同的仅是等号右边最后三项缺少系数 2。如果把每一个 γ 化为 $2 \times \frac{1}{2}\gamma$，就可以写出下列方阵

$$\varepsilon_{ij} = \begin{bmatrix} \varepsilon_x & \frac{1}{2}\gamma_{xy} & \frac{1}{2}\gamma_{xz} \\ \frac{1}{2}\gamma_{yx} & \varepsilon_y & \frac{1}{2}\gamma_{yz} \\ \frac{1}{2}\gamma_{zx} & \frac{1}{2}\gamma_{zy} & \varepsilon_z \end{bmatrix} \tag{2-44}$$

这就是应变张量,它也是一个对称张量。

应当注意的是,应变张量中各角应变(剪应变)分量记为相应平面内总的角应变的 $\frac{1}{2}$,这样处理的优点是使整个应变图像具有对称形式,各应变分量可以和应力张量中各应力分量一一对应。这样处理的依据是无论角应变怎样发生,只要两个侧边的转角之和达到 γ 值,则与之相对应的剪应力总是一定的。

若取 $\varepsilon_{xy}=\frac{1}{2}\gamma_{xy}$,$\varepsilon_{yx}=\frac{1}{2}\gamma_{yx}$,$\varepsilon_{yz}=\frac{1}{2}\gamma_{yz}$,$\varepsilon_{zy}=\frac{1}{2}\gamma_{zy}$,$\varepsilon_{zx}=\frac{1}{2}\gamma_{zx}$,$\varepsilon_{xz}=\frac{1}{2}\gamma_{xz}$,则应变张量可以写成

$$\varepsilon_{ij}=\begin{bmatrix}\varepsilon_x & \varepsilon_{xy} & \varepsilon_{xz}\\ \varepsilon_{yx} & \varepsilon_y & \varepsilon_{yz}\\ \varepsilon_{zx} & \varepsilon_{zy} & \varepsilon_z\end{bmatrix} \tag{2-45}$$

取应变主轴方向为坐标轴方向,则剪应变分量皆为零,应变张量为

$$\varepsilon_{ij}=\begin{bmatrix}\varepsilon_1 & 0 & 0\\ 0 & \varepsilon_2 & 0\\ 0 & 0 & \varepsilon_3\end{bmatrix} \tag{2-46}$$

式中 ε_1,ε_2,ε_3 为沿应变主轴方向的线应变,称为主应变。

设平均应变为

$$\varepsilon_m=\frac{1}{3}(\varepsilon_x+\varepsilon_y+\varepsilon_z)$$

和应力张量类似,应变张量同样可以分解为两部分,即

$$\varepsilon_{ij}=\begin{bmatrix}\varepsilon_m & 0 & 0\\ 0 & \varepsilon_m & 0\\ 0 & 0 & \varepsilon_m\end{bmatrix}+\begin{bmatrix}\varepsilon_x-\varepsilon_m & \varepsilon_{xy} & \varepsilon_{xz}\\ \varepsilon_{yx} & \varepsilon_y-\varepsilon_m & \varepsilon_{yz}\\ \varepsilon_{zx} & \varepsilon_{zy} & \varepsilon_z-\varepsilon_m\end{bmatrix} \tag{2-47}$$

式(2-47)等号右边第一项为应变球张量,它表示各方向的正应变相同,为体积改变部分。等号右边第二项为应变偏量,它的三个正应变之和为零,仅代表了形状改变部分。

为了区别于应变张量 ε_{ij},应变偏量的张量通常表示为

$$e_{ij}=\begin{bmatrix}e_x & e_{xy} & e_{xz}\\ e_{yx} & e_y & e_{yz}\\ e_{zx} & e_{zy} & e_z\end{bmatrix}=\begin{bmatrix}e_x & \frac{1}{2}\gamma_{xy} & \frac{1}{2}\gamma_{xz}\\ \frac{1}{2}\gamma_{yx} & e_y & \frac{1}{2}\gamma_{yz}\\ \frac{1}{2}\gamma_{zx} & \frac{1}{2}\gamma_{zy} & e_z\end{bmatrix} \tag{2-48}$$

四、主应变和应变张量不变量

与应力张量类似,应变张量也存在着三个主应变和三个不变量。若以 ε_1,ε_2,ε_3 表示三个主应变($\varepsilon_1\geqslant\varepsilon_2\geqslant\varepsilon_3$),$I_1$,$I_2$,$I_3$ 表示应变张量的三个不变量,则

$$\left.\begin{aligned}I_1&=\varepsilon_1+\varepsilon_2+\varepsilon_3\\ I_2&=-\varepsilon_1\varepsilon_2-\varepsilon_2\varepsilon_3-\varepsilon_3\varepsilon_1\\ I_3&=\varepsilon_1\varepsilon_2\varepsilon_3\end{aligned}\right\} \tag{2-49}$$

主偏应变为 e_1,e_2,e_3，偏应变张量的三个不变量为

$$\left.\begin{array}{l} I'_1=e_1+e_2+e_3=0 \\ I'_2=-e_1e_2-e_2e_3-e_3e_1 \\ I'_3=e_1e_2e_3 \end{array}\right\} \tag{2-50}$$

使用较多的 I'_2 亦可表示为

$$I'_2=\frac{1}{6}\big[(e_x-e_y)^2+(e_y-e_z)^2+(e_z-e_x)^2+6(e_{xy}^2+e_{yz}^2+e_{zx}^2)\big]$$

$$=\frac{1}{6}\big[(\varepsilon_x-\varepsilon_y)^2+(\varepsilon_y-\varepsilon_z)^2+(\varepsilon_z-\varepsilon_x)^2+6(\gamma_{xy}^2+\gamma_{yz}^2+\gamma_{zx}^2)\big] \tag{2-51}$$

为了应用方便，令

$$\varepsilon_i=\frac{\sqrt{3}}{2}\big[(\varepsilon_x-\varepsilon_y)^2+(\varepsilon_y-\varepsilon_z)^2+(\varepsilon_z-\varepsilon_x)^2+\frac{3}{2}(\gamma_{xy}^2+\gamma_{yz}^2+\gamma_{zx}^2)\big]^{\frac{1}{2}} \tag{2-52}$$

式中，ε_i 称为应变强度，或称等效应变，如用主应变表示，也可以写作

$$\varepsilon_i=\frac{\sqrt{2}}{3}\big[(\varepsilon_1-\varepsilon_2)^2+(\varepsilon_2-\varepsilon_3)^2+(\varepsilon_3-\varepsilon_1)^2\big]^{\frac{1}{2}}=\frac{2}{\sqrt{3}}\sqrt{I'_2} \tag{2-53}$$

单向拉伸时，若材料为不可压缩，则 $\varepsilon_1=\varepsilon,\varepsilon_2=\varepsilon_3=-\frac{1}{2}\varepsilon$，代入式（2-53）可得 $\varepsilon_i=\varepsilon$。

等斜面上的应变也可用类似应力的讨论进行计算，可以得到

$$\left.\begin{array}{l} \varepsilon_8=\frac{1}{3}(\varepsilon_1+\varepsilon_2+\varepsilon_3) \\ \gamma_8=\frac{2}{3}\big[(\varepsilon_1-\varepsilon_2)^2+(\varepsilon_2-\varepsilon_3)^2+(\varepsilon_3-\varepsilon_1)^2\big]^{\frac{1}{2}} \end{array}\right\} \tag{2-54}$$

应变强度 ε_i 与等斜面上剪应变 γ_8 有如下关系：

$$\varepsilon_i=\frac{1}{\sqrt{2}}\gamma_8$$

五、应变率张量

在塑性成形的力学分析中，使用流动速度比使用位移更为方便。这是因为力学分析是建立在塑性流动理论之上的，而该理论是应变率和应力之间的关系，并不是应变和应力之间的关系。在一些实际问题中，通常也是给出速度边界条件，如给出模具速度或运动中的材料速度等。

在某一给定点，材料的流动速度由矢量 v 确定，该矢量在坐标轴的分量为 v_x、v_y、v_z。如以 dt 表示无限小的时间增量，在此时间增量内假设速度保持不变，则质点的微小位移在坐标轴上的分量为 $v_x dt$、$v_y dt$ 和 $v_z dt$。以 u、v、w 表示质点的位移分量，则

$$\left.\begin{array}{l} v_x=\dfrac{du}{dt} \\ v_y=\dfrac{dv}{dt} \\ v_z=\dfrac{dw}{dt} \end{array}\right\} \tag{2-55}$$

和以位移矢量表示应变类似，应变率和速度矢量的分量有以下关系：

$$\dot{\varepsilon}_x = \frac{\mathrm{d}}{\mathrm{d}t}\left(\frac{\partial u}{\partial x}\right) = \frac{\partial v_x}{\partial x}$$

$$\dot{\varepsilon}_y = \frac{\mathrm{d}}{\mathrm{d}t}\left(\frac{\partial v}{\partial y}\right) = \frac{\partial v_y}{\partial y}$$

$$\dot{\varepsilon}_z = \frac{\mathrm{d}}{\mathrm{d}t}\left(\frac{\partial w}{\partial z}\right) = \frac{\partial v_z}{\partial z}$$

$$\dot{\gamma}_{xy} = \frac{\mathrm{d}}{\mathrm{d}t}\left(\frac{\partial u}{\partial y}\right) + \frac{\mathrm{d}}{\mathrm{d}t}\left(\frac{\partial v}{\partial x}\right) = \frac{\partial v_x}{\partial y} + \frac{\partial v_y}{\partial x}$$

$$\dot{\gamma}_{yz} = \frac{\mathrm{d}}{\mathrm{d}t}\left(\frac{\partial v}{\partial z}\right) + \frac{\mathrm{d}}{\mathrm{d}t}\left(\frac{\partial w}{\partial y}\right) = \frac{\partial v_y}{\partial z} + \frac{\partial v_z}{\partial y}$$

$$\dot{\gamma}_{zx} = \frac{\mathrm{d}}{\mathrm{d}t}\left(\frac{\partial w}{\partial x}\right) + \frac{\mathrm{d}}{\mathrm{d}t}\left(\frac{\partial u}{\partial z}\right) = \frac{\partial v_z}{\partial x} + \frac{\partial v_x}{\partial z}$$

(2-56)

应变率张量可表示为

$$\dot{\varepsilon}_{ij} = \begin{bmatrix} \dot{\varepsilon}_x & \frac{1}{2}\dot{\gamma}_{xy} & \frac{1}{2}\dot{\gamma}_{xz} \\ \frac{1}{2}\dot{\gamma}_{yx} & \dot{\varepsilon}_y & \frac{1}{2}\dot{\gamma}_{yz} \\ \frac{1}{2}\dot{\gamma}_{zx} & \frac{1}{2}\dot{\gamma}_{zy} & \dot{\varepsilon}_z \end{bmatrix}$$

(2-57)

式(2-57)亦为对称张量。

具有重要实际意义的轴对称问题通常选用柱坐标 r,θ,z。若以 v_r 表示径向速度分量，v_θ 表示周向速度分量，v_z 表示轴向速度分量，则应变率分量为

$$\dot{\varepsilon}_r = \frac{\partial v_r}{\partial r}, \dot{\varepsilon}_\theta = \frac{1}{r}\left(v_r + \frac{\partial v_\theta}{\partial \theta}\right), \dot{\varepsilon}_z = \frac{\partial v_z}{\partial z}$$

$$\dot{\gamma}_{r\theta} = \frac{1}{r}\left(\frac{\partial v_r}{\partial \theta} - v_\theta\right) + \frac{\partial v_\theta}{\partial r}$$

$$\dot{\gamma}_{\theta z} = \frac{\partial v_\theta}{\partial z} + \frac{1}{r}\frac{\partial v_z}{\partial \theta}$$

$$\dot{\gamma}_{zr} = \frac{\partial v_z}{\partial r} + \frac{\partial v_r}{\partial z}$$

(2-58)

§2-4　平 面 问 题

在一般情况下，受力物体中任一点的应力和应变状态是 x、y、z 三个坐标的函数。所谓平面问题，是指受力物体内所有质点的三个主应力和主应变都与同一坐标轴（比如说 z 轴）无关的情形。在此情况下，点的应力和应变状态仅为两个坐标的函数，因而只需研究垂直于该轴的任一平面内的应力和应变情况即可。

平面问题可分为平面应力问题和平面应变问题两类。前者是指变形体中所有质点的三个主应力中，有一个相同方向的主应力数值为零。而后者是指变形体中所有质点的三个主应变中有一个相同方向的主应变数值为零。

例如，当作用在薄板边缘的力与板的平面平行，并且沿厚向均匀分布时，就属于平面应力

问题。此时,在板的两表面内的应力分量 σ_z,τ_{zx},τ_{zy} 均等于零,并且假设以上诸应力沿板厚亦等于零,即应力的分布是平面的。其他三个应力分量 σ_x,σ_y 和 τ_{xy} 与坐标 z 无关,即沿板厚为常数。平面应力问题中,需要确定的应变分量有 ε_x,ε_y,γ_{xy},ε_z 共四个,而且只有前面三个是独立的。

位于两个平行的刚性平板之间的变形体,当所受的外力亦与板的平面平行时,可作为平面应变问题的例子。又如长度比厚度和宽度大得多的毛料,受到沿长度均布力的作用时,距两端较远处的材料沿长度方向的位移可以忽略不计,而把变形体当作平面问题来处理。在压弯机上压弯长板条就属于这种情况。

一、平面问题中的应力、应变状态

若应力分量和应变分量与 z 轴无关,则可将方向余弦 $n=0$ 代入有关公式,只研究 xOy 平面内的应力、应变分布即可,此时,应力和应变分量中,$\tau_{yz}=\tau_{zx}=\gamma_{yz}=\gamma_{zx}=0$。

将 $n=0$ 代入式(2-13)得

$$l^2+m^2=1$$

根据定义,$l=\cos a$,故 $m=\sin a$,式中 a 为法线 N 与 x 轴之间的夹角。将这些结果代入式(2-8),得

$$\left.\begin{array}{l}p_x=\sigma_x\cos a+\tau_{xy}\sin a\\p_y=\tau_{xy}\cos a+\sigma_y\sin a\end{array}\right\} \tag{2-59}$$

根据式(2-9)和式(2-10),法线为 N 的斜面上的应力为

$$\left.\begin{array}{l}\sigma_N=\sigma_x\cos^2 a+\sigma_y\sin^2 a+\tau_{xy}\sin2a\\\tau_N=\pm\left[\dfrac{1}{2}(\sigma_y-\sigma_x)\sin2a+\tau_{xy}\cos2a\right]\end{array}\right\} \tag{2-60}$$

令式(2-60)中的 $\tau_N=0$,即可得到平面内的一个应力主轴的方向是

$$a=\frac{1}{2}\arctan\frac{2\tau_{xy}}{\sigma_x-\sigma_y} \tag{2-61}$$

平面内的另一个主轴方向与它垂直。

将平面内问题中 $\tau_{yz}=\tau_{zx}=0$ 的条件代入式(2-16)和式(2-15),得

$$(\sigma_z-\sigma_N)[\sigma_N^2-(\sigma_x+\sigma_y)\sigma_N+\sigma_x\sigma_y-\tau_{xy}^2]=0$$

由此得

$$\left.\begin{array}{l}\sigma_N-\sigma_z=0\\\sigma_N^2-(\sigma_x+\sigma_y)\sigma_N+\sigma_x\sigma_y-\tau_{xy}^2=0\end{array}\right\} \tag{2-62}$$

即得三个主应力为

$$\left.\begin{array}{l}\sigma_1\atop\sigma_2\end{array}=\frac{\sigma_x+\sigma_y}{2}\pm\frac{1}{2}\sqrt{(\sigma_x-\sigma_y)^2+4\tau_{xy}^2}\atop\sigma_3=\sigma_z\right\} \tag{2-63}$$

二、极坐标系中的几何方程

在平面问题中,当所研究的物体为圆形、环形、扇形和楔形时,采用极坐标系更为方便。图2-13给出了在极坐标系中变形物体任意点附近的位移关系。图中单元 $ABCD$ 是变形前位

置,AD 和 BC 之间的夹角为 $\mathrm{d}\theta$,半径 r 处的弧为 AB,半径 $r+\mathrm{d}r$ 处的弧为 CD。单元变形后移至新位置 $A'B'C'D'$。

设 A 点至 A' 点的径向位移为 u,切向位移为 v,则 D 点至 D' 点的径向位移为 $u+\dfrac{\partial u}{\partial r}\mathrm{d}r$,从而可以求得 AD 的径向应变为

$$\varepsilon_r = \frac{A'D'-AD}{AD} = \frac{u+\dfrac{\partial u}{\partial r}\mathrm{d}r - u}{\mathrm{d}r} = \frac{\partial u}{\partial r}$$

沿切线方向的位移由两部分组成。一部分是 B 点位移至 B' 点时,弧长 AB 增加了 $\dfrac{\partial v}{\partial \theta}\mathrm{d}\theta$。另一部分是单元 $ABCD$ 外移至新半径 $r+u$ 处时,AB 弧沿切线方向的增长,其值为 $[(r+u)\mathrm{d}\theta - r\mathrm{d}\theta]$。因此,总的切向应变是

$$\varepsilon_\theta = \frac{A'E'-AB}{AB} = \frac{\dfrac{\partial v}{\partial \theta}\mathrm{d}\theta}{r\mathrm{d}\theta} + \frac{(r+u)\mathrm{d}\theta - r\mathrm{d}\theta}{r\mathrm{d}\theta}$$

$$= \frac{\partial v}{r\partial \theta} + \frac{u}{r}$$

设剪应变为 $\gamma_{r\theta}$,其值由 $\angle DAB$ 和 $\angle D'A'B'$ 之间的变化给出,即

$$\gamma_{r\theta} = \angle D'A'F' + \angle B'A'E'$$

式中 $\angle D'A'F'$ 是 D 点经变形至 D' 点时,因环向位移 $\dfrac{\partial v}{\partial r}\mathrm{d}r$ 而产生的角度变化,其值为 $\dfrac{\partial v \mathrm{d}r}{\partial r \mathrm{d}r} = \dfrac{\partial v}{\partial r}$。必须注意的是:此角度变化中包含了 AD 边绕 O 点的刚性转动 $\angle DOF'$,由图 2-13 可以看出,此转角为 v/r,应扣除,因此得出

$$\angle D'A'F' = \frac{\partial v}{\partial r} - \frac{v}{r}$$

$\angle B'A'E'$ 是径向位移 u 产生的,其值为

$$\angle B'A'E' = \frac{\partial u}{r\partial \theta}$$

因而　　　$\gamma_{r\theta} = \dfrac{\partial v}{\partial r} + \dfrac{\partial u}{r\partial \theta} - \dfrac{v}{r}$

将求得的应变与位移的关系写在一起为

$$\left. \begin{array}{l} \varepsilon_r = \dfrac{\partial u}{\partial r} \\[2mm] \varepsilon_\theta = \dfrac{\partial v}{r\partial \theta} + \dfrac{u}{r} \\[2mm] \gamma_{r\theta} = \dfrac{\partial v}{\partial r} + \dfrac{\partial u}{r\partial \theta} - \dfrac{v}{r} \end{array} \right\} \qquad (2-64)$$

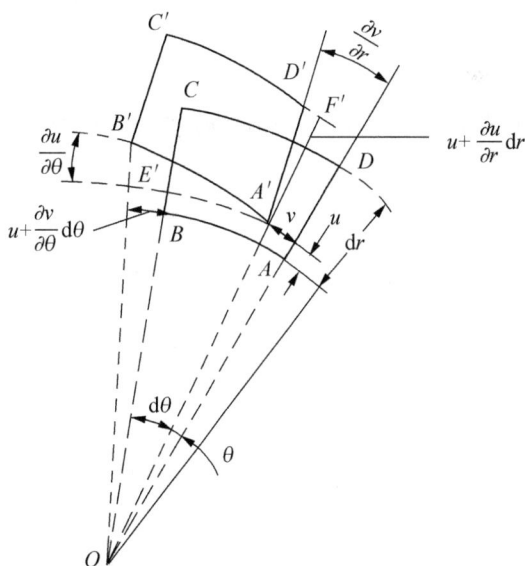

图 2-13　极坐标系中的位移关系

此即极坐标系中的几何方程。

如果位移 u 和 v 只是 r 的函数,而与 θ 无关,则称这类问题为轴对称问题,此时

$$\left.\begin{aligned}\varepsilon_r &= \frac{\mathrm{d}u}{\mathrm{d}r} \\ \varepsilon_\theta &= \frac{u}{r} \\ \gamma_{r\theta} &= \frac{\mathrm{d}v}{\mathrm{d}r} - \frac{v}{r}\end{aligned}\right\} \qquad (2-65)$$

轴对称变形问题中遇到较多的是位移 v 也等于零的情形，此时

$$\left.\begin{aligned}\varepsilon_r &= \frac{\mathrm{d}u}{\mathrm{d}r} \\ \varepsilon_\theta &= \frac{u}{r}\end{aligned}\right\} \qquad (2-66)$$

§2-5 运动方程和平衡方程

一、直角坐标系中的运动方程和平衡方程

假定在变形体中的每一点处都确定了流动速度矢量 $\boldsymbol{v}$ 和加速度矢量 $\mathrm{d}\boldsymbol{v}/\mathrm{d}t$。设变形体的质量密度为 ρ，则惯性力矢量为 $-\rho\mathrm{d}\boldsymbol{v}/\mathrm{d}t$。现在先考虑加速度 $\mathrm{d}\boldsymbol{v}/\mathrm{d}t$ 的求法。

如果考虑非稳态运动的一般情况，则速度矢量 $\boldsymbol{v}$ 不仅是坐标 x,y,z 的函数，而且也是时间 t 的函数。因此，速度矢量 $\boldsymbol{v}$ 是四个独立变量的函数，即 $\boldsymbol{v}=\boldsymbol{v}(x,y,z,t)$，其分量分别为

$$v_x = v_x(x,y,z,t), \quad v_y = v_y(x,y,z,t), \quad v_z = v_z(x,y,z,t)$$

首先考虑沿 x 轴方向的加速度分量。在一个短的时间增量 δt 的期间内，速度分量 v_x 的改变为

$$\delta v_x = \frac{\partial v_x}{\partial t}\delta t + \frac{\partial v_x}{\partial x}\delta x + \frac{\partial v_x}{\partial y}\delta y + \frac{\partial v_x}{\partial z}\delta z$$

上式中 $\delta x,\delta y,\delta z$ 分别为在时间增量 δt 期间质点沿坐标轴 x,y,z 的位移分量。以 δt 除上式后可得

$$\frac{\delta v_x}{\delta t} = \frac{\partial v_x}{\partial t} + \frac{\partial v_x}{\partial x}\frac{\delta x}{\delta t} + \frac{\partial v_x}{\partial y}\frac{\delta y}{\delta t} + \frac{\partial v_x}{\partial z}\frac{\delta z}{\delta t}$$

如果时间增量 δt 趋近于零，则可用微分代替差分，上式可写为

$$\begin{aligned}\frac{\mathrm{d}v_x}{\mathrm{d}t} &= \frac{\partial v_x}{\partial t} + \frac{\partial v_x}{\partial x}\frac{\mathrm{d}x}{\mathrm{d}t} + \frac{\partial v_x}{\partial y}\frac{\mathrm{d}y}{\mathrm{d}t} + \frac{\partial v_x}{\partial z}\frac{\mathrm{d}z}{\mathrm{d}t} \\ &= \frac{\partial v_x}{\partial t} + v_x\frac{\partial v_x}{\partial x} + v_y\frac{\partial v_x}{\partial y} + v_z\frac{\partial v_x}{\partial z}\end{aligned} \qquad (2-67a)$$

同时，沿 y 轴和 z 轴方向的加速度分量为

$$\frac{\mathrm{d}v_y}{\mathrm{d}t} = \frac{\partial v_y}{\partial t} + v_x\frac{\partial v_y}{\partial x} + v_y\frac{\partial v_y}{\partial y} + v_z\frac{\partial v_y}{\partial z} \qquad (2-67b)$$

$$\frac{\mathrm{d}v_z}{\mathrm{d}t} = \frac{\partial v_z}{\partial t} + v_x\frac{\partial v_z}{\partial x} + v_y\frac{\partial v_z}{\partial y} + v_z\frac{\partial v_z}{\partial z} \qquad (2-67c)$$

求得了加速度分量以后，就可以进一步分析变形体的运动和平衡问题。

如果物体内质点处于运动状态，则微六面体的静力和惯性力应当平衡，即应满足以下六个方程：

$$\sum F_x = 0\,, \quad \sum F_y = 0\,, \quad \sum F_z = 0$$
$$\sum M_x = 0\,, \quad \sum M_y = 0\,, \quad \sum M_z = 0$$

先应用平衡条件 $\sum F_x = 0$，参照图 2-14，假定微体的体积力沿坐标的分量为 X,Y 和 Z，可以得出

$$\left(\sigma_x + \frac{\partial \sigma_x}{\partial x}\mathrm{d}x\right)\mathrm{d}y\mathrm{d}z - \sigma_x \mathrm{d}y\mathrm{d}z + \left(\tau_{xy} + \frac{\partial \tau_{xy}}{\partial y}\mathrm{d}y\right)\mathrm{d}z\mathrm{d}x - \tau_{xy}\mathrm{d}z\mathrm{d}x +$$

$$\left(\tau_{xz} + \frac{\partial \tau_{xz}}{\partial z}\mathrm{d}z\right)\mathrm{d}x\mathrm{d}y - \tau_{xz}\mathrm{d}x\mathrm{d}y + X\mathrm{d}x\mathrm{d}y\mathrm{d}z$$

$$= \rho \frac{\mathrm{d}v_x}{\mathrm{d}t}\mathrm{d}x\mathrm{d}y\mathrm{d}z$$

上式经整理可以得到下列方程组的第一式。利用平衡条件 $\sum F_y = 0$ 和 $\sum F_z = 0$，则可以得到下列方程组的第二式和第三式。

$$\left.\begin{array}{l} \dfrac{\partial \sigma_x}{\partial x} + \dfrac{\partial \tau_{xy}}{\partial y} + \dfrac{\partial \tau_{xz}}{\partial z} + X = \rho \dfrac{\mathrm{d}v_x}{\mathrm{d}t} \\[2mm] \dfrac{\partial \tau_{yx}}{\partial x} + \dfrac{\partial \sigma_y}{\partial y} + \dfrac{\partial \tau_{yz}}{\partial z} + Y = \rho \dfrac{\mathrm{d}v_y}{\mathrm{d}t} \\[2mm] \dfrac{\partial \tau_{zx}}{\partial x} + \dfrac{\partial \tau_{zy}}{\partial y} + \dfrac{\partial \sigma_z}{\partial z} + Z = \rho \dfrac{\mathrm{d}v_z}{\mathrm{d}t} \end{array}\right\} \tag{2-68}$$

此式称为平衡微分方程，又称纳维叶（Navier）方程。由于所截取的平行六面体是无限小的，所以式（2-68）实际上表示过一点的三个正交微平面上的九个应力分量所应满足的条件。

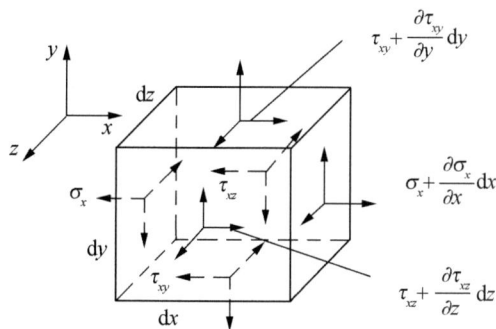

图 2-14　平行于 x 轴的各应力分量　　　　图 2-15　微体侧面应力对 x 轴的主矩

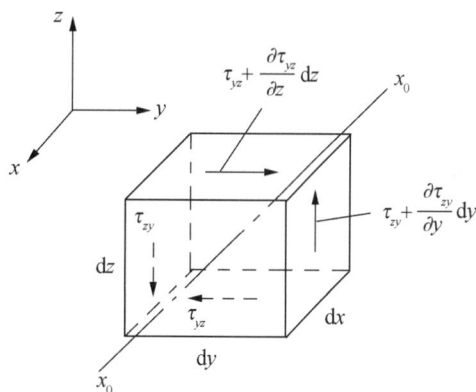

现在讨论第二组平衡条件，即微小六面体各侧面应力对坐标轴的主矩为零。取 $\sum M_x = 0$，为简单起见，以通过微体中心的轴线 $x_0 - x_0$ 为转轴，如图 2-15 所示。由图可知，只有四个应力分量对此轴有矩，于是得

$$\left(\tau_{yz} + \frac{\partial \tau_{yz}}{\partial z}\mathrm{d}z\right)\mathrm{d}x\mathrm{d}y\,\frac{\mathrm{d}z}{2} + \tau_{yz}\mathrm{d}x\mathrm{d}y\,\frac{\mathrm{d}z}{2} - \left(\tau_{zy} + \frac{\partial \tau_{zy}}{\partial y}\mathrm{d}y\right)\mathrm{d}z\mathrm{d}x\,\frac{\mathrm{d}y}{2} - \tau_{zy}\mathrm{d}z\mathrm{d}x\,\frac{\mathrm{d}y}{2} = 0$$

略去高阶微量，经整理后得 $\tau_{yz} = \tau_{zy}$。同理取 $\sum M_y = 0$ 和 $\sum M_z = 0$，可得另外两式，此即剪应力互等定理，可表示为

$$\left.\begin{array}{l} \tau_{xy} = \tau_{yx} \\ \tau_{yz} = \tau_{zy} \\ \tau_{zx} = \tau_{xz} \end{array}\right\} \tag{2-69}$$

剪应力互等定理可统一叙述如下：两个互相垂直的平面上的剪应力，其垂直于两平面交线的分量大小相等，而方向均指向或均背离此交线。由于剪应力互等具有普遍性，故对剪应力两个下标的顺序不必严格规定。

二、平面问题在极坐标系中的平衡方程

为简单起见，这里只讨论静力平衡，即略去惯性力和体积力的影响。

设取如图 2-16 所示的微体，厚度方向取单位尺寸，微体的径向边长和内弧长度分别为 dr 和 $rd\theta$。

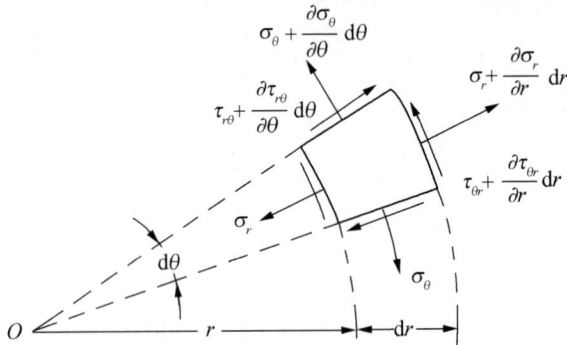

图 2-16　极坐标系中的应力标号

如果将所有作用于微体上的力投影于半径方向（r 向）和与半径垂直的方向（θ 向），略去高阶微量，可以得到沿 r 方向和沿 θ 方向的平衡方程分别为

$$\left.\begin{array}{l} \dfrac{\partial \sigma_r}{\partial r}+\dfrac{1}{r}\dfrac{\partial \tau_{r\theta}}{\partial \theta}+\dfrac{\sigma_r-\sigma_\theta}{r}=0 \\[3mm] \dfrac{1}{r}\dfrac{\partial \sigma_\theta}{\partial \theta}+\dfrac{\partial \tau_{r\theta}}{\partial r}+\dfrac{2\tau_{r\theta}}{r}=0 \end{array}\right\} \qquad (2-70)$$

如果应力分量只与 r 有关，而与 θ 无关，则成为轴对称问题，此时有

$$\left.\begin{array}{l} \dfrac{d\sigma_r}{dr}+\dfrac{\sigma_r-\sigma_\theta}{r}=0 \\[3mm] \dfrac{d\tau_{r\theta}}{dr}+\dfrac{2\tau_{r\theta}}{r}=0 \end{array}\right\} \qquad (2-71)$$

将式（2-71）的第二式乘以 r^2 后再积分，得到 $\tau_{r\theta}$ 可能的解为

$$\tau_{r\theta}=\frac{c}{r^2}$$

式中，c 是积分常数。$c \neq 0$ 的解仅属特殊问题。轴对称变形问题中遇到较多的是 $\tau_{r\theta}$ 也等于零的情况，此时，平衡方程只剩下一个，即

$$\frac{d\sigma_r}{dr}+\frac{\sigma_r-\sigma_\theta}{r}=0 \qquad (2-72)$$

三、圆柱坐标系中的运动方程和平衡方程

在圆柱坐标系 r,θ,z 中，运动方程为

$$\frac{\partial \sigma_r}{\partial r}+\frac{1}{r}\frac{\partial \tau_{r\theta}}{\partial \theta}+\frac{\partial \tau_{rz}}{\partial z}+\frac{\sigma_r-\sigma_\theta}{r}$$

$$=\rho\left(\frac{\partial v_r}{\partial t}+v_r\frac{\partial v_r}{\partial r}+\frac{v_\theta}{r}\frac{\partial v_r}{\partial \theta}+v_z\frac{\partial v_r}{\partial z}-\frac{v_\theta^2}{r}\right)$$

$$\frac{\partial \tau_{r\theta}}{\partial r}+\frac{1}{r}\frac{\partial \sigma_\theta}{\partial \theta}+\frac{\partial \tau_{\theta z}}{\partial z}+\frac{2\tau_{r\theta}}{r}$$

$$=\rho\left(\frac{\partial v_\theta}{\partial t}+v_r\frac{\partial v_\theta}{\partial r}+\frac{v_\theta}{r}\frac{\partial v_\theta}{\partial \theta}+v_z\frac{\partial v_\theta}{\partial z}-\frac{v_r v_\theta}{r}\right) \qquad (2-73)$$

$$\frac{\partial \tau_{rz}}{\partial r}+\frac{1}{r}\frac{\partial \tau_{\theta z}}{\partial \theta}+\frac{\partial \sigma_z}{\partial z}+\frac{\tau_{rz}}{r}$$

$$=\rho\left(\frac{\partial v_z}{\partial t}+v_r\frac{\partial v_r}{\partial r}+\frac{v_\theta}{r}\frac{\partial v_z}{\partial \theta}+v_z\frac{\partial v_r}{\partial z}-\frac{v_\theta^2}{r}\right)$$

式(2-73)中的 v_r,v_θ,v_z 分别为速度 v 在坐标 r,θ,z 方向上的分量,如图 2-17 所示,ρ 为质量。

　　在实际问题中,轴对称情况具有重要意义,此时,所有应力和速度分量与坐标 θ 无关,并且有 $\tau_{r\theta}=\tau_{\theta z}=0$ 和 $v_\theta=0$,式(2-73)具有非常简单的形式:

$$\left. \begin{aligned} \frac{\partial \sigma_r}{\partial r}+\frac{\partial \tau_{rz}}{\partial z}+\frac{\sigma_r-\sigma_\theta}{r}&=\rho\left(\frac{\partial v_r}{\partial t}+v_r\frac{\partial v_r}{\partial r}+v_z\frac{\partial v_r}{\partial z}\right) \\ \frac{\partial \tau_{rz}}{\partial r}+\frac{\partial \tau_z}{\partial z}+\frac{\tau_{rz}}{r}&=\rho\left(\frac{\partial v_z}{\partial t}+v_r\frac{\partial v_r}{\partial r}+v_r\frac{\partial v_z}{\partial z}\right) \end{aligned} \right\}$$

$$(2-74)$$

　　当应力和速度分量仅取决于半径 r 时,可采用球坐标系 r,θ,φ,此时,$v_\theta=v_\varphi=0$,$\tau_{r\theta}=\tau_{r\varphi}=0$ 和 $\sigma_\theta=\sigma_\varphi$,运动方程为

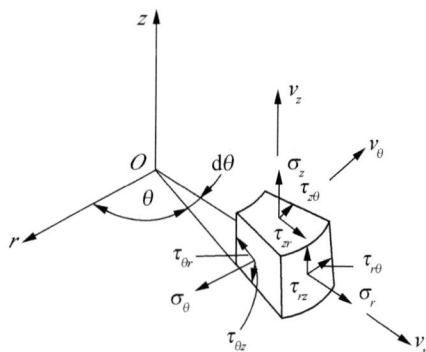

图 2-17　圆柱坐标系中的应力和速度

$$\frac{\partial \sigma_r}{\partial r}+2\frac{\sigma_r-\sigma_\theta}{r}=\rho\left(\frac{\partial v_r}{\partial t}+v_r\frac{\partial v_r}{\partial r}\right) \qquad (2-75)$$

　　如果塑性流动过程中,变形体质点的加速度很小,则惯性力可以忽略,运动方程式(2-68)、式(2-73)~式(2-75)的等号右端皆为零,这些方程式就是通常所说的平衡方程。

§2-6　协　调　方　程

　　在直角坐标系中,由几何方程[式(2-42)]可以看出,一点的应变状态要由六个应变分量表示,但这六个应变分量仅取决于三个位移分量。也就是说,如果变形体中的三个位移分量 u、v、w 为已知函数,则根据式(2-42),六个应变分量也就确定了。由此可知,这六个应变分量并不是都可以任意变化的,它们之间必然存在着某种关系,这个关系就是应变协调方程,或称应变连续条件。为了确立这些关系,从六个应变方程中消去位移分量,就可以得到各应变分量之间的关系。

　　三维问题协调方程很少应用,以下仅限于推导平面问题的协调方程。

　　将几何方程[式(2-42)]中的第一式对 y 求二次偏导数,第二式对 x 求二次偏导数后,分

别得到

$$\frac{\partial^2 \varepsilon_x}{\partial y^2}=\frac{\partial^3 u}{\partial x \partial y^2}, \quad \frac{\partial^2 \varepsilon_y}{\partial x^2}=\frac{\partial^3 v}{\partial y \partial x^2}$$

将上面两式相加后可以得到

$$\frac{\partial^2 \varepsilon_x}{\partial y^2}+\frac{\partial^2 \varepsilon_y}{\partial x^2}=\frac{\partial^2}{\partial x \partial y}\left(\frac{\partial u}{\partial y}+\frac{\partial v}{\partial x}\right)=\frac{\partial^2 \gamma_{xy}}{\partial x \partial y}$$

由上式可知,如果已知线应变的两个函数 ε_x 和 ε_y,则剪应变 γ_{xy} 亦被确定,即

$$\gamma_{xy}=\iint\left[\frac{\partial^2 \varepsilon_x}{\partial y^2}+\frac{\partial^2 \varepsilon_y}{\partial x^2}\right]\mathrm{d}x\mathrm{d}y$$

同理可以导出另外两个平面内的应变关系式,将它们写在一起,即为平面问题的变形协调方程:

$$\left.\begin{aligned}\frac{\partial^2 \varepsilon_x}{\partial y^2}+\frac{\partial^2 \varepsilon_y}{\partial x^2}&=\frac{\partial^2 \gamma_{xy}}{\partial x \partial y}\\ \frac{\partial^2 \varepsilon_y}{\partial z^2}+\frac{\partial^2 \varepsilon_z}{\partial y^2}&=\frac{\partial^2 \gamma_{yz}}{\partial y \partial z}\\ \frac{\partial^2 \varepsilon_z}{\partial x^2}+\frac{\partial^2 \varepsilon_x}{\partial z^2}&=\frac{\partial^2 \gamma_{zx}}{\partial z \partial x}\end{aligned}\right\} \tag{2-76}$$

变形协调方程的物理含义是:物体在变形前是连续的,变形后仍应连续。或者说,变形后物体内部不应出现空隙或重叠。因此,变形体内的各平行六面微体的应变不是任意的,而应当满足变形协调方程。例如,两个相邻的微六面体的公共侧面上各点的应变应当相同,以保证变形后两侧面仍紧贴。

如果已知物体的受力情况,并求得了物体各点的位移分量,则按几何方程[式(2-42)]求得的各应变分量就能够自动满足连续条件,因为它们是由几何方程直接求得的。

为了导出极坐标系中的协调方程,只需将方程组[式(2-64)]中的 u 和 v 消去。为此,可将方程组[式(2-64)]中的第二式对 r 求偏导、第三式对 θ 求偏导,并将后者除以 r,再相减得

$$\frac{\partial \varepsilon_\theta}{\partial r}-\frac{1}{r}\frac{\partial \gamma_{r\theta}}{\partial \theta}=\frac{1}{r}\frac{\partial u}{\partial r}-\frac{u}{r^2}-\frac{1}{r^2}\frac{\partial^2 u}{\partial \theta^2}$$

将上式乘以 r^2,并利用关系式 $\partial u/\partial r=\varepsilon_r$,可得

$$r^2\frac{\partial \varepsilon_\theta}{\partial r}-r\frac{\partial \gamma_{r\theta}}{\partial \theta}=r\varepsilon_r-u-\frac{\partial^2 u}{\partial \theta^2}$$

将上式对 r 求偏导,并将式(2-64)中第一式对 θ 求二次偏导,同时消去 u,可得

$$\frac{\partial \gamma_{r\theta}}{\partial \theta}+r\frac{\partial^2 \gamma_{r\theta}}{\partial \theta \partial r}=\frac{\partial^2 \varepsilon_r}{\partial \theta^2}+r^2\frac{\partial^2 \varepsilon_\theta}{\partial r^2}+2r\frac{\partial \varepsilon_\theta}{\partial r}-r\frac{\partial \varepsilon_r}{\partial r} \tag{2-77}$$

式(2-77)就是极坐标系中的协调方程。如果处理的是轴对称变形问题,即应变分量与 θ 无关,则可以得到

$$\frac{\mathrm{d}}{\mathrm{d}r}\left[\frac{\mathrm{d}}{\mathrm{d}r}(r\varepsilon_\theta)-\varepsilon_r\right]=0$$

或写为

$$\frac{\mathrm{d}}{\mathrm{d}r}(r\varepsilon_\theta)-\varepsilon_r=常数$$

如果物体变形前没有预应变,积分常数显然为零。直接由式(2-66)亦可推出上式的常数为

零。故轴对称问题的协调方程为

$$\varepsilon_r = \frac{\mathrm{d}}{\mathrm{d}r}(r\varepsilon_\theta)$$

或写成

$$\frac{\mathrm{d}\varepsilon_\theta}{\mathrm{d}r} = \frac{\varepsilon_r - \varepsilon_\theta}{r} \tag{2-78}$$

§2-7　体　积　变　化

物体在受力状态下,总会有弹性变形,故体积总会有所变化。本节将讨论变形体中任一质点处的体积变化与应变之间的关系。

沿应变主轴取一微小立方体,变形前边长为 l_1, l_2, l_3,变形后边长为 l_1', l_2', l_3'。变形前体积为 $V = l_1 l_2 l_3$。变形后体积为 $V' = l_1' l_2' l_3'$。体积变化为

$$\begin{aligned}
\theta &= \frac{\Delta V}{V} = \frac{V' - V}{V} = \frac{l_1' l_2' l_3'}{l_1 l_2 l_3} - 1 \\
&= (1+\varepsilon_1)(1+\varepsilon_2)(1+\varepsilon_3) - 1 \\
&= \varepsilon_1 + \varepsilon_2 + \varepsilon_3 + \varepsilon_1\varepsilon_2 + \varepsilon_2\varepsilon_3 + \varepsilon_3\varepsilon_1 + \varepsilon_1\varepsilon_2\varepsilon_3
\end{aligned}$$

因为弹性变形时应变值很小,上式可略去高阶微量,再利用第一应变不变量换算关系,就可以得到体积变化与应变的关系为

$$\begin{aligned}
\theta &= \varepsilon_1 + \varepsilon_2 + \varepsilon_3 \\
&= \varepsilon_x + \varepsilon_y + \varepsilon_z \\
&= I_1
\end{aligned} \tag{2-79}$$

显然,体积变化是由弹性变形所引起的,在金属成形工作中,它与塑性变形大小相比是个微量。因此,在塑性变形问题中,为了解题方便,常忽略体积变化,即假设

$$\varepsilon_1 + \varepsilon_2 + \varepsilon_3 = \varepsilon_x + \varepsilon_y + \varepsilon_z = 0$$

这就是体积不变条件的数学表示式。

§2-8　弹性变形时的应力-应变关系

以上各节基本上分别讨论了应力和应变,建立了连续介质力学的一般方程。但是我们知道,受力物体的应力和应变之间是存在着确定的数量关系的,这种数量关系除了与材料种类、变形条件等有关外,还与变形程度有关。在弹性变形阶段和塑性变形阶段,应力和应变之间的数量关系是不同的。本节将讨论弹性变形阶段的应力-应变关系。

均匀、连续、各向同性物体在弹性变形阶段的应力-应变关系可用胡克定律表示。

单向拉压和纯剪时,胡克定律表示式分别为

$$\varepsilon = \frac{\sigma}{E}, \quad \gamma = \frac{\tau}{G}$$

式中,E 为杨氏模量;G 为剪切弹性模量。材料受一个方向拉伸时,必然伴随着另外两个与之垂直方向的收缩,收缩比

$$\mu = 侧向应变/轴向应变$$

称为泊松比,其值随材料种类而定。常数 E、G 和 μ 之间存在着如下关系:

$$G = \frac{E}{2(1+\mu)}$$

将胡克定律推广至三向应力状态,即得如下形式的广义胡克定律

$$\left. \begin{array}{l} \varepsilon_x = \dfrac{1}{E}[\sigma_x - \mu(\sigma_y + \sigma_z)], \gamma_{xy} = \dfrac{\tau_{xy}}{G} \\[2mm] \varepsilon_y = \dfrac{1}{E}[\sigma_y - \mu(\sigma_z + \sigma_x)], \gamma_{yz} = \dfrac{\tau_{yz}}{G} \\[2mm] \varepsilon_z = \dfrac{1}{E}[\sigma_z - \mu(\sigma_x + \sigma_y)], \gamma_{zx} = \dfrac{\tau_{zx}}{G} \end{array} \right\} \tag{2-80}$$

为了与塑性变形时的应力-应变关系相对照,式(2-80)可转化为另一种形式。为此,将式(2-80)的三个正应变相加,并引进平均应变 $\varepsilon_m = \frac{1}{3}(\varepsilon_x + \varepsilon_y + \varepsilon_z)$ 和平均应为 $\sigma_m = \frac{1}{3}(\sigma_x + \sigma_y + \sigma_z)$,得

$$\varepsilon_m = \frac{1-2\mu}{E}\sigma_m \tag{2-81}$$

由式(2-80)减去式(2-81),整理后可以得到广义胡克定律的通式为

$$\left. \begin{array}{l} \sigma_x - \sigma_m = 2G(\varepsilon_x - \varepsilon_m), \tau_{xy} = G\gamma_{xy} \\[1mm] \sigma_y - \sigma_m = 2G(\varepsilon_y - \varepsilon_m), \tau_{yz} = G\gamma_{yz} \\[1mm] \sigma_z - \sigma_m = 2G(\varepsilon_z - \varepsilon_m), \tau_{zx} = G\gamma_{zx} \end{array} \right\} \tag{2-82a}$$

式(2-82a)也可以写成

$$\frac{\sigma_x - \sigma_y}{\varepsilon_x - \varepsilon_y} = \frac{\sigma_y - \sigma_z}{\varepsilon_y - \varepsilon_z} = \frac{\sigma_z - \sigma_x}{\varepsilon_z - \varepsilon_x} = \frac{\tau_{xy}}{\frac{1}{2}\gamma_{xy}} = \frac{\tau_{yz}}{\frac{1}{2}\gamma_{yz}} = \frac{\tau_{zx}}{\frac{1}{2}\gamma_{zx}} = 2G \tag{2-82b}$$

或

$$\frac{\sigma_x - \sigma_m}{\varepsilon_x - \varepsilon_m} = \frac{\sigma_y - \sigma_m}{\varepsilon_y - \varepsilon_m} = \frac{\sigma_z - \sigma_m}{\varepsilon_z - \varepsilon_m} = \frac{\tau_{xy}}{\frac{1}{2}\gamma_{xy}} = \frac{\tau_{yz}}{\frac{1}{2}\gamma_{yz}} = \frac{\tau_{zx}}{\frac{1}{2}\gamma_{zx}} = 2G \tag{2-82c}$$

如果以主轴为坐标系,显然可见,胡克定律假设三个主应变和三个主应力的方向重合,二者之间仅差一个比例系数 $2G$。

应该指出,式(2-82a)中的六个式子只有五个是独立的,连同式(2-81)共得六个独立方程。

根据式(2-78)和式(2-81)得到弹性变形时的体积变化与应力之间的关系为

$$\begin{aligned} \theta &= 3\varepsilon_m = \frac{3(1-2\mu)}{E}\sigma_m \\[2mm] &= \frac{1-2\mu}{E}(\sigma_x + \sigma_y + \sigma_z) \end{aligned} \tag{2-83}$$

§2-9 屈 服 条 件

一、屈服条件的意义

塑性理论的重要问题之一是找出受力物体由弹性状态过渡到塑性状态的条件,即通常所

说的屈服条件。在单向拉伸时,这个条件就是 $\sigma=\sigma_s$,σ_s 是材料的一个物理常数,称为屈服应力。现在的问题是:在复杂应力状态下屈服条件是否存在,并如何用一个统一的函数形式表达。

如前所述,表示复杂应力状态的最简便的方法是利用三个主应力,故可将屈服条件表示成三个主应力的函数:

$$f(\sigma_1,\sigma_2,\sigma_3)=c$$

式中,c 是材料的性能常数。此外,塑性状态是材料的一种物理状态,不应与坐标的选择有关,故最好用应力张量不变量表示屈服条件,即

$$f(J_1,J_2,J_3)=c$$

实验已经证实,静水压力单独作用时,金属只有弹性变形。因此可以断言,平均应力的大小与屈服无关。故屈服条件应该用应力偏量的不变量表示。此时,因为 $J_1'=0$,故有

$$f(J_2',J_3')=c \tag{2-84}$$

若假设材料是初始各向同性的,则一组偏应力 σ_1',σ_2',σ_3' 引起屈服时,一组反号的偏应力 $-\sigma_1'$,$-\sigma_2'$,$-\sigma_3'$ 同样也会引起屈服。因此,三次式 J_3' 要么不进入屈服条件,要么以偶次方形式进入屈服条件。

因为 J_2' 和 J_3' 是应力的函数,故式(2-84)表示的是应力空间的一个曲面。如果应力状态由位于曲面内部的点来确定,则材料处于弹性状态。位于曲面上的点则对应着材料发生塑性变形的应力状态。这样的曲面通常称为屈服面。

在塑性成形力学计算中,通常采用以下两个基本的屈服条件:

(1)屈雷斯卡(Tresca)屈服条件,也称最大剪应力屈服条件。

(2)米塞斯(Mises)屈服条件,有些文献中称之为常数形变能屈服条件。

二、屈雷斯卡(Tresca)屈服条件

1864 年,法国工程师 Tresca 发表了他将软金属挤过各种模孔时塑性流动的实验结果。由这些实验结果他得出结论:当最大剪应力达到一个临界值时,塑性流动开始。若将主应力的大小顺序定为 $\sigma_1>\sigma_2>\sigma_3$,则 Tresca 屈服条件可表示为

$$\sigma_1-\sigma_3=2k \tag{2-85}$$

式中,k 为材料常数。式(2-85)也可以用应力偏量不变量 J_2' 和 J_3' 表示,但结果复杂,无实际意义。

材料常数 k 可用单向拉伸实验或纯剪实验确定。单向拉伸时,$\sigma_1=\sigma_s$,$\sigma_2=\sigma_3=0$,代入式(2-85)得

$$k=\frac{\sigma_s}{2} \tag{2-86}$$

若用纯剪实验时,τ_s 为材料的抗剪屈服极限,则有 $\sigma_1=\tau_s$,$\sigma_2=0$,$\sigma_3=-\tau_s$。代入式(2-85)得

$$k=\tau_s \tag{2-87}$$

比较式(2-86)和式(2-87)可知,若 Tresca 屈服条件正确,则必有

$$\sigma_s=2\tau_s \tag{2-88}$$

以后将会看出,对于多数材料来说,式(2-88)只能近似成立。

在以主应力 σ_1,σ_2,σ_3 为坐标的应力空间中,若不规定 $\sigma_1>\sigma_2>\sigma_3$,则 Tresca 屈服条件应表

示为

$$\left.\begin{array}{l} \sigma_1 - \sigma_2 = \pm 2k \\ \sigma_2 - \sigma_3 = \pm 2k \\ \sigma_3 - \sigma_1 = \pm 2k \end{array}\right\} \tag{2-89}$$

式(2-89)在主坐标系中表示六个平面,由它们可以构成一个正六棱柱面,柱面的母线则平行于 $\sigma_1 = \sigma_2 = \sigma_3$ 轴线,如图 2-18 所示。

应用 Tresca 屈服条件时,需要预先知道主应力的大小顺序。在一些实际问题中,若主应力方向可以预测,大小顺序可以根据物体的受力情况和几何特点预知,则应用 Tresca 屈服条件比较方便。但在一般情况下,主应力的大小顺序是未知的,这时 Tresca 屈服条件表达式为

$$[(\sigma_1 - \sigma_2)^2 - 4k^2][(\sigma_2 - \sigma_3)^2 - 4k^2][(\sigma_3 - \sigma_1)^2 - 4k^2] = 0 \tag{2-90}$$

式(2-90)也可以写成应力偏量不变量表达式:

$$4J_2'^3 - 27J_3'^2 - 36k^2 J_2'^2 + 96k^4 J_2' - 64k^6 = 0 \tag{2-91}$$

显然式(2-91)非常复杂,没有实用价值。

在平面应力状态并规定 $\sigma_3 = 0$ 的情况下,式(2-89)成为

$$\left.\begin{array}{l} \sigma_1 - \sigma_2 = \pm 2k \\ \sigma_1 = \pm 2k \\ \sigma_2 = \pm 2k \end{array}\right\} \tag{2-92}$$

在 $\sigma_1 O \sigma_2$ 平面上,式(2-92)相当于六条直线,构成了图 2-19 所示的六边形,此六边形也就是图 2-18 所示的六棱柱面与 $\sigma_3 = 0$ 平面相截时交出的曲线。

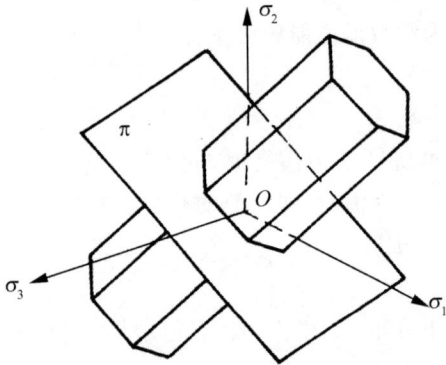

图 2-18　在主应力空间中 Tresca
屈服条件的几何表示

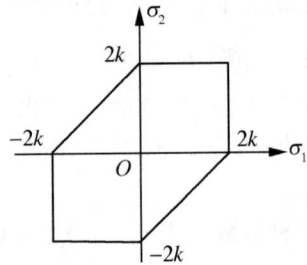

图 2-19　平面应力状态下 Tresca
屈服条件的几何表示

三、米塞斯(Mises)屈服条件

Tresca 屈服条件虽被接受,但它没有考虑中间主应力的影响。在不知主应力大小顺序的情况下表示式又过于复杂。此外,因所得屈服面(正六棱柱面)不连续,给数学处理带来困难,这些都是 Tresca 屈服条件不足之处。

Mises 于 1913 年提出了另一假说,他建议把正六棱柱面用圆柱面代替,并使其外接于正六棱柱面,其方程为

$$(\sigma_1 - \sigma_2)^2 + (\sigma_2 - \sigma_3)^2 + (\sigma_3 - \sigma_1)^2 = 2\sigma_s^2 \tag{2-93}$$

此圆柱面在三个坐标轴 $\sigma_1,\sigma_2,\sigma_3$ 上的截距仍为 σ_s，如图 2-20 所示。

由式(2-20)和式(2-21)可知，应力偏量张量的第二不变量 J_2' 的表达式为

$$J_2' = \frac{1}{6}\left[(\sigma_1-\sigma_2)^2+(\sigma_2-\sigma_3)^2+(\sigma_3-\sigma_1)^2\right]$$

$$= \frac{1}{6}\left[(\sigma_x-\sigma_y)^2+(\sigma_y-\sigma_z)^2+(\sigma_z-\sigma_x)^2+6(\tau_{xy}^2+\tau_{yz}^2+\tau_{zx}^2)\right]$$

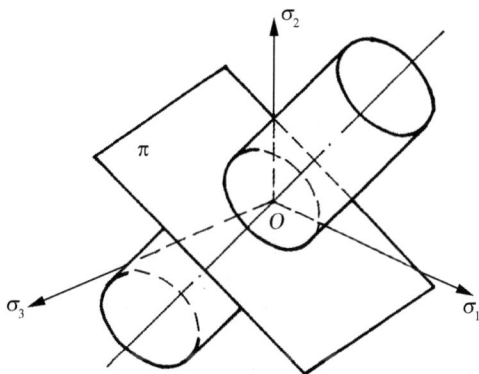

图 2-20　在主应力空间 Mises 屈服条件的几何表示

因而，Mises 屈服条件可用 J_2' 表示为

$$J_2' = \frac{1}{3}\sigma_s^2 = c \tag{2-94}$$

式中，c 为常数。

在任意坐标系的情况下，Mises 屈服条件表达式为

$$(\sigma_x-\sigma_y)^2+(\sigma_y-\sigma_z)^2+(\sigma_z-\sigma_x)^2+6(\tau_{xy}^2+\tau_{yz}^2+\tau_{zx}^2)=2\sigma_s^2 \tag{2-95}$$

单向拉伸时，设 $\sigma_2=\sigma_3=0$，发生塑性变形的条件是 $\sigma_1=\sigma_s$。

纯剪时，设 $\sigma_2=0$，$\sigma_1=-\sigma_3$，代入式(2-93)得

$$\sigma_1 = -\sigma_3 = \frac{1}{\sqrt{3}}\sigma_s$$

也就是

$$\tau_{max} = \tau_s = \frac{\sigma_1-(-\sigma_1)}{2} = \sigma_1 = \frac{1}{\sqrt{3}}\sigma_s$$

因此，如果 Mises 屈服条件成立，则拉伸屈服极限与剪切屈服极限之间应满足以下关系：

$$\sigma_s = \sqrt{3}\,\tau_s \tag{2-96}$$

这和 Tresca 屈服条件成立时关系式 $\sigma_s=2\tau_s$ 是不相同的。

由于这一屈服条件只用一个式子表示，易于数学处理，而且可以不必求出主应力，故使用简便。Mises 本人当初认为他的屈服条件是近似的，后来大量事实证明，这一屈服条件更符合实际。

Mises 屈服条件有很多物理解释，现举例如下：

1937 年纳达依(Nadai)提出，屈服时不是最大剪应力为常数，而是正八面体面(等斜面)上的剪应力 τ_8 达到一定的极限值。由式(2-27)有

$$\tau_8 = \frac{1}{3}\big[(\sigma_1-\sigma_2)^2+(\sigma_2-\sigma_3)^2+(\sigma_3-\sigma_1)^2\big]^{\frac{1}{2}}$$

将 Mises 屈服条件代入上式后得

$$\tau_8 = \frac{\sqrt{2}}{3}\sigma_s$$

也就是说,正八面体上的剪应力 τ_8 达到 $\sqrt{2}\sigma_s/3$ 这一数值时,材料开始屈服。

1948 年伊留申提出,Mises 屈服条件实际上表示应力强度 σ_i 达到某个极限值时材料发生屈服。按式(2-22)

$$\sigma_i = \frac{1}{\sqrt{2}}\big[(\sigma_1-\sigma_2)^2+(\sigma_2-\sigma_3)^2+(\sigma_3-\sigma_1)^2\big]^{\frac{1}{2}}$$

并利用 Mises 屈服条件可得

$$\sigma_i = \sigma_s$$

也就是说,应力强度 σ_i 达到抗拉屈服极限 σ_s 时,材料开始屈服。

将 Mises 屈服条件用于平面应力问题时,可假设 $\sigma_3=0$,则塑性表面转化为 $\sigma_1 O\sigma_2$ 平面内的椭圆,该椭圆外接于图 2-19 中的六边形,如图 2-21 所示。椭圆方程可由式(2-93)和式(2-95)求出,为此,令 $\sigma_3=0$ 和 $\sigma_z=\tau_{yz}=\tau_{zx}=0$,就可以得到用应力主轴和任意坐标系表达的方程,分别为

$$\left.\begin{array}{l}\sigma_1^2+\sigma_2^2-\sigma_1\sigma_2=\sigma_s^2\\ \sigma_x^2+\sigma_y^2-\sigma_x\sigma_y+3\tau_{xy}^2=\sigma_s^2\end{array}\right\} \quad (2-97)$$

对于平面应变问题,则应取 $\sigma_3=(\sigma_1+\sigma_2)/2$ 和 $\sigma_z=(\sigma_x+\sigma_y)/2,\tau_{yz}=\tau_{zx}=0$。由式(2-93)和式(2-95)可得

$$\left.\begin{array}{l}|\sigma_1-\sigma_2|=\frac{2}{\sqrt{3}}\sigma_s\\ (\sigma_x-\sigma_y)^2+4\tau_{xy}=\frac{4}{3}\sigma_s^2\end{array}\right\} \quad (2-98)$$

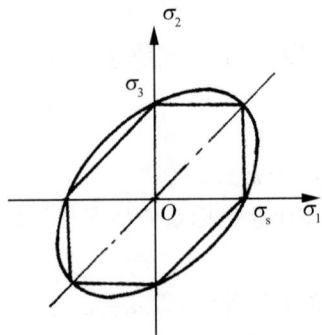

图 2-21 平面应力状态时的屈服轨迹

四、屈服条件的实验验证

所有验证实验几乎都是在平面应力状态下进行的,其原因是这种应力状态容易实现。大部分实验是利用对薄壁圆管试件施加轴向力、扭矩和内压或外压进行的。下述介绍其中的两种。

取一薄壁管,施加以固定扭矩以造成剪切弹性变形,然后逐渐施加轴向应力,就可以得到一种近似平面应力状态(见图 2-22)。当拉力 P 达到一定数值时,材料发生屈服,此时管子的扭转角迅速增大。每次改变扭矩 M,并调整拉力 P,就可以得到无数个 σ 和 τ 的组合。所得数据如图 2-23 所示。

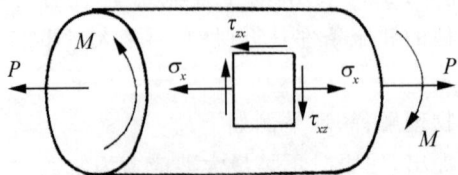

图 2-22 薄壁管受轴向拉力和扭矩作用的应力状态

取平面 xOz 坐标系,管壁的应力张量可以表示为

$$\sigma_{ij}=\begin{bmatrix}\sigma_x & 0 & \tau_{xz}\\ 0 & 0 & 0\\ \tau_{zx} & 0 & 0\end{bmatrix}$$

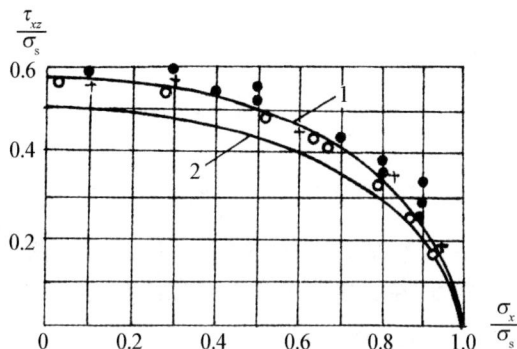

图 2-23　复合拉扭实验结果

1—Mises 条件;2—Tresca 条件;•—钢;∘—铜;+—铝

应力不变量分别为 $J_1=\sigma_x$,$J_2=\tau_{xz}^2$,$J_3=0$。将应力不变量代入式(2-15)并经整理得

$$\sigma_N^2-\sigma_x\sigma_N-\tau_{xz}=0$$

求得主应力为

$$\begin{cases}\sigma_1=\dfrac{1}{2}[\sigma_x+\sqrt{\sigma_x^2+4\tau_{xz}^2}]\\ \sigma_2=0\\ \sigma_3=\dfrac{1}{2}[\sigma_x-\sqrt{\sigma_x^2+4\tau_{xz}^2}]\end{cases}$$

式中的 σ_x 和 τ_{xz} 可按实验时施加的扭矩 M、拉力 P 和薄壁管的几何尺寸算出。

求得主应力后,代入 Tresca 屈服条件得

$$\sigma_1-\sigma_3=\sqrt{\sigma_x+4\tau_{xz}^2}=\sigma_s$$

代入 Mises 屈服条件得

$$(\sigma_1-\sigma_2)^2+(\sigma_2-\sigma_3)^2+(\sigma_3-\sigma_1)^2=2(\sigma_x^2+3\tau_{xz}^2)=2\sigma_s^2$$

以上两个屈服条件的表达式可分别写成

$$\frac{\sigma_x^2}{\sigma_s^2}+\frac{\tau_{xz}^2}{(\sigma_s/2)^2}=1$$

和

$$\frac{\sigma_x^2}{\sigma_s^2}+\frac{\tau_{xz}^2}{(\sigma_s/\sqrt{3})^2}=1$$

这两个方程在 $\sigma O\tau$ 坐标系中是两个椭圆,已表示于图 2-23 中,由该图可以看出,Mises 屈服条件能更好地符合实验数据。

另外一种验证屈服条件的实际是 Lode 在 1928 年对铁、铜、镍等薄管施加以轴向拉力 P 和内压力(液压)q 进行的。Lode 引用了一个参数 μ_σ 表示中间主应力对屈服的影响,称之为 Lode 参数,其值由下式求得:

$$\mu_\sigma = \left(\sigma_2 - \frac{\sigma_1 + \sigma_3}{2}\right) \Big/ \frac{\sigma_1 - \sigma_3}{2} = \frac{2\sigma_2 - \sigma_1 - \sigma_3}{\sigma_1 - \sigma_3} \tag{2-99}$$

由式(2-99)可知,σ_2 从 σ_3 变化至 σ_1 时,μ_σ 从 -1 变化至 $+1$,由此解得

$$\sigma_2 = \frac{\sigma_1 - \sigma_3}{2} \mu_\sigma + \frac{\sigma_1 + \sigma_3}{2} \tag{2-100}$$

将式(2-100)代入 Mises 屈服条件可得

$$\frac{3 + \mu_s^2}{2}(\sigma_1 - \sigma_3)^2 = 2\sigma_s^2$$

$$\sigma_1 - \sigma_3 = \frac{2}{\sqrt{3 + \mu_s^2}}\sigma_s = \beta\sigma_s \tag{2-101}$$

将式(2-101)和 Tresca 屈服条件 $\sigma_1 - \sigma_3 = \sigma_s$ 进行比较可知,两个屈服条件只相差一个乘数 β。当 σ_2 等于 σ_1 或 σ_3 时,$\beta=1$,在此情况下两个屈服条件没有差别。当 $\sigma_2 = (\sigma_1 + \sigma_3)/2$ 时,$\mu_\sigma = 0$,$\beta = 1.155$,此时两个屈服条件差别最大。

由以上比较可知,按 Mises 屈服条件,中间主应力 σ_2 对屈服有影响,最大影响发生在 σ_2 等于另外两个主应力的平均值时。而 Tresca 屈服条件则没有考虑中间主应力 σ_2 的影响。

图 2-24 给出了实验数据和理论曲线,可以看出,Mises 屈服条件更符合实验结果。

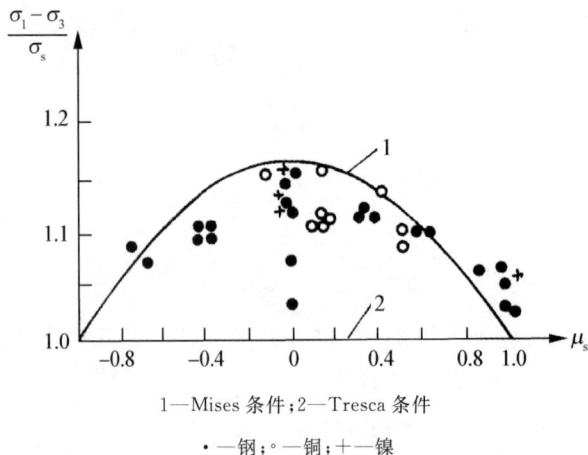

1—Mises 条件;2—Tresca 条件

•—钢;○—铜;+—镍

图 2-24　复合拉伸和内压实验结果

一般韧性金属及合金(如铜、镍、铝、钢、铝合金、铜合金等)应用 Mises 屈服条件较好。但在有些情况下,实验结果偏向于 Tresca 屈服条件。工程应用时,通常将手册中查得的 σ_s 和 τ_s 值进行比较,看其接近 2 倍还是 $\sqrt{3}$ 倍,再确定采用哪个条件。

§2-10　塑性变形时的应力–应变关系

塑性理论与弹性理论最本质的差别就在于应力–应变关系不同。历史上出现过许多描述塑性应力–应变关系的理论,它们可以归结为以下两大类:

(1)全量理论:又称形变理论,或称弹塑性小变形理论。这种理论不考虑变形经历的影响,建立的是塑性应力和应变全量之间的关系。

(2)增量理论:又称流动理论,这种理论考虑了变形经历的影响,所建立的是塑性应力和应

变速度或应变增量之间的关系。

在介绍全量理论之前,先讨论简单加载、卸载以及复杂应力状态下应力-应变关系的表达方法。在介绍增量理论前,先介绍应变速度和应变增量的有关问题。

一、简单加载定理和卸载定理

满足以下条件的变形过程称为简单加载过程。

(1)从变形开始,至所考虑的时刻为止,都是塑性变形的发展过程,无卸载过程。

(2)在塑性变形发展过程中,主应力方向不变。因而,对于各向同性材料,应变主轴和应力主轴一致,在变形过程中也始终保持不变。

(3)变形过程中,各应力分量一直按同一比例增长,即

$$\sigma_x = c\sigma_x^0, \cdots, \tau_{xy} = c\tau_{xy}^0, \cdots$$

式中,$\sigma_x^0, \cdots, \tau_{xy}^0, \cdots$为常数;$c$ 为一单调增长的参数。

在实际问题中,对绝大多数金属材料而言,从开始起至所考虑的瞬时止,所施加的外载荷始终按比例增长,就可以认为是简单加载。用数学式子表示时,即为

$$p_1 = tp_1^0, \quad p_2 = tp_2^0, \cdots$$

式中,$p_1^0, p_2^0, \cdots$为常数;t 为一单调增长的参数。

在卸载过程中,只有弹性变形可以恢复,而塑性变形则保持不变。现以单向拉伸为例说明卸载过程(见图2-25)。设试件在初拉伸时应力增加至$\tilde{\sigma}$,且$\tilde{\sigma} > \sigma_s$,此时应变为$\tilde{\varepsilon}$。然后卸载至$\sigma,\sigma < \tilde{\sigma}$。由图2-25可以看出,应力恢复值是$\sigma' = (\tilde{\sigma} - \sigma)$,应变恢复值是$\varepsilon' = (\tilde{\varepsilon} - \varepsilon)$。$\sigma'$和$\varepsilon'$之间的关系符合弹性规律,即

$$\sigma' = E\varepsilon' \tag{a}$$

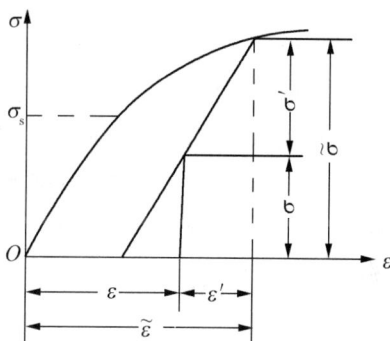

与卸载后应力 σ 相对应的应变值为

$$\varepsilon = \tilde{\varepsilon} - \varepsilon' = \tilde{\varepsilon} - \frac{\sigma'}{E} \tag{b}$$

图 2-25　单向拉伸卸载过程

以上所讨论的关系对于单向拉伸是很明显的。在复杂应力状态下,只要卸载是简单的,也就是只要所有外力在卸载过程中随一共同参数缩减,则应力和应变之间也存在着式(a)和式(b)的与弹性体相同的联系,这就是卸载定理。

为了求得卸载后的应力和应变,可先以载荷的改变量$(\tilde{p} - p)$为假想载荷,按弹性理论计算所引起的应力和应变,它实际上就是应力和应变的改变量。从卸载前的应力和应变值中减去改变量就可以得到卸载后的应力和应变了。若将载荷全部卸去,则物体内不仅保留有残余应变,而且在不均匀应力作用下,还会有残余应力,这是因为卸载前应力是按弹塑性体计算的,而应力恢复值是按弹性体计算的,二者规律不同,相减之后就会得到残余应力。

二、复杂应力状态下的应力-应变关系

若给定了材料的单向拉伸曲线(见图2-26),则在弹性阶段有关系式:

$$\sigma = E\varepsilon \tag{a}$$

在塑性阶段,应力-应变关系为非线性的,为了在形式上和弹性阶段关系式一致,可以表示为

$$\sigma = E'\varepsilon \tag{b}$$

上式中的 E' 称为塑性系数,其值随图 $2-26$ 中所示的 c 点而变化,可以表示为

$$E' = \tan\beta = \frac{\sigma}{\varepsilon} \tag{c}$$

只要材料的单向拉伸曲线为已知,E' 值就可由变形程度确定。

对于复杂应力状态,而且应力张量的某个或全部超过弹性极限时,仍可以在形式上将应力和应变间关系表示成

$$\sigma_i = E'\varepsilon_i \tag{2-102}$$

但问题的关键是式($2-102$)中的 E' 能否用单向拉伸曲线中的 E' 所代替。大量实验证明,在简单加载情况下,这样做是可以的,E' 值只和材料的性质有关,而和应力状态无关。这就是塑性理论中的单一曲线假设,或称拉伸曲线唯一性假说。

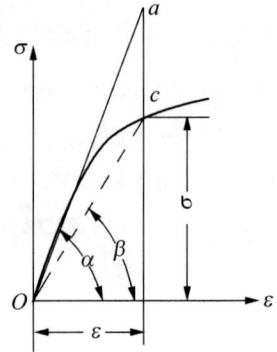

图 $2-26$　单向拉伸应力应变关系

式($2-102$)中的应力强度 σ_i 和应变强度 ε_i 分别由下列两式计算:

$$\begin{aligned}
\sigma_i &= \frac{1}{\sqrt{2}}\sqrt{(\sigma_x-\sigma_y)^2+(\sigma_y-\sigma_z)^2+(\sigma_z-\sigma_x)^2+6(\tau_{xy}^2+\tau_{yz}^2+\tau_{zx}^2)} \\
&= \frac{1}{\sqrt{2}}\sqrt{(\sigma_1-\sigma_2)^2+(\sigma_2-\sigma_3)^2+(\sigma_3-\sigma_1)^2}
\end{aligned} \tag{2-103}$$

$$\begin{aligned}
\varepsilon_i &= \frac{\sqrt{2}}{3}\sqrt{(\varepsilon_x-\varepsilon_y)^2+(\varepsilon_y-\varepsilon_z)^2+(\varepsilon_z-\varepsilon_x)^2+\frac{3}{2}(\tau_{xy}^2+\tau_{yz}^2+\tau_{zx}^2)} \\
&= \frac{\sqrt{2}}{3}\sqrt{(\varepsilon_1-\varepsilon_2)^2+(\varepsilon_2-\varepsilon_3)^2+(\varepsilon_3-\varepsilon_1)^2}
\end{aligned} \tag{2-104}$$

三、全量理论

全量理论又称形变理论,可以归纳成几条定理。这几条定理的前提如下:

(1)只适用于简单受载(加载或卸载)。

(2)只适用于塑性应变和弹性应变属于同一数量级的情况,即只适用于小变形。

现将这些定理分别介绍如下:

(一)体积变化是弹性的,且与平均应力成正比

物体进入塑性阶段后,总应变可分解为弹性应变和塑性应变两部分,即

$$\varepsilon_x = \varepsilon_x^e + \varepsilon_x^p, \quad \varepsilon_y = \varepsilon_y^e + \varepsilon_y^p, \cdots$$

根据式($2-78$),体积变化为

$$\begin{aligned}
\theta &= \varepsilon_x + \varepsilon_y + \varepsilon_z \\
&= (\varepsilon_x^e + \varepsilon_y^e + \varepsilon_z^e) + (\varepsilon_x^p + \varepsilon_y^p + \varepsilon_z^p) \\
&= \theta^e + \theta^p
\end{aligned}$$

既然假设体积变化是弹性的,则塑性部分 θ^p 应等于零,即

$$\theta = \varepsilon_x^e + \varepsilon_y^e + \varepsilon_z^e$$

应用广义胡克定律式(2-80)可以得到

$$\theta = \frac{3(1-2\mu)}{E}\sigma_m \qquad (2-105)$$

式中，$\sigma_m = \frac{1}{3}(\sigma_x + \sigma_y + \sigma_z)$，为平均应力。式(2-105)常写成

$$\sigma_m = \frac{E}{3(1-2\mu)}\theta = K\theta \qquad (2-106)$$

式中，K 称为体积弹性模量。

(二)应变偏量与应力偏量成正比

在弹性变形以及简单加载时的塑性变形情况下，这一定律的数学表示式为

$$\frac{\sigma_x - \sigma_m}{\varepsilon_x - \varepsilon_m} = \frac{\sigma_y - \sigma_m}{\varepsilon_y - \varepsilon_m} = \frac{\sigma_z - \sigma_m}{\varepsilon_z - \varepsilon_m} = \frac{\tau_{xy}}{\frac{1}{2}\gamma_{xy}} = \frac{\tau_{yz}}{\frac{1}{2}\gamma_{yz}} = \frac{\tau_{zx}}{\frac{1}{2}\gamma_{zx}} = a \qquad (2-107)$$

式中，σ_m 为平均应力；$\varepsilon_m = \frac{1}{3}(\varepsilon_x + \varepsilon_y + \varepsilon_z) = \frac{1}{3}\theta$，为平均应变。

在弹性范围内，式(2-107)应与式(2-82c)相同，即 $a = 2G$。

在塑性变形情况下，a 仅是个比例系数，其表示式可用下法求得：将式(2-107)展开后代入求 σ_i 的公式[式(2-103)]，并引进求 ε_i 的公式[式(2-104)]，得

$$
\begin{aligned}
\sigma_i &= \frac{1}{\sqrt{2}}\sqrt{(\sigma_x - \sigma_y)^2 + (\sigma_y - \sigma_z)^2 + (\sigma_z - \sigma_x)^2 + 6(\tau_{xy}^2 + \tau_{yz}^2 + \tau_{zx}^2)} \\
&= \frac{a}{\sqrt{2}}\sqrt{(\varepsilon_x - \varepsilon_y)^2 + (\varepsilon_y - \varepsilon_z)^2 + (\varepsilon_z - \varepsilon_x)^2 + \frac{3}{2}(\tau_{xy}^2 + \tau_{yz}^2 + \tau_{zx}^2)} \\
&= \frac{a}{\sqrt{2}}\frac{3}{\sqrt{2}}\varepsilon_i
\end{aligned}
$$

求得

$$a = \frac{2}{3}\frac{\sigma_i}{\varepsilon_i} \qquad (2-108)$$

将求得的 a 值代入式(2-107)，就能得到形变理论的应力-应变关系为

$$
\left.
\begin{aligned}
\sigma_x - \sigma_m &= \frac{2}{3}\frac{\sigma_i}{\varepsilon_i}(\varepsilon_x - \varepsilon_m), & \tau_{xy} &= \frac{\sigma_i}{3\varepsilon_i}\gamma_{xy} \\
\sigma_y - \sigma_m &= \frac{2}{3}\frac{\sigma_i}{\varepsilon_i}(\varepsilon_y - \varepsilon_m), & \tau_{yz} &= \frac{\sigma_i}{3\varepsilon_i}\gamma_{yz} \\
\sigma_z - \sigma_m &= \frac{2}{3}\frac{\sigma_i}{\varepsilon_i}(\varepsilon_z - \varepsilon_m), & \tau_{zx} &= \frac{\sigma_i}{3\varepsilon_i}\gamma_{zx}
\end{aligned}
\right\} \qquad (2-109)
$$

与弹性变形相比，差别仅在于用变量 $\sigma_i/(3\varepsilon_i)$ 代替了常数 G。

式(2-109)中的六个式子只有五个是独立的，加上式(2-106)，即 $\sigma_m = K\theta$ 才构成六个独立的应力-应变关系式。

(三)材料的变形抗力是变形程度的一定函数，与应力状态无关

任何材料，在简单加载情况下，物体中的 σ_i 是 ε_i 的一定函数，即

$$\sigma_i = \phi(\varepsilon_i)$$

这里 ϕ 的形式只与材料的性质有关,而与物体中的应力状态无关。因而,σ_i 与 ε_i 的关系可以通过单向拉伸实验确定。

(四)卸载是弹性的

应力强度 σ_i 数值降低的过程称为卸载过程。由于塑性变形是不可逆的,只有弹性部分可以恢复,因此在卸载过程中,应力-应变关系应该遵循胡克定律,即应遵循式(2-80)所表示的关系。

参照图 2-25,卸载过程中的应力分量的变化与应变分量的变化之间的关系可相应地表示为

$$\left.\begin{aligned}
\widetilde{\varepsilon}_x - \varepsilon_x &= \frac{1}{E}\left[(\widetilde{\sigma}_x - \sigma_x) - \mu(\widetilde{\sigma}_y - \sigma_y + \widetilde{\sigma}_z - \sigma_z)\right], & \widetilde{\gamma}_{xy} - \gamma_{xy} &= \frac{1}{G}(\widetilde{\tau}_{xy} - \tau_{xy}) \\
\widetilde{\varepsilon}_y - \varepsilon_y &= \frac{1}{E}\left[(\widetilde{\sigma}_y - \sigma_y) - \mu(\widetilde{\sigma}_z - \sigma_z + \widetilde{\sigma}_x - \sigma_x)\right], & \widetilde{\gamma}_{yz} - \gamma_{yz} &= \frac{1}{G}(\widetilde{\tau}_{yz} - \tau_{yz}) \\
\widetilde{\varepsilon}_z - \varepsilon_z &= \frac{1}{E}\left[(\widetilde{\sigma}_z - \sigma_z) - \mu(\widetilde{\sigma}_x - \sigma_x + \widetilde{\sigma}_y - \sigma_y)\right], & \widetilde{\gamma}_{zx} - \gamma_{zx} &= \frac{1}{G}(\widetilde{\tau}_{zx} - \tau_{zx})
\end{aligned}\right\} \quad (2-110)$$

式中,$\widetilde{\sigma}_x, \cdots, \widetilde{\tau}_{xy}, \cdots$ 和 $\sigma_x, \cdots, \tau_{xy}, \cdots$ 分别是卸载开始和卸载终止时的应力分量;$\widetilde{\varepsilon}_x, \cdots, \widetilde{\gamma}_{xy}, \cdots$ 和 $\varepsilon_x, \cdots, \gamma_{xy}, \cdots$ 分别是卸载开始和卸载终止时的应变分量。

四、应变速度和应变增量

和形变理论不同,增量理论认为应力状态决定于应变速度状态,故有必要先对应变速度给予介绍。

在§2-3节关于点的应变状态分析中,已对应变速度进行过介绍,并导出了各应变速度分量与位移分量 u, v, w 的关系式为

$$\left.\begin{aligned}
\dot{\varepsilon}_x &= \frac{\mathrm{d}}{\mathrm{d}t}\left(\frac{\partial u}{\partial x}\right) = \frac{\partial \dot{u}}{\partial x}, & \dot{\gamma}_{xy} &= \frac{\mathrm{d}}{\mathrm{d}t}\left(\frac{\partial u}{\partial y} + \frac{\partial v}{\partial x}\right) = \frac{\partial \dot{u}}{\partial y} + \frac{\partial \dot{v}}{\partial x} \\
\dot{\varepsilon}_y &= \frac{\mathrm{d}}{\mathrm{d}t}\left(\frac{\partial u}{\partial y}\right) = \frac{\partial \dot{u}}{\partial y}, & \dot{\gamma}_{yz} &= \frac{\mathrm{d}}{\mathrm{d}t}\left(\frac{\partial v}{\partial z} + \frac{\partial w}{\partial y}\right) = \frac{\partial \dot{v}}{\partial z} + \frac{\partial \dot{w}}{\partial y} \\
\dot{\varepsilon}_z &= \frac{\mathrm{d}}{\mathrm{d}t}\left(\frac{\partial w}{\partial z}\right) = \frac{\partial \dot{w}}{\partial z}, & \dot{\gamma}_{zx} &= \frac{\mathrm{d}}{\mathrm{d}t}\left(\frac{\partial w}{\partial x} + \frac{\partial u}{\partial z}\right) = \frac{\partial \dot{w}}{\partial x} + \frac{\partial \dot{u}}{\partial z}
\end{aligned}\right\} \quad (2-111)$$

应变速度张量表示为

$$\dot{\varepsilon}_{ij} = \begin{bmatrix}
\dot{\varepsilon}_x & \frac{1}{2}\dot{\gamma}_{xy} & \frac{1}{2}\dot{\gamma}_{xz} \\
\frac{1}{2}\dot{\gamma}_{yx} & \dot{\varepsilon}_y & \frac{1}{2}\dot{\gamma}_{yz} \\
\frac{1}{2}\dot{\gamma}_{zx} & \frac{1}{2}\dot{\gamma}_{zy} & \dot{\varepsilon}_z
\end{bmatrix}$$

物体在塑性变形时体积不变,即体积应变速度为零,故

$$\dot{\varepsilon}_x + \dot{\varepsilon}_y + \dot{\varepsilon}_z = 0 \quad (2-112)$$

应变速度强度为

$$\dot{\varepsilon}_i = \frac{\sqrt{2}}{3}\sqrt{(\dot{\varepsilon}_1 - \dot{\varepsilon}_2)^2 + (\dot{\varepsilon}_2 - \dot{\varepsilon}_3)^2 + (\dot{\varepsilon}_3 - \dot{\varepsilon}_1)^2}$$

$$= \frac{\sqrt{2}}{3}\sqrt{(\dot{\varepsilon}_x - \dot{\varepsilon}_y)^2 + (\dot{\varepsilon}_y - \dot{\varepsilon}_z)^2 + (\dot{\varepsilon}_z - \dot{\varepsilon}_x)^2 + \frac{3}{2}(\dot{\gamma}_{xy}^2 + \dot{\gamma}_{yz}^2 + \dot{\gamma}_{zx}^2)} \quad (2-113)$$

实验表明,在温度不太高、应变速度比较缓慢的情况下,材料的单向拉伸特性不变,应力-应变曲线与应变速度无关。因此,可以用应变增量代替应变速度。应变速度各分量间的大小关系,也就是同一微小时间间隔内应变增量各分量间的大小关系。应变增量各分量组成应变增量张量,表示为

$$d\varepsilon_{ij} = \begin{bmatrix} d\varepsilon_x & \dfrac{1}{2}d\gamma_{xy} & \dfrac{1}{2}d\gamma_{xz} \\[2mm] \dfrac{1}{2}d\gamma_{yx} & d\varepsilon_y & \dfrac{1}{2}d\gamma_{yz} \\[2mm] \dfrac{1}{2}d\gamma_{zx} & \dfrac{1}{2}d\gamma_{zy} & d\varepsilon_z \end{bmatrix}$$

应变增量张量 $d\varepsilon_{ij}$ 有自己的主应变增量 $d\varepsilon_1, d\varepsilon_2, d\varepsilon_3$,以及应变增量强度(广义应变增量),即

$$d\varepsilon_i = \frac{\sqrt{2}}{3}\sqrt{(d\varepsilon_1 - d\varepsilon_2)^2 + (d\varepsilon_2 - d\varepsilon_3)^2 + (d\varepsilon_3 - d\varepsilon_1)^2}$$

$$= \frac{\sqrt{2}}{3}\sqrt{(d\varepsilon_x - d\varepsilon_y)^2 + (d\varepsilon_y - d\varepsilon_z)^2 + (d\varepsilon_z - d\varepsilon_x)^2 + \frac{3}{2}(d\gamma_{xy}^2 + d\gamma_{yz}^2 + d\gamma_{zx}^2)} \quad (2-114)$$

五、增量理论

增量理论又称流动理论,是描述材料在塑性状态时应力与应变速度或应变增量之间关系的理论。这一理论与形变理论不同,它不受加载条件的限制,但在实际应用时,需要按加载过程中的变形路径进行积分,因此计算比较复杂。

增量理论的主要内容如下:

(一)体积变化是弹性的

这个定理与形变理论相同,写成增量形式为

$$d\sigma_m = K d\theta = 3K d\varepsilon_m \quad (2-115)$$

在塑性区,体积变化为零,故

$$d\theta = d\varepsilon_x^p + d\varepsilon_y^p + d\varepsilon_z^p = 0$$

因此,$K = E/3(1-2\mu) \to \infty$,$\mu = \dfrac{1}{2}$。可见体积不变条件相当于假设泊松比 $\mu = \dfrac{1}{2}$。

(二)应变中的弹性部分由胡克定律确定

总的应变增量 $d\varepsilon$ 可分为两部分,即弹性部分 $d\varepsilon^e$ 和塑性部分 $d\varepsilon^p$,而弹性部分的增量与应力的关系仍遵循胡克定律,即

$$\left. \begin{aligned} d\varepsilon_x = 2G de_x^e, & \quad d\tau_{xy} = G d\gamma_{xy}^e \\ d\varepsilon_y = 2G de_y^e, & \quad d\tau_{yz} = G d\gamma_{yz}^e \\ d\varepsilon_z = 2G de_z^e, & \quad d\tau_{zx} = G d\gamma_{zx}^e \end{aligned} \right\} \quad (2-116)$$

式(2-116)表明,在弹性阶段,应力偏量增量与应变偏量增量成正比,比例系数为$2G$。

(三)塑性应变增量的偏量与应力偏量成正比,即

$$\frac{de_x^p}{s_x}=\frac{de_y^p}{s_y}=\frac{de_z^p}{s_z}=\frac{d\gamma_{xy}^p}{2\tau_{xy}}=\frac{d\gamma_{yz}^p}{2\tau_{yz}}=\frac{d\gamma_{zx}^p}{2\tau_{zx}}=da \qquad (2-117a)$$

式中,da 为比例系数,其值为正,随载荷及点的位置而变化,故不是材料常数,而取决于应力变化的历史。

因为塑性部分体积不变,故式(2-117a)也可写成

$$\frac{d\varepsilon_x^p}{s_x}=\frac{d\varepsilon_y^p}{s_y}=\frac{d\varepsilon_z^p}{s_z}=\frac{d\gamma_{xy}^p}{2\tau_{xy}}=\frac{d\gamma_{yz}^p}{2\tau_{yz}}=\frac{d\gamma_{zx}^p}{2\tau_{zx}}=da \qquad (2-117b)$$

若坐标与主方向一致,则

$$\frac{d\varepsilon_1'}{s_1}=\frac{d\varepsilon_2'}{s_2}=\frac{d\varepsilon_3'}{s_3}=da \qquad (2-117c)$$

将式(2-117)展开后两两相减,并利用应力强度 σ_i 和应变增量强度 $d\varepsilon_i$ 的定义,可得

$$\sqrt{(\sigma_1-\sigma_2)^2+(\sigma_2-\sigma_3)^2+(\sigma_3-\sigma_1)^2}=\frac{1}{da}\sqrt{(d\varepsilon_1'-d\varepsilon_2')^2+(d\varepsilon_2'-d\varepsilon_3')^2+(d\varepsilon_3'-d\varepsilon_1')^2}$$

$$\sqrt{2}\sigma_i=\frac{1}{da}\frac{3}{\sqrt{2}}d\varepsilon_i'$$

$$da=\frac{3d\varepsilon_i'}{2\sigma_i} \qquad (2-118)$$

若材料为理想塑性,并采用 Mises 塑性条件,则 $\sigma_i=\sigma_s$,式(2-118)可表示为

$$da=\frac{3d\varepsilon_i'}{2\sigma_s} \qquad (2-119)$$

将式(2-118)代入式(2-117b)并展开,可得塑性应变增量为

$$\left.\begin{array}{ll} d\varepsilon_x^p=\dfrac{3d\varepsilon_i'}{2\sigma_i}(\sigma_x-\sigma_m), & \dfrac{1}{2}d\gamma_{xy}^p=\dfrac{3d\varepsilon_i'}{2\sigma_i}\tau_{xy} \\[3mm] d\varepsilon_y^p=\dfrac{3d\varepsilon_i'}{2\sigma_i}(\sigma_y-\sigma_m), & \dfrac{1}{2}d\gamma_{yz}^p=\dfrac{3d\varepsilon_i'}{2\sigma_i}\tau_{yz} \\[3mm] d\varepsilon_z^p=\dfrac{3d\varepsilon_i'}{2\sigma_i}(\sigma_z-\sigma_m), & \dfrac{1}{2}d\gamma_{zx}^p=\dfrac{3d\varepsilon_i'}{2\sigma_i}\tau_{zx} \end{array}\right\} \qquad (2-120)$$

式(2-120)中只有五个方程是独立的,加上

$$d\varepsilon_x^p+d\varepsilon_y^p+d\varepsilon_z^p=0$$

才构成六个独立的应力应变关系式。

§2-11 滑移线方法

一、理想刚塑性体平面应变问题基本方程

理想刚塑性材料的平面应变问题是塑性理论中研究的比较完善的内容,其主要特点是忽略了弹性变形和应变强化。

将式(2-120)中各项除以 dt,并考虑到在理想刚塑性假设下,式中的 $d\varepsilon_x^p,\cdots,d\gamma_{xy}^p,\cdots$ 可用

$\mathrm{d}\varepsilon_x,\cdots,\mathrm{d}\gamma_{xy},\cdots$代替,就可以得到以下一组表达式:

$$\dot{\varepsilon}_x = \frac{\dot{\varepsilon}_i}{\sigma_i}\left[\sigma_x - \frac{1}{2}(\sigma_y+\sigma_z)\right], \quad \dot{\gamma}_{xy} = \frac{3}{\sigma_i}\frac{\dot{\varepsilon}_i}{\sigma_i}\tau_{xy}$$

$$\dot{\varepsilon}_y = \frac{\dot{\varepsilon}_i}{\sigma_i}\left[\sigma_y - \frac{1}{2}(\sigma_z+\sigma_x)\right], \quad \dot{\gamma}_{yz} = \frac{3}{\sigma_i}\frac{\dot{\varepsilon}_i}{\sigma_i}\tau_{yz} \qquad (2-121)$$

$$\dot{\varepsilon}_z = \frac{\dot{\varepsilon}_i}{\sigma_i}\left[\sigma_z - \frac{1}{2}(\sigma_x+\sigma_y)\right], \quad \dot{\gamma}_{zx} = \frac{3}{\sigma_i}\frac{\dot{\varepsilon}_i}{\sigma_i}\tau_{zx}$$

设平面应变时$\dot{\varepsilon}_z=0$,代入式(2-121)得

$$\sigma_z = \frac{1}{2}(\sigma_x+\sigma_y) \qquad (2-122)$$

可以看出,σ_z显然是中间主应力,记为σ_2,它是σ_x和σ_y的平均值,而且也是任一点的平均应力σ_{m},因为

$$\sigma_2 = \frac{1}{2}(\sigma_x+\sigma_y) = \frac{1}{3}\left[\sigma_x+\sigma_y+\frac{1}{2}(\sigma_x+\sigma_y)\right] = \frac{1}{3}(\sigma_x+\sigma_y+\sigma_z) = \sigma_{\mathrm{m}}$$

这是塑性平面应变问题的一个特点。

主应力σ_1和σ_3可由下式确定:

$$\sigma_1 = \frac{\sigma_x+\sigma_y}{2} + \sqrt{\left(\frac{\sigma_x-\sigma_y}{2}\right)^2+\tau_{xy}^2}$$

$$\sigma_3 = \frac{\sigma_x+\sigma_y}{2} - \sqrt{\left(\frac{\sigma_x-\sigma_y}{2}\right)^2+\tau_{xy}^2} \qquad (2-123)$$

最大剪应力为

$$\tau_{\max} = \frac{\sigma_1-\sigma_3}{2} = \frac{1}{2}\sqrt{(\sigma_x-\sigma_y)^2+4\tau_{xy}^2} = k \qquad (2-124)$$

最大剪应力面总是垂直于xOy平面。

在屈服状态,式(2-124)等号右端k应为材料的剪切屈服应力τ_{s}。按 Mises 屈服条件,$k=\sigma_{\mathrm{s}}/\sqrt{3}$。按 Tresca 屈服条件,$k=\sigma_{\mathrm{s}}/2$。由式(2-123)可以看出,等号右端第一项为$\sigma_{\mathrm{m}}$,第

二项为k,于是有

$$\sigma_1 = \sigma_m + k$$
$$\sigma_2 = \sigma_m \qquad (2-125)$$
$$\sigma_3 = \sigma_m - k$$

平面应变的应力状态如图 2-27 所示。

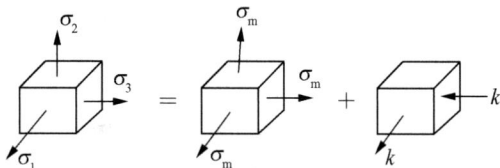

图 2-27 平面应变的应力状态

由式(2-121)和式(2-56)可得

$$\frac{2\tau_{xy}}{\sigma_y-\sigma_x} = \frac{\dot{\gamma}_{xy}}{\dot{\varepsilon}_y-\dot{\varepsilon}_x} = \frac{\partial\dot{u}}{\partial y}+\frac{\partial\dot{v}}{\partial x}\bigg/\frac{\partial\dot{v}}{\partial y}-\frac{\partial\dot{u}}{\partial x} \qquad (2-126)$$

和弹性理论相同,平衡方程为

$$\left.\begin{array}{l}\dfrac{\partial \sigma_x}{\partial x}+\dfrac{\partial \tau_{xy}}{\partial y}=0 \\[2mm] \dfrac{\partial \tau_{xy}}{\partial x}+\dfrac{\partial \sigma_y}{\partial y}=0\end{array}\right\} \tag{2-127}$$

平面应变的屈服条件为

$$(\sigma_x-\sigma_y)^2+4\tau_{xy}^2=4k^2 \tag{2-128}$$

由材料的不可压缩条件可得

$$\dot{\varepsilon}_x+\dot{\varepsilon}_y=\dfrac{\partial \dot{u}}{\partial x}+\dfrac{\partial \dot{v}}{\partial y}=0 \tag{2-129}$$

式(2-126)~式(2-129)中有三个未知应力和两个未知速度,共五个未知量,方程也是五个,原则上是可解的。五个方程的一个重要特征是平衡方程式(2-127)和屈服条件式(2-128)中不出现速度分量 $\dot{u}$ 和 $\dot{v}$,这三个方程是由未知量 σ_x,σ_y 和 τ_{xy} 组成的,从这个意义上说,问题是静力可定的,若边界条件数目足够,则应力能够单独确定。既满足平衡方程和屈服条件,又满足速度边界条件的求解问题则要困难得多。

二、滑移线及其性质

(一)滑移线

在平面应变物体内,每点都作用有相互垂直的主应力 σ_1 和 σ_3。若从一点开始,逐步过渡到另一点,在每点绘出主应力方向,并沿各点作包络线,则可以得到两组正交曲线,曲线上每点的切线给出了主应力方向。这两组曲线称为主应力迹线。

与主应力迹线成45°交角的方向,作用有最大剪应力。绘出每点的两个最大剪应力方向并作包络线,则可得到两组相互正交、表示最大剪应力方向的迹线。这样的两组曲线在 xOy 平面上形成一个曲线网。当物体处于屈服状态时,各点的最大剪应力达到 k 值,塑性变形就沿着这些曲线进行滑移,因此称这些曲线为滑移线。图2-28给出了点 A 的滑移线 α,β 和主应力 σ_1,σ_3 的方向。

从 A 点引滑移线 α 和 β 的切线,与 x 轴的交角分别为 ω 和 $\omega+\dfrac{\pi}{2}$。引主应力 σ_1 和 σ_3 的切线,与 x 轴的交角分别为 φ 和 $\varphi+\dfrac{\pi}{2}$。

由图2-28可知,α 族和 β 族滑移线的微分方程分别为

$$\left.\begin{array}{l}\dfrac{\mathrm{d}y}{\mathrm{d}x}=\tan\omega \\[2mm] \dfrac{\mathrm{d}y}{\mathrm{d}x}=-\cot\omega\end{array}\right\} \tag{2-130}$$

由于平面应变中所有应变分量和应力分量与坐标轴 z 无关,故只需研究 xOy 平面中的情况。根据图2-29的二维莫尔圆,可以求出任意平行于 xOy 平面上的应力分量 σ_x,σ_y 和 τ_{xy},分别为

$$\left.\begin{array}{l}\sigma_x=\sigma_m+\tau_{max}\cos2\varphi=\sigma_m+k\cos2\varphi \\[2mm] \sigma_y=\sigma_m-\tau_{max}\cos2\varphi=\sigma_m-k\cos2\varphi \\[2mm] \tau_{xy}=\tau_{max}\sin2\varphi=k\sin2\varphi\end{array}\right\} \tag{2-131}$$

将式中 φ 角用 ω 代替,可得

$$\left. \begin{array}{l} \sigma_x = \sigma_m + k\sin2\omega \\ \sigma_y = \sigma_m - k\sin2\omega \\ \tau_{xy} = -k\cos2\omega \end{array} \right\} \tag{2-132}$$

式(2-132)的应力分量应满足屈服条件:

$$(\sigma_x - \sigma_y)^2 + 4\tau_{xy}^2 = 4k^2$$

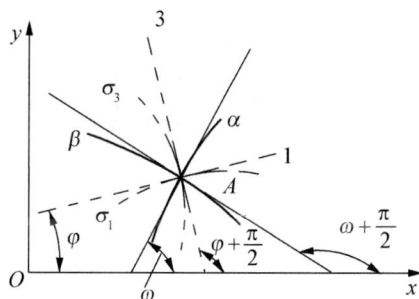

图 2-28　点 A 的滑移线和主应力方向　　　　图 2-29　应力莫尔圆

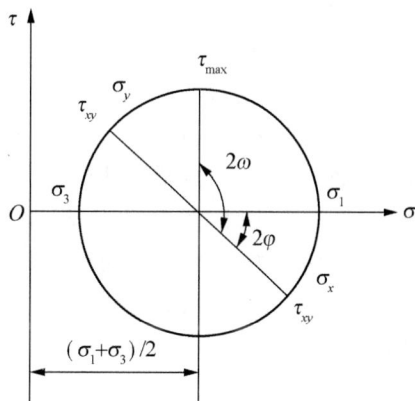

将式(2-132)代入平衡方程式(2-127)得

$$\left. \begin{array}{l} \dfrac{\partial \sigma_m}{\partial x} + 2k\left(\cos2\omega\,\dfrac{\partial \omega}{\partial x} + \cos2\omega\,\dfrac{\partial \omega}{\partial y}\right) = 0 \\[4mm] \dfrac{\partial \sigma_m}{\partial y} - 2k\left(\cos2\omega\,\dfrac{\partial \omega}{\partial y} - \sin2\omega\,\dfrac{\partial \omega}{\partial x}\right) = 0 \end{array} \right\} \tag{2-133}$$

式(2-133)中的 x、y 坐标是任意选择的。若取滑移线网作为坐标网,即选用曲线坐标 α 及 β,则 $\mathrm{d}x = \mathrm{d}s_1$,$\mathrm{d}y = \mathrm{d}s_2$,$\mathrm{d}s_1$ 及 $\mathrm{d}s_2$ 分别为沿滑移线 α 和 β 所取的微小长度。此时,因坐标轴线与滑移线相切,故 $\omega = 0$,将这些关系式代入式(2-133)可得

$$\left. \begin{array}{l} \dfrac{\partial \sigma_m}{\partial s_1} + 2k\,\dfrac{\partial \omega}{\partial s_1} = 0 \\[4mm] \dfrac{\partial \sigma_m}{\partial s_2} - 2k\,\dfrac{\partial \omega}{\partial s_2} = 0 \end{array} \right\} \tag{2-134}$$

式(2-134)中,因角 ω 沿曲线坐标方向是变化的,故 $\partial\omega/\partial s_1$ 和 $\partial\omega/\partial s_2$ 不等于零。

将式(2-134)中的第一式对 s_1 积分,第二式对 s_2 积分得

$$\left. \begin{array}{l} \dfrac{\sigma_m}{2k} + \omega = \eta \\[4mm] \dfrac{\sigma_m}{2k} - \omega = \zeta \end{array} \right\} \tag{2-135}$$

式中的 η 和 ζ 皆为积分常数。也就是说,沿一条 α 线(或 β 线)移动时,η(或 ζ)为常数,当由一条 α 线(或 β 线)过渡到另一条 α 线(或 β 线)时,η 值(或 ζ 值)才会改变。

式(2-135)是塑性平面应变的基本方程之一,习惯上称作 Hencky 积分。Hencky 是滑移线理论的奠基人。

平面上的每个点都是一条 α 线和一条 β 线的交点，在每个交点都有一对参数值 (η,ζ)，求出这对参数并代入式（2-135）可以得到 σ_m 和 ω 值，再利用式（2-132），就可以求出应力值。

(二)滑移线的性质

确定滑移线网格具有很重要的意义，因为知道了网格就能确定每点处的主方向角 φ 值。在一般情况下，利用式（2-130）的数值积分可以得到滑移线网格。然而在许多情况下，利用滑移线的几何性质就能用作图法确定这些网格。因为图解法简单，故有很大实际意义。

现将滑移线的重要性质介绍如下。

1. Hencky 第一定理

同一族的两条滑移线被另一族的一条滑移线所穿过，在交点处，前一族两条滑移线切线间的夹角为常数，且与后一族滑移线的选择无关。这种性质称为 Hencky 第一定理。

为了证明这个定理，考虑图 2-30 所示的两对滑移线，其中属于第一族的两条为 α_1 和 α_2，属于第二族的两条为 β_1 和 β_2。现在要证明的是 $\Delta\omega_{AB}=\Delta\omega_{CD}$。

根据式（2-135），设沿 α_1 线 $\eta=\eta_1$，沿 α_2 线 $\eta=\eta_2$。沿 β_1 线 $\zeta=\zeta_1$，沿 β_2 线 $\zeta=\zeta_2$。在图 2-30中的 A 点，沿 α_1 线和 β_1 线分别有

$$\frac{\sigma_{mA}}{2k}+\omega_A=\eta_1$$

$$\frac{\sigma_{mA}}{2k}-\omega_A=\zeta_1$$

两式相减有

$$\omega_A=\frac{1}{2}(\eta_1-\zeta_1)$$

在 B 点，沿 α_2 线和 β_1 线分别有

$$\frac{\sigma_{mB}}{2k}+\omega_B=\eta_2$$

$$\frac{\sigma_{mB}}{2k}-\omega_B=\zeta_1$$

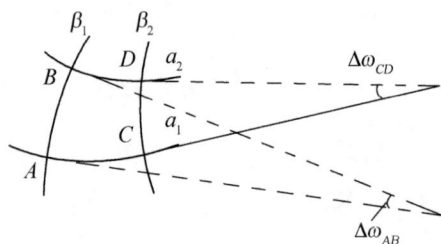

图 2-30 Hencky 第一定理图示

两式相减有

$$\omega_B=\frac{1}{2}(\eta_2-\zeta_1)$$

所以

$$\Delta\omega_{AB}=\omega_A-\omega_B=\frac{1}{2}(\eta_1-\eta_2)$$

同理可求得

$$\omega_C=\frac{1}{2}(\eta_1-\zeta_2),\quad \omega_D=\frac{1}{2}(\eta_2-\zeta_2)$$

$$\Delta\omega_{CD}=\omega_C-\omega_D=\frac{1}{2}(\eta_1-\eta_2)$$

由此得证

$$\Delta\omega_{AB}=\Delta\omega_{CD} \tag{2-136}$$

同样对 σ_m 的变化有等式

$$\Delta\sigma_{mAB}=\sigma_B-\sigma_A=\Delta\sigma_{mCD}=\sigma_D-\sigma_C \qquad (2-137)$$

由此定理出发，可以得到以下两点推论：

推论 1　若一族滑移线中有一根是直线，则同族其他各线段都是直线。

这种情况相当于 $\Delta\omega_{AB}=\Delta\omega_{CD}=0$。

推论 2　在直的滑移线上，应力是常数。

由式(2-135)可以导出 $\Delta\sigma_m=\pm2k\Delta\omega$，若 α 线为直线，则有 $\Delta\omega=0$ 和 $\Delta\sigma_m=0$，也就是 ω 和 σ_m 都是常数。再根据式(2-132)可知 $\sigma_x,\sigma_y,\tau_{xy}$ 都是常数。

若某一区域，两族滑移线都是直线，则在整个区域 σ_m 和 ω 都是常数，此区域为均匀应力区域。

2. Hencky 第二定理

一条滑移线与一族滑移线相交，当沿着这条滑移线移动时，另一族滑移线在交点处曲率半径的变化等于这条滑移线的长度。

要证明这一定理，可在滑移线场中取无限小的曲线四边形，它是由 α 族滑移线 ab 和 cd 及与其相交的 β 族滑移线 ac 和 bd 围成的，如图 2-31 所示。该曲线四边形为无限小，可以认为各边皆为圆弧。

弧长 $ab(\widehat{ab}=\mathrm{d}S_{a_1})$ 可以通过曲率半径 $o_aa=R_a$ 及角 $ao_ab=\mathrm{d}\theta_\beta$ 确定，即

$$\mathrm{d}S_{a_1}=R_a\mathrm{d}\theta_\beta$$

弧长 $cd(\widehat{cd}=\mathrm{d}S_{a_2})$ 可以表示为

$$\mathrm{d}S_{a_2}=(R_a+\mathrm{d}S_\beta)\mathrm{d}\theta_\beta$$

此外，a 族滑移线由 a_1 线到 a_2 线时曲率减小，可以认为弧 cd 的曲率半径比弧 ab 的曲率半径大一个增量 $\mathrm{d}R_a$，即

$$o_a'c=R_a+\mathrm{d}R_a$$

由此可以写出弧长 $\mathrm{d}S_{a_2}$ 的第二个公式：

$$\mathrm{d}S_{a_2}=(R_a+\mathrm{d}R_a)\mathrm{d}R_a \qquad (2-138)$$

令表示 $\mathrm{d}S_{a_2}$ 的两个式子(2-138a)和(2-138b)相等，得

$$\mathrm{d}R_a=\mathrm{d}S_\beta$$

用类似方法可以证得

$$\mathrm{d}R_\beta=\mathrm{d}S_a$$

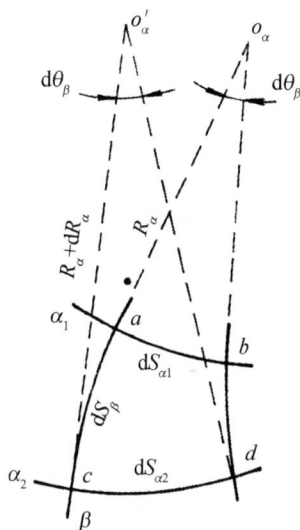

图 2-31　Hencky 第二定理图示

于是，Hencky 第二定理得到证明。此定理说明，当朝向滑移线内凹的方向移动时，曲率半径缩短。若塑性状态扩展得足够远，曲率半径最后必然缩短为零。

三、滑移线法算例：筒形件拉深时的应力分布

圆板毛料拉深筒形件的过程为轴对称问题，取极坐标 r,θ，变形区材料处于径向受拉、切向受压、$\tau_{r\theta}=0$ 的应力状态。

由滑移线是最大剪应力迹线可知，滑移线上任一点 $P(r,\theta)$ 的切线与该点处半径之间的夹

角恒为 $\dfrac{\pi}{4}$，因而滑移线的方程为

$$\frac{r\mathrm{d}\theta}{\mathrm{d}r}=\tan\frac{\pi}{4}=1$$

积分上式得

$$\theta=\ln r+c \tag{2-139}$$

此式为对数螺线，c 为积分常数。

设沿此滑移线在变形区外边界 $r=R_H$ 处取点 $H(R_H,\theta_H)$，则此点的角坐标为

$$\theta_H=\ln R_H+C$$

点 $H(R_H,\theta_H)$ 与点 $P(r,\theta)$ 角坐标之差为

$$\Delta\theta=\theta_H-\theta=\ln\frac{R_H}{r}$$

由图 2-32 中的简单几何关系即可证明，$\Delta\theta$ 等于 $P(r,\theta)$ 点至 $H(R_H,\theta_H)$ 点滑移线的转角 $\Delta\omega$，有

$$\Delta\omega=\Delta\theta=\ln\frac{R_H}{r} \tag{2-140}$$

根据 Hencky 积分，点 $H(R_H,\theta_H)$ 的平均应力 σ_H 与任意点 $P(r,\theta)$ 的平均应力 σ_P 之差为

$$\sigma_P-\sigma_H=2k\Delta\omega=2k\ln\frac{R_H}{r}=\sigma_s\ln\frac{R_H}{r} \tag{2-141}$$

因为 H 点处于单向受压状态，而 P 点处于拉、压应力状态，可以肯定，平均应力 $\sigma_P>\sigma_H$，故在 Hencky 积分中取正号。

在 $H(R_H,\theta_H)$ 点处，$\sigma_{rH}=0$，$\sigma_{\theta H}$ 为压应力，屈服方程为 $\sigma_{rH}-\sigma_{\theta H}=2k$，而 $\sigma_{\theta H}=-2k$，因此 H 点的平均应力 $\sigma_H=\dfrac{\sigma_{rH}+\sigma_{\theta H}}{2}=-k=-\dfrac{\sigma_s}{2}$。在 $P(r,\theta)$ 点处，σ_{rP} 为拉应力，$\sigma_{\theta P}$ 为压应力，屈服方程为 $\sigma_{rP}-\sigma_{\theta P}=2k$，$\sigma_{\theta P}=\sigma_{rP}-2k$，$P$ 点的平均应力为 $\sigma_P=(\sigma_{rP}+\sigma_{\theta P})/2=(\sigma_{rP}+\sigma_{rP}-2k)/2=\sigma_{rP}-k$。

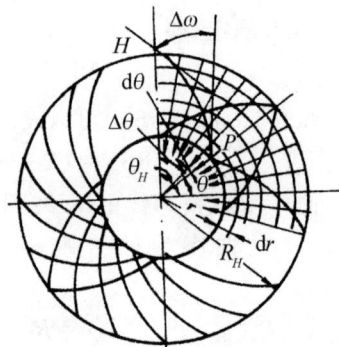

图 2-32 拉深变形区滑移线分布

将 $\sigma_H=-k$ 代入式(2-141)可得

$$\sigma_P=\sigma_s\ln\frac{R_H}{r}-k=\sigma_s\ln\frac{R_H}{r}-\frac{\sigma_s}{2} \tag{2-142}$$

将 $\sigma_P=(\sigma_{rP}-k)$ 代入式(2-142)，可以求出任意点 $P(r,\theta)$ 处的径向主应力 σ_{rP} 为

$$\sigma_{rP}=\sigma_s\ln\frac{R_H}{r} \tag{2-143}$$

$P(r,\theta)$ 点处的切向主应力为

$$\sigma_{\theta P}=2\sigma_P-\sigma_{rP}=2\sigma_s\ln\frac{R_H}{r}-\sigma_s-\sigma_s\ln\frac{R_H}{r}$$

$$=\sigma_s\left(\ln\frac{R_H}{r}-1\right) \tag{2-144}$$

§2-12　板材冲压成形性及试验方法

一、板材的冲压成形性

板材的冲压成形性是指板材对各种冲压加工方法的适应能力。具体地说,就是能否用简便的工艺方法,高效地用板材生产出优质冲压件。

冲压成形性涉及的因素很多,主要有两个方面:一是减少成形工序,在每道工序中充分发挥材料的变形潜力,实现尽可能大的变形程度,这就涉及成形极限概念;另一方面是保证产品符合质量要求。

(一)成形极限

冲压成形过程中,板材所能达到的最大变形程度称为成形极限。不同成形工序,采用不同的极限变形系数来表示成形极限,如弯曲工序的最小弯曲半径$(r/t)_{min}$,拉深工序的拉深系数等。这些系数可在相关手册中查到,或由试验求得。

板材冲压成形极限的研究和试验在生产中的实际意义在于以下三方面:

(1)分析和判断生产中出现的与板材性能有关的质量问题,找出原因和解决问题的方法。

(2)根据冲压件的形状特点及成形工艺选择原材料。

(3)为迅速而准确地验收材料提供验收标准,并为研究具有较高冲压性能的新板材提供方向和鉴定方法。

板材各种不同成形工艺的应力状态、变形特点,以及变形区和传力区之间的关系等都不相同,所以对板材成形性的要求也不一样。但是可以把各种成形方法按变形区的力学特点分为两类,即伸长类成形和压缩类成形,并分别研究这两类成形方法对板材成形性的要求。

冲压成形时,影响过程正常进行的因素可能发生在变形区,也可能发生在传力区。这些因素大致有:板材局部失稳而产生缩颈断裂,超过板材临界应力而失稳起皱,局部变薄或增厚超过制件公差要求。因此,为了提高板材的冲压成形极限,就必须提高板材的塑性指标和增强抗拉、抗压能力。

(二)成形质量

冲压件的质量指标主要是变薄率、尺寸精度、形状要求、表面质量以及成形后的物理机械性能等。

影响制件尺寸和形状精度的主要原因有回弹与畸变。由于塑性变形总是伴随着弹性变形,所以加压时完全紧贴模具的制件,在压力卸除后也会弹离模具表面,这种现象称为回弹。回弹总是与板料变形方向相反。例如弯曲件回弹会使弯角和曲率半径变大,圆筒拉深件回弹使直径略大于凹模直径等。冲压成形时,由于变形控制不当,有时毛料上不需要发生变形的方向也会发生变形,这将引起制件形状的畸变,例如,型材弯曲时纵向翘曲,管材弯曲时要在管内加活动芯棒或填砂以防管壁皱褶和截面畸变等。

板材成形时,变形区内金属流动不均匀会引起内部残余应力,严重时会引起制件翘曲变形甚至破裂。

二、板材的机械性能与冲压成形性的关系

板材的冲压性能必须通过试验来鉴定。试验可分为两类：一类是基本性能试验，如拉伸试验、硬度试验和金相试验等；另一类是各种特定的工艺性能试验，如反复弯曲、拉楔和杯突等试验，分别鉴定板料的弯曲、拉深和胀形性能。

板材的拉伸试验是基本性能试验中很重要的一种方法，它是在材料试验机上，采用标准试件进行的。拉伸试验结果可以从很多方面反映板材的冲压成形性能。

通过拉伸试验，可以得到板材的强度、刚度、塑性等方面的机械性能参数，如屈服极限 σ_s，强度极限 σ_b，弹性模量 E，硬化模量 D，总延伸率 δ，断面收缩率 ψ，以及均匀延伸率 ε_b（见图 2-33）等。

板材的机械性能与冲压成形性有着密切的关系。利用上述各机械性能指标，就可以大致鉴定出各种材料冲压成形性能的好坏。现将其中较为重要的几项分述如下。

图 2-33　拉伸曲线

(一)均匀延伸率 ε_b

ε_b 表示板材产生均匀的，或称稳定的塑性变形的能力，它直接反映板材在伸长类变形中的性能，如最小弯曲半径、翻边系数、扩口系数、胀形系数等。ε_b 愈大，则极限变形程度也愈大。

(二)屈强比(σ_s/σ_b)

较小的屈强比几乎对所有冲压成形都是有利的。例如在拉深时，若板材的 σ_s 低，则变形区的切向压应力较小，板材起皱的趋势亦较小。而强度极限 σ_b 的提高则增强了传力区的抗拉能力。在弯曲工序中，σ_s 愈低，则卸载后弹性回跳就愈小，有利于提高制件的精度。

(三)硬化指数 n

硬化指数 n 表示在塑性变形中材料的硬化强度。板材拉伸的实际应力曲线常用幂函数 $\sigma=c\varepsilon^n$ 表示。式中的 c 为系数；n 称为硬化指数，其值可根据拉伸试验所得的实际应力曲线，再利用 $\sigma=c\varepsilon^n$ 式，在对数坐标系里求得。

材料的 n 值愈大，在同样的变形程度下，实际应力增大愈多，亦即材料的硬化效应愈大。而由于硬化引起的变形抗力的增大，可以抵消局部颈缩处因面积减小而引起的承载能力减弱，因而可以制止颈缩进一步发展。所以对伸长类变形而言，板材的 n 值愈大，其极限变形程度也愈大。

(四)厚向异性指数 r

厚向异性指数 r 值是板材拉伸试验中宽度应变 ε_b 与厚度应变 ε_t 之比，即

$$r=\frac{\varepsilon_b}{\varepsilon_t}=\frac{\ln\dfrac{b}{b_0}}{\ln\dfrac{t}{t_0}} \tag{2-145}$$

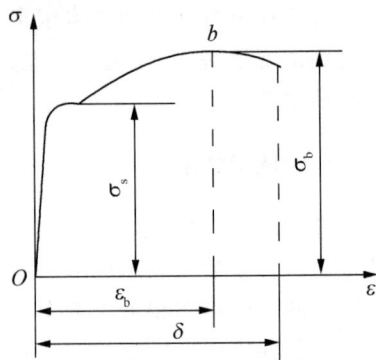

式中，b_0，b，t_0，t 分别为板材变形前、后的宽度与厚度。一般以试件均匀伸长应变为 20％时的 r 值作为衡量板材性能的标准。

r 值的大小表明板材受单向拉伸应力作用时，板平面方向和厚度方向上变形的难易程度。r 值愈大，板平面方向愈易变形，而厚度方向则较难变形，这有利于减小材料变薄量，提高抵抗拉、压失稳的能力，因而有利于提高极限变形程度。

冲压成形所用的板材都是轧制的，在板平面内不但纵向和横向的性能不同，在不同方向上的 r 值也不一样。为了统一试验方法，便于应用，常用下式计算板材的厚向异性指数平均值，并作为代表板材冲压性能的一项重要指标：

$$\overline{r} = \frac{r_0 + r_{90} + 2r_{45}}{4} \tag{2-146}$$

式中的 r_0，r_{90}，r_{45} 分别为板材纵向（轧制方向）、横向及 45°斜方向的厚向异性指数。

(五)板平面方向性

板材轧制后，板平面内不同方向上的物理、机械性能都不相同，从而影响了板材的冲压成形性能。例如平面方向性会使拉深制件口部不齐，出现所谓的"凸耳"。

板平面的方向性可用厚向异性指数 r 在几个方向上的平均差值来衡量，一般规定为

$$\Delta r = \frac{r_0 + r_{90} - 2r_{45}}{4} \tag{2-147}$$

由于板材平面方向性对提高成形极限和成形质量不利，故生产中应设法降低 Δr 值。

三、成形极限图

以上几种鉴定板材成形性的方法都是在比较单纯的试验条件下进行的。而实际制件往往很复杂，成形时的变形方式与试验条件差别很大，仅根据一般试验结果很难做出确切判断。

应用成形极限图（见图 2-34）可以判别复杂冲压件工艺设计是否合理并改进工艺。

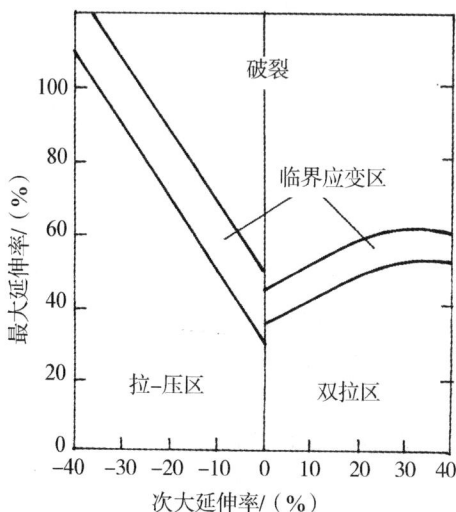

图 2-34　成形极限图

下面对板材成形极限图的作法及应用作简要介绍。

实际应用的成形极限图是通过试验建立的,试验常用胀形法进行。试验前,在板材表面印制直径为 2.5 mm 的小圆网格线。试验时将球形凸模压入材料(见图 2-35),当试件出现裂纹时停止。取出试件后,在离裂纹最近的完整网格上测量小圆变成椭圆的尺寸,计算出椭圆长、短轴方向(即主方向)的应变 ε_1 和 ε_2,然后标记在坐标纸上。改变试件的形状、尺寸以及润滑方式,即可得到不同应变状态和不同的 ε_1 与 ε_2 的比值。如此进行下去,在取得足够数据后,将在已标记在 $\varepsilon_1-\varepsilon_2$ 坐标纸上的未出现颈缩现象的小圆坐标点,与已出现颈缩和破裂的小圆坐标点用一条曲线分开。但由于颈缩时的应变值具有分散性,故成形极限曲线实际上是一个带状的临界区(见图 2-34)。在临界区的上方,制件变形时将发生破裂;在临界区的下方,制件是安全的;在临界区内,不能肯定制件是否破裂。

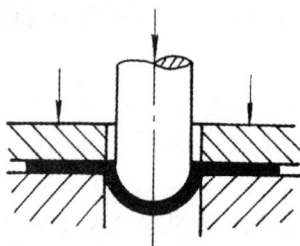

图 2-35　成形极限试验

有了板材的成形极限图之后,就可以用来检查和改善复杂形状制件的成形工艺方案。

先在复杂成形件的毛料上制出小圆网格。如在成形过程中毛料破裂,就测量最接近裂纹处网格的变形并算出应变,然后标记在成形极限图中。如应变量在临界区之上,说明破坏是比较正常的。改进的方法除经中间软化退火后增加一道成形工序外,还可设法增加短轴应变量 ε_2 的绝对值。其具体措施为:在双向受拉的应变状态下,可以采用加大短轴方向毛料尺寸、减小模具圆角半径,或在模具上设置突梗等方法,以增大短轴方向材料流入模腔的阻力;在拉压应变状态下,可以适当减小短轴方向的毛料尺寸、增大模具圆角半径,或改进润滑条件,以使短轴方向的材料容易流入模腔。

如果制件破裂,小圆的应变量在临界区之下,说明破坏是不正常的。其原因可能是:润滑不当,模具圆角半径不合适,模具间隙不合理,冲压机导向不准确。要进行具体分析。

习　题

1. 已知 $\sigma_x=\sigma_1$,$\sigma_y=\sigma_2$,$\sigma_z=\tau_{xy}=\tau_{yz}=\tau_{zx}=0$,试求与 xoy 平面垂直的任意斜截面上的正应力和剪应力。

答案:$\sigma_N=l^2\sigma_1+m^2\sigma_2$,$\tau_N=lm(\sigma_1-\sigma_2)$。

2. 在物体中的某一点,所有正应力分量都等于零,即 $\sigma_x=\sigma_y=\sigma_z=0$,其余三个剪应力分量中的一个为零(如 $\tau_{xy}=0$),试求该点的主应力。

答案:$\sigma_1=\sqrt{\tau_{yz}^2+\tau_{zx}^2}$,$\sigma_2=0$,$\sigma_3=-\sigma_1$。

3. 已知物体某点的应力分量为 σ_x,σ_y,σ_z,τ_{xy},而 $\tau_{yz}=\tau_{zx}=0$,试求主应力以及通过 z 轴并与 x 轴成 α 角的面上的正应力和剪应力。

答案:$\sigma_{1,2}=\dfrac{\sigma_x+\sigma_y}{2}+\sqrt{\left(\dfrac{\sigma_x-\sigma_y}{2}\right)^2+\tau_{xy}^2}$

$$\sigma_N = \sigma_x \cos^2\alpha + \sigma_y \sin^2\alpha + \tau_{xy} \sin 2\alpha$$

$$\tau_N = \frac{1}{2}(\sigma_y - \sigma_x)\sin 2\alpha + \tau_{xy}\cos 2\alpha$$

4. 板材拉深时,若凹模平面和固定压边圈之间的间隙恰为毛料的厚度,试说明拉深过程中制件凸缘外缘的应力状态。

5. 物体中的一点应变分量为:$\varepsilon_x = 0.001, \varepsilon_y = 0.000\,5, \varepsilon_z = -0.000\,1, \gamma_{xy} = 0.000\,8,$ $\gamma_{yz} = 0.000\,6, \gamma_{zx} = -0.000\,4$。试计算主应变与主方向。

答案:$\varepsilon_1 = -0.001\,22, \quad \varepsilon_2 = 0.000\,494, \quad \varepsilon_3 = -0.000\,317,$

$\qquad l_1 = 0.88, \qquad m_1 = 0.48, \qquad n_1 = -0.002\,5$。

6. 若物体内一点的 x 方向的应变为 ε,y 方向的应变为 $-\varepsilon$,z 方向的应变为零。试求与 x 轴成 $\pm 45°$ 方向上的剪应变值。

答案:$\gamma_{45} = \varepsilon$。

7. 已知等厚度板沿周边承受均匀压力 q 的作用(见图 2-36),若 O 点不能移动和转动,试求板内任意一点 $A(x, y)$ 的位移 u、v 和 w。

答案:$u = -\dfrac{1-\mu}{E}qx$

$\qquad\quad v = -\dfrac{1-\mu}{E}qy$

$\qquad\quad w = \dfrac{2\mu}{E}qz$

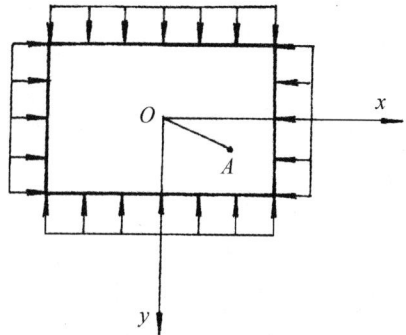

图 2-36

8. 试求平均正应力 $\sigma_m = \dfrac{1}{3}(\sigma_x + \sigma_y + \sigma_z)$ 与平均正应变 $\varepsilon_m = \dfrac{1}{3}(\varepsilon_x + \varepsilon_y + \varepsilon_z)$ 之间的关系。

答案:$\sigma_m = \dfrac{E}{1-2\mu}\varepsilon_m$

9. 试求 $(\sigma_j - \sigma_m)$ 与 $(\varepsilon_j - \varepsilon_m)$ 之间的关系 $(j = x, y, z)$,σ_m 和 ε_m 分别表示平均正应力和平均正应变。

答案:$\sigma_j - \sigma_m = 2G(\varepsilon_j - \varepsilon_m)$

10. 设 s_1, s_2, s_3 为主应力偏量,试证明用主应力偏量表示的 Mises 屈服务条件为

$$\sqrt{\frac{3}{2}(s_1^2 + s_2^2 + s_3^2)} = \sigma_s$$

提示:$s_1 + s_2 + s_3 = 0$

11. 已知两端封闭的薄壁圆筒,半径为 r,厚度为 t,承受内压 p 为轴向拉应力 σ 的作用,试求此时圆管的屈服条件。

答案:$\sigma^2 + 3\left(\dfrac{pr}{2t}\right)^2 = \sigma_s$ 　　　　(Mises)

$\qquad\quad \sigma + \dfrac{pr}{2t} = \sigma_s, \quad \sigma_1 > \sigma_3$ 　　　(Tresca)

$\qquad\quad \dfrac{pr}{t} = \sigma_s, \quad \sigma_3 > \sigma_1$ 　　　(Tresca)

12.在平面应变问题,中,取 $\mu=\frac{1}{2}$,$\varepsilon_z=\tau_{xz}=\tau_{yz}=0$,试将 Mises 和 Tresca 屈服条件用 σ_x,σ_y,τ_{xy} 表示(规定单向拉伸时两种屈服条件重合)。

答案:$(\sigma_x-\sigma_y)^2+4\tau_{xy}=\begin{cases}\sigma_s^2 & (\text{Tresca})\\ \dfrac{4}{3}\sigma_s^2 & (\text{Mises})\end{cases}$

13.试导出极坐标平面应力状态($\sigma_z=0$)应力-应变关系:

$$\varepsilon_r=\frac{1}{E}(\sigma_r-\mu\sigma_\theta)$$

$$\varepsilon_\theta=\frac{1}{E}(\sigma_\theta-\mu\sigma_r)\quad \gamma_{r\theta}=\frac{1}{G}\tau_{r\theta}$$

和平面应变状态($\varepsilon_z=0$)应力应-变关系:

$$\varepsilon_r=\frac{1-\mu^2}{E}\left(\sigma_r-\frac{\mu}{1-\mu}\sigma_\theta\right)$$

$$\varepsilon_\theta=\frac{1-\mu^2}{E}\left(\sigma_\theta-\frac{\mu}{1-\mu}\sigma_r\right)$$

$$\gamma_{r\theta}=\frac{1}{G}\tau_{r\theta}$$

14.在如下两种情况下,试求塑性应变增量的比:a)单向应力状态 $\sigma_1=\sigma_s$;b)纯剪应力状态,$\tau_s=\sigma_s/\sqrt{3}$。

答案:a)$d\varepsilon_1^p : d\varepsilon_2^p : d\varepsilon_3^p=2:-1:-1$

b)$d\varepsilon_1^p : d\varepsilon_2^p=1:-1,d\varepsilon_3^p=0$

15.已知薄壁圆筒承受拉应力 $\sigma_z=\sigma_s/2$ 及扭矩作用,若使用 Mises 屈服条件,试求屈服时扭转应力应为多大,并求出此时塑性应变增量的比值。

答案:$\tau_{z\theta}=\sigma_s/2$

$d\varepsilon_r^p : d\varepsilon_\theta^p : d\varepsilon_z^p : d\gamma_{z\theta}^p=-1:-1:2:6$

16.已知直径为 200 mm,厚为 4 mm 的薄壁球,承受内压 $p=20$ MPa 的作用,如果材料是不可压缩的,应力-应变关系为 $\sigma_i=500\varepsilon_i^{0.5}$,试求材料进入塑性时直径的变化量。

答案:直径增长值为 26.6 mm。

第3章 冲 裁 成 形

冲裁是利用冲压设备和模具使材料分离或部分分离以获得零件或毛坯的一种冲压工序。

冲裁工作生产效率高、成本低、材料利用率高、产品尺寸稳定、操作简单、容易实现机械化和自动化,特别适用于大批量生产。

在飞机制造业中,冲裁工作量约占整个飞机制造工作量的 4%～5%,但其在汽车、家电、日用五金等行业中所占比例很高,约为 20%～25%。

冲裁工作包括落料、冲孔、切断(切边、剖切)、切口和整修等工作(见图 3-1)。但一般所说的冲裁工艺主要是指落料和冲孔工序。

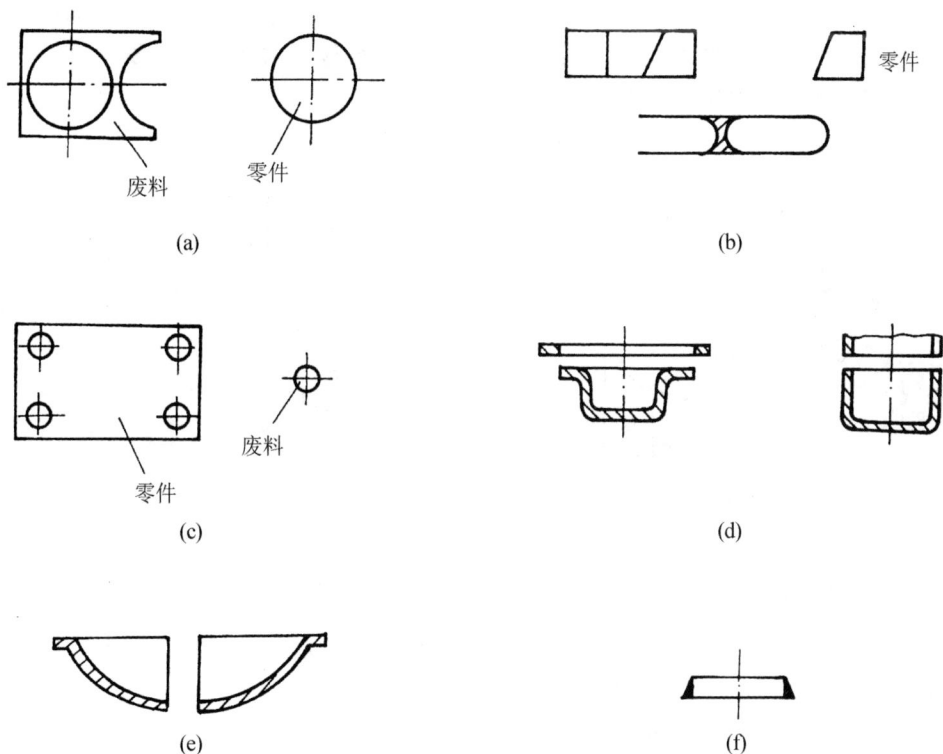

图 3-1 冲裁工序示意图
(a)落料;(b)切断;(c)冲孔;(d)切边;(e)剖切;(f)整修

冲裁以后,板料分成两部分,即落料部分和带孔部分。若冲裁的目的是为了制取一定外形的冲落部分,则这种冲裁工序称为落料;若是为了制取内孔,则称为冲孔。

根据变形机理,冲裁可以分为普通冲裁和精密冲裁两类。

§3-1 冲裁变形机理

为了深入掌握冲裁工艺,控制冲裁件质量,了解冲裁变形的机理是很必要的。应该说明的是这里所介绍的只是普通冲裁的机理。

一、冲裁变形过程分析

冲裁过程是材料的分离过程。当模具间隙正常时,这个过程可以分成三个阶段。

(一)弹性变形阶段

如图 3-2 所示,凸模接触板料后,开始对材料加压。凸、凹模刃口之间存在间隙,使得材料除产生弹性压缩变形外,还产生弹性拉伸与弯曲变形。模具刃口要阻止上、下表面材料的变形,从而产生如图 3-2 所示的摩擦力 μP_p 和 μP_d(μ 为摩擦因数)。板料下表面在垂直方向的压力 P_d 和弯矩 M 产生的径向拉力联合作用下,所受的主剪应力最大;板料上表面在垂直方向压力 P_p 和弯矩 M 产生的径向压应力作用下,所受的主剪应力次之。此阶段材料内的应力状态未满足塑性条件,处于弹性变形阶段。

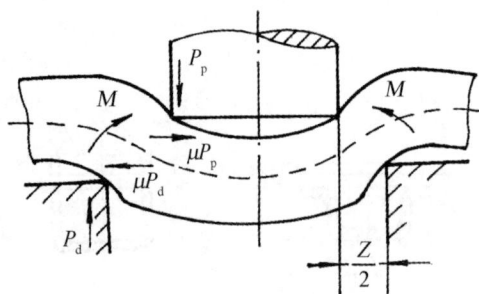

图 3-2 冲裁弹性变形阶段

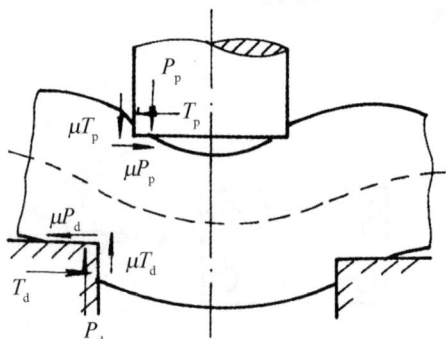

图 3-3 冲裁塑性变形阶段

(二)塑性变形阶段

随着凸模压力增加,板料下表面凹模刃口处首先达到材料的屈服应力而由弹性变形状态进入塑性变形状态。随之板料上表面凸模刃口处亦进入塑性变形状态。然后塑性变形区由上、下表面的刃口处向板料内部扩展。

板料受力状态如图 3-3 所示。由于板料已进入塑性变形状态,上、下表面分别与凸、凹模侧面接触,从而产生侧压力 T_p、T_d 以及相应的摩擦力 μT_p 和 μT_d(见图 3-3)。塑性变形阶段的应力状态表示于图 3-4,其中:

A 点——凸模下降引起的轴向拉应力 σ_3;板料弯曲与凸模侧压力引起的径向压应力 σ_1;板料弯曲引起的压应力与侧压力引起的拉应力所合成的切向应力 σ_2。

B 点——由凸模下压及材料弯曲引起的三向压应力

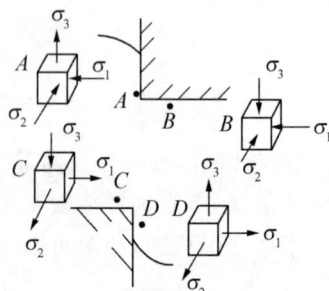

图 3-4 冲裁时塑性变形应力

状态。

C 点——凹模挤压板料产生的轴向压应力 σ_3；板料弯曲引起的径向拉应力 σ_1；切向拉应力 σ_2。

D 点——凸模下压引起的轴向拉应力 σ_3；材料弯曲引起的拉应力与凹模侧压力引起的压应力所合成的径向应力 σ_1 与切向应力 σ_2。此合成应力可能是拉应力，也可能是压应力，与间隙大小有关，一般情况下 D 点主要处于拉应力状态。

从 A,B,C,D 各点的应力状态可以看出，凸模与凹模端面（即 B 点与 C 点）的静水压力（球张量）高于侧面（即 A 点和 D 点）的静水压力。又因板料向凸模方向翘曲，使凸模一侧材料受到双向压缩，凹模一侧材料受到双向拉伸，故凸模刃口附近材料的静水压力又比凹模附近高。

(三)断裂阶段

凸模下行压入材料至一定深度时，首先在静水压力最低的凹模刃口侧壁达到破坏应力并出现裂纹，继而在凸模刃口侧面出现裂纹（见图 3-5）。裂纹出现后，沿最大剪应力方向向板料内部扩展。若间隙合理，则上、下裂纹将重合使材料分离，完成冲裁工作。若间隙过大或过小，则会在上、下两条裂纹之间出现第三条裂纹并使材料断裂。

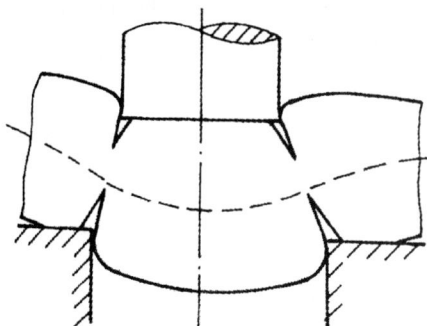

图 3-5　冲裁断裂阶段

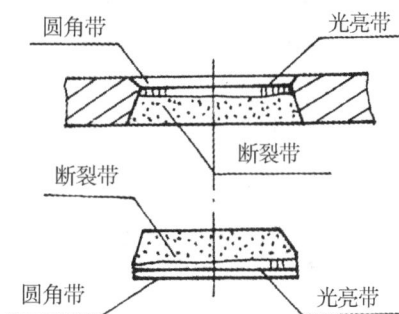

图 3-6　冲裁件断面情况

二、冲裁件断面情况

用冲裁方法制得的冲裁件断面是不光滑的，也不与板面垂直。在断面上一般存在三个特征区，即圆角带、光亮带与断裂带（见图 3-6）。圆角带是冲裁过程中由材料的弯曲与拉伸而形成的，软材料比硬材料圆角大。光亮带产生于塑性变形阶段，是剪切变形所造成的。光亮带和板面垂直，约占板厚的 $1/2\sim1/3$。软料的光亮带较宽，硬料的光亮带则窄些。断裂带是由刃口处的裂纹在拉应力作用下不断扩展而形成的撕裂面，发生于冲裁过程的断裂阶段，断面较粗糙，且有斜度。冲孔件断面上同样具有上述特征，只是三个区域的分布位置与裁件（落料）相反。

§3-2　冲　裁　间　隙

冲裁间隙是指冲裁时凸模和凹模之间的间隙，通常以 Z 表示，其值等于凹模实际尺寸与凸模实际尺寸之差。

冲裁间隙对冲裁件质量、冲裁力以及模具寿命都有很大影响,是关于冲裁工艺与模具设计的一个极其重要的参数。

一、冲裁间隙对冲裁件质量的影响

冲裁件的三个质量指标是断面质量、尺寸精度和形状误差。断面应平直、光洁,即无裂纹、撕裂、夹层和毛刺等。零件表面拱曲应尽可能小,尺寸精度应满足图纸规定的公差要求。

影响冲裁件质量的因素很多,其中冲裁间隙(简称"间隙")大小与均匀程度是主要因素。

(一)间隙对断面质量的影响

从冲裁机理分析中得知,冲裁时,上、下剪裂纹是否相向扩展并最后重合与间隙大小有关。

间隙合理时,则材料会由于上、下剪裂纹相遇合而分离[见图 3-7(b)]。断面较光洁,毛刺较少、较小。

间隙过小时[见图 3-7(a)],上、下剪裂纹不重合。当凸模继续下压时,上、下剪裂纹的中间部分将产生二次拉裂。上裂纹表面压入凹模时,受到凹模壁挤压,出现第二光亮带,部分材料被挤出表面形成毛刺或齿状边缘。

间隙过大时[见图 3-7(c)],上、下剪裂纹也不重合。材料所受的弯曲和拉伸增大,拉应力增加,材料容易撕裂,且裂纹在距刃口较远的侧面上产生,使光亮带缩小;圆角与断裂斜度都增大;毛刺大而厚,不易去除。

当凸、凹模之间的间隙不均匀时,会出现部分间隙过大、部分间隙过小的情况,模具制造与安装时应特别注意。

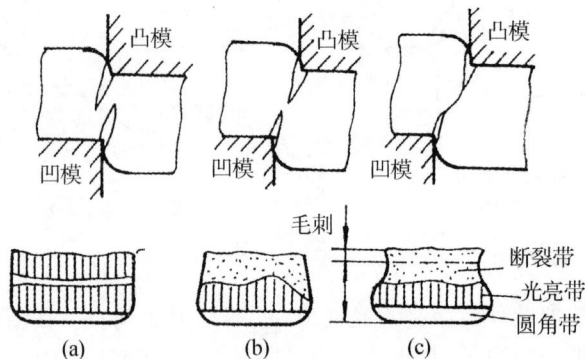

图 3-7　间隙对表面质量的影响
(a)间隙过小;(b)间隙合理;(c)间隙过大

(二)间隙对尺寸精度的影响

冲裁件的尺寸精度是指冲裁件的实际尺寸与公称尺寸的差值。差值愈小,精度愈高。这个差值包括两个方面的偏差:一是冲裁件与凸模或凹模尺寸的偏差;二是模具本身的制造偏差。

通常在落料加工中,让凹模洞口尺寸等于工件外径尺寸;而在冲孔加工中,让凸模外径尺寸等于工件孔的内径尺寸。

冲裁件相对于凸、凹模尺寸的偏差,主要是工件从凹模内推出(冲裁件)或从凸模上卸下

（冲孔）时，材料所受的挤压、拉伸以及拱曲都要产生弹性回复造成的。偏差可能为正，也可能为负。影响偏差的因素有：凸、凹模间隙，材料性质，零件的尺寸和形状。其中最主要的是凸、凹模之间的间隙。

如间隙过大，冲裁时拉伸变形大，冲裁后的弹性回复使落料尺寸缩小，冲孔孔径变大。如间隙过小，材料受压缩变形，冲裁后的弹性回复将使孔的尺寸缩小，而使落料的尺寸增大（见图 3-8）。

此外，间隙不合理还会造成裁件拱曲，不能保持平整。间隙愈大，拱曲愈大。只有间隙合理时才能获得尺寸精确、表面平整的冲裁零件。

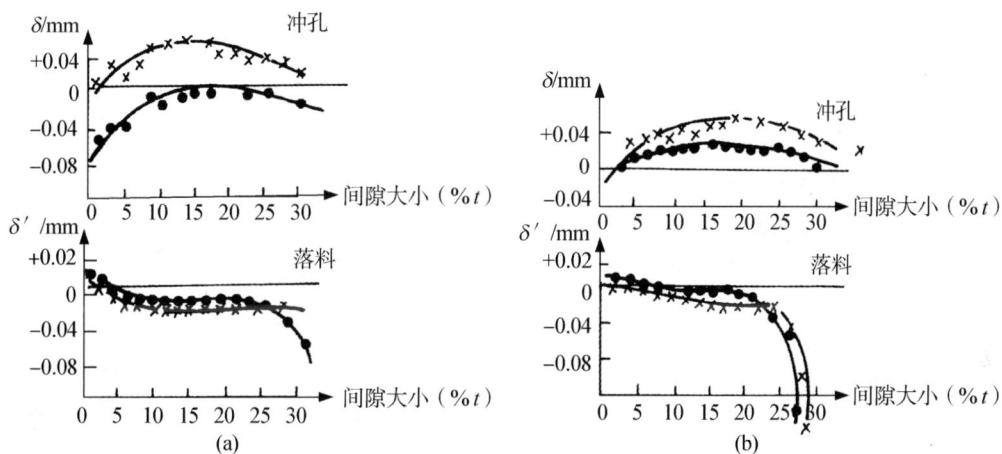

$- \cdot -$ 轧制方向；$- \times -$ 与轧制方向成直角

（a）带钢；（b）铝合金

δ—冲裁孔径（凸模外径）；δ'—冲裁件外径（凹模孔直径）

图 3-8 间隙对冲裁（圆形）件尺寸的影响

二、冲裁间隙对冲裁力的影响

冲裁力随间隙减小而增大（见图 3-9）。其原因是间隙减小时，材料所受弯矩减小，从而使拉伸应力降低，挤压应力增加，材料不易撕裂，故冲裁力增大。

从图 3-9 的曲线可以看出，不同材料都对应着一个冲裁力较小的相对间隙范围，此范围即合理间隙范围。材质不同，此合理间隙范围亦不同，但通常都在 $(10\sim30)\%t$ 范围内。

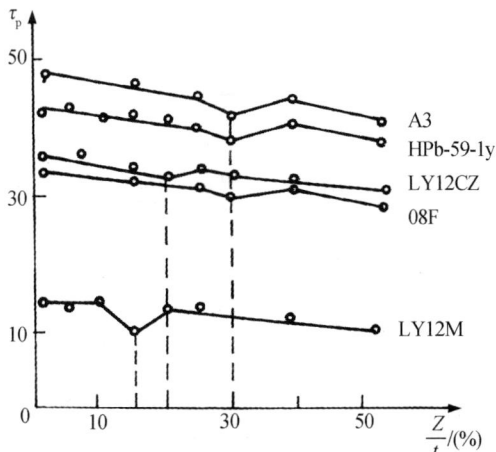

图 3-9 冲裁力与相对间隙的试验曲线

此外,间隙对卸料力和推件力亦有影响,间隙增大后,从凸模上卸料或从凹模孔中推件都将省力。

三、冲裁间隙对模具寿命的影响

冲裁模具的寿命通常以保证获得合格产品时的冲裁次数来表示。

冲裁模具失效的形式通常有:磨损,变形,崩刃、凹模刃口胀裂。

凸、凹模磨损时的形状变化过程如图 3-10 所示。

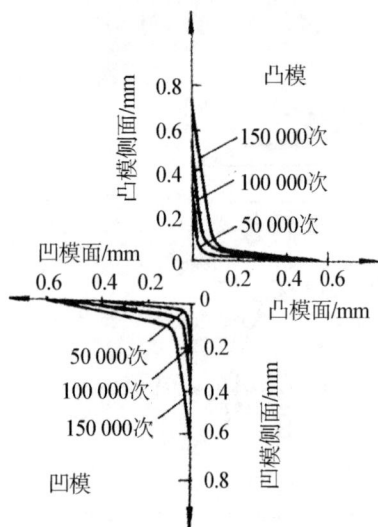

被加工材料:硅钢板,厚 0.5 mm
模具:SBD

图 3-10 刃口磨损形状变化过程

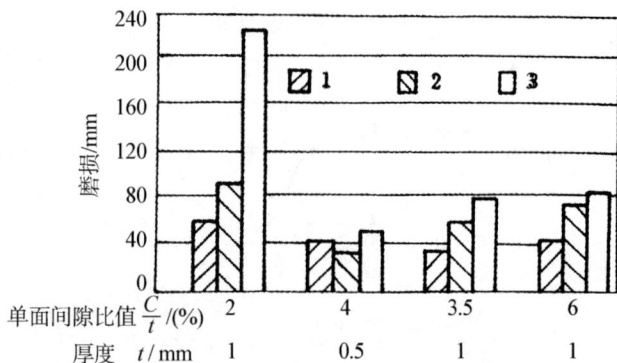

冲裁条件:无压板;模具材料:N02080(锰钢);
淬火硬度:59HRC;形状:ϕ8 圆形凸模;
被加工材料:软钢板,厚 1 mm

1—凸模面磨损;2—凹模面磨损;3—凸模侧面磨损

图 3-11 间隙对刃口磨损的影响(冲裁 10 万次)

间隙大小主要影响到冲裁模具的磨损和凹模的胀裂,是影响模具寿命的重要因素。

间隙减小,冲裁条件差,磨损就大。增大间隙可以使冲裁力和卸料力减小,因而模具的磨损也变小。但当间隙继续增大时,卸料力增加,又影响模具磨损。一般来说,间隙/t 为(10～15)%时磨损最小,模具寿命较高(见图 3-11)。

间隙小时,冲裁件梗塞在凹模洞口的胀裂力也增大。

表 3-1 给出了无润滑条件下间隙对磨损影响的实例。

表 3-1 无润滑条件下间隙对磨损的影响

间隙/t/(%)	模 具		
	冲裁次数	凸模/μm^2	凹模/μm^2
5	2 570		
10	30 000	3 600	250
15	10 000	120	25
20	30 000	570	80

注:形状为 ϕ10 圆形;模具材料为 SKD11-HRC61;被加工材料为 SUS304(不锈钢),厚 1 mm。

另外,模具间隙应当均匀,不能偏于一边。间隙不均匀对寿命影响的例子如图 3-12 所示。

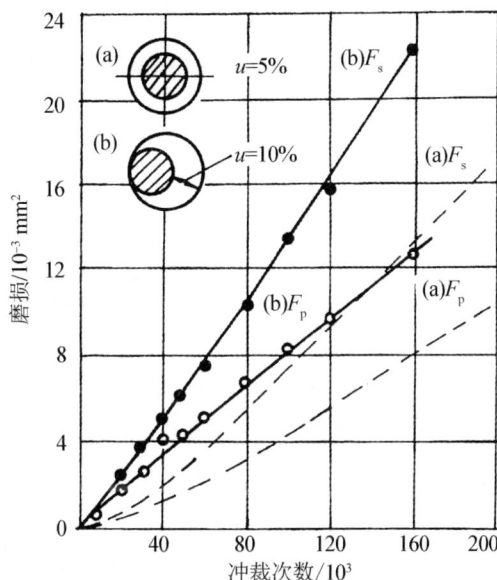

形状:圆形;模具材料:Cr12(w_C:2.1%,w_{Cr}:12%);被加工材料:电工钢板厚 0.5 mm;

F_s—凸模磨损;F_p—凹模磨损

图 3-12　间隙不均匀对磨损的影响

四、冲裁间隙值的确定

从以上分析可知,冲裁凸模和凹模之间的间隙对冲裁件的质量、冲裁力和模具寿命都有很大影响。因此,设计模具时,一定要选择一个比较合理的间隙,使冲裁件的断面质量好、尺寸精度高、所需冲裁力小、模具寿命长。但是分别从这几个方面确定的合理间隙值并不一样,只是彼此接近。考虑到模具制造偏差及使用中的磨损,通常都是选择一个适当的范围作为合理间隙。在此范围内,就可以冲制出合格的产品。这个范围的最小值称为最小合理间隙 Z_{min},最大值称为最大合理间隙 Z_{max}。模具在使用过程中,由于磨损使间隙增大,故设计与制造模具时应采用最小合理间隙。确定合理间隙的方法有以下两种。

(一)理论确定法

理论确定法的主要依据是保证上、下剪裂纹的重合。从图 3-13 中的三角形 ABC 可以求得

$$Z = 2(t-h_0)\tan\beta$$

$$= 2t\left(1 - \frac{h_0}{t}\right)\tan\beta \qquad (3-1)$$

式中,Z 为间隙;t 为板料厚度;h_0 为凸模压入深度;β 为最大剪应力方向与垂线间的夹角。

从式(3-1)可以看出,间隙 Z 与材料厚度 t、相对切入深度 h_0/t 以及裂纹方向 β 有关。而 h_0 和 β 又与

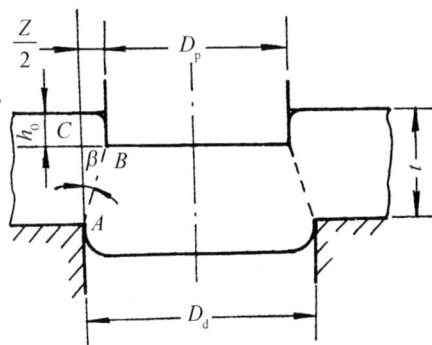

图 3-13　凸、凹模间隙的确定

材料性质有关，材料愈硬、愈脆，则 h_0/t 值愈小，合理间隙值 Z 愈大。对软而韧的材料，h_0/t 有较大值，则合理间隙较小。板料厚度 t 愈大，合理间隙值亦愈大。表 3-2 为常用冲压材料的 h_0/t 与 β 的近似值。

表 3-2　h_0/t 与 β 值

材料	h_0/t		β	
	退火	硬化	退火	硬化
软钢、紫铜、软黄铜	0.5	0.35	6	5
中硬钢、硬黄铜	0.3	0.2	5	4
硬钢、硬青铜	0.2	0.1	4	4

由于理论确定法在生产中使用不便，故目前广泛使用的是经验公式和图表。

(二)经验确定法

长期以来，我国采用的间隙值是以尺寸精度为主要依据选用的，经使用证明一般偏小。按这种间隙值制造的模具冲制的零件断面出现双光亮带，且有毛刺。又因间隙偏小，模具与板料之间的摩擦较大，从而加速了刃口磨损，降低了模具寿命。

近年来，确定间隙值是按使用要求分类选用的。对于尺寸精度、断面垂直度要求高的制件应选用较小间隙，如表 3-3 所示。对于尺寸精度和断面垂直度要求不高的工件，应以降低冲裁力和提高模具寿命为主，可采用大间隙值，如表 3-4 所示。采用大间隙时要注意以下两方面：

(1)为了保证制件平整，一定要有压料与顶件装置；

(2)为了防止凸模将废料带出凹模洞口，最好在凸模上开通气孔或装弹性顶件钉。

表 3-3　冲裁模初始双面间隙 Z/mm

材料厚度 mm	软铝		紫铜、黄铜、含碳 (0.08~0.2)% 的软钢		杜拉铝、含碳(0.3~0.4)% 的中等硬钢		硬钢含碳 (0.5~0.6)%	
	Z_{min}	Z_{max}	Z_{min}	Z_{max}	Z_{min}	Z_{max}	Z_{min}	Z_{max}
0.2	0.008	0.012	0.010	0.014	0.012	0.016	0.014	0.018
0.3	0.012	0.018	0.015	0.021	0.018	0.024	0.021	0.027
0.4	0.016	0.024	0.020	0.028	0.024	0.032	0.028	0.036
0.5	0.020	0.030	0.025	0.035	0.030	0.040	0.035	0.045
0.6	0.024	0.036	0.030	0.042	0.036	0.048	0.042	0.054
0.7	0.028	0.042	0.035	0.049	0.042	0.056	0.049	0.063
0.8	0.032	0.048	0.040	0.056	0.048	0.064	0.056	0.072
0.9	0.036	0.054	0.045	0.063	0.054	0.072	0.063	0.081
1.0	0.040	0.060	0.050	0.070	0.060	0.080	0.070	0.090
1.2	0.050	0.084	0.072	0.096	0.084	0.108	0.096	0.120
1.5	0.075	0.105	0.090	0.120	0.105	0.135	0.120	0.150
1.8	0.090	0.126	0.108	0.144	0.126	0.162	0.144	0.180
2.0	0.100	0.140	0.120	0.160	0.140	0.180	0.160	0.200
2.2	0.132	0.176	0.154	0.198	0.176	0.220	0.198	0.242
2.5	0.150	0.200	0.175	0.225	0.200	0.250	0.225	0.275
2.8	0.168	0.224	0.196	0.252	0.224	0.280	0.252	0.308

续表

材料厚度 mm	软　铝		紫铜、黄铜、含碳 (0.08~0.2)%的软钢		杜拉铝、含碳(0.3~ 0.4)%的中等硬钢		硬钢含碳 (0.5~0.6)%	
	Z_{min}	Z_{max}	Z_{min}	Z_{max}	Z_{min}	Z_{max}	Z_{min}	Z_{max}
3.0	0.180	0.240	0.210	0.270	0.240	0.300	0.270	0.330
3.5	0.245	0.215	0.280	0.350	0.315	0.385	0.350	0.420
4.0	0.280	0.360	0.320	0.400	0.360	0.440	0.400	0.480
4.5	0.315	0.405	0.360	0.450	0.405	0.490	0.450	0.540
5.0	0.350	0.450	0.400	0.500	0.450	0.550	0.500	0.600
6.0	0.480	0.600	0.540	0.660	0.600	0.720	0.660	0.780
7.0	0.560	0.700	0.630	0.770	0.700	0.840	0.770	0.910
8.0	0.720	0.880	0.800	0.960	0.880	1.040	0.960	1.120
9.0	0.870	0.990	0.900	1.080	0.990	1.170	1.080	1.260
10.0	0.900	1.100	1.000	1.200	1.100	1.300	1.200	1.400

注：1. 初始间隙的最小值相当于间隙的公称数值。

　　2. 初始间隙的最大值是考虑到凸模和凹模的制造公差所增加的数值。

　　3. 在使用过程中，由于模具工作部分的磨损，间隙将有所增加，因而超过表列数值。

表 3-4　合理大间隙值选用表

材料性质	材料厚度 t/mm	合理大间隙 Z/mm
软材料	<1	(6~8)%t
	1~3	(10~15)%t
	3~5	(15~20)%t
硬材料	<1	(8~10)%t
	1~3	(11~17)%t
	3~5	(17~25)%t

表 3-5 用于综合分类选择间隙。表中 Ⅰ 类用于断面质量与尺寸精度要求较高，但模具寿命可偏低的情况；Ⅱ 类用于断面质量与尺寸精度要求一般，模具寿命适中的情况；Ⅲ 类用于断面质量与尺寸精度要求不高，但制品产量大、要求模具寿命长的情况。

表 3-5　冲裁单面间隙比值 $\frac{C}{t} \times 100$

材　料	类别		
	Ⅰ	Ⅱ	Ⅲ
低碳钢 08F,10F,10,20,A3,B2 硬铝 2A12	3.0~7.0	7.0~10.0	10.0~12.5
中碳钢 45 不锈钢 1Cr18Ni9Ti,4Cr13 膨胀合金(可伐合金)4J29	3.5~8.0	8.0~11.0	11.0~15.0

表 3-5 只给出了一般界线，实际应用时还要根据冲裁件几何形状、模具材料、制造方法以及冲裁速度和模具结构等因素综合考虑。考虑原则大致如下：

（1）其他条件相同时，非圆形制件间隙较圆形制件间隙大；冲孔较落料间隙大。

（2）高速冲裁时，间隙较一般冲裁增大 $5\%\sim10\%$。

（3）加热冲裁时，因材料变软，间隙应比冷冲裁小。

（4）冲裁热轧硅钢片时，所用间隙应较冲裁冷轧硅钢片时为大。

（5）电火花加工凹模型孔的间隙较磨削加工的间隙小 $0.5\%\sim2\%$。

（6）简单冲裁模的间隙比复合模或级进模的间隙大。

§3-3 冲裁件的工艺性分析

冲裁件的工艺性分析包括技术和经济性两方面的内容。在技术方面，根据冲裁件产品图纸，主要分析该冲裁件的形状特点、尺寸大小、精度要求和材料性能等因素，检查是否符合冲裁工艺的要求；在经济性方面，主要根据其产量和批量，分析产品成本，阐明采用冲裁工艺可取得的经济效益。因此，对冲裁件的工艺分析，主要讨论在不影响零件使用性能的前提下，结合本单位的生产条件，能否以最简单、最经济的方法制造出来。若能做到，表示该冲裁件的工艺性好；反之则差。

对于冲裁件来说，影响其工艺性的因素有如下几方面。

一、形状和尺寸

不同形状和尺寸的冲裁件有不同的工艺要求。如要求外形简单、对称，最好是由圆弧和直线组成，避免冲裁件上有过长的悬臂和窄槽，其宽度应大于料厚的两倍，即图 3-14 中的 b 应大于 $2t$。一般情况下，要求冲裁件外形不能有尖角，特别是小于 $90°$ 的尖角，应采用 $r>0.5t$ 的圆角过渡，以便提高模具寿命并便于制造。

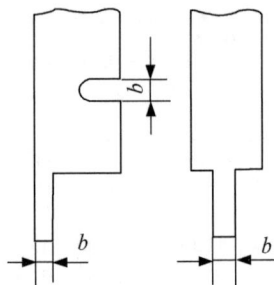

图 3-14 冲裁件窄槽尺寸

冲裁时，为了防止凸模折断或弯曲，冲孔尺寸不能太小，一般冲孔模可以冲裁的最小孔径见表 3-6。若凸模采用保护套结构，可以冲裁的最小孔径列于表 3-7 中。

表 3-6 一般冲孔模可冲压的最小孔径

材料				
钢 $\tau>700$ MPa	$d\geqslant1.5t$	$b\geqslant1.35t$	$b\geqslant1.1t$	$b\geqslant1.2t$
钢 $\tau=400\sim700$ MPa	$d\geqslant1.3t$	$b\geqslant1.2t$	$b\geqslant0.9t$	$b\geqslant t$
钢 $\tau<400$ MPa	$d\geqslant t$	$b\geqslant0.9t$	$b\geqslant0.7t$	$b\geqslant0.8t$
黄铜、铜	$d\geqslant0.9t$	$b\geqslant0.8t$	$b\geqslant0.6t$	$b\geqslant0.7t$
铝、锌	$d\geqslant0.8t$	$b\geqslant0.7t$	$b\geqslant0.5t$	$b\geqslant0.6t$
纸胶板、布胶板	$d\geqslant0.7Z$	$b\geqslant0.7t$	$b\geqslant0.4t$	$b\geqslant0.5t$
硬纸、纸	$d\geqslant0.6t$	$b\geqslant0.5t$	$b\geqslant0.3t$	$b\geqslant0.4t$

注：t 为材料厚度。

表 3-7　带保护套凸模冲孔最小值

材料	硬钢	软钢及黄铜	铝及锌	材料	硬钢	软钢及黄铜	铝及锌
圆形孔径 d	$0.5t$	$0.35t$	$0.3t$	长方孔宽 b	$0.4t$	$0.3t$	$0.28t$

冲裁件的孔与孔或孔与边缘的距离 b 和 b_1（见图 3-15）与模具的强度、寿命以及冲裁件的质量有关，其值不宜过小，一般取 $b \geqslant 1.5t$，$b_1 \geqslant t$，式中 t 为材料厚度。

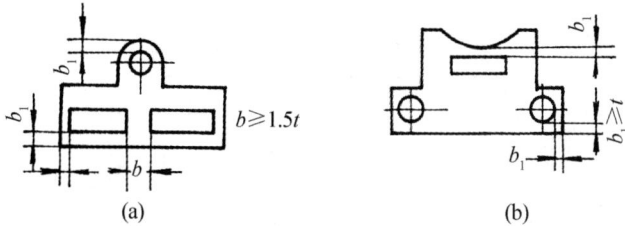

图 3-15　冲裁件孔与孔、孔与边缘的距离
(a)孔与孔距离；(b)孔与边缘的距离

二、精度

冲裁件内、外形一般所能达到的经济精度、孔距公差、孔与边缘距离尺寸公差、角度偏差以及剪断面的近似粗糙度等分别列于表 3-8～表 3-12 中。如果冲裁件剪断面表面粗糙度要求高于表 3-12，则需另加整修工序，或采用精密冲裁。

表 3-8　冲裁件内外形所能达到的经济精度

材料厚度 t/mm	基本尺寸/mm				
	≤3	3～6	6～10	10～18	18～500
≤1	IT12～IT13			IT11	
1～2	IT14	IT12～13		IT11	
2～3	IT14			IT12～IT13	
3～5	—	IT14		IT12～IT13	

表 3-9　两孔中心距离公差/mm

材料厚度 t/mm	一般精度（模具）			较高精度（模具）		
	孔距基本尺寸/mm					
	≤50	50～150	150～300	≤50	50～150	150～300
≤1	±0.10	±0.15	±0.20	±0.03	±0.05	±0.08
1～2	±0.12	±0.20	±0.30	±0.04	±0.06	±0.10
2～4	±0.15	±0.25	±0.35	±0.06	±0.08	±0.12
4～6	±0.20	±0.30	±0.40	±0.08	±0.10	±0.15

注：1. 表中所列孔距公差，适用于两孔同时冲出的情况。

2. 一般精度指模具工作部分达 IT8，凹模后角为 15′～30′的情况，较高精度指模具工作部分达 IT7 以上，凹模后角不超过 15′的情况。

表 3-10　孔中心与边缘距离尺寸公差/mm

材料厚度 t/mm	孔中心与边缘距离尺寸/mm				材料厚度 t/mm	孔中心与边缘距离尺寸/mm			
	≤50	50~120	120~220	220~360		≤50	50~120	120~220	220~260
≤2	±0.5	±0.6	±0.7	±0.8	>4	±0.7	±0.8	±1.0	±1.2
2~4	±0.6	±0.7	±0.8	±1.0					

注:本表适用于先落料再进行冲孔的情况。

表 3-11　冲裁件角度偏差值

精度等级	短边长度/mm												
	1~3	3~6	6~10	10~18	18~30	30~50	50~80	80~120	120~180	180~260	260~360	360~500	>500
较高精度	±2°30′	±2°	±1°3′	±1°15′	±1°	±50′	±40′	±30′	±25′	±20′	±15′	±12′	±10′
一般精度	±4°	±3°	±2°30′	±2°	±1°30′	±1°15′	±1°	±50′	±40′	±30′	±25′	±20′	±15′

表 3-12　一般冲裁件剪断面表面粗糙度

材料厚度 t/mm	≤1	1~2	2~3	3~4	4~5
表面粗糙度	3.2	6.3	12.5	25	50

注:如果冲压件剪断面表面粗糙度要求高于本表所列,则需要另加整修工序。各种材料通过整修后的表面粗糙度:

黄铜 0.4,软钢 0.8~0.4,硬钢 1.6~0.8。

三、尺寸标注

冲裁件的尺寸标注应符合冲压工艺要求。图 3-16 是两种不同的尺寸标注方法,其中标注法(a)不合理,原因是两孔距离的偏差会随模具磨损而增大。而标注法(b)则与模具磨损无关。

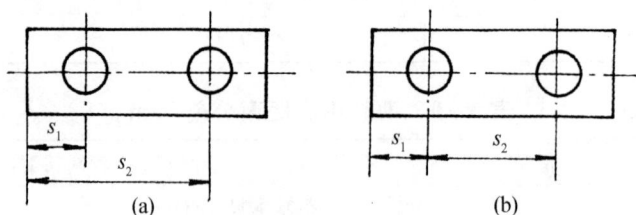

图 3-16　冲裁件尺寸的标注
(a)孔距随模具磨损增大;(b)孔距与模具磨损无关

四、生产批量

冲裁模的制造费用较高,故产量小时采用其他加工方法可能较冲裁更为经济。只有在大批量生产时,冲裁加工才能取得明显的经济效益。一般来说,产量很大时可选用连续模和高效冲压设备,以提高生产率、降低成本;中、小批量生产时,常采用简单模或复合模,以降低模具成本。

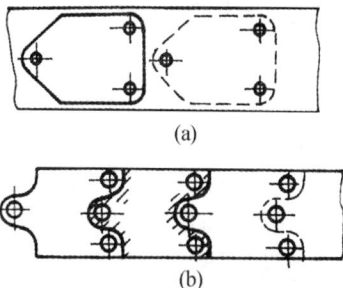

五、其他

对冲裁件进行工艺分析时,除了考虑上述的形状、尺寸、精度、尺寸标注和生产批量等主要因素外,还应考虑冲裁件的厚度、板料性能以及冲裁工序和其他工序(如弯曲、拉深等)之间的关系和相互影响。若通过分析发现制件工艺性不好,可会同产品设计人员对冲裁件的形状、尺寸、精度和原材料选用等方面进行必要的修改,以改善工艺性和提高经济效益。例如图 3-17(a)所示零件,在不影响使用条件下,只需对形状稍加改进,就可以进行无废料冲裁,材料利用率可提高 40%,生产率可提高一倍。

冲裁件一般比较简单,主要是根据零件图纸、产量和工艺条件(模具设计、制造能力、冲压设备条件等)进行分析并确定最佳工艺方案。例如图 3-18(a)所示的航空用电缆搭

图 3-17　冲裁件的形状改进

接片,除了从排样分析材料利用率外,在工艺方案上还可有两种选择。图 3-18(b)为冲孔后落料;图 3-18(c)为冲孔,冲两端头、分离。选择哪种方案较好所依据的原则就是:在保证产品精度和产量要求前提下,以最好的经济效益来确定所采用的工艺方案。

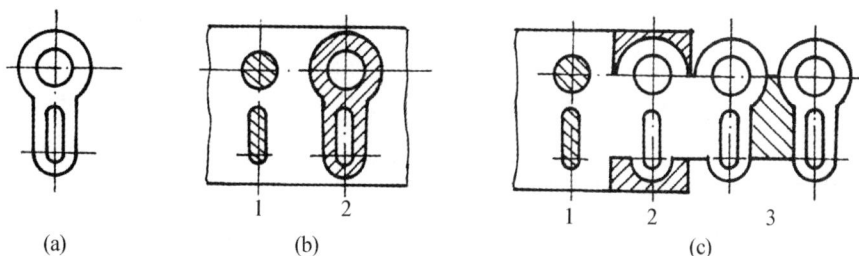

图 3-18　工艺方案比较
(a)搭接片;(b)冲孔后落料;(c)冲孔、冲两端头、分离

§3-4　冲裁工艺计算

本节将介绍以下几方面内容:凸、凹模刃口尺寸的计算,冲裁力计算及降低冲裁力的方法,排样方法及材料的经济利用。

一、凸、凹模刃口尺寸计算

凸、凹模刃口尺寸精度是影响冲裁件尺寸精度的首要因素,模具的合理间隙也要靠刃口尺寸及其公差来保证。因此,正确地确定刃口尺寸和制造公差非常重要。

(一)刃口尺寸计算原则

(1)由于凸、凹模之间存在间隙,落下的料和冲出的孔都带有锥度,故落料件的尺寸是由凹模刃口尺寸确定的,冲孔件孔的尺寸是由凸模刃口尺寸确定的。因此,在设计落料模时,应以凹模刃口尺寸为基准,间隙取在凸模上;设计冲孔模时,应以凸模刃口尺寸为基准,间隙取在凹

模上。

(2)磨损使凹模尺寸不断扩大,凸模尺寸逐渐缩小。为使落料凹模和冲孔凸模有较长的使用寿命,设计落料模时,凹模刃口的公称尺寸应取接近或等于零件尺寸的下限值,凸模刃口公称尺寸应比凹模刃口公称尺寸小一个最小合理间隙值;设计冲孔模时,凸模刃口的公称尺寸应取接近或等于孔尺寸的上限值,凹模刃口公称尺寸应比凸模刃口公称尺寸大一个最小合理间隙值。

(3)确定冲裁模刃口制造公差时,必须考虑冲裁件的精度要求。如果对刃口制造精度要求过高,即制造公差过小,则模具制造困难,成本高,生产周期长;如果对刃口制造精度要求低,即制造公差过大,则会使间隙不合理,模具寿命低,生产的制品可能不符合要求。零件精度与模具制造精度的关系可参考表 3-13。通常模具精度比零件精度高 3~4 个等级,即零件若为IT12 级,则模具应按 IT9~IT8 级制造。若零件没有标注公差,则对于非圆形件可按国家标准《非配合尺寸的公差数值》IT14 级处理,模具刃口可按 IT11 级精度制造;对于圆形件,因制造比较方便,可比非圆形件提高 1~2 个等级,按 IT10~IT9 级精度制造模具。

表 3-13   模具精度与冲裁件精度关系表

模具精度	材料厚度 t/mm											
	0.5	0.8	1.0	1.5	2	3	4	5	6	8	10	12
IT6~7	IT8	IT8	IT9	IT10	IT10	—	—	—	—	—	—	—
IT7~8	—	IT9	IT10	IT10	IT12	IT12	IT12	—	—	—	—	—
IT9	—	—	—	IT12	IT12	IT12	IT12	IT12	IT14	IT14	IT14	IT14

(4)根据原则(2),设计落料模时,凹模刃口的公称尺寸应取零件尺寸的下限值,故凹模刃口的尺寸公差应取正值;设计冲孔模时,凸模刃口的公称尺寸应取孔的上限值,故凸模刃口的尺寸公差应取负值。

(5)由于磨损,间隙值不断增大,应取最小合理间隙 Z_{min} 作为设计间隙。

(二)刃口尺寸计算方法

模具制造方法不同,其凸、凹模刃口尺寸计算公式与制造公差的标注也不相同。

1. 凸模与凹模分别加工时尺寸与公差确定

形状简单的凸、凹模(如圆形、矩形)通常采用分别加工方法制造。所谓分别加工,是指凸模和凹模分别按各自图纸加工至最后尺寸,然后提交装配。为此,必须在凸、凹模图纸上分别标注刃口尺寸和制造公差。

采用分别加工方法制造凸、凹模时,由于凸、凹模的制造公差 δ_p 和 δ_d 必须满足不等式 $\delta_p + \delta_d \leqslant Z_{max} - Z_{min}$,而最大和最小合理间隙之差 $Z_{max} - Z_{min}$ 的取值与材料的种类和厚度又密切相关。因此,制造公差的取值还应考虑料厚,即随厚减薄而减小。

图 3-19 给出了落料和冲孔时冲裁模尺寸与公差的关系。

根据以上所述的各项原则,模具的刃口尺寸可按下列公式计算:

落料:

$$D_d = (D_{max} - x\Delta)_0^{+\delta_d} \tag{3-2}$$

$$D_p = (D_{max} - x\Delta - Z_{min})^0_{-\delta_p} \tag{3-3}$$

冲孔：

$$d_p = (d_{min} + x\Delta)^0_{-\delta_p} \tag{3-4}$$

$$d_d = (d_p + Z_{min})^{+\delta_d}_0$$

$$= (d_{min} + x\Delta + Z_{min})^{+\delta_d}_0 \tag{3-5}$$

孔心距：

$$l_d = C \pm 0.25\Delta' = C \pm 0.25\frac{\Delta}{2} \tag{3-6}$$

式中, D_d 为落料凹模的基本尺寸(mm); D_p 为落料凸模的基本尺寸(mm); D_{max} 为零件的最大极限尺寸(mm); d_p 为冲孔凸模的基本尺寸(mm); d_d 为冲孔凹模的基本尺寸(mm); d_{min} 为冲孔件孔的最小极限尺寸(mm); l_d 为同一工位凹模孔心距基本尺寸(mm); C 为零件孔心距的公称尺寸(mm); Δ 为零件或孔径的单向公差(mm); Δ' 为孔心距的双向公差, $\Delta' = \Delta/2$(mm); Z_{min} 为凸、凹模间的最小合理间隙; δ_d 为凹模制造公差(mm); δ_p 为凸模制造公差(mm); $x\Delta$ 为磨损量, 其中 x 为与冲裁件制造精度有关的系数, 其值在 $0.5 \sim 1$ 之间, 可按表3-14查取。

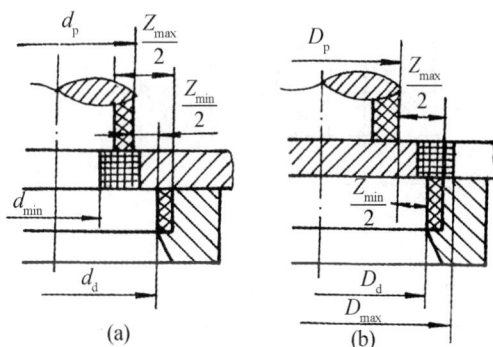

▧—凸模、凸模制造公差

▦—工件公差

图 3-19　冲裁模尺寸与公差

(a) 冲孔; (b) 落料

表 3-14　系数 x 的取值范围

材料厚度 t/mm	非圆形			圆形	
	1	0.75	0.5	0.75	0.5
	工件公差 Δ/mm				
1	< 0.16	0.17 ~ 0.35	≥ 0.36	< 0.16	≥ 0.16
1 ~ 2	< 0.20	0.21 ~ 0.41	≥ 0.42	< 0.20	≥ 0.20
2 ~ 4	< 0.24	0.25 ~ 0.49	≥ 0.50	< 0.24	≥ 0.24
> 4	< 0.30	0.31 ~ 0.59	≥ 0.60	< 0.30	≥ 0.30

2. 凸模与凹模配合加工时尺寸与公差确定

对于形状复杂的或薄材料的冲裁件, 为了保证凸、凹模之间的间隙值, 并使其分布均匀, 必须采用配合加工。这种方法是先加工好凸(或凹)模作为基准件, 然后以此基准件为标准加工凹(或凸)模, 使二者保持一定的间隙。对于这种情况, 只需在作为基准件的凸(或凹)模图纸上标注尺寸和制造公差, 而在另一件模具图纸上标注公称尺寸及间隙数值, 并注明 ×× 尺寸按凸(或凹)模配作即可。采用配合加工时, 基准件的制造公差 δ_p(或 δ_d) 就不再受间隙大小的限制, 根据经验一般可取 $\delta = \Delta/4$, 即可保证凸、凹模之间有很小的间隙, 而且还可以放宽基准件的制造公差, 便于模具加工。因此, 配合加工法得到了广泛的应用。

对于一些形状复杂的冲裁件,必须对有关尺寸进行具体分析,计算方法如下:

(1) 落料。图 3-20(a) 所示为一落料件,所采用的凹模如图 3-20(b) 所示。

落料模具应以凹模为基准,然后配作凸模。从图 3-20(b) 中可见,冲裁此类零件的凹模磨损情况可分为三类,故其凹模刃口尺寸也必须分为三种情况进行计算。

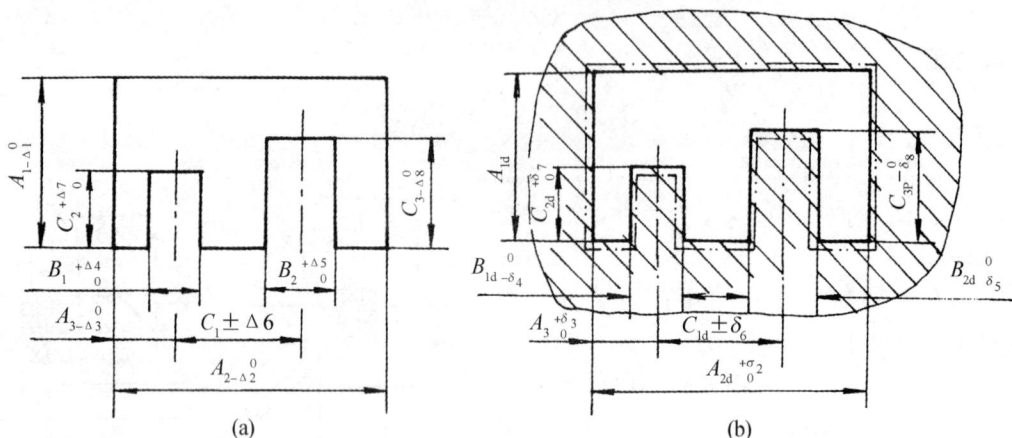

图 3-20　落料制件和凹模

(a) 零件;(b) 凹模

第一类是凹模磨损后变大的尺寸,即图中的 $A_{id}(i = 1,2,3,\cdots)$,可按落料件凹模尺寸的公式计算:

$$A_{id} = (A_{max} - x\Delta)_0^{+\delta_d} \tag{3-7}$$

第二类是凹模磨损后变小的尺寸,即图中的 $B_{id}(i = 1,2,3,\cdots)$,相当于冲孔凸模尺寸,可按冲孔凸模尺寸的公式计算:

$$B_{id} = (B_{min} + x\Delta)_{-\delta_d}^0 \tag{3-8}$$

第三类是凹模磨损后没有增减的尺寸,即图中的 $C_{id}(i = 1,2,3,\cdots)$,又可分为三种情况:

(a) 零件尺寸为 $C_0^{+\Delta}$ 时

$$C_{id} = (C + 0.5\Delta) \pm \delta_d \tag{3-9}$$

(b) 零件尺寸为 $C_{-\Delta}^0$ 时

$$C_{id} = (C - 0.5\Delta) \pm \delta_d \tag{3-10}$$

(c) 零件尺寸为 $C \pm \Delta'$ 时

$$C_{id} = C \pm \delta_d \tag{3-11}$$

以上各式中,A_{id} 为落料凹模磨损后尺寸增大部位的基本尺寸(mm);B_{id} 为落料凹模磨损后尺寸缩小部位的基本尺寸(mm);C_{id} 为落料凹模磨损后尺寸保持不变部位的基本尺寸(mm):A_{max} 为尺寸标注为 $A_{-\Delta}^0$ 部位的最大极限尺寸,$A_{max} = A$(mm);B_{min} 为尺寸标注为 $B_0^{+\Delta}$ 部位的最小极限尺寸,$B_{min} = B$(mm);C 为与 C_{id} 对应部位的落料件的公称尺寸(mm);Δ 为零件公差(mm);Δ' 为孔的偏差,对称偏差时 $\Delta' = \Delta/2$(mm);δ_d 为凹模制造公差(mm);当标注形式为 $+\delta_d(-\delta_d)$ 时,$\delta_d = \Delta/4$;当标注形式为 $\pm \delta_d$ 时,$\delta_d = \Delta/8 = \Delta'/4$。

落料用的凸模刃口尺寸按凹模尺寸配制,并保证最小间隙 Z_{min}。此时需在图纸上注明"凸模尺寸按凹模实际尺寸配制,并保证双边间隙为 $Z_{min} \sim Z_{max}$"。

(2) 冲孔。图 3-21(a) 为一冲孔件,所采用的冲孔凸模尺寸如图 3-21(b) 所示。冲孔时应以凸模为基准。

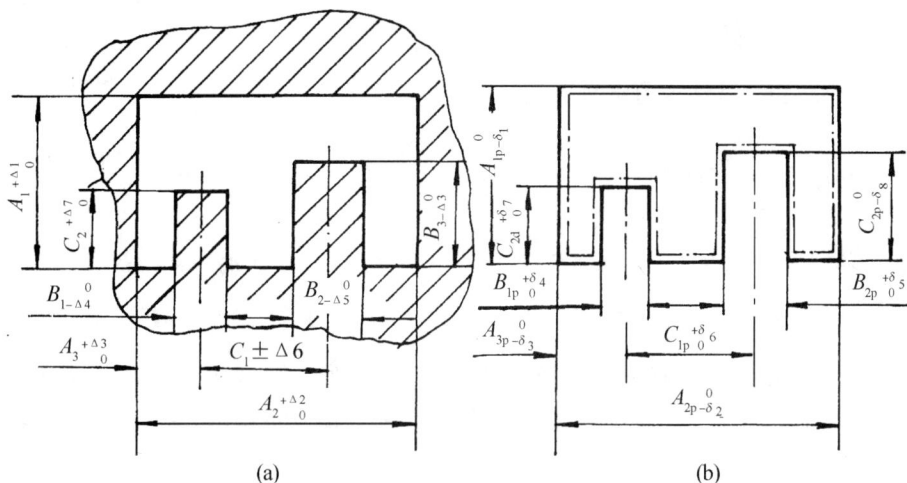

图 3 - 21　冲孔尺寸和凸模

(a) 冲孔件；(b) 凸模

确定冲孔凸模刃口尺寸时，同样要考虑三种不同的磨损类型。

第一类是凸模磨损后变小的尺寸，即图中的 $A_{ip} = (i = 1, 2, 3, \cdots)$，可按冲孔凸模尺寸的公式计算：

$$A_{ip} = (A_{\min} + x\Delta)^{0}_{-\delta_p} \qquad (3 - 12)$$

第二类是凸模磨损后变大的尺寸，即图中的 $B_{ip} = (i = 1, 2, 3, \cdots)$，相当于落料凹模尺寸，可按类似于落料凹模尺寸的公式计算：

$$B_{ip} = (B_{\max} - x\Delta)^{+\delta_p}_{0} \qquad (3 - 13)$$

第三类是凸模磨损后没有增减的尺寸，又可分为三种情况：

(a) 零件(孔) 的尺寸为 $C^{+\Delta}_{0}$ 时

$$C_p = (C + 0.5\delta) = \pm \delta_p \qquad (3 - 14)$$

(b) 零件(孔) 的尺寸为 $C^{0}_{-\Delta}$ 时

$$C_p = (C + 0.5\delta) = \pm \delta_p \qquad (3 - 15)$$

(c) 零件(孔) 的尺寸为 $C \pm \Delta'$ 时

$$C_p = C \pm \delta_p \qquad (3 - 16)$$

以上各式中：A_{ip} 为冲孔凸模磨损后尺寸变小部位的基本尺寸(mm)；B_{ip} 为冲孔凸模磨损后尺寸变大部位的基本尺寸(mm)；C_p 为冲孔凸模磨损后尺寸保持不变部位的基本尺寸(mm)；$A_{\min}$ 为尺寸标注为 $A^{+\Delta}_{0}$ 部位的最小极限尺寸，$A_{\min} = A$ (mm)；$B_{\max}$ 为尺寸标注为 $B^{0}_{-\Delta}$ 部位的最大极限尺寸，$B_{\max} = B$ (mm)；C 为与 C_p 对应部位的孔的公称尺寸(mm)；Δ 为孔的公差(mm)；Δ' 为孔的偏差，对称偏差时 $\Delta' = \Delta/2$ (mm)；δ_p 为凸模制造公差(mm)。

冲孔所用的凹模根据凸模的实际尺寸与最小合理间隙 $Z_{\min}$ 配制。此时要在图纸上注明"凹模尺寸按凸模实际尺寸配制，并保证双边间隙值为 $Z_{\min} \sim Z_{\max}$"。

二、冲裁力的计算及降低冲裁力的方法

计算冲裁力的目的是合理地选择冲床和设计模具。冲床的吨位必须大于所计算的冲裁力，

以满足冲裁的要求。

(一) 冲裁力的计算

平刃模具冲裁时,其冲裁力可按下式计算:

$$P = Lt\tau_{KP} \tag{3-17}$$

式中,t 为材料厚度(mm);L 为冲裁件周长(mm);τ_{KP} 为材料抗冲剪强度(MPa),$\tau_{KP} = (0.7 \sim 0.9)\sigma_b$,$\sigma_b$ 为材料抗拉强度。

过去常采用仅与材料性质有关的抗剪强度 τ 进行计算,实际上冲裁时抗剪强度不仅与材料性质有关,而且还与材料相对厚度(对冲孔为 $\frac{d}{t}$,对落料为 $\frac{D}{t}$)和凸、凹模相对间隙($\frac{Z}{t}$)以及冲裁速度有关。因此,应采用材料抗冲剪强度(τ_{KP})来计算。同时,又考虑到模具刃口的磨损、凸、凹模间隙的不均匀,材料的机械性能不均匀和厚度的偏差等因素,实际所需的冲裁力还需增加 30%,即

$$P = 1.3Lt\tau_{KP} \tag{3-18}$$

(二) 降低冲裁力的方法

如果所需的冲裁力超过现有冲床的吨位,就必须采取措施降低冲裁力。

降低冲裁力的方法有以下几种。

1. 热冲裁

材料加热后抗冲剪强度明显降低,从而可在很大程度上降低冲裁力,但材料受热后会产生氧化皮,故此法只适用于厚板和工件表面质量和精度要求不高的零件。

2. 阶梯凸模冲裁

在多凸模冲裁模中,凸模可采用阶梯形布置,即将凸模设计成不同高度(见图 3-22),使各凸模冲裁力的最大值不

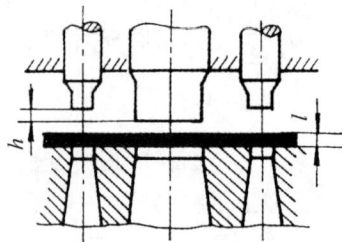

图 3-22 阶梯形布置凸模

同时出现,这样就能降低总的冲裁力。凸模间的高度差 h 取决于材料厚度 t。如:$t < 3$ mm,$h = t$;$t > 3$ mm,$h = 0.5t$。采用这种方法还能避免小直径凸模由于承受材料流动的挤压力而产生折断或倾斜的现象。

3. 斜刃口冲裁

用普通平刃口模具冲裁时,整个刃口平面同时接触板料,特别在冲制厚料、大件时,冲裁力很大。若将其刃口做成各种斜度(见图 3-23),冲裁时刃口不同时切入材料,而是逐步切入,这就等于减少了冲切断面面积,因而可使冲裁力下降。这种方法虽可降低冲裁力,但会影响制件的平整度。为此,在设计模具时,对于落料件,将凹模做成斜刃,凸模做成平刃。冲孔时,将凸模做成斜刃,凹模做成平刃。斜刃必须对称布置,以免产生侧向力而发生偏移,啃坏刃口。斜刃的角度 φ 值不宜太大,一般在 $5° \sim 8°$。斜刃口冲模虽降低了冲裁力,但给模具制造和修理带来不少麻烦,刃口也易磨损,故一般情况下尽量少用。

斜刃口冲模的冲裁力可按板料剪切的斜刃口剪切公式计算。

(三) 卸料力、推件力和顶件力的计算

通常,落料件从板料上冲下后,会因弹性变形而伸张;冲孔件冲孔后,因弹性变形会沿径向

收缩。此外,冲裁后,零件还要力图恢复弹性拱曲。以上两种形式的弹性恢复,使落料件卡塞在凹模内,冲孔件卡紧在凸模上。从凸模上卸下零件或废料所需的力称为卸料力。从凹模内将零件或废料顺着冲裁方向推出凹模所需的力称为推件力。逆着冲裁方向从凹模内顶出所需的力称为顶件力。影响这些力的因素很多,主要有材料机械性能、厚度、模具间隙、零件的形状与尺寸、润滑以及模具结构等。因此,要正确计算这些力很困难,常用以下经验公式进行估算。

$$
\left.
\begin{aligned}
\text{推件力} \qquad\qquad P_{推} &= nK_{推}P \\
\text{顶件力} \qquad\qquad P_{顶} &= K_{顶}P \\
\text{卸料力} \qquad\qquad P_{卸} &= K_{卸}P
\end{aligned}
\right\} \qquad\qquad (3-19)
$$

式中,P 为冲裁力(N);n 为同时卡塞在凹模内的零件数,$n = \dfrac{h}{t}$;h 为圆柱形凹模腔口高度(mm);t 为材料厚度(mm);$K_{推}$ 为推件力系数,$K_{顶}$ 为顶件力系数,$K_{卸}$ 为卸料力系数,其值见表 3 - 15。

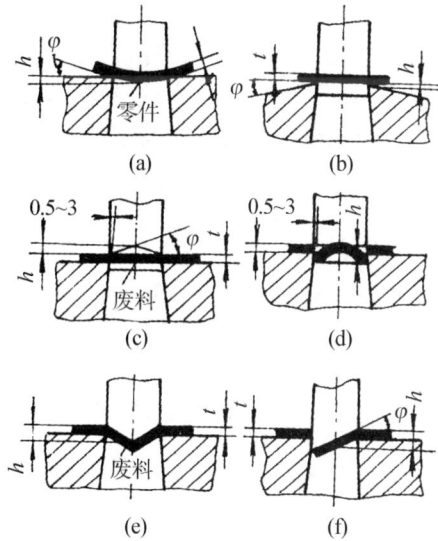

图 3 - 23　斜刃口冲裁模

(a)(b) 落料用;(c)(d)(e) 冲孔用;(f) 切口用

表 3 - 15　推件力系数、顶件力系数和卸料力系数

料厚 /mm		$K_{推}$	$K_{顶}$	$K_{卸}$
钢	$\leqslant 0.1$	0.1	0.14	$0.065 \sim 0.075$
	$0.1 \sim 0.5$	0.063	0.08	$0.045 \sim 0.055$
	$0.5 \sim 2.5$	0.055	0.06	$0.04 \sim 0.05$
	$2.5 \sim 6.5$	0.045	0.05	$0.03 \sim 0.04$
	6.5	0.025	0.03	$0.02 \sim 0.03$
铝、铝合金		$0.03 \sim 0.07$		$0.025 \sim 0.08$
紫铜、黄铜		$0.03 \sim 0.09$		$0.02 \sim 0.06$

注:卸料力系数 $K_{卸}$ 在冲多孔、大搭边和轮廓复杂制件时取上限。

以上这些力在选择冲床时是否考虑,要根据不同的模具结构区别对待,例如:

采用刚性卸料装置并向上顶出制件时,总冲裁力为

$$P_总 = P + P_顶 + P_卸 \qquad (3-20)$$

采用刚性卸料装置并向下推件时,总冲裁力为

$$P_总 = P + P_推 \qquad (3-21)$$

采用弹性卸料装置向下推件时,总冲裁力为

$$P_总 = P + P_推 + P_卸 \qquad (3-22)$$

三、排样方法及材料的经济利用

在冲压零件的总成本中,材料费约占 $60\% \sim 80\%$,因此,材料能否经济利用是冲裁工艺中要考虑的一个重要问题。

(一)材料的经济利用

冲裁件在条料或板料上的布置方法叫排样。排样是否合理直接影响材料的经济利用。衡量排样经济性的标准是材料利用率,即冲裁件的实际有效面积 A_0 与冲裁此工件所用板料面积 A 之比值

$$\eta = \frac{A_0}{A} \times 100\% \qquad (3-23)$$

式中,A_0 为工件有效面积(mm^2);A 为冲裁此工件所用的板料面积(mm^2)。

1— 零件的有效面;2— 设计废料面积;

3— 工艺废料面积;

a— 条料的侧搭边;

a_1— 冲裁件之间的搭边;

B— 条料宽度;L— 进距

图 3-24 冲裁件的废料和搭边

从图 3-24 可知,若能减少废料面积,则材料利用率可提高。废料可分为两部分,即工艺废料和设计废料(或称结构废料)。前者与排样形式有关;后者则是由零件结构形状决定的,无法改变。进行合理排样的目的就是减少工艺废料。

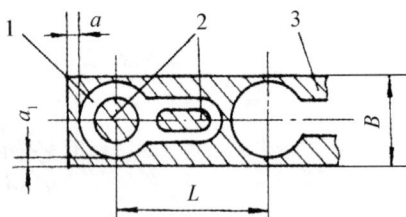

(二)排样方法

排样的目的是减少废料,提高材料利用率。但在选择排样方法时,除了材料利用率之外,还应考虑到模具制造和使用是否方便、板料的纤维方向是否满足后续工序要求等因素。

根据材料的利用情况,排样方法可分为以下三种。

1.有废料排样

沿工件的全部外形冲裁。工件与工件之间、工件与条料侧边之间都存在搭边废料,如图 3-25所示。因为有搭边,这种排样能保证冲裁质量,模具寿命也长,但材料利用率低。

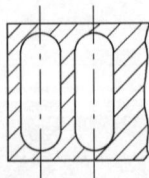

图 3-25 有废料排样　　　图 3-26 少废料排样　　　图 3-27 无废料排样

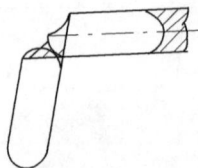

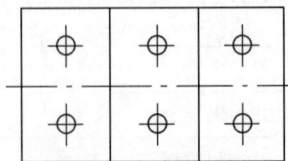

2.少废料排样

沿工件部分外形切断或冲裁,废料只有冲裁刃口之间的搭边,如图 3-26 所示,材料利用率高。

3.无废料排样

工件与工件之间,以及工件与侧边之间均无搭边废料,如图 3-27 所示。是否能做到无废料冲裁,与工件的几何形状有很大关系。

采用少、无废料排样除节约原材料外,还可简化模具结构、降低冲裁力,但它也存在着一些缺点,即工件质量和精度较差。其原因是条料本身公差及冲裁时条料的导向与定位误差大。此外,在少、无废料排样中,一般采用单边冲裁,也影响工件断面质量和模具寿命。

此外,按工件形状及排样方式,又可分成直排、斜排、对排、多排、混合排及冲裁搭边等,见表 3-16。

表 3-16 排样类型

序号	排样类型	排 样 简 图		应用情况
		有废料	无废料或少废料	
1	直排	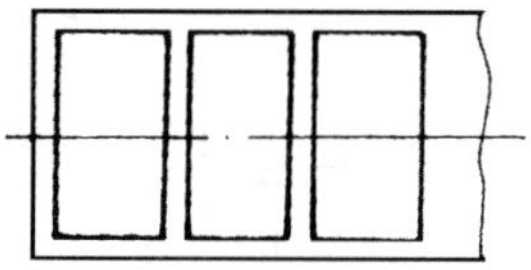	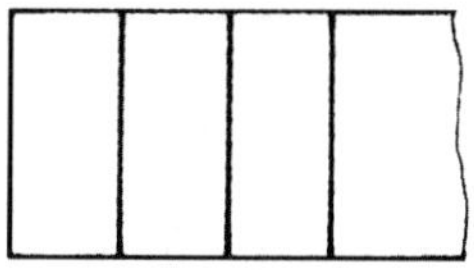	比较简单的方形,矩形件
2	斜排	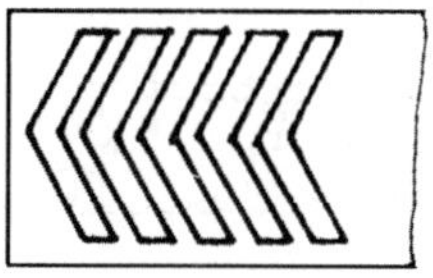	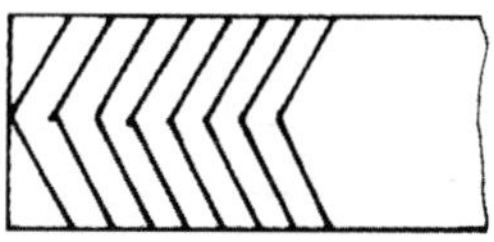	椭圆形,十字,T 字,Γ 字和角尺形件
3	对排	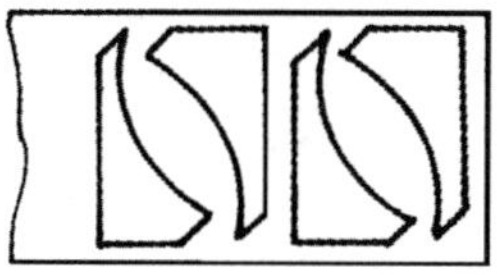	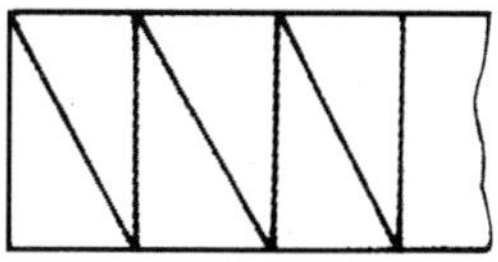	梯形,三角形,半圆形,山字,∏ 字形件
4	多排	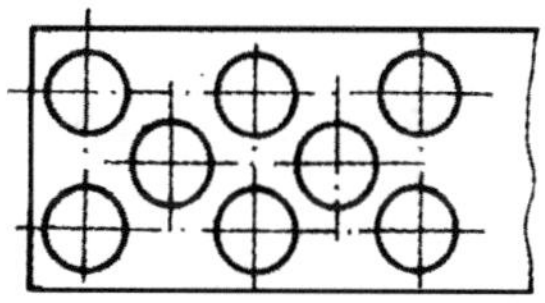	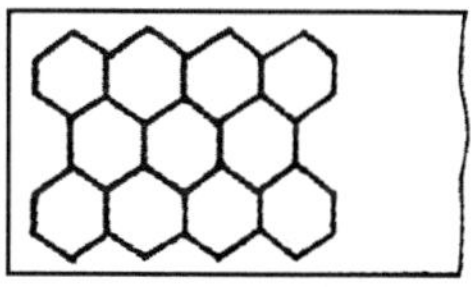	大批量生产中尺寸不太大的圆形,六角形件
5	混合排	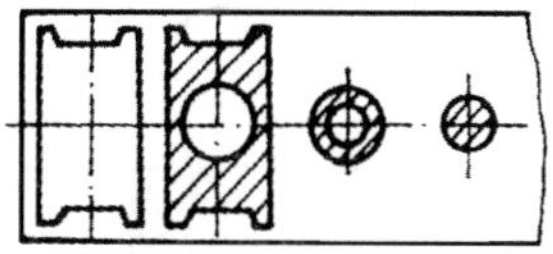	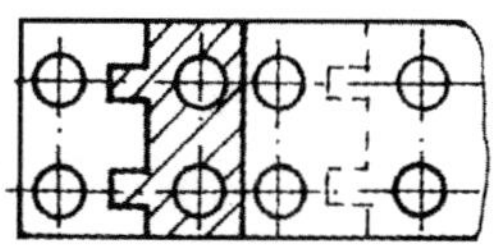	材料及厚度均相同的两种或两种以上的工件
6	冲裁搭边	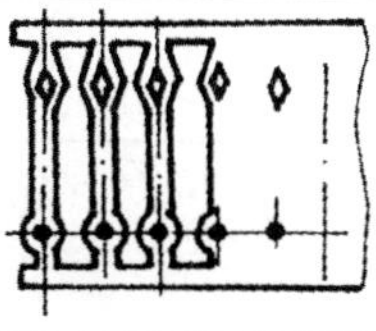	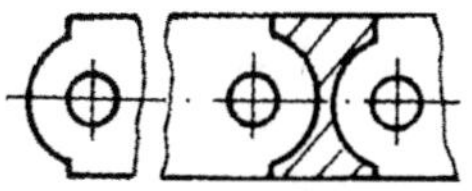	细而长的工件或将宽度均匀的板料只在工件的长度方向冲成一定形状

(三)搭边值的确定

排样时,工件之间以及工件与条料侧边之间留下的余料称为搭边。搭边的作用是补偿条料送进时进距与边距的偏差,并将其在模具上定位,以保证冲裁件轮廓的完整。

搭边值要合理确定。搭边值过大,材料利用率降低。搭边值过小,在冲裁过程中会被拉断,妨碍顺利送料,零件会产生毛刺,有时会拉入凸、凹模间隙中,损坏模具刃口,降低模具寿命。搭边值大小与下列因素有关:

(1)材料机械性能:硬度高、强度大的材料搭边值取小一些,软材料或脆材料搭边值取大一些。

(2)工件的尺寸与形状:工件尺寸大、外形复杂、圆角半径小时搭边值取大一些。

(3)材料厚度:厚料搭边值取大一些。

(4)送料和挡料方式:手工送料、有侧压板导向时,搭边值可取小些。

搭边值一般由经验确定,取值可参考表3-17。

表 3 - 17   冲裁件条料留边余量和间隙数值 a 和 a_1

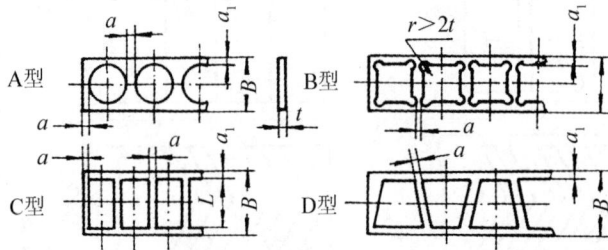

A,B,C 型——单面直冲的条料(条料不翻转);D——正反面冲切的条料(条料翻转)

条料厚度 t/mm	A,B 型		C,D 型 $L \leq 50$		C,D 型 $L>50$
	a/mm	a/mm	a/mm	a_1/mm	$a(a_1)$/mm
>0.25~0.5	1.0	1.2	1.5	2.0	2.0~3.0
>0.5~1.0	0.8	1.0	1.2	1.5	1.5~2.5
>1.0~1.5	1.0	1.2	1.2	1.8	1.8~2.8
>1.5~2.0	1.2	1.5	1.5	2.0	2.0~3.0
>2.0~2.5	1.5	1.8	1.8	2.2	2.2~3.2
>2.5~3.0	1.8	2.0	2.2	2.5	2.5~3.5
>3.0~3.5	2.0	2.2	2.5	2.3	2.8~3.8
>3.5~4.0	2.2	2.5	2.8	3.0	3.0~4.0
>4.0~5.0	2.5	2.8	3.0	3.5	3.5~4.5
>5.0~12	0.5t	0.6t	0.6t	0.7t	0.75~0.9t

注:1. 此表适用于固定卸料板式的冲裁模,复合模也可应用;

2. 对非金属料(硬纸板、硬橡皮等)乘系数 1.3~2.0;

3. 若用夹板模,$a \geq 4$ mm。

(四)条料宽度的确定

排样方式与搭边值确定后,就可以确定条料的宽度(B)和步距(L)了。所谓步距是每次冲裁将条料送入模具的距离。步距的计算与排样方式有关,如图 3 - 28 所示。步距也是模具设计时决定挡料销位置的依据。

条料宽度的确定与模具是否采用侧压装置或侧刃有关。确定条料宽度的原则是:①最小条料宽度要保证冲裁时工件周边有足够的搭边值,以免冲出废件;②最大条料宽度要能保证条料顺利地在导料板之间送进,并与导料板之间有一定间隙。

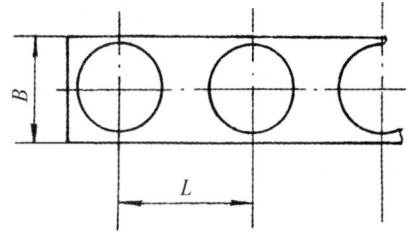

图 3 - 28　步距的表示

(1)无侧压装置时的条料宽度[见图 3 - 29(a)],可按以下公式计算:

$$B_{-\Delta} = [D + 2(a_1 + \Delta) + B_0]^0_{-\Delta} \qquad (3-24)$$

(2)有侧压装置时的条料宽度[见图 3 - 29(b)],可按以下公式计算:

$$B_{-\Delta} = (D + 2a_1 + \Delta)^0_{-\Delta} \qquad (3-25)$$

模具导料板之间的距离为

$$A = B + b_0 \qquad (3-26)$$

式中,B 为条料公称宽度(mm);D 为垂直于送料方向的工件尺寸(mm);a_1 为侧搭边值(mm);b_0 为条料与导板之间的间隙(mm),见表 3 - 18;Δ 为条料宽度的公差(mm),见表 3 - 18。

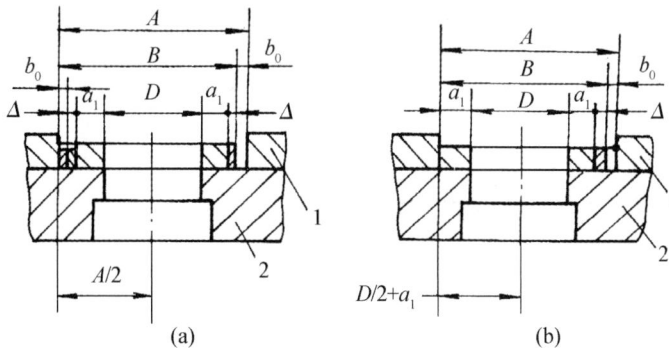

1—导料板;2—凹模

图 3 - 29　条料宽度(B)和导料板间距(A)

(a)无侧压装置;(b)有侧压装置

表 3 - 18　剪切条料公差 Δ 和导料板与条料间的间隙值 b_0

条料厚度 t/mm		~1.0		>1.0~2.0		>2.0~3.0		>3.0~5.0	
公差 Δ 与间隙 b_0		Δ/mm	b_0/mm	Δ/mm	b_0/mm	Δ/mm	b_0/mm	Δ/mm	b_0/mm
条料宽度 /mm	~50	0.4	0.1	0.5	0.2	0.7	0.4	0.9	0.6
	>50~100	0.5		0.6		0.8		1.0	
	>100~150	0.6	0.2	0.7	0.3	0.9	0.5	1.1	0.7
	>150~200	0.7		0.8		1.0		1.2	
	>220~300	0.8	0.3	0.9	0.4	1.1	0.6	1.3	0.8

(3)有侧刃时的条料宽度(见图 3-30),可按以下公式计算:

$$B_{-\Delta} = (D + 2a_1 + n \cdot C)_{-\Delta} \qquad (3-27)$$

条料送入口处导料板间的距离为

$$A = B + b_0 \qquad (3-28)$$

废料出口处导料板间的距离为

$$A' = D + 2a_1 + b_1 \qquad (3-29)$$

式中,n 为侧刃数;C 为侧刃冲切的料边宽度(mm),见表3-19;b_1 为冲切后条料宽度与导料板间的间隙(mm),见表3-19。

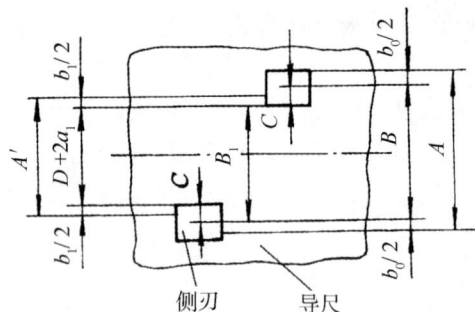

图 3-30　有侧刃时的条料宽度和导料板间的宽度

其余符号意义同上述。

表 3-19　b_1 和 C 值

条料宽度	C/mm	b_1/mm
≤1.5	1.5	0.10
>1.5~2.5	2.0	0.15
>2.5~3	2.5	0.20

§3-5　冲　裁　模

一、冲裁模类型与结构

板料的冲裁工作是由安装在压力机上的冲裁模完成的。冲裁模种类很多,为了叙述方便,现按其工序组合程度分别介绍如下。

(一)单工序冲裁模

压力机一次冲程只完成一个冲裁工序的模具称为单工序冲裁模。

图 3-31为导柱式单工序冲裁模,它由上模和下模两部分组成,上、下两部分利用导柱1、导套2的滑动配合导向。冲模通过模柄4安装在压力机滑块的模柄孔中,上模和滑块一起运动。下模则通过下模座用螺钉、压板固定在压力机台面上。图 3-31中3为钩形挡料销、5为固定卸料板。

在进行冲压之前,条料靠导向板导向送进,并由挡料销定位。冲裁后,工件由凹模孔下落。上模回升时,依靠下模上的固定卸料板将废料从凸模上卸下。

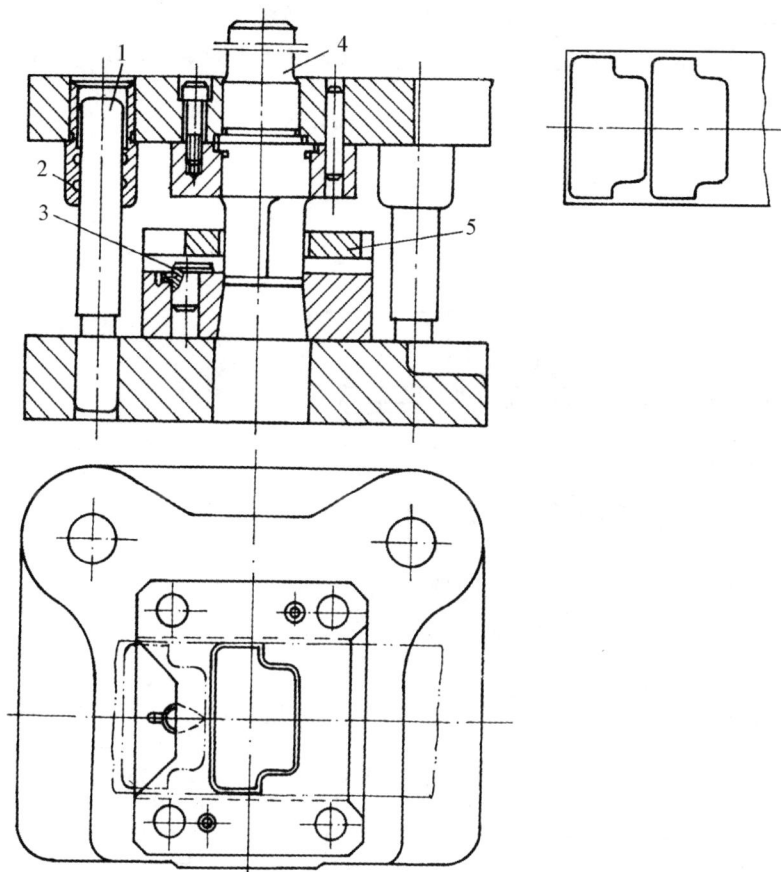

1—导柱;2—导套;3—钩形挡料销;4—模柄;5—固定卸料板

图 3-31 导柱式单工序冲裁模

(二)连续模

连续模是在简单模基础上发展起来的,适用于大批量生产,其特点是:在一副模具中的不同工位上,分别完成不同的冲压工序。压力机的每一次行程就可以冲裁一个或多个零件,生产效率很高,但材料利用率较低。连续模必须具备精度较高的定位装置,如初始挡料销、侧刃、导销以及自动送料装置,因此,其结构比单工序冲裁模复杂得多。

图 3-32 是最简单的、冲裁垫圈的连续模工作原理图。条料送进至第 1 工位时首先冲孔,移至第 2 工位时进行裁件,零件从凹模孔口下落。

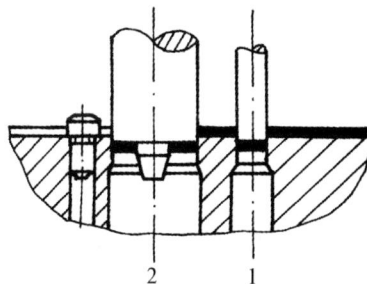

图 3-32 连续模工作原理图

(三)复合模

压力机一次冲程中,在同一工位同时完成数道工序的模具称为复合模。

和连续模相比,采用复合模进行冲裁可以获得精度较高、质量较好的零件,并适用于大批量生产。

复合模结构复杂,制造精度要求高,造价昂贵,但结构紧凑,寿命较长。

复合模结构(见图3-33)的主要特点是具有复合形式的凸凹模,它既是落料凸模,又是冲孔凹模。

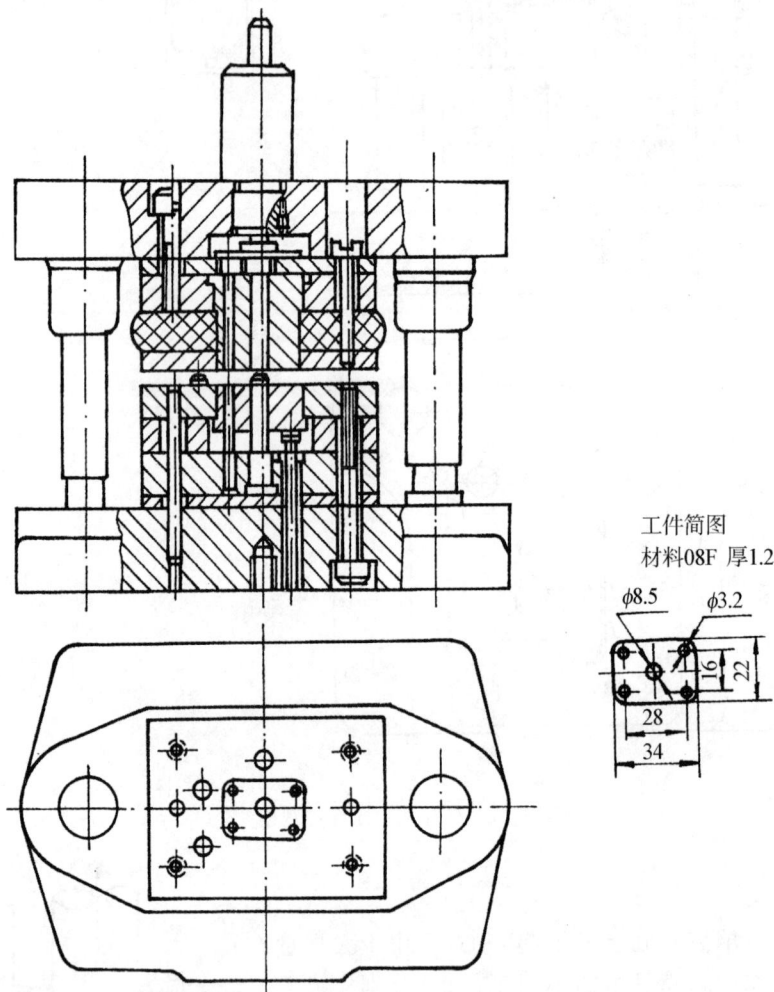

工件简图
材料08F 厚1.2

$\phi 8.5$　$\phi 3.2$

16 22 28 34

图3-33　复合模结构

二、冲裁模主要零部件的设计

典型的冷冲模组合由模架、凸模固定板、凸模、凹模、凹模板、卸料装置、导料装置、定位装置、螺钉和销钉组成。现将其中主要零、部件设计时应考虑的问题分别介绍如下。

(一)凸模

圆形凸模已趋向标准化,图3-34是常用的圆形凸模结构形式及其在凸模固定板中的固定方式。

为了增加凸模的强度和刚度,凸模常做成圆滑过渡的台阶式,用凸模固定板固定。直径为 d 的小端为工作部分。图 3 - 34 中:A 型用于 $d=1.1\sim30.2$ mm;B 型用于 $d=3.0\sim30.2$ mm;快换圆凸模用于 $d=5\sim29$ mm。在凸模固定板中,A,B 型采用基孔制过渡配合 H7/m6 固定,快换凸模采用基孔制间隙配合 H7/h6 固定。

非圆形凸模亦常为台阶式。用线切割或成型磨削方法制造的非圆形凸模无台阶,常采用压入固定板后经铆接再与固定板一起磨平的方式固定。非圆形凸模固定部分若设计为圆形,在结合缝处需加防转销。

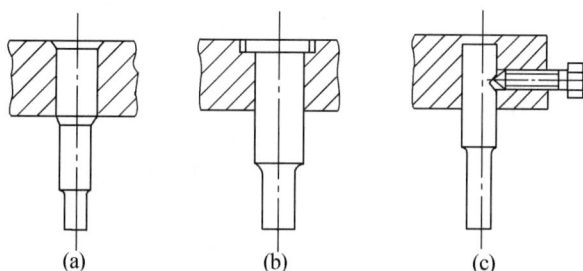

图 3 - 34 标准圆凸模
(a)A 型圆凸模;(b)B 型圆凸模;(c)快换圆凸模

尺寸较大的凸模可用螺钉、销钉或螺钉与窝座直接固定在模座上,而不需固定板。

小凸模除采用凸模固定板固定外,还可用低熔点合金、无机胶黏剂或环氧树脂等胶接在固定板上(见图 3 - 35)。

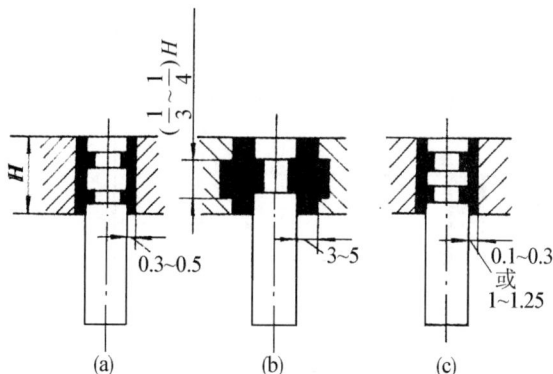

图 3 - 35 固定凸模的其他方法
(a)环氧树脂固定;(b)低熔点合金固定;(c)无机胶黏剂固定

(二)凹模

常用的凹模孔型如图 3 - 36 所示。图中:(a)为锥形孔口凹模,孔内工件或废料容易通过,孔壁所受摩擦力及胀裂力小,故磨损及每次修磨量小,但刃口强度较低,孔口尺寸在修磨后略有增大。这种凹模适用于形状简单、精度要求不高的冲裁件。(b)为柱形孔口凹模,刃口强度高,修磨后孔口尺寸不变。但因孔内积存工件,每次修磨量较大,致使总寿命降低。这种凹模适用于形状复杂、精度要求较高的冲裁件。(c)为筒形孔口凹模,刃口亦为直壁,具有与(b)类型相同的特点。

参数 α,β,h 值见表 3 - 20。

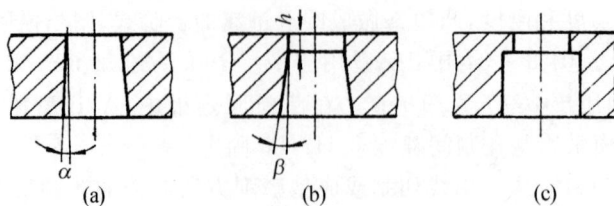

图 3-36　凹模型孔类型

(a)锥形孔口凹模；(b)柱形孔口凹模；(c)筒形孔口凹模

表 3-20　凹模孔口主要参数

材料厚度 t/mm	h/mm	α	β	备　注
<0.5	≥4			表中 α,β 值仅适用于钳工；
0.5~1.0	≥5	15′~30′	2°	电火花加工时：$\alpha=4′\sim20′$（复合模取小值），
1.0~2.5	≥6			$\beta=30′\sim50′$
2.5~6.0	≥8	30′~1°	3°	带斜度装置的线切割时 $\beta=1°\sim1.5°$

凹模外形尺寸可按以下经验公式确定（见图 3-37）：

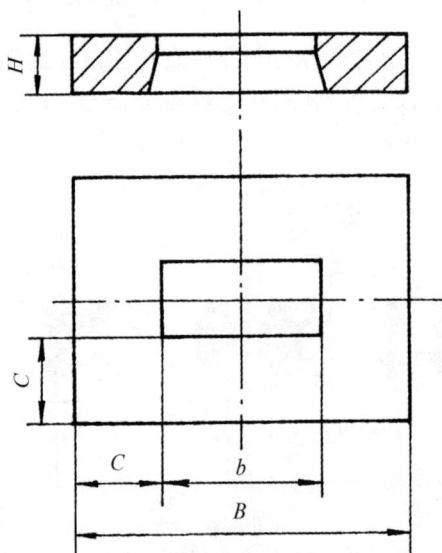

图 3-37　凹模外形尺寸确定

$$H=Kb(H\geq8\ \text{mm})，\quad C=(1.5\sim2)H，\quad B=b+(3\sim4)H$$

系数 K 值见表 3-21。

表 3-21　系数 K 值

b/mm	t/mm				
	0.5	1	2	3	>3
<50	0.30	0.35	0.42	0.50	0.60
50~100	0.20	0.22	0.28	0.35	0.42
100~200	0.15	0.18	0.20	0.24	0.30
>200	0.10	0.12	0.15	0.18	0.22

凹模通常为整体结构,外形多为矩形或圆形,采用螺栓和销钉紧固在模座上。小孔或易于磨损的凹模,为了便于加工、刃磨和更换,常采用镶拼结构,镶块(镶套或凹模)外形多为圆柱形,与凹模固定板采用 H7/n6 或 H7/m6 过渡配合固定。

(三)定位零件

定位零件的作用是保证材料的正确送进及在冲模中的正确位置。

定位包括控制送料步距定位(称为挡料)和垂直于送料方向上的定位(称为导料)。

1. 挡料销

挡料销的作用是限定条料的送进距离,可分为固定挡料销和活动挡料销两大类(图3-38)。

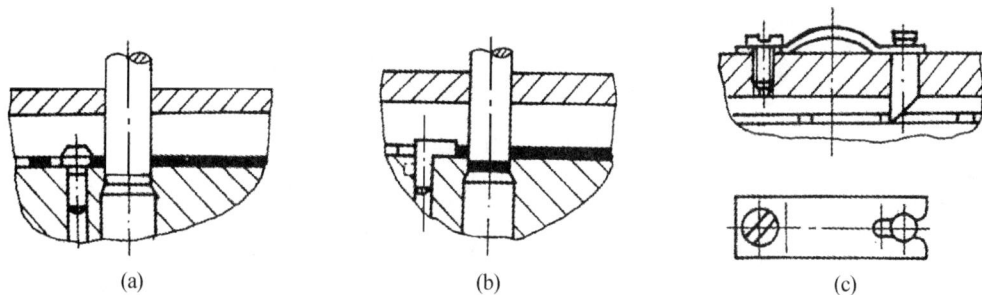

图 3-38 挡料销

(a)圆形挡料销;(b)钩形挡料销;(c)弹性挡料销

固定挡料销有圆形与钩形两种,通常装于凹模上。圆形挡料销易于制造,常用于具有固定或弹性卸料板的连续模中。钩形挡料销离凹模孔口较远,对凹模强度影响较小,但形状不对称,需设法防止钩头转动,其常用于冲裁厚料和大制件的模具。

活动挡料销通常安装于固定卸料板上。条料送进时,压迫挡料销端头的斜面将挡料销抬起,然后靠弹簧复位。

此外,在连续冲裁中,常在第一工位设置始用挡料销,用以确定首次冲裁时条料的位置,其结构如图3-39所示。

2. 导正销

导正销主要用于连续模,其作用是保证冲裁件内孔与外缘相对位置的精度。

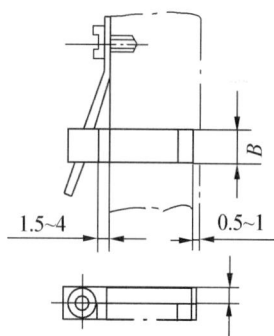

图 3-39 始用挡料销

导正销安装在落料凸模的端面上(见图3-40)。落料前,导正销先插入已冲好的孔中,以确定内孔与外形的相对位置,消除送料和导向所造成的误差。

3. 侧刃

侧刃用于控制条料的步距精度,其作用与挡料销相同。

侧刃相当于一个冲裁模,其长度等于步距加 0.05~0.1 mm,公差取负值 0.02 mm。

图3-41给出了侧刃的类型,其中:(a)型构造简单,但定位精度较差;(b)与(c)型定位准确;(d)型为成型侧刃。

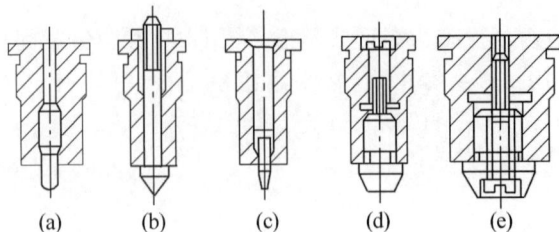

图 3-40 导正销类型

(a)用于 $\phi1.5\sim6$ mm 的孔；(b)用于 $\phi3\sim10$ mm 的孔；(c)用于 $\phi1.5\sim10$ mm 的孔；

(d)用于 $\phi10\sim30$ mm 的孔；(e)用于 $\phi20\sim50$ mm 的孔

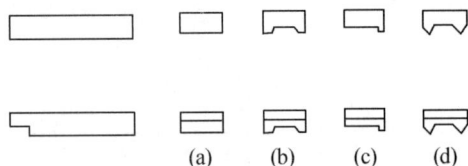

图 3-41 侧刃类型

4.导料板

导料板沿条料进给方向安装在凹模型孔两侧，与凹模中心线平行。其导向面间的距离 $B_1=B+Z_1$，式中 B 为条料的最大宽度；Z_1 为间隙值，一般大于 0.5 mm。如果条料尺寸公差较大，为了保证条料紧靠一侧导料板送进，可在另一侧设置弹簧侧压装置。

(四)卸料装置

卸料装置有固定卸料板、弹性卸料板和废料切刀等形式。

固定卸料板一般安装于凹模与导板上(见图 3-31)。固定卸料板结构简单，卸料力大，适用于厚料($t\geqslant0.8$ mm)的冲裁。

弹性卸料板由弹簧(或橡胶)和卸料螺栓组成(见图 3-33)。弹性卸料板卸料力较小，一般用于材料厚度 t 小于 1.5 mm 的冲裁。使用弹性卸料板时，要使弹性元件受压缩后产生的弹压力等于所需要的卸料力，应选用具有足够刚度的弹簧或足够硬度的橡胶，以期在弹性元件总许用压缩量满足使用要求的条件下使模具体积尽可能小，以减少闭合高度和重量。

卸料板外形尺寸与凹模尺寸一致。卸料孔型与凸模外形一致并留有间隙。双边间隙值根据材料厚度确定：固定卸料板一般取 $0.2\sim0.6$ mm(薄料取下限)，弹性卸料板一般取 $0.1\sim0.3$ mm。

§3-6 其他冲裁方法

以上介绍的是常用的普通冲裁方法。除此之外，由于生产条件、产量、冲裁件尺寸和精度要求等方面的不同，还可采用其他冲裁方法。例如：对于试生产和小批量生产，为了缩短生产准备期，降低制造成本，可采用简易冲裁方法；为了生产大量精密冲裁件，可采用精密冲裁法。随着冲压工艺的发展，新的冲裁工艺和冲裁模具也不断出现。下面介绍几种应用较多的冲裁方法及其模具。

一、夹板冲模

图 3-42 为简易夹板模,它是由薄钢板焊接而成的,结构简单,制造方便,但间隙较大,冲裁质量不高,寿命很低。其适用于厚度小于 3 mm 的有色金属板和厚度小于 2 mm 的软钢板的试生产,生产批量在 2 000 件左右。

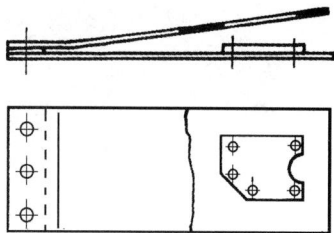

图 3-42　夹板模

二、橡胶模和聚氨酯橡胶模冲裁

这种冲裁方法是用普通橡胶或聚氨酯橡胶作为凹(或凸)模冲裁零件。

图 3-43 是利用橡胶模进行冲裁的过程,图中(a)为落料过程,(b)为冲孔过程。由于板料主要是在橡胶的压力作用下被拉断,故所得工件毛刺大,边缘不光洁,而且所需毛坯尺寸较大,造成材料利用率低。另外,橡胶磨损大,寿命低。

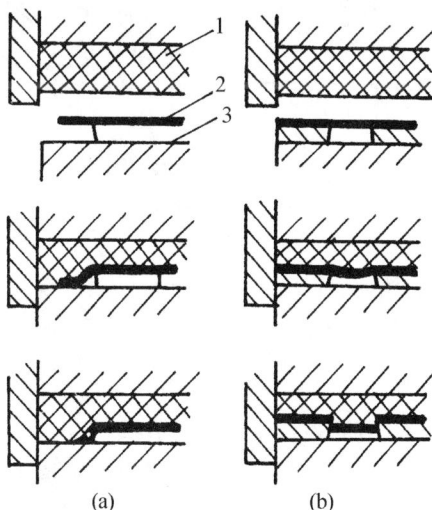

1—橡皮;2—毛坯;3—模块

图 3-43　橡胶模冲裁

(a)落料;(b)冲孔

聚氨酯橡胶有许多优点,如硬度高、耐磨、耐油、耐老化及具有良好的机加性能等。

聚氨酯橡胶冲裁模以钢制作凸模(或凹模),以一个装在容框内的聚氨酯橡胶垫为凹模(或凸模)。此类模具主要用于对零件边缘不允许有毛刺且厚度很薄的金属与非金属板料进行落料和冲孔。冲裁厚度在 0.5 mm 以下,直至 0.05~0.01 mm。材料愈薄,制件外形愈复杂,用普通冲裁方法制造时,很难保证模具极小的间隙及其分布的均匀性。用聚氨酯橡胶模就可以解决上述困难。

图 3-44 为聚氨酯橡胶复合冲裁模的典型结构,其中聚氨酯橡胶的硬度要大于邵氏硬度 95。

三、锌基合金模冲裁

锌基合金模是一种简单、速成、经济的冷冲模具。锌基合金是以锌为基体的锌、铜、铝三元合金。这种材料具有较好的机械性能和一定的耐磨性,便于熔铸、切削加工和焊接。

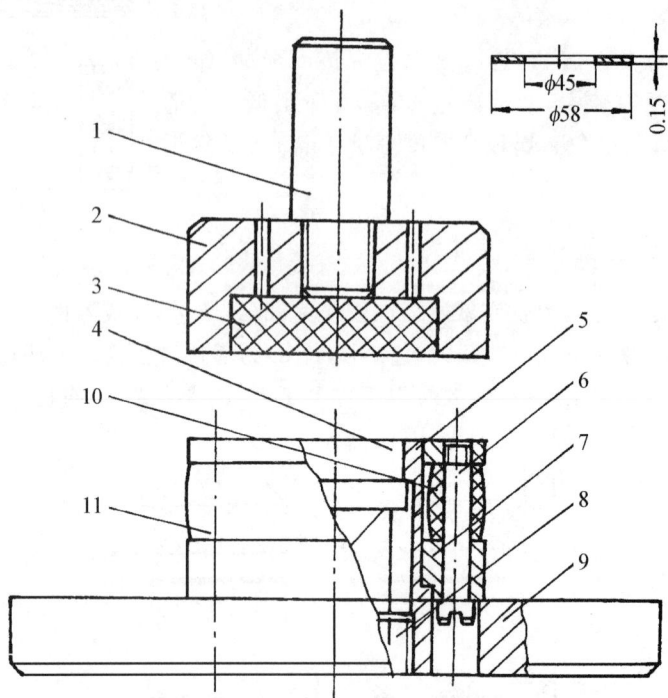

1—模柄;2—橡胶容框;3—聚氨酯橡胶模垫;4—顶块;5—凸凹模;6—螺钉;
7—凸凹模固定板;8—螺塞;9—模座;10—橡胶;11—销钉

图 3-44 聚氨酯橡胶垫圈冲裁模

锌基合金模的凹模(或凸模)用锌铝合金制作。图 3-45 为锌基合金模的结构原理,图中凸模用钢制作,凹模用锌基合金制作。这种模具可用来冲制厚度为 0.2～3 mm 的钢板,冲模一次刃磨寿命可达万件以上。

采用锌基合金模冲裁时,被冲板料内的应力分布、变形机理等都与常规钢模冲裁有很大不同,最主要的特点是裂纹单向扩展分离。现以锌基合金落料模为例,说明板材的断裂过程。

锌基合金落料模的凸模通常用普通碳钢制作,而凹模则用锌基合金制作。锌基合金的硬度不高(120～130HB),往往低于被冲制的板材。因而,模具的特点是凸模硬而锋利(刃口),凹模软而钝。

在冲裁过程中(见图 3-46),板料在钢制凸模坚硬而锋利的刃口作用下形成应力集中,较快出现裂纹,并纵深发展。而锌基合金的硬度低于被冲压材料,故初始锋刃不能继续存在,很快会出现塌角。板材下表面塌角邻近材料内的应力场不同于上表面凸模刃口处,应力数值较小,进入塑性状态较迟。凸模继续下行,板材下表面凹模刃口附近材料被挤入凹模型腔,处于三向压应力状态,裂纹产生很迟。而凸模刃口处的裂纹则迅速向下扩展,直至与凹模口处刚产生的裂纹重合使板料分离。这里,凸模刃口的锋利程度和凹模塌角的大小是决定因素。凸模刃口保持锋利和凹模塌角适当地小,将使单向裂纹易于产生和扩展。

从上述冲裁机理可以看出:

(1)由于锌基合金硬度较低,如图 3-46 中所示的凹模受到板材的较大压力后会产生塑性变形而使凹模型孔尺寸变小,从而使凸、凹模之间的实际间隙减小。这就是说,使得因冲裁磨损而变大的间隙在一定程度上得以补偿。

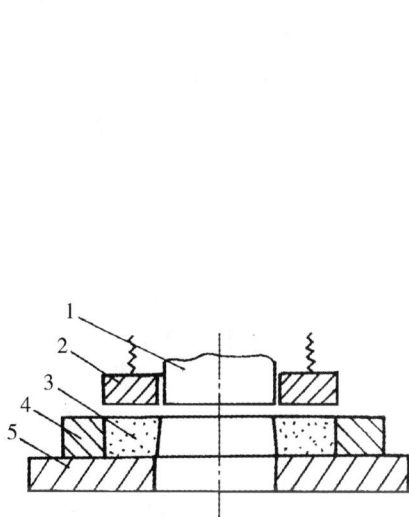

1—钢凸模;2—卸料板;3—锌基合金凹模;
4—容框;5—下模底板
图 3-45　锌基合金模结构原理

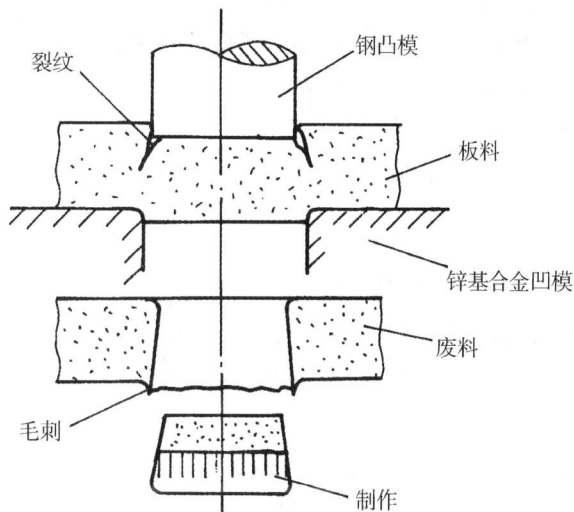

图 3-46　锌基合金模落料过程

(2)锌基合金模凸、凹模之间的初始间隙一般为零。在冲裁持续进行中,由于硬度较低的锌基合金有较大磨损和刮削,会自动形成一定间隙,且逐渐达到一个均匀、合理的数值。这一间隙不会受到模具装配精度和压力机精度的影响,从而为模具的设计和制造带来很大方便。

四、精密冲裁

精密冲裁又称精冲,它是在普通冲裁基础上发展起来的一种精密加工工艺。用这种方法冲裁出的零件精度可达 IT9~IT6 级,断面粗糙度可达 $Ra1.6~Ra0.4~\mu m$,断面基本垂直,外形平整,去掉毛刺后可直接交付使用。因此,精冲在电器、仪表、精密机械等行业获得了广泛应用。

精密冲裁原理如图 3-47 所示,其主要特点是:采用齿圈压板,冲裁间隙极小,凸(或凹)模刃口略带小圆角,采用反压力顶件。

(一)精冲机理

精冲之所以能获得精密冲裁件,其根本原因是使材料在冲裁过程中处于三向压应力状态。这样就可以提高材料的塑性变形能力,抑制裂纹产生,并可以接近简单剪切方式冲断毛坯,避免了普通冲裁时会发生的撕裂现象。

要实现剪切变形区在凸模冲裁板料之前处于三向受压状态,精冲模工作部分必须要实现冲裁力 P_1、齿圈压板力 P_2 和反向顶压力 P_3 按一定顺序分别施加,且压力大小可调的条件。

精冲时,在凸模接触材料之前,V 形齿圈压板首先将板料压紧在凹模表面上,继而 V 形齿压入材料。在 V 形齿的压力 P_2 作用下,沿材料径向受到强力压缩。当凸模接触材料后,由于反向压板的支承作用,板料沿厚度方向同样受到强力压缩。这样,因有齿圈压板和反向压板的作用,在凸模和反向压板的夹持挤压下,就实现了剪切变形区材料的三向受压应力状态。

减小凸、凹模之间的间隙和采用小圆角刃口可以抑制裂纹出现,并加强三向压应力效果。

精冲时,凸凹模之间的双边间隙一般取料厚 t 的1‰,并且必须分布均匀。

落料时,凸模刃口保持锋利,凹模刃口制出小圆角。冲孔时,凹模刃口保持锋利,凸模刃口制出小圆角。小圆角半径 R 的大小取决于材料的性能和厚度:料厚 $t > 3$ mm 时,$R = 0.05 \sim 0.1$ mm 效果较好。R 过小会在剪切面上产生局部撕裂,R 过大会使工件的塌角、毛刺和锥度增大。

(二)齿圈压板的形状和尺寸

常用的齿圈压板齿形,如图3-48所示,有两种形式。其尺寸根据被加工材料的种类、厚度及冲裁件外廓尺寸,可由表3-22和表3-23查得。

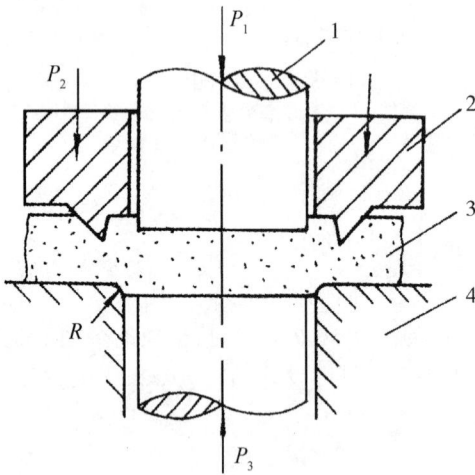

P_1—冲裁力;P_2—齿圈压板力;P_3—反向顶压力

1—凸模;2—齿圈压板;3—冲裁件;4—凹模

图3-47 精冲原理图

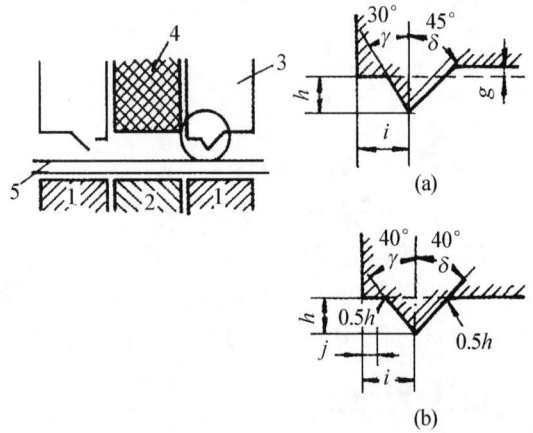

1—凹模;2—推件;3—齿圈压板;

4—凸模板(或反向压板);5—被加工材料

图3-48 齿圈压板齿形尺寸

(a)齿形结构1;(b)齿形结构2

表3-22 齿圈压板上齿形部分尺寸[见图3-48(a)]

材料厚度 t/mm 或性质	齿形尺寸/mm		
	g	h	i
$t = 1 \sim 4$	0.05	$0.2t$	$(0.66 \sim 0.75)t$
$t \geqslant 4$	$0.08 \sim 0.1$	$0.17t$	$0.6t$
延性 大 小	$0 \sim 0.05$	$0.33t$ $0.2t$	$(h+0.5) \sim \dfrac{4(h+1)}{3}$
$t = 1 \sim 4$	$\geqslant 0.05$	$0.2t$	$0.7t$
$t = 4 \sim 8$	$\geqslant 0.1$	$0.18t$	$0.6t$

表 3 - 23　齿圈压板上齿形部分尺寸[见图 3 - 48(b)]　　　　单位:mm

齿形位置	材料厚度 t	h	i	j
压板上齿形	0.5	0.2	0.5	0.3
	0.8	0.3	0.8	0.5
	1.2	0.4	1.0	0.6
	1.5	0.5	1.2	0.7
	2	0.6	1.4	0.8
	2.5	0.8	1.7	0.9
	3	1.0	2	1.0
压板及凹模上齿形	3.5	0.7	1.7	1.0
	4	0.8	1.8	1.0
	5	1.0	2.2	1.2
	6	1.2	2.4	1.2
	8	1.5	3	1.5
	10	2.0	3.8	1.8
	12.5	2.5	4.6	2.0
	15	3.0	5.1	2.0

一般情况下,4 mm 以下的材料仅在齿圈压板上做出齿形;大于 4 mm 的材料,为了提高凹模刃口附近材料的静水压力,在凹模上也制出齿圈。对于复杂形状的凹模,制造齿圈较困难,因此,可制出与冲裁件外廓相近的曲线或直线为齿圈外形,又称简化齿圈外形,如图 3 - 49 所示,图中 a 为齿圈外形,b 为冲裁件外廓。齿圈外形与冲裁件外形之间的距离最合适为(0.8～1.5)t,太大或太小都会影响断面表面粗糙度。此外,压板的压力和反向压板的压力都会影响精冲零件的尺寸精度、断面表面粗糙度和平整度。

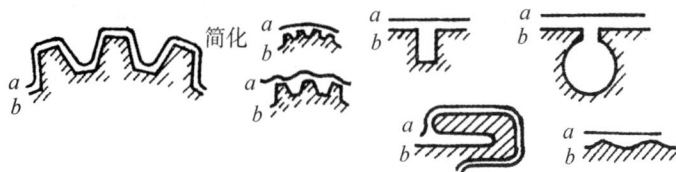

图 3 - 49　简化齿圈外形

(三)适用于精冲的材料

为了保证精冲零件的断面质量、尺寸精度和模具寿命等要求,精冲所用的材料也应满足一定的要求:

1.应具有良好的塑性变形性能

精冲材料必须具有良好的塑性变形性能,它是获得高质量断面和尺寸精度的重要保证,同时又能兼顾到模具的寿命。因此,对碳钢和低合金钢材料来说,以抗拉强度选择在 300～500 MPa,延伸率在 20%～28%,屈服强度与抗拉强度之比约为 0.6 为宜;对有色金属来说,铜和铜合金、铝和铝合金其材料性能均低于上述低碳钢的性能,因此,都能用作精冲的材料。

2.冷作硬化的变化率要比较小

材料的冷作硬化指数 n 值应小，n 值愈小，愈有利于精冲。

3.应有良好的组织结构

对精冲来说，材料的组织应是等轴球状细晶组织结构，因为它能获得理想的断面质量。而片状、长条状组织不宜用作精冲的材料。因此，同样材料的热处理状态不同，精冲的质量也就不同。所以，精冲材料往往需要进行适当的细化、球化晶粒处理，以满足精冲组织结构的要求。

(四)精冲零件的结构工艺性

就精冲而言，对零件的结构工艺性也有一定的要求，不满足工艺性要求就不能获得良好的精冲零件。其中主要是对精冲零件的孔径、孔距、边距、槽宽和壁厚有一定的限制。

1.最小圆角半径的限制

精冲零件不允许有尖角，必须以圆角过渡，否则在精冲件相应的剪切面上会发生撕裂，而且容易损坏模具。精冲件上最小圆角半径与它的拐角角度、材料厚度和机械性能有关。图 3-50 表示的是材料厚度、拐角大小与精冲件最小圆角半径的关系。曲线表示的材料抗拉强度应小于 450 MPa，抗拉强度超过此值时，数据应按比例增大。精冲件轮廓上凹进部分的圆角半径相当于凸起部分圆角半径的 2/3。

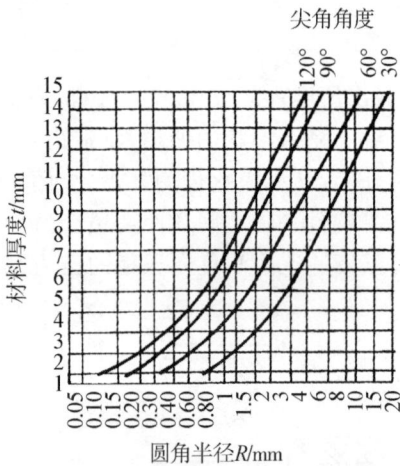

图 3-50　根据材料厚度和尖角角度大小
确定精冲件最小圆角半径

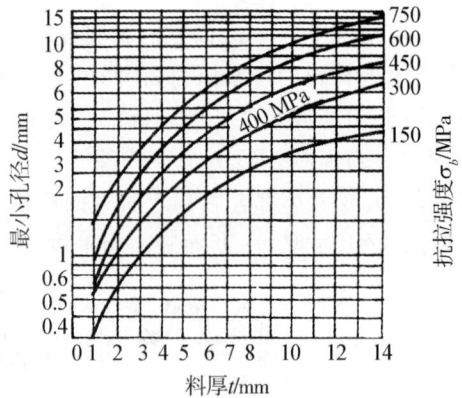

图 3-51　精冲件最小孔径确定

2.最小孔径与槽宽的限制

精冲件最小孔径由冲孔凸模所能承受的最大压应力来确定，其值与材料性质和厚度有关，可从图 3-51 中查得。例如：若料厚为 6 mm，材料抗拉强度为 400 MPa，由曲线可以查得最小孔径为 3.6 mm。

冲窄长槽时，须按槽长与槽宽的比值由图 3-52 查出最小槽宽值。例如，已知料厚 $t=4.5$ mm，材料抗拉强度 $\sigma_b=600$ MPa。先从图中料厚线与抗拉强度曲线的交点得到槽宽换算值 $b'=3$ mm，若槽长 $L=50$ mm，则比值 $L/b'\approx17$。之后在线性比例尺 $L=15b'$ 上找出槽长为 50 mm 的点，再与 $b=3$ mm 的点连成直线，交最小槽宽线性尺寸于一点，即得出最小槽宽 b 为 3.7 mm。

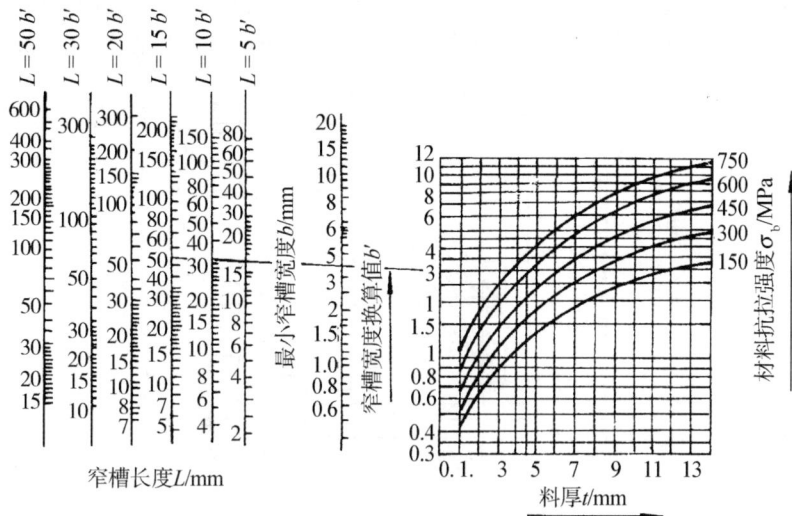

图 3-52　精冲件最小窄槽宽度

3.最小边距的限制

　　边距是指精冲零件上的孔、槽相互之间或孔、槽内边与零件外缘之间的距离,参见图 3-53(b)中 W 值,其中 W_1 和 W_2 可按图 3-53(a)曲线确定,其值即为最小边距;而 W_3 和 W_4 可按图 3-52 求最小槽宽的方法求出。

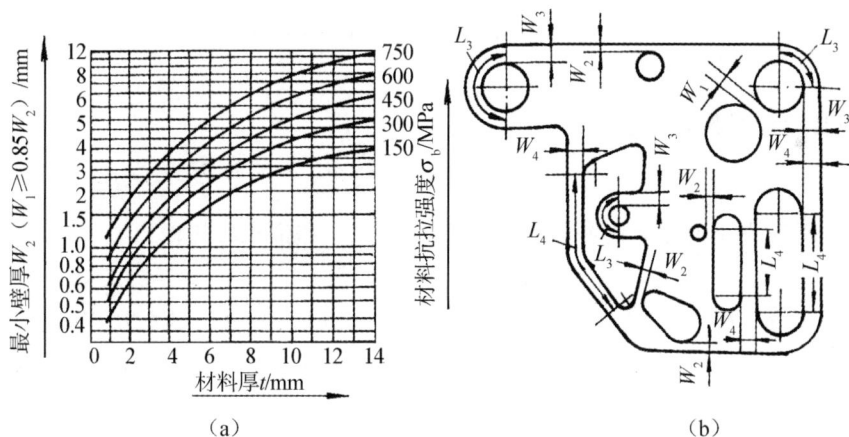

图 3-53　精冲件最小边距确定

(a)精冲件最小边距取值;(b)精冲件边距参数

　　4.齿形最小模数 m 和齿宽 b 的限制

　　精冲齿轮时,凸模齿形部分承受着压应力与弯曲应力。为了避免凸模在齿形根部断裂,必须限制齿轮的最小模数 m 和齿宽 b,具体值可由图 3-54 查得。由料厚 t(即齿厚)和材料抗拉强度找出曲线交点,然后再找出 m 和 b 值。

　　5.窄长悬臂和小凸起的限制

　　零件形状常具有窄长的悬臂和小的凸起(见图 3-55),这些形状使凸模结构很单薄,其受力情况与精冲窄长槽相似,只是条件更为恶劣。因此,必须对宽度 b 和长度 L 作限制。具体可按图 3-52 确定最小宽度 b，再增大 $30\%\sim40\%$，即为窄长悬臂和小凸起的宽度。其 L 值按图 3-52 反推出。对于小凸起的受力分析可按齿形进行，最小凸起的限制值可按节圆齿宽考虑。

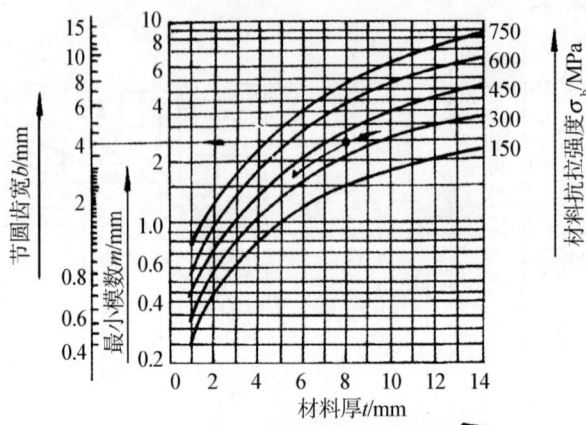

图 3-54　精冲齿形模数、齿宽的极限值

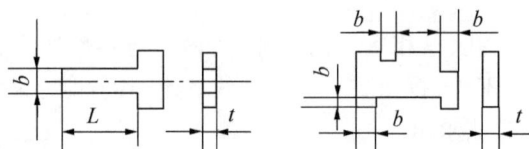

图 3-55　窄悬臂、凸出和凹入的形状

(五)模具设计参数的确定

1.精冲力计算

精冲时，所需的冲压力 p 由冲裁力 p_1、齿圈压力 p_2 和推板反向顶压力 p_3 三部分组成，即

$$p = p_1 + p_2 + p_3$$

(1) 冲裁力 p_1。精冲时，冲切过程接近于简单剪切变形，而材料的剪切变形区处于三向受压应力状态，剪切变形抗力比普通冲裁大得多，再考虑到刃口状态、V 形齿分布情况等因素，冲裁力通常按下式计算：

$$p_1 = 0.9Lt\sigma_b$$

式中，L 为精冲件轮廓长度(mm)；t 为材料厚度(mm)；σ_b 为材料的抗拉强度(MPa)。

(2) 齿圈压力 p_2。齿圈压板的作用是通过 V 形齿对变形区材料施加径向压应力。齿圈压力 p_2 的大小直接影响到精冲件的断面质量。

影响 p_2 的因素很多，如材料种类和厚度、V 形齿锥角和齿高、齿尖距凹模刃口的距离以及 V 形齿圈沿刃口周边的分布情况等。目前尚无考虑各种影响因素的理论计算公式，通常按以下经验公式估算：

$$p_2 = Klh\sigma_b \tag{3-30}$$

式中，l 为 V 形齿圈的周长(mm)；h 为 V 形齿的高度(mm)；K 为与材料抗拉强度 σ_b 有关的系数，其值可由表 3-24 确定。

表 3 - 24　K 值与 σ_b 的关系

σ_b /MPa	$\leqslant 450$	$450 \sim 600$	$600 \sim 700$
K	$2.4 \sim 3.2$	$3.2 \sim 3.8$	$3.8 \sim 4.2$

（3）反向顶压力 p_3。施加反向顶压力是使材料沿厚度方向受到压缩。反向顶压力不仅影响精冲件断面质量，同时还影响其外形平整度、断面锥度、塌角大小和尺寸精度。反向顶压力可按下式估算：

$$p_3 = (0.1 \sim 0.25)p_1 \tag{3 - 31}$$

2. 凸、凹模之间的间隙

精冲间隙比普通冲裁的间隙小得多，既要保证精冲件断面质量，又要保证模具寿命，两者是矛盾的，因此只能权衡取舍。一般精冲凸模与凹模之间的双面间隙值可查表 3 - 25。沿轮廓外形，双面间隙取料厚的 1%。内形包括孔径、槽宽，取表中所列值。

表 3 - 25　凸模与凹模之间的双面间隙值（占料厚 t 的百分数）

材料厚度 t /mm	外　形	内　形		
		$d < t$	$d = 1 \sim 5t$	$d > 5t$
0.5	1%	2.5%	2.0%	1.0%
1		2.5%	2.0%	1.0%
2		2.5%	1.0%	0.5%
3		2.0%	1.0%	0.5%
4		1.7%	0.7%	0.5%
6		1.7%	0.5%	0.5%
10		1.5%	0.5%	0.5%
15		1.0%	0.5%	0.5%

3. 凹、凸模尺寸计算

凹、凸模尺寸计算与普通冲裁大体一样，基本按修配方法制造，其中三类尺寸及公差，如图 3 - 56 所示。

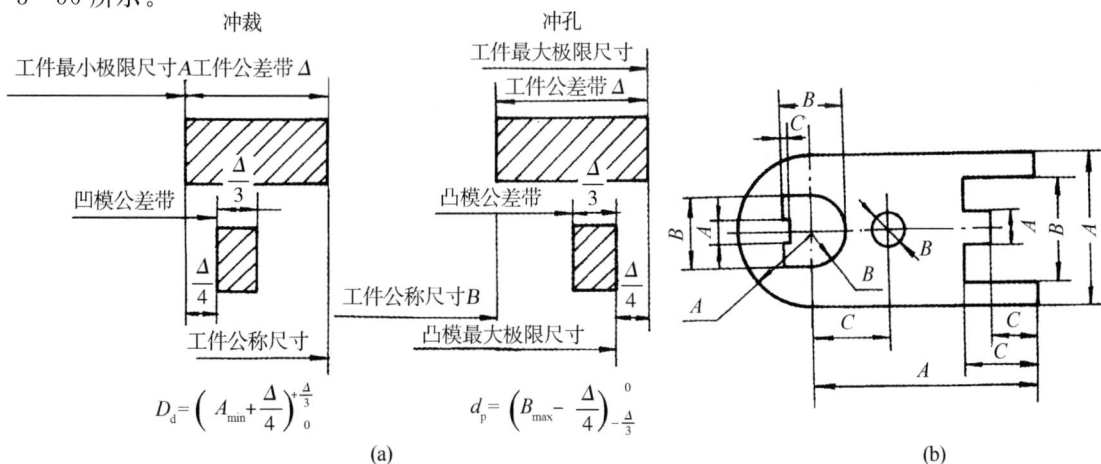

$$D_d = \left(A_{min} + \frac{\Delta}{4} \right)^{+\frac{\Delta}{3}}_{0}$$

$$d_p = \left(B_{max} - \frac{\Delta}{4} \right)^{0}_{-\frac{\Delta}{3}}$$

(a)　　　　　　　　　　　　　(b)

图 3 - 56　精冲零件尺寸和精冲模尺寸的确定

（a）精冲模尺寸；（b）精冲零件尺寸

落料时凹模刃口尺寸：

$$A_d = \left(A_{min} + \frac{\Delta}{4}\right)^{+\frac{\Delta}{3}}_{-0} \tag{3-32}$$

$$\left.\begin{array}{l} B_d = \left(B_{max} - \frac{\Delta}{4}\right)^{0}_{-\frac{\Delta}{3}} \\[3mm] C_d = \left(C_{min} + \frac{\Delta}{2}\right) \pm \frac{\Delta}{3} \end{array}\right\} \tag{3-33}$$

冲孔时凸模刃口尺寸：

$$\left.\begin{array}{l} A_p = \left(A_{min} + \frac{\Delta}{4}\right)^{+\frac{\Delta}{3}}_{-0} \\[3mm] B_p = \left(B_{max} - \frac{\Delta}{4}\right)^{0}_{-\frac{\Delta}{3}} \\[3mm] C_p = \left(C_{min} + \frac{\Delta}{2}\right) \pm \frac{\Delta}{3} \end{array}\right\} \tag{3-34}$$

落料时，先制出凹模，然后按凹模配合加工修间隙制出凸模。

冲孔时，先制出凸模，然后按凸模配合加工修间隙制出凹模。

4. 搭边与排样

精冲时，有齿圈压板的作用，故搭边值要比普通冲裁大，其值从表 3-26 查得。

表 3-26　精冲搭边数值表/mm

材料厚度/mm		0.5	1.0	1.25	1.5	2.0	2.5	3.0	3.5	4.0	5	6	8	10	12.5	15
搭边	a	1.5	2	2	2.5	3	4	4.5	5	5.5	6	7	8	9	10	12.5
	a_1	2	3	3.5	4	4.5	5	5.5	6	6.5	7	8	10	12	15	18

精冲排样原则与普通冲裁一样，但一般不宜交错排和多排，主要原因是齿圈压板加工困难。

(六)精冲模典型结构

1. 简易精冲模结构

如图 3-57 所示，用聚氨酯橡胶作为加压元件。

2. 蝶形弹簧精冲模

如图 3-58 所示，采用蝶形弹簧作为加压元件。

3. 液压装置精冲模

如图 3-59 所示，是采用液压装置加压的精冲模。

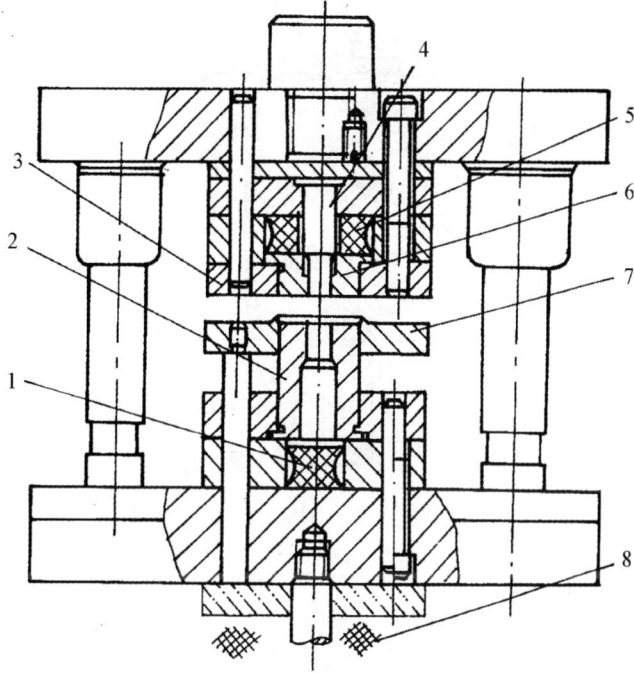

1,5,8—聚氨酯橡胶;2,4—凸模;3—凹模;6—反向压板;7—齿圈压板

图 3 - 57　在普通冲床上装用的简单精冲模

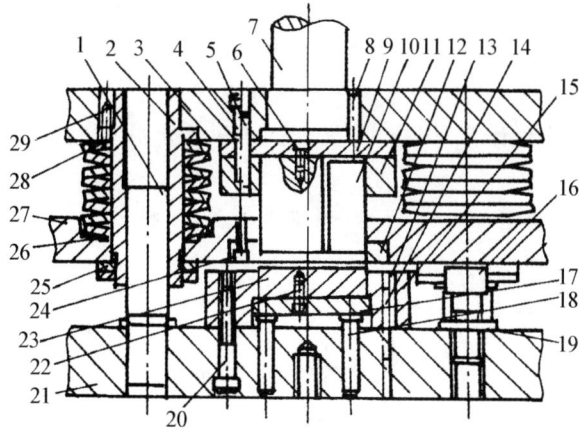

1—导柱;2—导套;3—上模座;4,6,20,22,24,29—内六角螺钉;5,8—圆柱销;

7—模柄;9—垫板;10—凸模;11—凸模固定板;12—齿圈压板;13—锥销套;

14—圆锥销;15—凹模;16—定距销;17—顶板;18—顶杆;19,25—螺母;

21—下模座;23—反向压板;26—垫片;27—导板;28—蝶形弹簧

图 3 - 58　在普通冲床上装用的蝶形弹簧精冲模

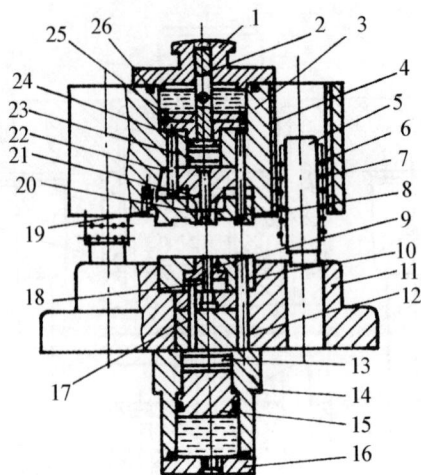

1—模柄；2—顶杆；3—上模板；4—导套；5—导柱；6—保持器；7—滚珠；8—齿圈压板；
9—反向压板；10—凹模；11—下模板；12—定位销；13—垫块；14—下油缸；15—下柱塞；
16—端盖；17—下顶杆；18—冲孔凸模；19—限位螺钉；20—推杆；21—凸凹模；
22—上顶杆；23—上垫板；24—定位销；25—上柱塞；26—O形密封圈

图 3-59　在普通冲床上装用的液压装置精冲模

习　题

1. 分析冲裁变形过程。

2. 冲裁件的断面具有怎样的特征？这些断面特征又是如何形成的？

3. 分析冲裁间隙对断面质量、冲裁力和尺寸精度的影响。

4. 冲裁模寿命是如何表示的？并分析冲裁间隙对其影响。

5. 说明冲裁模刃口尺寸计算原则，并结合原则写出分别加工时，凸、凹模刃口尺寸计算公式。

6. 变压器上的硅钢片如图 3-60 所示，确定落料凸、凹模刃口尺寸。厚度为 1.0 mm。

材料：H62
厚度：0.4 mm

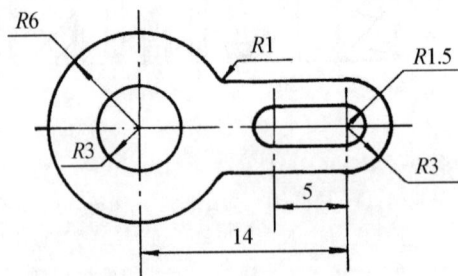

图 3-60　硅钢片

7. 降低冲裁力的方法有哪些？

8. 正确排样的意义何在？有哪些排样方式？各有什么优缺点？

9.进行飞机电器上的搭接片(见图 3-61)的排样分析计算,选择最佳排样方案。

材料:H62,厚度:0.4 mm,板料规格 1 000 mm×1 000 mm。

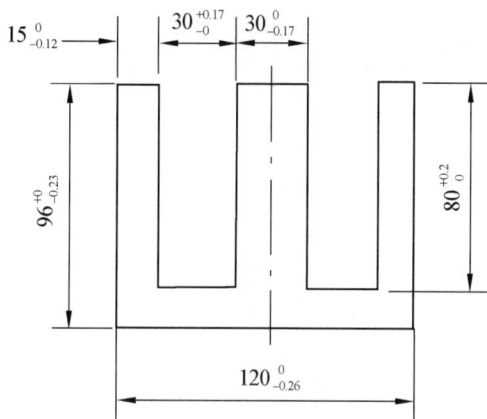

图 3-61　搭接片

10.说明齿圈压板精冲的机理及其限制条件。

11.什么是冲裁工艺性分析? 其目的何在? 分析的内容包括哪些方面?

12.请写出图 3-62 模具的零件名称,并说明模具的运动原理。

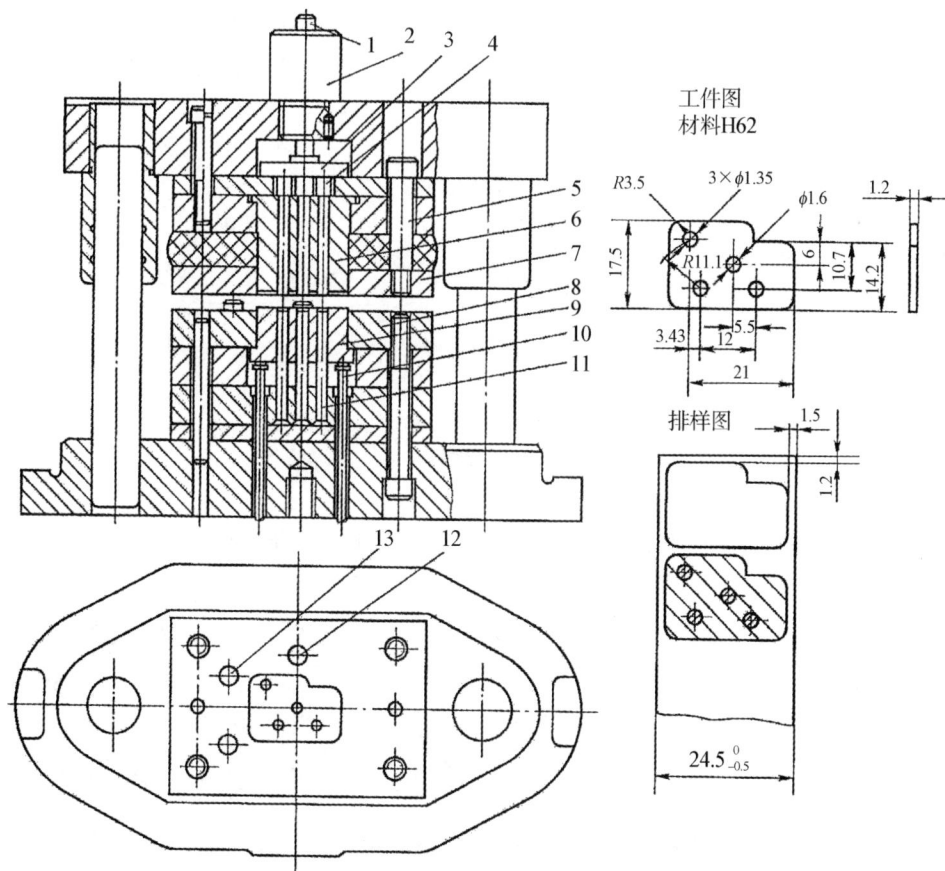

图 3-62　模具

第4章 弯曲成形

将板材、型材或管材等弯成一定曲度和角度,形成一定形状零件的工序称为弯曲。用弯曲方法加工零件的种类很多,图4-1是常见的典型弯曲件。在生产中弯曲成形所用的工具及设备不同,形成了各种不同的弯曲方法,如压弯、折弯、滚弯以及拉弯等。虽然各种弯曲方法所用的设备及工具各异,但其变形过程及特点有些共同的规律。

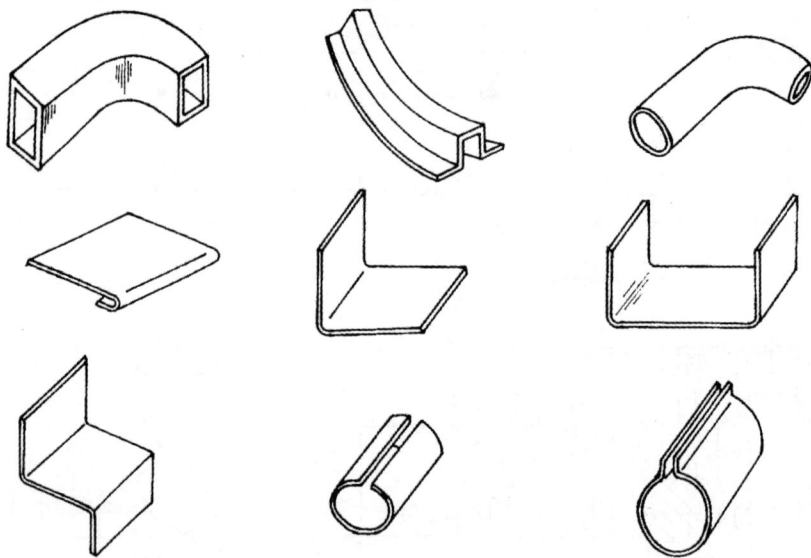

图4-1 各种典型弯曲件

§4-1 板料弯曲基本原理

平直毛料在弯曲力矩 M 的作用下(见图4-2),变形区的外层纤维受到拉伸作用而伸长,内层纤维受压缩作用而缩短。因切向应力 σ_θ 和应变 ε_θ 沿毛料断面的分布是连续的,在弯曲结束,由拉伸区过渡到压缩区,在其交界处一定存在着一层纤维,它的长度等于毛料的原来长度,即该层纤维的应变 $\varepsilon_\theta = 0$,此纤维层称为应变中性层,它在断面中的位置可用曲率半径 ρ_ε 表示。应力沿断面的分布,由外层纤维的拉应力转变为内层纤维的压应力,在断面内也必定有一层纤维,该纤维层上的应力 $\sigma_\theta = 0$,这个纤维层称为应力中性层,它在

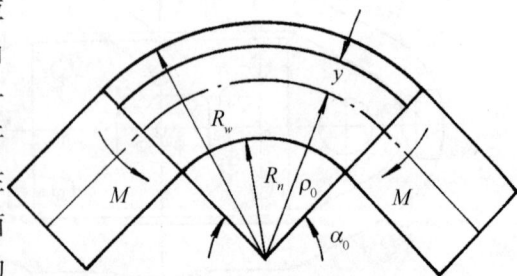

图4-2 在力矩 M 作用下的板料弯曲

断面中的位置可用曲率半径 ρ_a 所表示。用 ρ_0 表示卸载前弯曲件断面重心层的曲率半径。

平直毛料在弹性弯曲阶段,应力中性层和应变中性层相互重合并通过断面重心。当弯曲变形程度超过材料的屈服极限以后,在弯曲过程中应力中性层和应变中性层不仅不相互重合,也不通过断面重心,而是随曲率的增大逐渐向曲率中心方向移动,并且应力中性层的移动量大于应变中性层的移动量。不过,当弯曲变形程度不是很大(小于 10%)时,中性层的移动量很小,为简化分析和计算,可以忽略不计,而认为在弯曲过程中应力中性层与应变中性层重合,并通过断面重心。在以下的分析中,除非另作说明,不然一概用断面重心层的曲率半径代表中性层的曲率半径。

根据平剖面假设,弯曲时切向应变沿断面高度的分布应遵守线性规律,因此距中性层为 y 的纤维层,其切向应变应为

$$\varepsilon_{\theta y} = \frac{y}{\rho_0} \tag{4-1}$$

由式(4-1)可知,弯曲时距中性层愈远的纤维,它的切向应变愈大。当 $y = \pm t/2$ 时,弯曲件的外缘和内缘纤维层的应变分别达到最大值。因弯曲时外缘纤维受的是拉伸变形,有可能发生断裂,一般取弯曲件外缘纤维的切向应变来表示弯曲件的变形程度,即

$$\varepsilon_{\theta w} = \frac{t}{2\rho_0} = \frac{1}{2r_0}, \quad r_0 = \frac{\rho_0}{t} \tag{4-2}$$

式中,r_0 为相对弯曲半径,是弯曲件重心层的曲率半径与弯曲件原来厚度 t 的比值。因其在数值上确定弯曲件外缘纤维的切向应变,通常就用相对弯曲半径表示弯曲件的变形程度。为方便起见,生产中经常采用弯曲件内缘纤维层的曲率半径 R_n 与板料厚度的比值表示弯曲变形的相对弯曲半径。

如用 ε_s 表示所研究材料的屈服点应变,当弯曲件外缘纤维的变形程度 $\varepsilon_{\theta w}$ 刚好等于屈服点应变时,相应的相对弯曲半径 $r_s = \frac{1}{2\varepsilon_s}$。如果弯曲件的 $\varepsilon_{\theta w} < \varepsilon_s$,而 $r_0 > r_s$,这种情况相当于纯弹性弯曲,应力沿断面的分布为直线,应力与应变间的关系遵守胡克定律 $\sigma = E\varepsilon$,卸载后毛料恢复平直。要想用平直毛料弯成具有一定弯角和弯曲半径的零件,相对弯曲半径必须小于 r_s,即 $r_0 < r_s$。在此情况下,因弯曲件的外缘纤维和内缘纤维已进入塑性变形状态,卸载后才能获得具有固定形状的弯曲件。

根据相对弯曲半径 r_0 的不同,可将弯曲分为三类。

(1)$r_s > r_0 > \frac{1}{3}r_s$,$r_0$ 在此范围内的弯曲称为线性弹-塑性弯曲。其特点如下:

在弯曲件的断面内除有塑性变形区外,弹性变形区在断面中占有很大比例。因而在进行理论分析和计算时,必须考虑弹性变形区的影响。如以 y_s 代表弹-塑性区交界面至中性层的距离,由式(4-1)可得 $y_s = \rho_0\varepsilon_s$。

弯曲件的变形程度较小,弯曲时仅在切向产生较大的应力 σ_θ 和应变 ε_θ;而厚度方向(径向)和宽度方向(轴向)产生的应力 σ_r、σ_z 和应变 ε_r、ε_z 都很小,理论分析时可以忽略不计,只考虑切向的应力和应变,故将此情况下的应力-应变状态视为线性的。切向应力 σ_θ 沿弯曲件断面的分布如图 4-3(a)所示。

应力中性层可认为与应变中性层重合,并通过断面重心。

理论分析时,应力取实际应力,而应变仍可用相对应变表示。

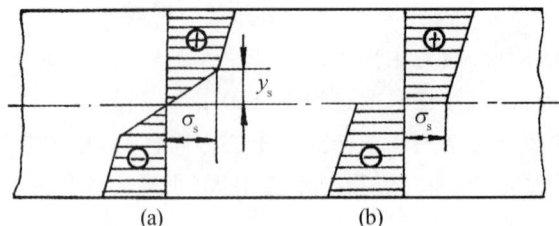

图 4-3　弯曲应力分布图

(a) 线性弹-塑性弯曲应力分布；(b) 线性纯塑性弯曲应力分布

(2) $\frac{1}{3}r_s > r_0 > 3 \sim 5, r_0$ 在此范围的弯曲称为线性纯塑性弯曲。其特点如下：

塑性变形区由断面的外缘和内缘逐渐向中间扩展。因中间弹性变形区在整个断面所占比例已极小，可以忽略不计，而将塑性变形区看成已扩展至中性层，故将弯曲变形视为纯塑性的。

实验研究表明，相对弯曲半径 $r_0 > 3 \sim 5$ 时，板料断面形状和厚度无明显变化，这表明厚度方向和宽度方向产生的应力和应变是微小的，通常可略而不计，而将弯曲的应力-应变状态视为线性，如图 4-3(b) 所示。同时可认为弯曲时应力中性层和应变中性层相互重合并通过断面重心。

相对弯曲半径 $r_0 > 5$ 时，弯曲件外缘纤维的变形程度尚小于 10%，用相对应变表示弯曲件的变形程度，产生的误差不超过 5%。因此切向应变仍可用相对应变表示。在本范围内主要研究卸载时曲率的变化和角度的变化。

(3) $r_0 < 3 \sim 5, r_0$ 在此范围内的弯曲称为立体应力-应变状态的纯塑性弯曲。其特点如下：

板料弯曲时外层纤维对内层纤维的挤压作用已不能忽视，必须考虑因挤压作用而在板料厚度方向产生的压应力 σ_r 对弯曲变形的影响。压应力 σ_r 在板料的内外表面其值为零，至应力中性层达最大值，并随曲率的增大而增大，如图 4-4(a) 所示。

因切向的变形程度已超过 10%，宽度和厚度方向引起的应变已不能忽略。根据塑性变形体积不变条件可知，板料宽度和厚度方向产生的应变，在拉伸区是同号的压应变，在压缩区是同号的拉应变。因此应将弯曲时的应力-应变状态看作立体的，如图 4-4(c) 所示。

板料宽度与厚度的比值不同，板料塑性弯曲时的应力-应变状态是不同的。板料宽度 $B < 3t$ 时，称为窄板。窄板弯曲时，因宽度方向的变形不受约束，可以自由伸缩，因此沿宽度方向产生的应力 σ_z 很小，可以忽略不计，而将窄板弯曲视为平面应力问题；由于显著的立体应变状态的影响，板料变形区的断面形状发生畸变，材料的厚度有所变薄，如图 4-4(b) 所示。板料的宽度 $B > 3t$ 时，称为宽板。宽板弯曲时，因宽度方向的变形受到阻碍，不能自由伸缩，故可认为宽度方向的应变 ε_z 为零，因而可将宽板弯曲视为平面应变问题；变形区的断面形状虽然没有发生畸变，但有翘曲产生，厚度有所减薄，长度有所增大，见图 4-4(b)。

根据塑性条件 $\sigma_1 - \sigma_3 = \beta \sigma_i$ 可知，塑性弯曲时厚度方向产生的压应力 σ_r 对拉伸区和压缩区的切向应力 σ_θ 起的作用是相反的。因外区拉应力的数值小于内区压应力的数值，弯曲时应力中性层必须向曲率中心方向移动，使拉伸区扩大，压缩区减小，只有这样才能满足弯曲时的静力平衡条件，即作用在弯曲件断面上的切向应力的合力等于零。

显然，相对弯曲半径 r_0 愈小，因纤维之间的挤压作用而产生的径向压应力 σ_r 愈大，应力中性层的内移量也愈大。应力中性层移动的结果，使断面重心层以上的部分纤维发生卸载和反向加载的作用,于是引起应变中性层的移动。因塑性变形是不可逆的,应变中性层的移动滞后于应力中性层。由上述可知,在塑性弯曲过程中,应力中性层和应变中性层不仅不相互重合,也不通过断面重心,而是随曲率的增大向曲率中心方向逐渐移动。

在纯弯曲的情况下,根据体积不变条件,宽板弯曲时应变中性层的曲率半径表达式为

$$\rho_{\varepsilon} = \frac{1}{2t}(R_w^2 - R_n^2) = \rho_0 \frac{t_1}{t} \tag{4-3}$$

$$t_1 = R_w - R_n, \quad \rho_0 = \frac{1}{2}(R_w + R_n) \tag{4-4}$$

式中,t、t_1 为弯曲前和弯曲后板料的厚度;R_w、R_n 为卸载前弯曲件外缘和内缘的曲率半径。

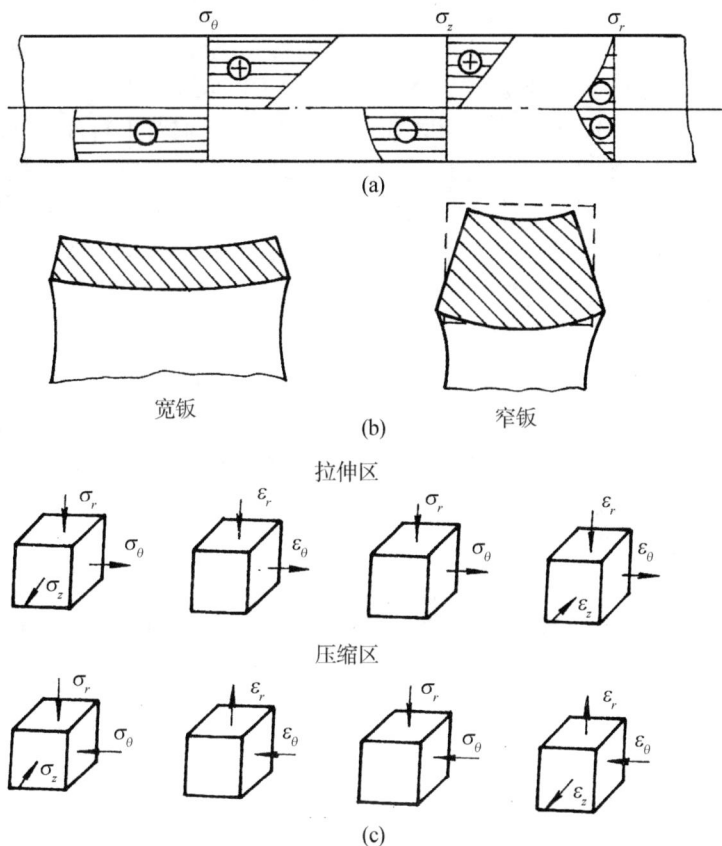

图 4 - 4　立体应力-应变状态纯塑性弯曲

(a) 应力沿断面厚度的分布;(b) 毛料断面形状变化;(c) 应力-应变状态

鉴于考虑材料应变硬化求得的确定应力中性层位置的表达式十分繁杂,若将材料视为理想塑性的,根据拉伸区和压缩区的径向压应力 σ_r 在应力中性层上相等的条件,可得到确定应力中性层曲率半径的表达式为

$$\rho_{\sigma} = \sqrt{R_w R_n} = \sqrt{\rho_0^2 - \left(\frac{t_1}{2}\right)^2} \tag{4-5}$$

将式(4-3)中的 ρ_0 代入式(4-5)得

$$\rho_{\sigma} = \sqrt{\left(\rho_{\varepsilon} \frac{t}{t_1}\right)^2 - \left(\frac{t_1}{2}\right)^2} \tag{4-6}$$

由式(4-3)可知,在弯曲变形过程中,只有当板料厚度不发生减薄时,应变中性层才通过断面重心。而式(4-6)表明,就是在这样条件下,应力中性层也不通过断面重心,其曲率半径比应变中性层的曲率半径要小一些。

当 $r_0 < 3 \sim 5$ 时,因外层纤维的变形程度已超过10%,若仍采用相对应变表示弯曲变形的切向应变,计算结果将有很大的误差。理论分析时,以实际应变 $\delta_\theta = \ln(1+\varepsilon_\theta)$ 表示弯曲变形的切向应变为宜。显然,这将给公式的推导造成困难。通常弯曲变形程度处于本范围时,主要研究的问题是卸载时角度的变化。

§4-2　最小弯曲半径

设计弯曲件时,不仅要满足使用上的要求,还必须考虑成形的可能性。

通过对弯曲变形的分析可知,随着相对弯曲半径减小,弯曲时毛料外层纤维的变形程度将逐渐增大。在相对弯曲半径小到一定程度后,毛料外层纤维的切向应变将因超过材料的许可变形程度而断裂。为了获得合格的零件,弯曲件的内圆角半径的数值要受到外层纤维的成形极限限制。使弯曲件外层纤维不发生断裂的内圆角半径的极限值,称为最小弯曲半径 R_{min}。

影响最小弯曲半径数值的主要因素如下:

1. 材料的机械性能

材料塑性愈好,应变硬化指数 n 愈大,愈不易出现局部的集中变形,因而愈有利于提高成形极限,最小弯曲半径也愈小。在冲压生产中,当零件的结构需要弯曲成很小的圆角半径时,可能引起毛坯破坏,通常采用热处理方法以恢复冷变形硬化材料的塑性或采用加热弯曲方法以提高低塑性材料(如镁合金等)的塑性变形能力。

2. 板料的纤维方向

供给生产用的板料,其机械性能在板面内的各方向并不相同,表现出各向异性。生产中常用的材料,顺纤维方向的强度和塑性大多高于横纤维方向的。因此,当弯曲件的弯曲线与板料的纤维方向垂直时,其最小弯曲半径要比弯曲线平行于纤维方向时小,如图4-5所示。

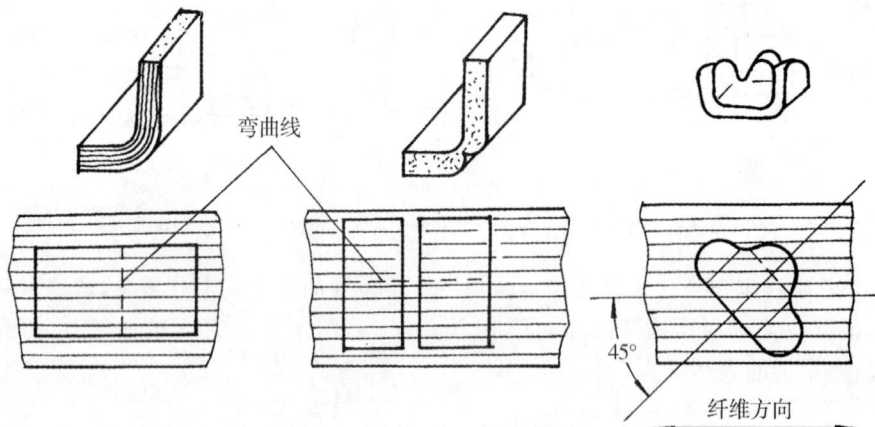

图4-5　各向异性对弯曲线的影响

当弯制 R/t 较小的工件或塑性较差的材料时,弯曲线应垂直于轧制方向;当弯制 R/t 较大的工件时,主要考虑材料的利用率。

3.毛料剪切断面质量和表面质量

弯曲的毛料都是经过剪裁或冲裁得到的,在毛料边缘存在着冷作硬化层,使材料塑性降低,从而导致 R_{min} 增大。毛料表面不应有划伤。在冲压生产中,常采用清除冲裁毛刺,把有毛刺的表面向着凸模,以提高弯曲变形的成形极限。当零件要求的弯曲半径较小时,弯曲前应对毛料进行热处理,消除冷作硬化层的影响。

4.弯曲角度

在弯曲过程中毛料的变形并不局限在圆角变形区,在圆角附近的直边部分也要产生一定程度的切向变形。当弯曲角度 α_0 较小时,直边分散变形的作用较显著,最小弯曲半径可适当减小。弯曲角增大后,直边缓和圆角区变形的效果减弱,最小弯曲半径应适当增大。例如 2A12 - T4 板料,当 $\alpha_0 = \dfrac{\pi}{2}$ 时,$R_{min} = 2t$,当 $\alpha_0 = \dfrac{2\pi}{3}$ 时,$R_{min} = 2.6t$。实验研究表明,直边分散变形的作用仅在弯曲角度 $\alpha_0 < 90°$ 时有较显著的效果。

5.毛料的宽度和厚度

毛料的相对宽度 B/t 不同时,变形区的应变状态是不相同的。由窄板逐渐加宽板料时,应变状态逐渐由立体状态转变为平面状态。因此随毛料宽度增大,最小弯曲半径也随着增大。但是,在毛料宽度 $B > 10t$ 以后,应变状态的影响已不明显。

变形区内切向应变在厚度方向上按线性规律变化,在外表面上最大,在中性层上为零。当板料厚度较小时,切向应变变化的梯度大,很快地由最大值衰减为零。与切向变形最大的外表面相邻近的纤维,可以起到阻止外表面纤维产生局部的不稳定塑性变形的作用。所以在这种情况下可能得到较大的变形程度和较小的最小弯曲半径。由此可见,对不同厚度的毛料,最小相对弯曲半径并不是一个定值,而是随材料厚度的增大而有所增大。但在 $t > 5$ 以后,毛料厚度对最小相对弯曲半径的影响已不十分明显。

由上述分析可见,影响最小弯曲半径的因素是很多的,很难用一个简化公式予以概括。在生产中主要参考经验数据来确定各种金属在不同状态下的最小弯曲半径的数值,见表 4 - 1。

表 4 - 1　弯曲角 90° 时的最小弯曲半径

材　料	正火或退火的		硬化的	
	弯曲线方向			
	与纤维方向垂直	与纤维方向平行	与纤维方向垂直	与纤维方向平行
钢 05,08F	—	$0.3t$	$0.2t$	$0.5t$
08,10;A1,A2	—	$0.4t$	$0.4t$	$0.8t$
15,20;A3	$0.1t$	$0.5t$	$0.5t$	$1.0t$
25,30;A4	$0.2t$	$0.6t$	$0.6t$	$1.2t$
35,40;A5	$0.3t$	$0.8t$	$0.8t$	$1.5t$
不锈钢	—		$2.5t$	$6.5t$
铜 M1,M2,M3	0	$0.2t$	$1.0t$	$2.0t$
黄铜 H63,H68	0	$(0.3 \sim 0.t)t$	$0.5t$	$0.8t$
黄铜 H59 - 1	$0.2t$	$0.5t$	$0.8t$	$1.4t$
2A12 - O	$1.0t$	$1.5t$	$1.5t$	$2.5t$

材　料	正火或退火的		硬化的	
	弯曲线方向			
	与纤维方向垂直	与纤维方向平行	与纤维方向垂直	与纤维方向平行
2A12 - T4	2.0t	3.0t	3.0t	4.0t
镁合金 MA1,MA8	300℃ 热弯		冷弯	
	2.0t	3.0t	(5.0 ~ 7.0)t	(8.0 ~ 9.0)t
钛合金 BT1 BT5	300 ~ 400℃ 热弯		冷弯	
	1.5t	2.0t	3.0t	4.0t
	3.0t	4.0t	5.0t	6.0t

§4-3　弯曲回弹及补偿措施

弯曲成形是塑性变形的一种方式,卸载时外层纤维因弹性恢复而缩短,内层纤维因弹性恢复而伸长,结果使弯曲件的曲率和角度发生显著的变化,这种现象称为弹性回弹,如图 4-6 所示。弹性回弹直接影响弯曲件的精度,因此需要设法消除其对弯曲成形工作的不利影响。

一、弯曲力矩

欲求卸载时弯曲的弹性回弹量,必须知道卸载前所加弯曲力矩的大小。但要准确计算弯曲力矩非常困难,需要作出一些基本假设才能进行近似的计算,这些假设如下:

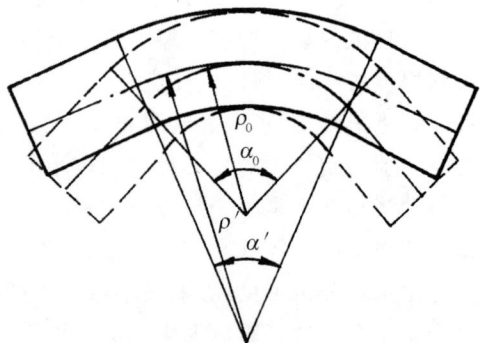

图 4-6　弯曲变形的回弹

(1)弯曲过程是纯弯曲。

(2)卸载前、后中性层在断面中的位置保持不变,并通过断面重心。

(3)弯曲过程中的应力-应变状态为线性,只考虑切向产生的应力 σ_θ 和应变 ε_θ。

(4)应力-应变间的关系,在弹性变形区($\varepsilon_\theta \leqslant \varepsilon_s$)遵守胡克定律 $\sigma_\theta = E\varepsilon_\theta$;在塑性变形区($\varepsilon_\theta > \varepsilon_s$)遵守简化的线性规律 $\sigma_\theta = \sigma_s\left(1-\dfrac{D}{E}\right)+D\varepsilon_\theta$,$D$ 为塑性模数。

根据以上假设,外加弯矩 M 可由下式确定:

$$M = 2B\int_0^{\frac{t}{2}} \sigma_\theta y \, \mathrm{d}y \tag{4-7}$$

考虑到断面内存有弹性变形区,可将式(4-7)改写为

$$M = 2B\int_0^{y_s} \sigma_\theta y \, \mathrm{d}y + 2B\int_{y_s}^{\frac{t}{2}} \sigma_\theta y \, \mathrm{d}y \tag{4-8}$$

式中,y_s 为弹、塑性区交界面距中性层的距离。在外加弯矩 M 作用下,距中性层距离为 y 的纤维,产生的切向应变为 $\varepsilon_\theta = \dfrac{y}{\rho_0}$。当 $y \leqslant y_s$ 时;切向应力为 $\sigma_\theta = E\dfrac{y}{\rho_0}$;当 $y \geqslant y_s$ 时,切向应力为

$\sigma_\theta = \sigma_s\left(1 - \dfrac{D}{E}\right) + D\dfrac{y}{\rho_0}$，分别代入式（4-8）中的第一项和第二项后得

$$M = 2B\int_0^{y_s} E\frac{y}{\rho_0}y\mathrm{d}y + 2B\int_{y_s}^{\frac{t}{2}}\left[\sigma_s\left(1 - \frac{D}{E}\right) + D\frac{y}{\rho_0}\right]y\mathrm{d}y \tag{4-9}$$

积分并进行整理，得

$$M = \sigma_s\left(1 - \frac{D}{E}\right)\left(\frac{Bt^2}{4} - \frac{Bt_s^2}{4}\right) + \frac{E}{\rho_0}\left(1 - \frac{D}{E}\right)\frac{Bt_s^2}{12} + \frac{D}{\rho_0}\frac{Bt^3}{12} \tag{4-10}$$

式中，t_s 为断面内弹性变形区的厚度，$y_s = \dfrac{t_s}{2}$。

式（4-10）是计算线性弹塑性弯曲时外加弯矩 M 的表达式。此式虽然根据线性弹塑性弯曲条件推导而得，但适用于一般线性应力状态的弯曲。例如对于弹性弯曲，令 $D = E$，由式（4-10）即可得到纯弹性弯曲时外加弯矩的表达式为

$$M = \frac{E}{\rho_0}\cdot\frac{Bt^3}{12} = \frac{1}{\rho_0}EI \tag{4-11}$$

当 $y_s = \dfrac{t_s}{2} \to 0, E \to \infty$ 时，由式（4-10）可直接得到线性纯塑性弯曲时外加弯矩的表达式为

$$M = \sigma_s\frac{Bt^2}{4} + \frac{D}{\rho_0}\frac{Bt^3}{12} = \sigma_s S + \frac{1}{\rho_0}DI \tag{4-12}$$

如材料为理想塑性材料，或加热至一定温度的材料，则可视为 $D = 0$，式（4-12）将成为

$$M = \sigma_s\frac{Bt^2}{4} = \sigma_s S \tag{4-13}$$

式中，S 为板料弯曲时的断面静距，$S = \dfrac{Bt^2}{4}$；I 为板料弯曲时的剖面惯性矩，$I = \dfrac{Bt^3}{13}$。

分析以上各式可知，弯曲成形时外加弯矩的大小与材料种类、弯曲件的断面形状和弯曲变形程度有关。当断面相同时，材料的变形抗力愈大，相对弯曲半径 r_0 愈小，所需的弯曲力矩愈大。

二、弹性回弹

前已述及，弯曲成形的弹性回弹表现为卸载时弯曲件的曲率和弯曲角度的变化。如以 σ_θ 和 ε_θ 表示卸载前距中性层距离为 y 的纤维层上的切向应力和应变，σ'_θ 和 ε'_θ 为卸载后该纤维层上的切向应力和应变，则该纤维层在卸载过程中的应变变化为

$$\tilde{\varepsilon}_\theta = \varepsilon_\theta - \varepsilon'_\theta = \frac{y}{\rho_0} - \frac{y}{\rho'} \tag{4-14}$$

相应的应力变化为

$$\tilde{\sigma}_\theta = \sigma_\theta - \sigma'_\theta = \frac{My}{I} \tag{4-15}$$

式中，ρ' 为卸载后断面重心层的曲率半径。

因卸载过程是弹性变形过程，$\tilde{\sigma}_\theta$ 与 $\tilde{\varepsilon}_\theta$ 之间的关系应遵守胡克定律，即 $\tilde{\sigma}_\theta = E\tilde{\varepsilon}_\theta$，由此可得

$$\frac{1}{\rho_0} - \frac{1}{\rho'} = \frac{M}{EI} \tag{4-16}$$

式（4-16）表达了卸载前、后弯曲件曲率之间的关系。该式表明，卸载时曲率的变化与加载弯矩 M 和弯曲件的抗弯刚度 EI 的大小有关。当材料种类和弯曲件的断面形状给定后，弯矩 M

值愈大,卸载时曲率的变化也愈大。

卸载后的曲率半径 ρ' 可直接由式(4-16)求得,即

$$\rho' = \frac{\rho_0}{1 - \frac{M}{EI}\rho_0} \qquad (4-17)$$

如用相对弯曲半径 $r_0 = \rho_0/t$ 和 $r' = \rho'/t$ 表示,式(4-17)可改写成

$$r' = \frac{r_0}{1 - \frac{Mt}{EI}r_0} \qquad (4-18)$$

根据式(4-17)和式(4-18)可以计算卸载后的曲率半径或相对曲率半径。

卸载时弯角的变化用角度差

$$\Delta\alpha = \alpha_0 - \alpha' \qquad (4-19)$$

表示,$\Delta\alpha$ 称为回弹角,α_0 和 α' 分别为卸载前、后的弯曲角度。

根据卸载前、后中性层在断面中的位置保持不变的条件,可知 $\rho_0\alpha_0 = \rho'\alpha'$,将 $\alpha' = \frac{\rho_0}{\rho'}\alpha_0$ 代入式(4-19),并利用式(4-16),可得

$$\Delta\alpha = \frac{M}{EI}\rho_0\alpha_0 = \frac{Mt}{EI}r_0\alpha_0 \qquad (4-20)$$

根据式(4-20)可以估算回弹角并分析影响回弹角的因素。由式(4-18)和式(4-20)两式可见,当弯曲件的材料种类和断面形状给定后,卸载时曲率的变化只与弯曲变形程度有关,而与弯曲角 α_0 的大小无关;而回弹角的大小不仅与弯曲变形程度有关,还与弯曲角的大小有关,随 r_0 和 α_0 的增大而增大。

三、影响弯曲回弹的主要因素

分析式(4-12)、式(4-18)和式(4-20)等,不难理解,回弹将受到下列主要因素的影响:

1. 材料的机械性能

材料的机械性能主要是 $\frac{\sigma_s}{E}$ 和塑性模数 D(或指数 n)。$\frac{\sigma_s}{E}$ 和 D(或 n)大的材料,在总应变中弹性应变分量大,因此卸载时弯曲回弹也大。

2. 相对弯曲半径 r_0

相对弯曲半径表示弯曲成形的变形程度。相对弯曲半径愈小,断面中塑性变形区愈大,切向总应变中弹性应变分量所占的比例愈小。因此,卸载时的回弹量随 r_0 的减小而减小。

3. 弯曲角度 α_0

弯曲中心角 α_0 愈大,则变形区愈大,回弹积累值愈大,回弹角也愈大,所以回弹角 $\Delta\alpha$ 随 α_0 的增大而增大。

上述影响回弹的因素都属于材料性质和零件尺寸两个方面,而弯曲件的材料和尺寸是根据使用要求确定的。因此仅仅找到影响回弹的因素,并不意味着就能改变这些因素,主要目的还是了解回弹规律,从而采取适当措施,以减小甚至消除回弹对于弯曲件尺寸精度的不利影响。

弯角和弯曲半径的回弹总是同时发生的,但对一般弯曲件来说,保持弯角准确更加重要,因而总希望回弹角 $\Delta\alpha$ 愈小愈好,最为理想的是 $\Delta\alpha \approx 0$。

四、减小回弹的措施

1.在工件设计上,改进结构可使回弹角减小

如在弯曲区压出加强筋(见图 4-7),使弯曲件回弹困难,并提高弯曲件的刚度。

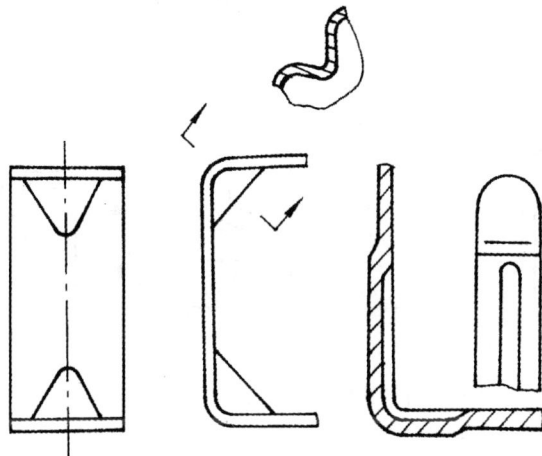

图 4-7　弯曲区的加强筋

2.在工艺上,采用校正弯曲代替自由弯曲

采用校正弯曲代替自由弯曲可以在工艺上减小回弹。校正弯曲是指在自由弯曲阶段后,进一步对贴合凸模、凹模表面的弯曲件进行挤压。其校正力比自由弯曲大得多,由于这两个力先后作用,计算弯曲力的时候,只需计算校正弯曲力。

3.在模具结构上,利用弯曲回弹规律与改变变形区应力状态来减小回弹

(1) 在纯弯曲的条件下,可以根据回弹值的计算结果或经验数据对弯曲模工作部分的形状与尺寸作校正,使加载时弯过头一些,这样卸载时经过回弹,弯角就能接近或刚好等于图纸规定的数值,如图 4-8 所示。

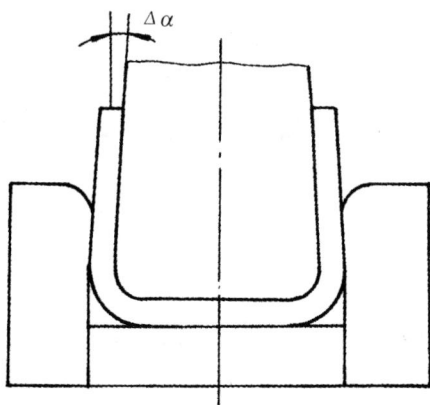

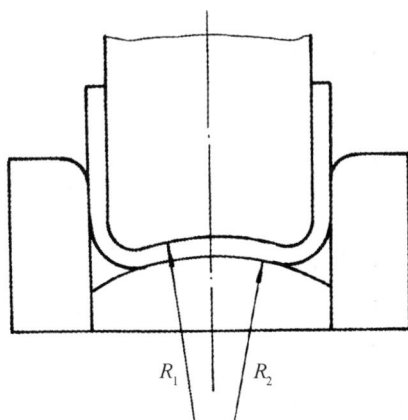

图 4-8　修出回弹角　　　　　　图 4-9　回弹相互补偿

(2) 利用弯曲件不同部位回弹方向相反的特点,使相反方向的回弹变形相互补偿。如 U 形件弯曲,将凸模、顶件板做成弧形面(见图 4-9)。弯曲后利用底部产生的回弹来补偿两个圆角处的回弹。

（3）改变模具结构形状，把弯曲凸模做成局部突起的形状（见图4-10），使凸模集中地作用在引起回弹变形的弯曲变形区。改变弯曲变形区的应力状态，使其变成三向受压的应力状态。从根本上改变了回弹变形的性质，达到提高弯曲件精度的目的。

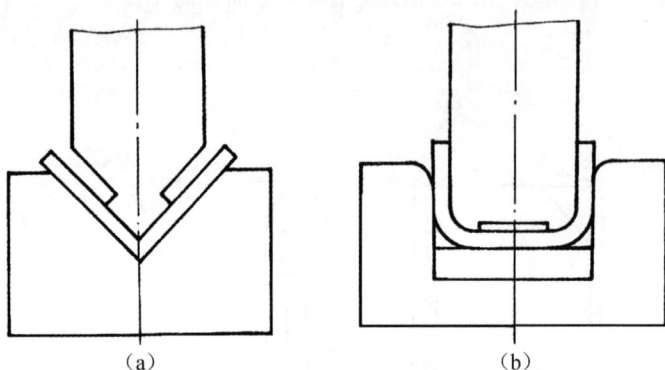

图4-10　改变凸模形状利用整形减小回弹
(a)V形模；(b)U形模

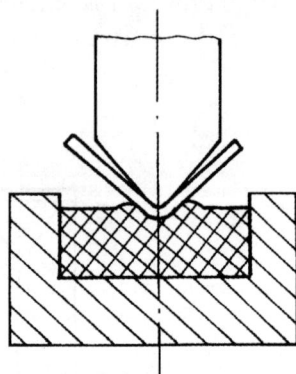

图4-11　弹性凹模的单角弯曲

（4）利用橡胶或聚氨酯软凹模代替金属刚性凹模进行弯曲（见图4-11）。利用调节凸模压入软凹模深度的方法控制弯曲角度，使卸载回弹后所得零件的角度符合精度要求。

§4-4　弯曲毛坯尺寸的确定

可以根据应变中性层在弯曲前、后长度不变的特点，确定毛坯的长度。

中性层的曲率半径和弯曲变形程度有关。当变形程度较小（$\frac{r}{t}$ 较大）时，应变中性层与弯曲件毛坯断面重心相重合，即 $\rho_\varepsilon = r + \frac{t}{2}$。变形程度比较大（$\frac{r}{t}$ 较小）时，变形区内应力-应变状态变为立体的。这时应变中性层不通过毛坯断面重心，而向内侧移动。另外，也由于弯曲时板厚变薄，应变中性层的曲率半径小于 $r+\frac{t}{2}$。在这种情况下，应变中性层的位置可以根据体积不变条件确定（见图4-12）。弯曲前变形区的体积是

$$V_0 = LBt = \rho_\varepsilon \alpha Bt$$

弯曲后变形区的体积是

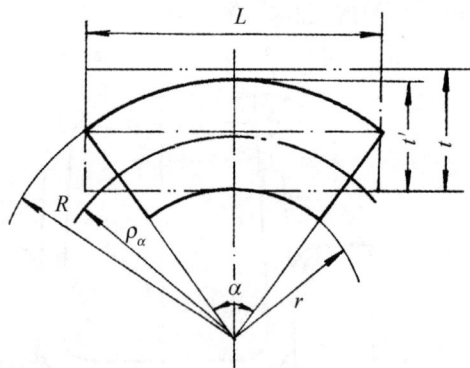

图4-12　中性层位置的确定

$$V = \pi(R^2 - r^2)\frac{\alpha}{2\pi}B'$$

因为

$$V_0 = V$$

所以

$$\rho_\varepsilon = \frac{R^2 - r^2}{2t}\frac{B'}{B}$$

将 $R = r + t'$ 代入上式并整理后得

$$\rho_\varepsilon = \left(\frac{r}{t} + \frac{n}{2}\right)\eta \beta t \tag{4-21}$$

式中，η 为变薄系数，$\eta = \dfrac{t'}{t} < 1$，其值可由表 4-2 查得；β 为展宽系数，$\beta = \dfrac{B'}{B}$，当 $\dfrac{B}{t} > 3$ 时，$\beta = 1$；B、B' 为分别为弯曲前和弯曲后毛坯平均宽度。t、t' 为分别为弯曲前和弯曲后毛坯厚度。

表 4-2　变薄系数 η 值

r/t	0.1	0.5	1	2	5	> 10
η	0.8	0.93	0.97	0.99	0.998	1

在冲压生产中也常采用下面的经验公式确定中性层的曲率半径：

$$\rho_\varepsilon = r + Kt \tag{4-22}$$

式中，K 为与变形程度有关的系数，其值可参照表 4-3 选取。

表 4-3　系数 K 值

r/t	$0 \sim 0.5$	$0.5 \sim 0.8$	$0.8 \sim 2$	$2 \sim 3$	$3 \sim 4$	$4 \sim 5$
K	$0.16 \sim 0.25$	$0.25 \sim 0.3$	$0.3 \sim 0.35$	$0.35 \sim 0.4$	$0.4 \sim 0.45$	$0.45 \sim 0.5$

弯曲件毛坯长度的确定方法有如下两种：

1. 有圆角半径的弯曲（见图 4-13 和图 4-14）

弯曲件有一个弯角（见图 4-13）时，毛坯长度用下式计算：

$$L = l_1 + l_2 + l_0 = l_1 + l_2 + \frac{\pi}{2}(r + Kt) \tag{4-23}$$

弯曲件有几个弯角（见图 4-14），且每个弯角是逐个地分别弯曲时，毛坯长度用下式计算：

$$L = l_1 + l_2 + \cdots + l_n + l_{n+1} + \frac{\pi \alpha_1}{180°}(r_1 + K_1 t) + \cdots + \frac{\pi dn}{180°}(r_n + K_n t) \tag{4-24}$$

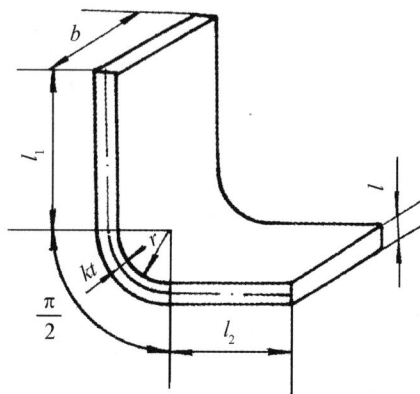

图 4-13　单弯角的弯曲件　　　　图 4-14　多弯角的弯曲件

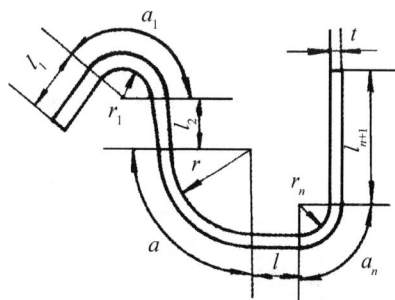

2. 圆角半径很小 $\left(\dfrac{r}{t} < 0.3\right)$ 时的弯曲（见图 4-15）

弯曲件的毛坯长度用等体积法计算。

弯曲前的体积是

$$V_0 = LBt$$

弯曲后的体积是

$$V = (l_1 + l_2)Bt + \frac{\pi t^2}{4}b$$

由 $V_0 = V$ 可得

$$L = l_1 + l_2 + 0.785t$$

由于弯曲变形时,不仅在毛坯的圆角变形区产生变薄,而且与其相邻的直边部分(非变形区)也产生变薄,所以利用上式求得的结果往往偏大,还必须作如下的修正:

$$L = l_1 + l_2 + x't \qquad (4-25)$$

式中,x' 为系数,一般可取 $x' = 0.4 \sim 0.6$。

图 4-15　圆角半径很小的弯曲件

用上述各式计算时,很多因素(如材料性能、模具情况及弯曲方式等)没有考虑,因而可能产生较大的误差,所以只能用于形状简单、弯角数少和精度要求不高的弯曲件。对于形状复杂、多角及精度要求高的弯曲件,应先用上述公式进行初步的计算,而准确的毛坯长度则应根据试冲结果最后确定。

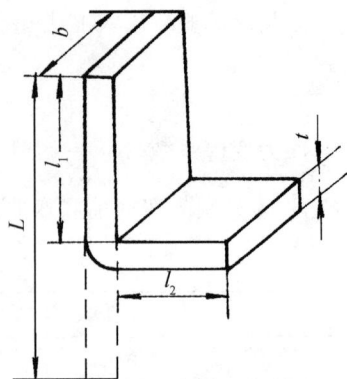

§4-5　弯曲力的确定

弯曲力是选择机床设备和设计模具的重要依据。弯曲力受材料性能、零件形状、弯曲方法以及模具结构等多种因素的影响,用理论公式来计算不但计算复杂,并且不一定准确。因此在生产中经常采用经验公式计算,作为设计工艺过程和选择设备的依据。表4-4列出了求弯曲力的经验公式。

表 4-4　求弯曲力的经验公式

序号	弯曲形式	弯曲性质	计算公式 /N
1		自由弯曲	$P = P_1 = \dfrac{Bt^2 \sigma_b}{R + t}$
2		校正弯曲	$P = P_2 = Fq$
3		用弹顶器,不校正的弯曲	$P = P_0 + Q$ $= \dfrac{Bt^2 \sigma_b}{R + t} + 0.8P_1$
4		用弹顶器加校正的弯曲	$P = P_2 = Fq$

表中,P 为弯曲时总弯曲力(N);P_1 为弯曲力(N);P_2 为校正力(N);Q 为最大弹顶力,$Q = 0.8P_1$(N);B 为弯曲件的宽度(mm);t 为材料厚度(mm);R 为内弯曲半径(mm);F 为材料校

正部分投影面积(mm²);σ_b 为材料的抗拉强度极限(MPa);q 为校正弯曲时单位压力(MPa),其值根据表 4 - 5 选用。

表 4 - 5　校正弯曲时单位压力 q(MPa)

材　　料		材料厚度 t/mm	
		＜ 3	3 ～ 10
铝		30 ～ 40	50 ～ 60
黄铜		60 ～ 80	80 ～ 100
钢 10 ～ 钢 20		80 ～ 100	100 ～ 120
钢 25 ～ 钢 35		100 — 120	120 ～ 150
钛合金	BT1	160 ～ 180	180 ～ 210
	BT3	160 ～ 200	200 ～ 260

§4 - 6　弯曲件工艺性和弯曲模具

一、弯曲件工艺性

弯曲件的结构应具有良好的工艺性,这样可简化工艺过程,并提高弯曲件的公差等级。弯曲件的工艺性分析是根据弯曲过程的变形规律,并总结弯曲件实际生产经验而提出的。上述最小弯曲半径和弯曲件回弹的论述是弯曲件工艺性分析的重要内容。现对弯曲件工艺性要求分述如下。

1. 弯曲件的弯曲半径

其值不能小于材料的许可最小弯曲半径,否则会产生拉裂。若工件要求的弯曲半径很小或清角时,可分两次弯曲:第一次弯成较大的弯曲半径,然后退火;第二次再按工件要求的弯曲半径进行弯曲。此外,也可采用热弯或预先沿弯曲区内侧开出槽口(见图 4 - 16)后再进行弯曲。当弯曲较小的直壁高度时,采用此法较为适宜。

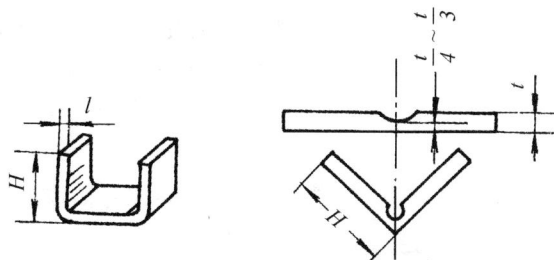

图 4 - 16　在弯曲区内侧开出槽口

2. 弯曲件的形状

弯曲件形状应对称,弯曲半径左右应一致,以保证板料不会因摩擦阻力不均匀而产生滑动,造成工件偏移,如图 4 - 17 所示。若工件不对称,为了阻止板料偏移,在设计模具结构时应考虑增设压料板,或增加工艺孔定位。有时为了使毛坯在弯曲模内定位准确,特别在对毛坯进行多道工序弯曲时,也需要在弯曲件上设计出工艺定位孔(见图 4 - 18)。

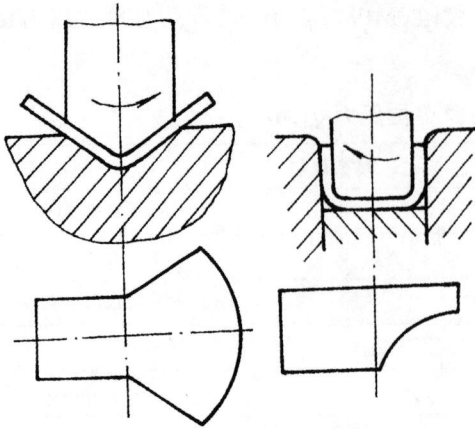

图 4 - 17　弯曲件形状对弯曲过程影响

工艺孔

图 4 - 18　弯曲件上的工艺孔

弯曲件形状要力求简单,某些带缺口的弯曲件(见图 4 - 19),缺口只能安排在弯曲成形之后切去。若先将切口冲出,弯曲时切口处会发生叉口现象,严重时难以成形。

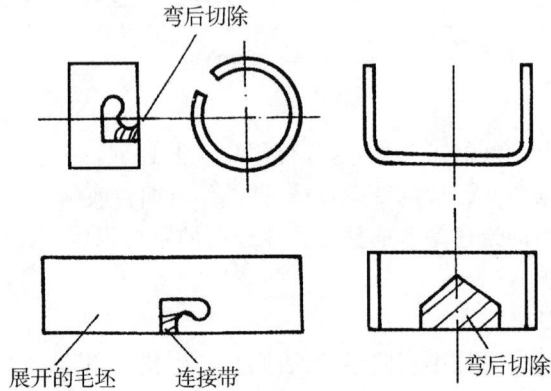

弯后切除

展开的毛坯　连接带

弯后切除

图 4 - 19　带缺口的弯曲件

3. 弯曲件孔的位置

对于带孔的弯曲件,若先冲好孔再将毛坯弯曲,则孔的位置应处于弯曲变形区外(见图 4 - 20),否则孔要发生变形。孔边至弯曲半径 R 中心的距离 B 与材料厚度有关,通常为

当 $t < 2$ mm 时,$B \geqslant t$;

当 $t \geqslant 2$ mm 时,$B \geqslant 2t$。

若不能满足上述规定,而且孔的公差等级要求较高时,须弯曲成形后再冲孔。

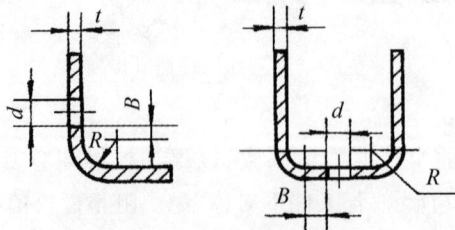

图 4 - 20　带孔的弯曲件

如果工件的结构允许,可以在工件弯曲变形区上预先冲出工艺孔或工艺槽,以改变变形范围,即使工艺孔变形,可以保持所需的孔不产生变形。图 4 - 21(a) 所示的是一般工艺孔,图 4 - 21(b) 为月牙形工艺孔。

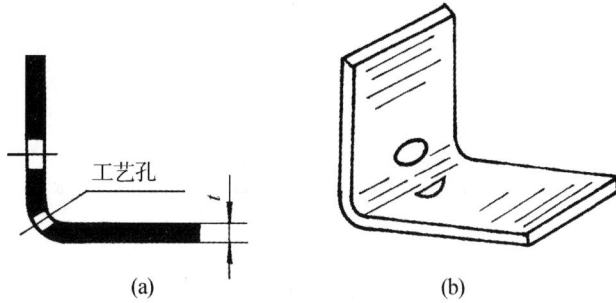

图 4 - 21　在弯曲变形区上预冲工艺孔
(a) 一般工艺孔;(b) 月牙形工艺孔

4. 弯曲件直边高度

在工件弯曲 $90°$ 时,为了保证弯曲件直边平直,其直边高度 H 应不小于 $2t$,最好大于 $3t$。若 $H < 2t$,在弯曲成形过程中,不能产生足够的弯矩。对较厚的材料则需预先压槽再弯曲(见图 4 - 22),此时最小弯曲半径可以减小,或增加弯边高度,弯曲后再切掉多余部分。

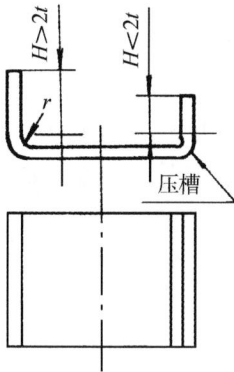

图 4 - 22　弯曲件直边高度
过小时需先压槽

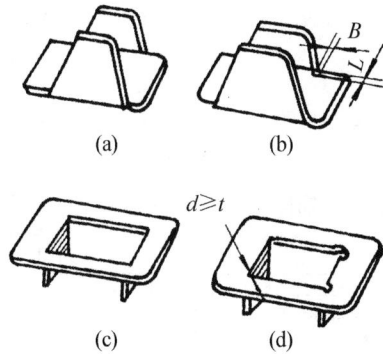

图 4 - 23　预先冲出工艺槽或工艺孔的弯曲件
(a) 侧边梯形弯曲件;(b) 开工艺槽处理;
(c) 直角边弯曲件;(d) 开工艺孔处理;

5. 弯曲件上工艺槽和工艺孔

图 4 - 23(a)(c) 所示的弯曲件在弯曲变形时容易将材料撕裂。为了防止这种情况发生,应在毛坯上先冲出工艺槽或工艺孔[见图 4 - 23(b)]。

二、典型弯曲模具

弯曲件种类繁多,为了适应不同的弯曲成形需要,弯曲模的形式也是多种多样的。现举出几种典型构造实例。

1. V 形件弯曲模

这是应用最广的弯曲模,通常凸模经一次冲程只完成一次弯曲。模具构造如图4 - 24所示。

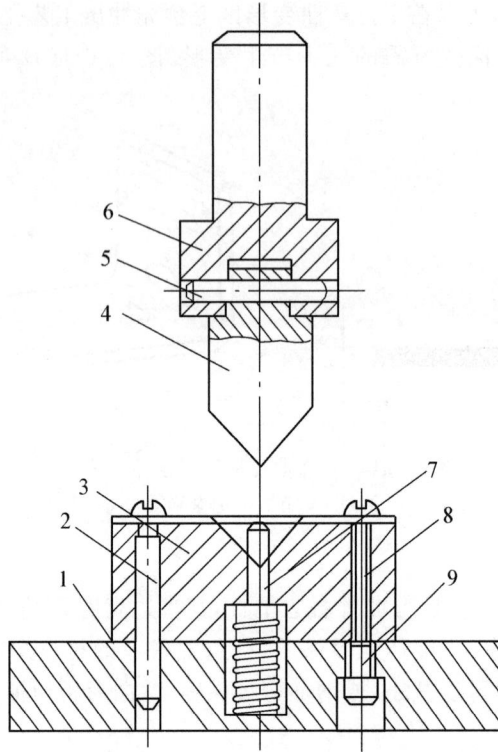

1—底板；2—销钉；3—凹模；4—凸模；5—销钉；6—模柄；7—顶杆；8—弹簧；9—螺钉

图 4-24　V 形件简单弯曲模

若 V 形件直边之一的长度小于 $(4 \sim 5)t$，或零件直边宽度不相等，如果用图 4-24 所示的 V 形模弯曲，因毛料受力不对称，容易产生侧滑而造成废品。这类零件通常采用折弯的方法成形。折弯模的构造如图 4-25 所示。

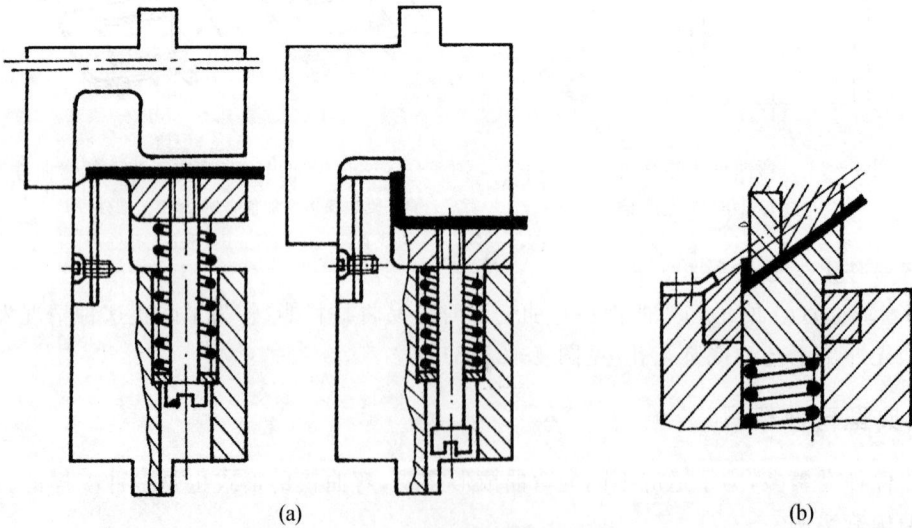

(a)　　　　　　　　　　　　　　　　(b)

图 4-25　折弯模

(a) V 形角等于 90°；(b) V 形角小于 90°

2.U 形件弯曲模

这种弯曲模在凸模的一次冲程中能将两个弯角同时弯起。模具构造如图 4 - 26 所示。

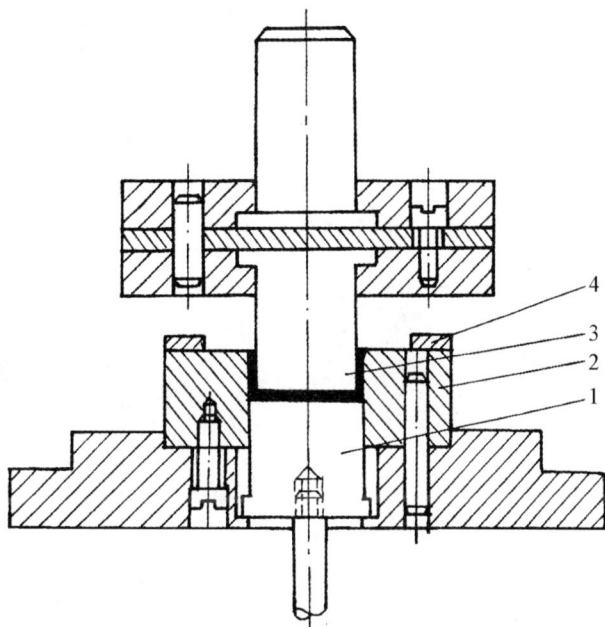

1— 顶件板；2— 凹模；3— 凸模；4— 定位板

图 4 - 26　U 形件弯曲模

3.△ 形件弯曲模

这种弯曲模的凸模下端制成燕尾形，凹模的工作部分开有燕尾槽的转轴，转轴由弹簧拉至开启位置。在凸模的一次行程中，先将平板毛料弯成 U 形，然后连同 U 形半成品一起压向转轴上燕尾槽的底面，转轴因此转动，将 U 形压成 △ 形。此种模具构造比较复杂，如图 4 - 27 所示。

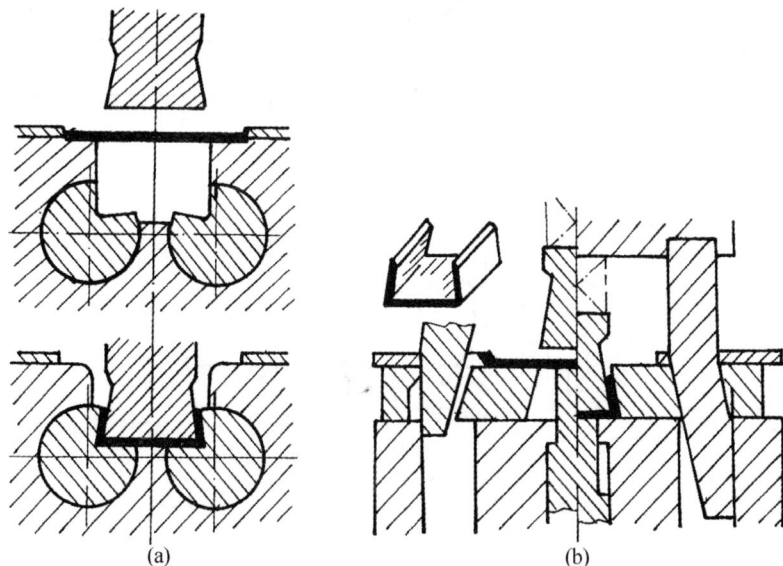

(a)　(b)

圈 4 - 27　△ 形件弯曲模

（a）转动轴式；(b) 滑块式

4.卡箍件弯曲模

弯制卡箍类零件需经两道弯曲工序,因而需用两套弯曲模,如图 4-28 所示。

5.圆环件弯曲模

圆环类零件与卡箍类零件相似,这类零件可采用类似于图 4-28 所示的模具经两道弯曲工序压制成形。也可以采用带有摆动块的模具用一道工序弯曲成形,如图 4-29 所示。

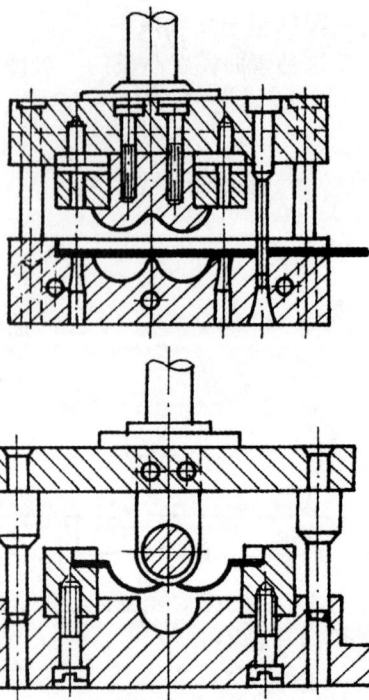

图 4-28 卡箍件弯曲模

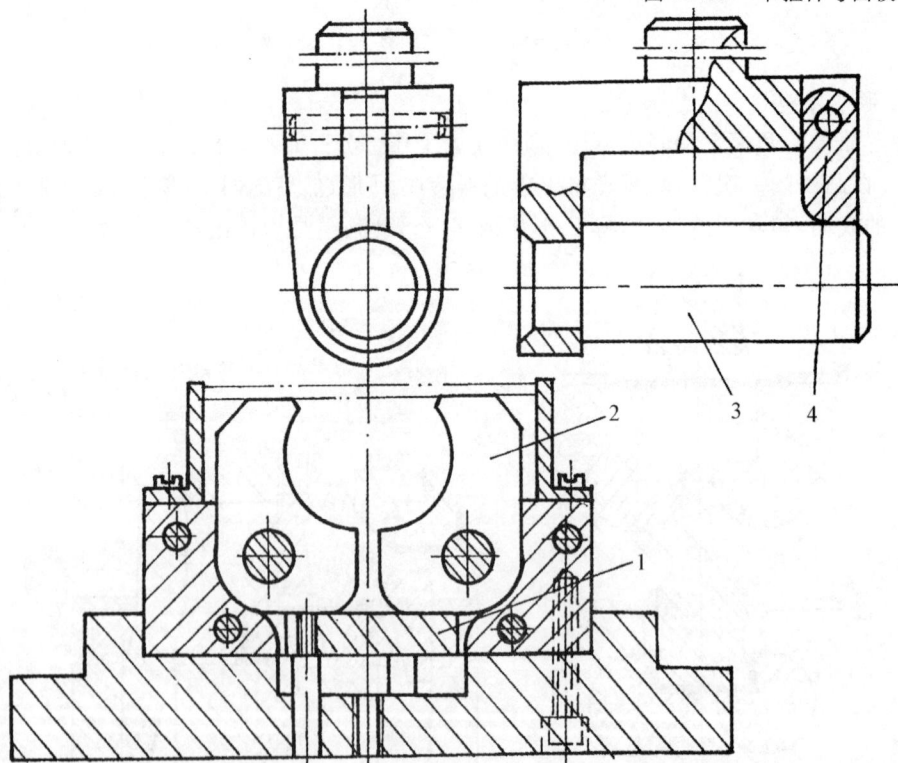

1—顶板;2—摆动块;3—凸模;4—支撑块

图 4-29 圆环件弯曲模

三、弯曲模的几何参数

模具几何参数影响弯曲件成形质量,设计弯曲模具时应注意选用。通常弯曲模具几何参数有如下:

(1)弯曲模的凸模和凹模的结构形状(见图4-30)及其工作部分的尺寸(见表4-6)。V形件弯曲模的凸模圆角半径和角度可根据工件的内圆角半径和角度用回弹值修正后确定。凹模非工作圆角半径 r'_d 应取小于工件相应部分的外圆角半径$(r_p + t)$。

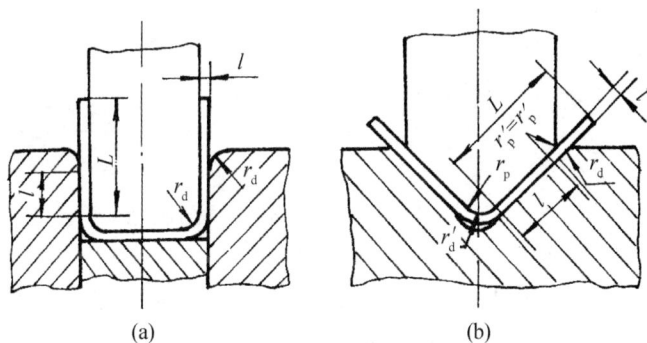

图 4-30 弯曲模工作部分
(a)U形件弯曲;(b)V形件弯曲

表 4-6 弯曲模工作部分尺寸及系数

L/mm	板料厚度 t/mm											
	< 0.5			$0.5 \sim 2$			$2 \sim 4$			$4 \sim 7$		
	l/mm	r_d/mm	c	l/mm	r_d/mm	c	l/mm	r_d/mm	c	l/mm	r_d/mm	c
10	6	3	0.1	10	3	0.1	10	4	0.08	—	—	—
20	8	3	0.1	12	4	0.1	15	5	0.08	20	8	0.06
35	12	4	0.15	15	5	0.1	20	6	0.08	25	8	0.06
50	15	5	0.2	20	6	0.15	25	8	0.1	30	10	0.08
75	20	6	0.2	25	8	0.15	30	10	0.1	35	12	0.1
100	—	—	—	30	10	0.15	35	12	0.1	40	15	0.1
150	—	—	—	35	12	0.2	40	15	0.15	50	20	0.1
200	—	—	—	45	15	0.2	50	20	0.15	65	25	0.15

(2)弯曲凸模与凹模间的间隙值 Z。可按下式计算:

$$Z = t_{max} + ct \tag{4-26}$$

式中,t_{max} 为材料最大厚度;c 为系数,按表4-6选取。

(3)压制U形件的弯曲模。当要求弯曲件外形准确时,按外形确定凹模尺寸,然后减去间隙尺寸,求得凸模尺寸。

凹模尺寸为

$$L_d = [L - (0.5 \sim 0.8)\Delta]^{+\delta_d} \tag{4-27}$$

凸模尺寸为

$$L_p = [L_d - Z]_{-\delta_p} \qquad (4-28)$$

当要求弯曲件内形准确时,按内形确定凸模尺寸,然后加上间隙尺寸,求得凹模尺寸。

凸模尺寸为

$$l_p = [l + (0.5 \sim 0.8)\Delta]_{-\delta_p} \qquad (4-29)$$

凹模尺寸为

$$l_d = [l_p + Z]^{+\delta_d} \qquad (4-30)$$

式中,L_d、l_d 为凹模工作部分的公称尺寸;L_p、l_p 为凸模工作部分的公称尺寸;L、l 为弯曲件外形和内形的公称尺寸;Δ 为弯曲件的尺寸公差;Z 为凸、凹模间的双边间隙;δ_d、δ_p 为凹模和凸模的制造公差,按 IT6 ~ IT8 级公差等级选取。

四、弯曲模的材料

(1) 弯曲铝合金零件的模具,凸模和凹模均可用 45 号钢制造。淬火达到的硬度,对简单模具,HRC = 48 ~ 52;对复杂模具,HRC = 40 ~ 44。

(2) 弯曲黑色金属零件的模具,凸模和凹模均需用 T8A 制造。淬火达到的硬度,对简单模具,HRC = 48 ~ 52;对复杂模具,HRC = 44 ~ 48。

(3) 弯曲不锈钢零件的模具,凸模和凹模也用 T8A 制造。为了防止毛料黏附在模具表面,模具工作表面需要镀铬,镀层厚度为 0.01 ~ 0.03 mm。

§4-7　其他弯曲工艺

一、闸压成形

飞机框肋上的缘条和长桁都是用型材弯曲而成的。一般毛料是冶金部门供给的挤压型材,当缺乏合适的挤压型材或在轻型结构中,也可用板弯型材。图 4-31 所示的是一些典型零件。

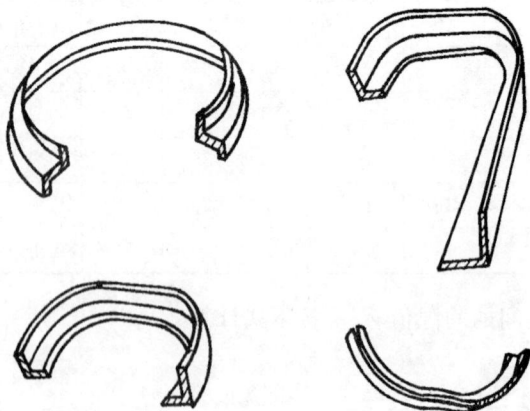

图 4-31　典型的型材零件

型材的显著特点是窄而长,断面形状有 V 形、U 形、Ω 形和 Z 形等。除 V 形断面外,都包含两个或更多弯角。因毛料很长,板弯型材需经多次压弯才能制成。普通冲床不能适应压弯成形需要,而必须使用专用的闸压机床。

1.闸压成形基本原理

闸压属于自由弯曲。将板料放在开有 V 形槽的凹模上,由 V 形凸模压向毛料(见图4-32)。随着凸模下降,毛料弯成一定的角度,并形成一定的弯曲半径。弯角大小取决于凸模进入凹模的深度,准确地调节凸模的行程,便可弯出不同的弯角。自由弯曲的弹性回弹很大。闸压弯曲时,可通过"过弯"来加以修正,即可先将角度弯小一些,卸载后经过回弹,获得所需弯角。"过弯"量需经过试压确定。

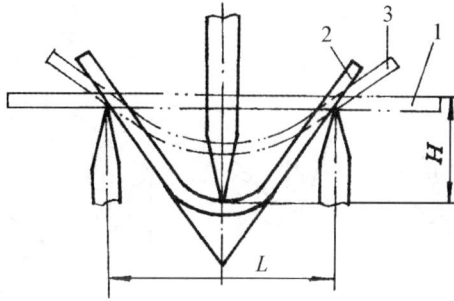

1— 弯曲前;2— 弯曲结束;3— 卸载后

图 4 - 32　闸压成形示意图

对于材料和几何尺寸不同的弯曲件,需选用槽口宽度不同的凹模进行压弯。如有一套槽口宽度不同的凹模就能适应各种不同材料、厚度、弯角和弯曲半径的零件的压弯需要。

闸压成形的生产率不高,但模具简单,用为数不多的通用弯曲模,即可压制多种形状的板弯型材,适合中小批量生产。

2.闸压机床与模具

常见的闸压机床是机械传动的曲柄连杆式(见图4-33)。这类机床的主要特点是装有特殊的微调装置,通过齿轮传动系统可以准确地调节滑板的下死点位置。床台窄而长,大型闸压机的滑板长度可达10~12 m。凸模安装在滑板上,凹模固定在床台上,床台之后装有前后和上下位置皆可调节的通用挡板,用于毛料的定位。

图 4 - 33　闸压机床示意图

闸压机上所用的凸模和凹模通常是通用的。通用凸模一般设计成楔形,锥角介于 $15°\sim$ $45°$ 之间,并具有不同的圆角半径。为了适应某些特殊的闸压需要,凸模有时也制成其他形状。通用凹模的工作面开有 V 形或 U 形槽,V 形槽的夹角介于 $75°\sim90°$ 之间,槽口宽度介于 $5\sim$ 30 mm 之间。通用的凹模一般在四面都开有尺寸不同的 V 形和 U 形槽。凸模和凹模的典型构造如图 4-34 和图 4-35 所示。

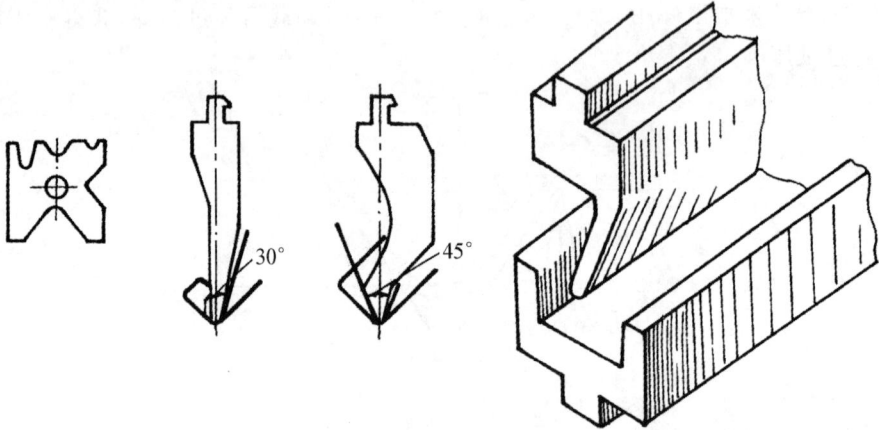

图 4-34　闸压凸、凹模和通用凹模

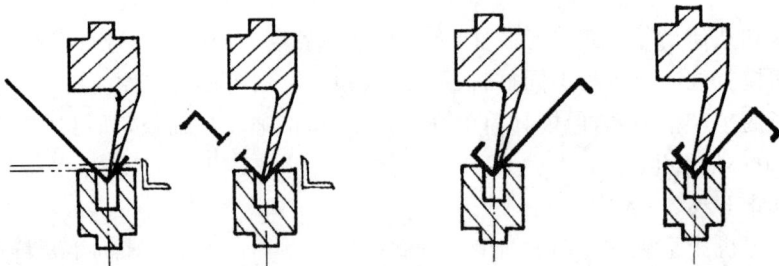

图 4-35　闸压成形示例一

3. 闸压成形工艺

闸压成形主要用于弯制相对弯曲半径小于 $8\sim10$ mm 的板弯型材。Z 形型材需经多次闸压,始能弯曲成形,如图 4-35 和图 4-36 所示。当需经多次闸压方能弯成型材时,必须正确选择闸压弯曲的先后次序,如选择不当,不仅不能充分利用通用模具,甚至使本来可用的闸压方法成为不可能。图 4-37 是槽形板弯曲模结构示意图。

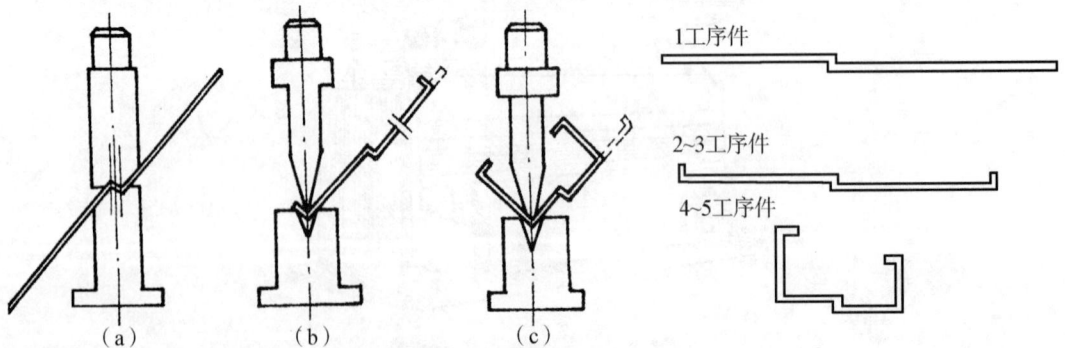

图 4-36　闸压成形示例二

(a) 第 1 工序;(b) 第 2 工序;(c) 第 3 工序

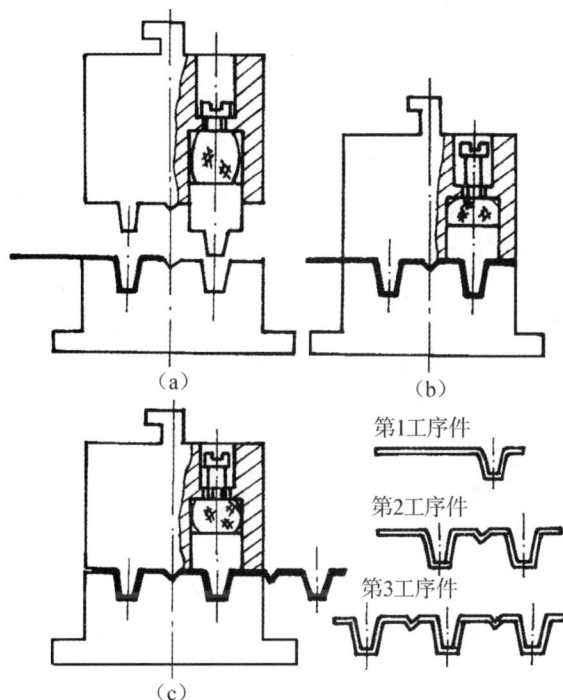

图 4 - 37　槽形板弯曲模示意图

(a) 第 1 工序；(b) 第 2 工序；(c) 第 3 工序

进行闸压弯曲前,应先试压几个毛料,以调节凸模下死点的位置。凹模槽口宽度可按下式计算,其结果作为选用凹模参考用:

$$L_{d} = 2(R + t + 1) \qquad (4-31)$$

式中,L_{d} 为凹模槽口的宽度;R 为零件内圆角半径;t 为板料厚度。

弯曲力的大小与材料性质、厚度、展开料尺寸、凹模槽宽、凹模模口圆角半径、弯曲的半径和方式等因素有关。自由弯曲的弯曲力有:

V 形弯曲件

$$P_{1} = \frac{0.6KBt^{2}\sigma_{b}}{R + t} \times 10^{-3} \qquad (4-32)$$

U 形弯曲件

$$P_{1} = \frac{0.7KBt^{2}\sigma_{b}}{R + t} \times 10^{-3} \qquad (4-33)$$

式中,P_{1} 为弯曲力(kN);B 为弯曲线长度(mm);t 为材料厚度(mm);R 为弯曲(内)半径(mm);σ_{b} 为材料抗拉强度(MPa);K 为系数,取 1.3。

除闸压弯板型材外,这种工艺适合成形单曲度机翼和尾翼前缘蒙皮,如图 4 - 38 和图 4 - 39 所示。

二、滚弯成形

飞机上有的单曲度蒙皮以及型材要采用滚弯成形方法加工,它可分为单曲度蒙皮的滚弯和型材滚弯两种。

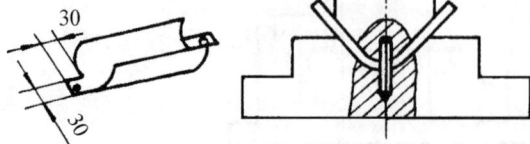

图 4-38　刚性模闸压前缘蒙皮

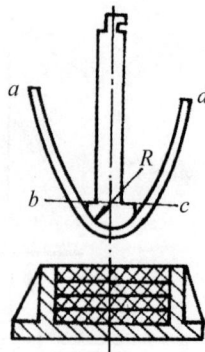

图 4-39　弹性模闸压前缘蒙皮

(一) 单曲度蒙皮滚弯

1. 滚弯基本原理

滚弯属于自由弯曲的一种,可用于制造圆筒形和变曲率的单曲度蒙皮零件。

板料滚弯时,毛料在滚轴作用力和摩擦力的连续加载下,通过滚轴,产生塑性弯曲变形,如图 4-40 所示。毛料经滚弯后所要求得到的曲率半径 R 是由滚弯时的曲率半径 R_0 经过卸载回弹而获得的。因 R_0 与三滚轴的相对位置有关,R 也就取决于三个滚轴的相对位置和毛料的机械性能及厚度。滚弯时曲率半径 R_0 与滚轴之间的关系可用下式表示:

$$\left(\frac{d_2}{2}+t+R_0\right)^2=a^2+\left(H+R_0-\frac{d_1}{2}\right)^2 \tag{4-34}$$

式中,t 为材料厚度;R_0 为滚弯时蒙皮的曲率半径;d_1、d_2 为上、下滚轴的直径。a 为两下滚轴之间的半间距;H 为上、下滚轴之间的相对距离。

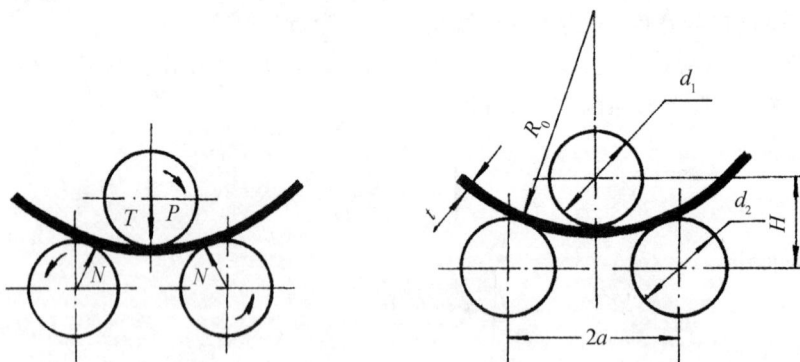

图 4-40　板料滚弯示意图

两下滚轴之间的半间距 a 和上、下滚轴之间的相对距离 H 均为可调变量。为了滚弯后获得要求的曲率半径 R,需要调整 a 或 H,但调节 H 要比改变 a 值更为方便。H 值可按下式求得

$$H=\frac{d_1}{2}-R_0+\left[\left(R_0+\frac{d_2}{2}+t\right)^2-a^2\right]^{\frac{1}{2}} \tag{4-35}$$

前已述及,R_0 是与蒙皮曲率半径 R 和回弹量有关的数值。式(4-35)中的 R_0 可根据卸载是弹性的原理,按下式确定它与 R 之间的关系:

$$R_0 = \frac{R}{1 + \dfrac{MR}{EI}} \tag{4-36}$$

式中,M 为弯曲力矩;E 为弹性模量;I 为板料受弯曲变形时的惯性矩。

由于影响材料回弹量的因素很多,事先难于考虑各种因素。因此由公式计算它们之间的相互关系,也就不可能完全正确。有时也为某些滚床专门进行实验,作出上、下滚轴间相对距离 H 和 R 的关系曲线,作为设计和制造滚弯机靠模的基础。但这种曲线仅适用于当时做实验的机床和材料。在生产中,多在式(4-35)算出的 H 值的基础上,大体调好上滚轴的位置进行试弯,以求得符合要求的蒙皮。

2. 滚弯机床

用于单曲度钣金件成形的滚弯机有对称或非对称放置的三轴滚和四轴滚等形式,如图 4-41 所示。

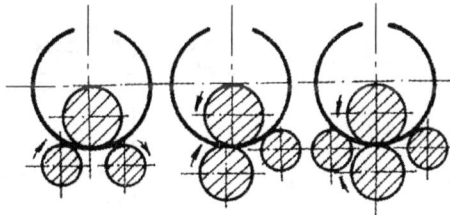

图 4-41　三轴滚和四轴滚示意图

飞机工厂中用来完成辅助性工作的小型滚弯机,其滚轴一般采用非对称放置形式,为适应不同厚度板料的滚弯,两原动轴间的间隙可以调整,弯曲滚轴也可以上下调整,以获得不同曲率半径的零件。由于两原动轴布置在一直线上或稍有偏置,毛料在滚弯时能得到可靠的支持,一次就可弯成曲率半径较小的零件。

用于制造变曲率大型飞机蒙皮的滚弯机,其三滚轴为对称放置,如图 4-42 所示。上滚轴固定在刚度很大的横梁上,由两端的液压作动筒控制升降,使上滚轴能够在垂直平面内作平行于两个下滚轴或与它们成一定角度的上下运动。两个下滚轴则固定在台面上,但两者之间的相对位置可以沿台面用螺丝调整,可以平行放置,也可以成角度放置,使上、下滚轴的位置获得相互平行或不平行的不同组合。

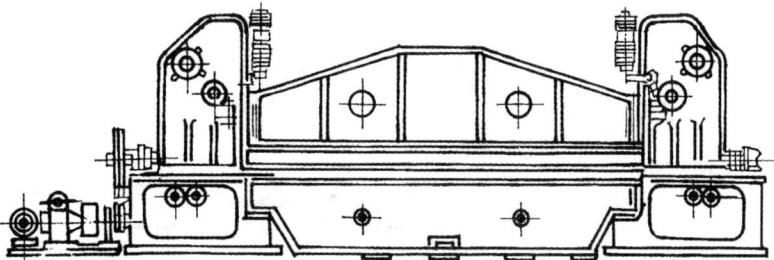

图 4-42　三轴滚弯机外形图

国内各主机厂配备的滚弯机有三种不同的 KГЛ 形式。KГЛ-1M 型滚弯机,左右各有一个条式机械靠模,这种靠模是由固定在齿条上的靠模和靠模滚轮组成的。靠模的型面相当于零件曲率的展开曲线。滚弯过程中,滚轮沿靠模型面移动,分别控制上滚轴左右两端的行程,如图4-43(a)所示。由于机械靠模制造困难,磨损快,所以在 КГЛ-2 型滚弯机上改用盘状液压靠模。靠模机构是由两对相当于零件端部剖面形状的凸轮和靠模滚轮组成的。滚弯过程中,上滚轴随凸轮型面而改变行程,如图4-43(b)所示。关于条状和盘状靠模的型面,都是根据蒙皮端面形状,通过划线和计算求得的。以盘状靠模为例,划线前先把蒙皮的横剖面划分成若干个小于50 mm的等分区间,确定每一等分的曲率半径;再根据各曲率半径数值,确定上滚轴所需移动的距离,从而定出靠模型面尺寸。由于各种板料的回弹量不是定值,靠模机构中备有修正圆盘,供修正回弹用。实践证明,修正圆盘不能圆满地解决蒙皮滚弯成形中的修正回弹问题,工人在操作中,仍需要随时手工调整上滚轴位置。由于靠模的作用不很理想,在 КГЛ-3 型滚弯机中,取消了靠模系统。

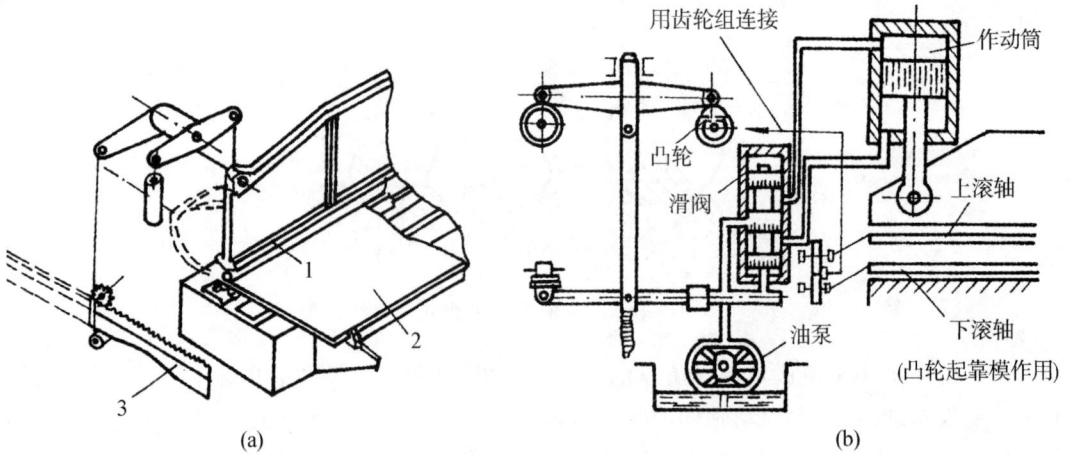

1— 滚轴;2— 板料;3— 靠模

图4-43 КГЛ 滚弯机靠模装置

(a)КГЛ-1M 型滚弯机;(b)КГЛ-2M 型滚弯机

随着各种飞行器零件外形尺寸与厚度日益增大,近年来出现了四轴滚弯机,其工作原理如图4-44所示。如在这种机床的上滚轴位置换装凸模,还可用作压弯机。

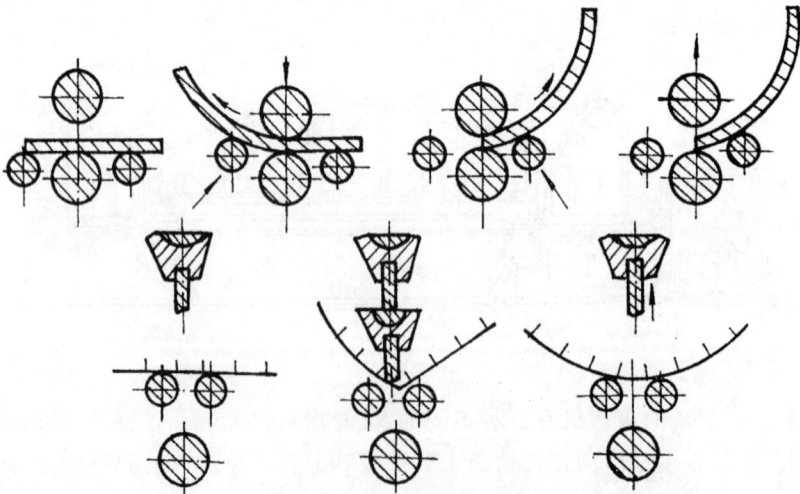

图4-44 四轴滚弯机工作原理

3.滚弯工艺

(1) 等曲率圆筒形零件滚弯。在液压靠模滚弯机上制造等曲率筒形件时,需将滚弯机的三个滚轴调成互相平行,按零件的曲率半径并考虑回弹量算出上、下滚轴相对距离 H,初调上滚轴,进行试弯。得到符合要求的蒙皮零件后,上滚轴在滚弯过程中保持 H 值不变,就可滚弯出等曲率的筒形件。

在对称三轴滚弯机上成形的蒙皮,其两端备有一未经弯曲的直线段,如图 4-45 所示。直线段的长度与两下滚轴的间距 a 值有关。为了减小直线段,调整机床时,a 值取最小值。对于零件前后两端的直线段需用垫板使其弯曲成形。可将垫板放在板料下面,与板料一起由滚轴滚弯(见图 4-46)。当在非对称三轴滚弯机上滚弯时,所得零件只在前端有直线段,而后端仍可变成所要求的曲度,因此只要把板料调头再滚一次,便可消除直线段。

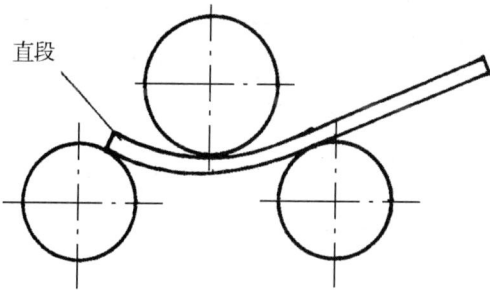

直段

图 4-45　零件滚弯时端部出现直线段　　图 4-46　采用垫板滚弯

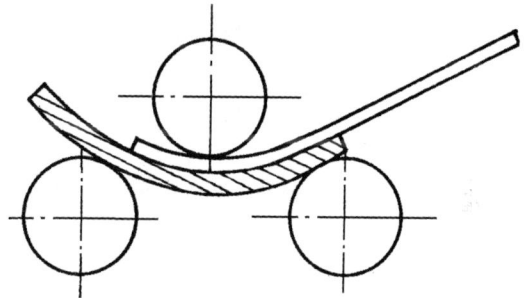

(2) 锥形零件滚弯。飞机上锥形蒙皮占有很大比例,它的两端剖面形状是两条不同的曲线。在液压靠模三轴滚弯机上制造等曲率锥形蒙皮时,需将滚弯机的上滚轴调成倾斜的(或上滚轴水平而两个下滚轴成一定角度)。当上滚轴按要求调整好斜度后,在滚弯过程中不需再改变位置,便可制成等曲率锥形蒙皮。上滚轴在滚弯过程中如连续作上、下移动,则可制成变曲率的锥形蒙皮。

滚弯锥形蒙皮时,如果上滚轴的倾角不合适,同时又采用连续滚弯成形,则滚成的蒙皮会由于弯曲线与蒙皮等百分比线不重合而产生扭曲变形。这是因为滚轴呈圆柱形,滚轴表面各点滚弯时的线速度相等,板料只能等速平行送进的缘故。防止产生扭曲变形的措施,是把滚轴倾斜成适宜的角度,同时采用分段滚弯的方法制造蒙皮零件。

所谓上滚轴调成倾斜是指其两端与下滚轴间的距离分别为 H'_1 和 H'_2。当需要滚弯的锥形蒙皮其宽度和滚轴的长度相等时,则 H'_1 和 H'_2 的确定方法和滚弯圆筒形蒙皮零件时相同。通常锥形蒙皮零件的宽度与滚轴长度不相等,而是小于滚轴长度。此时,可根据零件左右两端处上、下滚轴之间应有的距离 H_1 和 H_2 推算出滚轴两端应有的上、下位置。H'_1 与 H_1 和 H'_2 与 H_2 之间的近似几何关系如图 4-47 所示。

H'_2 和 H'_2 可按下式计算:

$$H'_1 = H_1 - \frac{(H_2 - H_1)(N - B)}{B} \qquad (4-37)$$

$$H'_2 = H_2 - \frac{(H_2 - H_1)(L - N)}{B} \qquad (4-38)$$

式中,B 为毛料宽度;L 为滚轴长度;N 为滚轴左端至毛料右端点的距离;H_1、H_2 为蒙皮左右两端处所需上、下滚轴的轴心距离;H'_1、H'_2 为上、下滚轴两端的轴心距离。

分段滚弯(即将毛料分段送进机床)可以防止扭曲变形。具体步骤是:先按样板在毛料的内表面两边划出百分比线(见图 4-48),然后将上滚轴对正百分比线,如图中 $a-a'$,使滚轴在等百分比线的前后两个区间内滚动;再由手工调整毛料,使上滚轴对正 $b-b'$,重复上述操作,逐段滚弯,直至最后获得蒙皮零件。

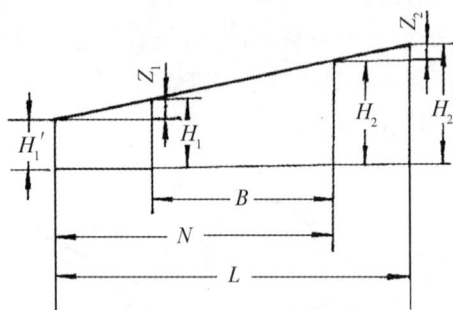

图 4-47 计算滚轴两端轴心距离 H'_1 和 H'_2　　　图 4-48 蒙皮毛料等百分比线

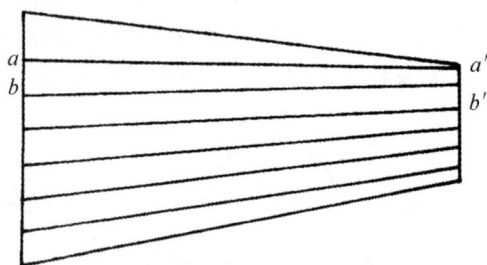

(二) 型材滚弯

型材滚弯也是自由弯曲的一种,它不仅可弯制等曲率的圆环或圆弧段的型材零件,也可弯制变曲率的零件。

1. 型材滚弯成形基本原理

滚弯型材使用的机床多为四轮滚,工作原理如图 4-49 所示。滚床的工作部分由四个滚轮组成,中间一对滚轮 1 和 2 是由机械传动反向转动的导轮。3 是随动的弯曲轮,4 是随动的支承轮。弯曲轮的上、下位置可通过机床的液压系统进行调节。上导轮的上下位置可通过手轮加以调整。支承轮 4 和下导轮 2 的轮面位于同一平面。滚弯开始前,先将上导轮提起,调节弯曲轮使其与下导轮和支承轮位于同一平面上。将毛料放在三个滚轮上后,放下上导轮压紧毛料。然后开动液压系统,根据要求的弯曲半径 R_0,将弯曲轮调节至适当位置。当弯曲轮上升时,毛料受到外加弯矩的作用,位于弯曲轮和导轮间的毛料产生弯曲变形。此时毛料的受力情况与在弯曲轮接触型材毛料的 A 点时施加集中载荷于 AB 的悬臂梁极为相似。最大弯矩发生在型材毛料与导轮相切的 B 点处,而在 A 点弯矩等于零。位于导轮和支承轮间的毛料,虽然也受到加载弯矩的作用,因 B、C 两点位于同一平面,此段毛料的曲率变化很小。

机床开动后,导轮同时反向转动,毛料在导轮间的摩擦力作用下向着弯曲轮送进。此时如在支承轮与导轮之间毛料上的 C 点取出极短一段 Δl 来加以分析,可发现:随着毛料移动,Δl 段一过 C 点就受到弯矩作用而产生弯曲变形;到 B 点时弯矩达到最大值。因此,在 BC 区间 Δl 段处于加载状态。Δl 一过 B 点立即弯成曲率半径为 R_0 的微小弧段,其曲率为 $1/R_0$。由 B 点至 A 点,弯矩逐渐减小,获得曲率 $1/R_0$ 的 Δl 弧段,离开 B 点就开始卸载,处于弹性恢复状态。随着向 A 点移动,曲率逐渐减小,到达 A 点时,Δl 弧段的曲率由 $1/R_0$ 变为 $1/R$,曲率半径由 R_0 变为 R。因此,可将滚弯过程看成是毛料上无数个 Δl 段依次连续弯曲的过程,也就是连续加载-卸载的过程。如果各滚轮的相对位置保持不变,则滚弯结束后,凡是经过加载和卸载全过程的断面,其曲率都应相同。因此,用滚弯方法可以弯制圆环类型材弯曲件。

毛料经滚弯后形成的曲率半径 R 主要与滚轮间的相对位置、上导轮直径、材料的机械性能和型材的断面形状等因素有关。其他条件不变时,在滚弯过程中如果按照一定规律调节弯曲轮的位置,即改变尺寸 H 和 L(见图 4-49),就可以滚弯出变曲率的型材弯曲件。有些机床安装靠模,利用靠模在滚弯过程中调节弯曲轮的相对位置,以弯制符合要求的变曲率型材弯曲件。

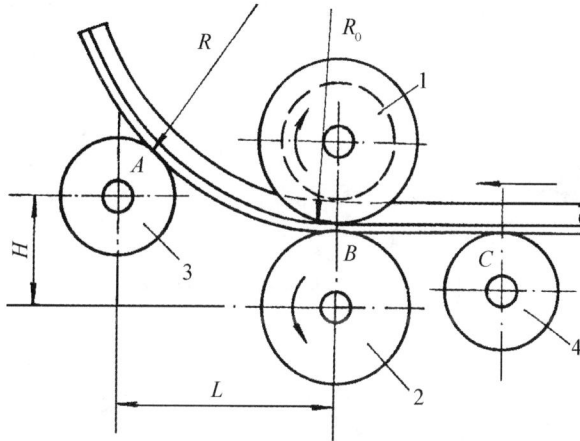

1— 上导轮;2— 下导轮;3— 弯曲轮;4— 支承轮

图 4-49　型材四轮滚工作原理

2. 型材滚弯中存在的问题

滚弯成形虽具有设备通用、工装简单、调节方便以及生产率高等优点,但也存在一些特殊困难,使型材滚弯方法在飞机生产中的广泛应用受到限制。飞机结构中大多使用非对称断面的薄壁型材,其曲率又是变化的,并且精度要求很高。用滚弯方法弯曲这类型材零件,常常发生如下问题:

(1)在滚弯断面为非对称形状的角材或 Z 形型材时,由于弯曲轮的作用力不通过型材断面的弯曲中心,在滚弯过程中毛料除了在滚弯平面内产生弯曲变形外,还要绕型材轴线扭转,使滚弯后的零件成为翘曲形状,如图 4-50(a)所示。滚弯变形程度愈大,这种翘曲现象愈严重。为了消除翘曲,必须进行手工整修。整修不仅劳动量大,还要技术水平较高的工人才能胜任。为了解决非对称断面型材滚弯中的翘曲问题,将左右件组成对称的断面,滚弯后从中间切断[见图 4-50(b)]。

(2)薄壁型材在滚弯过程中断面发生畸变。例如滚弯 U 形型材时,当两直边处于受拉区时,直边与腹板间的夹角将变小,两直边向内倾;当两直边处于受压区时,上述夹角将变大,两直边向外张。断面产生畸变的程度随直边高度与厚度比值的增大而增加。为了限制滚弯成形时型材断面产生过大的畸变,上下导轮的型面尺寸应与型材的内外名义尺寸一致,应取最小间隙,但不能使断面畸变完全消除[见图 4-51(a)]。

(3)当型材腹板处于受压区时,容易失稳起皱。为了限制型材腹板起皱,应将上导轮做成可拆卸的,以便根据型材腹板的厚度调节导轮槽的宽度[见图 4-51(b)]。

(4)在毛料的起始端和终止端不可避免地存在直线段和过渡段。减小弯曲轮至导轮间的

— 141 —

距离 L 可使直线段和过渡段减小,但不能完全消除。生产中常用预先成形的工艺措施,滚弯前将毛料的两端进行预成形,然后再滚弯,或滚弯后进行修正[见图 4 - 52]。

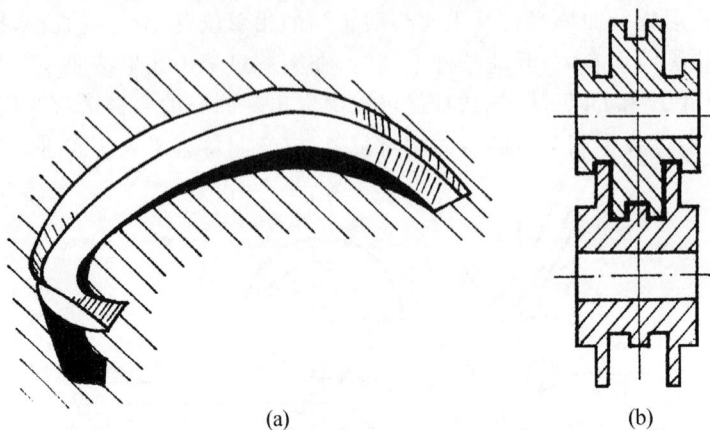

(a)　　　　　　　　　　　(b)

图 4 - 50　　型材翘曲及预防措施

(a) 翘曲形状;(b) 中间切断

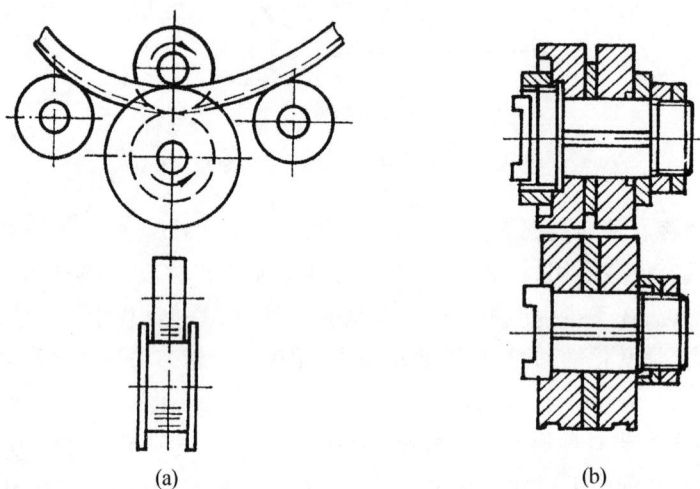

(a)　　　　　　　　　　　(b)

图 4 - 51　　滚弯导轮

(a) 上下导轮型面;(b) 可拆卸的导轮

　　上述不能概括滚弯成形中存在的所有问题,例如导轮对型材缘板的辗薄作用,上导轮间隙对腹板增厚的影响,导轮的直径、滚轮的几何参数的影响,等等。所有这些因素不同程度上均影响着型材滚弯的质量。

　　为便于手工整修,生产中常用"过滚弯"的成形方法,使实际滚弯出的零件曲率半径略小于规定的曲率半径。

三、管子弯曲

　　在现代飞机上有很多管子零件,按其功用可分为结构管子、系统导管和操纵拉杆的管子三种。它们的外形有直管、比较规则的平面弯曲件以及又弯又扭的空间弯曲件等,后者在液压、燃料和冷气等系统导管中是常见的。

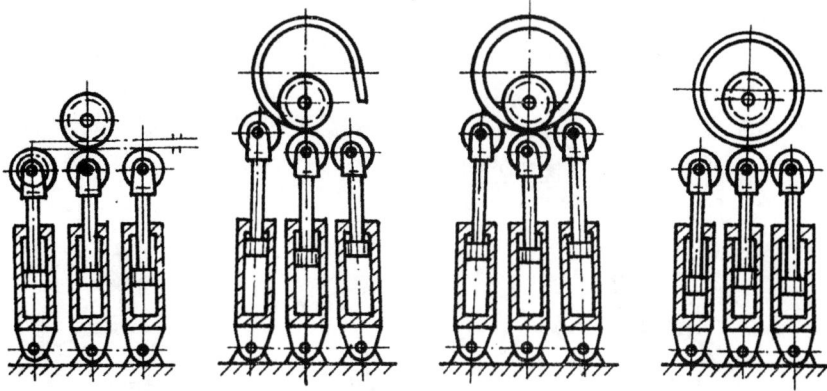

图 4-52　修正非圆弧段

这些管件的主要制造工序有切割、管端成形(如扩口、缩口、波纹等)和弯曲。现扼要地介绍管子弯曲。

(一) 弯管基本原理

管子弯曲时,外侧材料受切向拉伸应力,管壁变薄,内侧材料受切向压缩应力,管壁增厚,位于最外侧和最内侧的管壁,其厚度变化最大,最小壁厚和最大壁厚可分别用以下两式作近似的估算:

$$t_{min} = t_0\left(1 - \frac{1 - t_0/D_0}{2\rho/D_0}\right) \qquad (4-39)$$

$$t_{max} = t_0\left(1 + \frac{1 - t_0/D_0}{2\rho/D_0}\right) \qquad (4-40)$$

式中,t_0 为管材原始厚度;D_0 为管材外径;ρ 为弯曲管子的中性层曲率半径。

由式(4-39)可知,最小壁厚与管材的相对厚度 t_0/D_0 及相对弯曲半径 ρ/D_0 有关,相互间的变化关系如图 4-53 所示。

由图 4-53 所示的变化关系可知,当弯曲管材的相对弯曲半径很小时,也就是弯曲变形程度很大时,最外侧管壁因受到很大的切向拉伸应力而变薄过甚,可能导致开裂[见图 4-54(a)];而最内侧的管壁受到很大的切向压缩应力,除了引起管壁一定限度的增厚外,还会使该处管壁失稳起皱[见图 4-54(b)]。此外,内、外两侧管壁上的法向压缩应力的合力作用,还会使圆管的法向直径缩小、横向直径增大而畸变成为椭圆形,如图 4-54(c)所示。

通常,低压或中压的导管壁厚容许减少 15% ~ 20%,这时弯曲半径为直径的两倍,但此时材料易失去稳定性而起皱(特别是薄壁管),弯曲成形会有困难。一般来说,弯曲半径应不小于直径的 2.5 ~ 3.0 倍。

影响弯管件回弹的因素很多,通常给出的计算公式都是近似的或相差很远,不便使用。在生产中,要根据实际情况进行调整,最后才能确定准确数值。

下面给出某些弯管工艺参数。

1.回弹前中性层最小相对弯曲半径 $\bar{\rho}_{min}$

按给定的许用外壁最小壁厚计算(见图 4-55):

$$\bar{\rho}_{\min} = \frac{1 - \bar{t}_0}{2\left(1 - \dfrac{t_{\min}}{t_0}\right)} \tag{4-41}$$

式中，$\bar{t}_0$ 为管子初始壁厚与外径之比，$\bar{t}_0 = t_0/D_0$；$\bar{\rho}_{\min}$ 为回弹前中性层最小相对弯曲半径，$\bar{\rho}_{\min} = \rho_{\min}/D_0$；$t_{\min}$ 为管子外侧拉伸区最小壁厚。

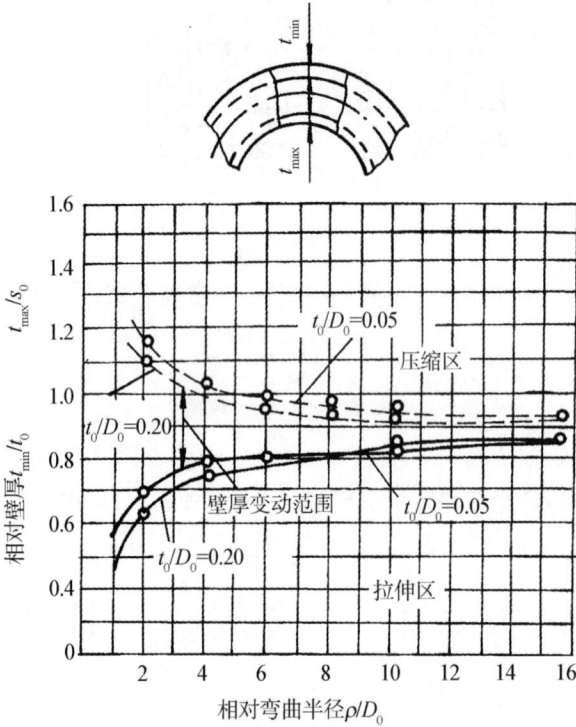

图 4-53 管子壁厚、相对厚度和相对
弯曲半径的关系曲线

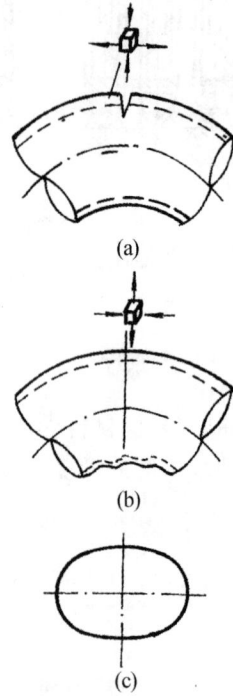

图 4-54 弯管件的拉裂、起皱和剖面畸变
(a)拉裂；(b)起皱；(c)剖面畸变

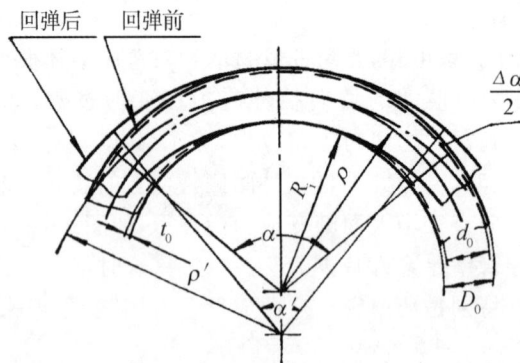

图 4-55 导管回弹前、后示意图

2.回弹后中性层相对弯曲半径$\bar{\rho}'$

(1)$\rho/D_0 > 5$,考虑材料冷作硬化时(见图4-56)

$$\bar{\rho}' = \cfrac{\bar{\rho}}{1 - \cfrac{16\,\bar{\rho}(1+a)\sigma_s + \pi(1+a)^2 D}{2\pi(1+a^2)E}} \qquad (4-42)$$

式中，a 为管子初始内径与外径之比，$a = \dfrac{d_0}{D_0}$；$\bar{\rho}$ 为回弹前中性层相对弯曲半径，$\bar{\rho} = \dfrac{\rho}{D_0}$；$E$ 为弹性模量（MPa）；D 为应变刚模数（MPa）；σ_s 为屈服强度（MPa）。

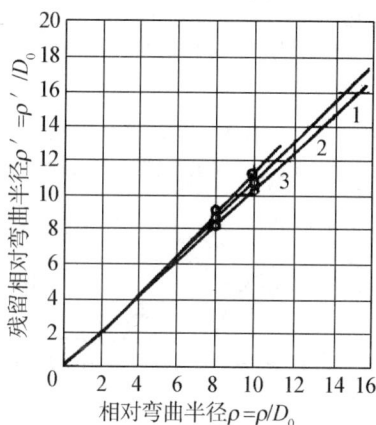

1— 无冷作硬化的直线塑性弯曲；2— 有冷作硬化的直线塑性弯曲；3— 有冷作硬化的立体应力塑性弯曲

图 4 - 56　铝合金导管回弹前后相对弯曲半径差系

（2）$\rho/D_0 < 5$，考虑材料冷作硬化时

$$\bar{\rho}' = \cfrac{\bar{\rho}}{1 - \cfrac{16\sqrt{3}(1+a)\sigma_s\,\bar{\rho} + 2\pi(1+a)^2 D}{3\pi(1+a^2)E}} \qquad (4-43)$$

（3）图解法。铝合金导管 $a = 0.5 \sim 0.9$，$\bar{\rho}'$ 与 $\bar{\rho}$ 的关系如图 4 - 56 所示。

3. 回弹后的回弹角 $\Delta\alpha$

（1）$\rho/D_0 > 5$，考虑材料冷作硬化时

$$\Delta\alpha = \left[\frac{16\,\bar{\rho} + (1+a)\sigma_s + \pi(1+a)^2 D}{2\pi(1+a^2)E}\right]\alpha \qquad (4-44)$$

（2）$\rho/D_0 < 5$，考虑材料冷作硬化时

$$\Delta\alpha = \left[\frac{16\sqrt{3}(1+a)\,\bar{\rho}\sigma_s + 2\pi(1+a)^2 D}{3\pi(1+a^2)E}\right]\alpha \qquad (4-45)$$

图解法。铝合金导管 $a = 0.9$，$\rho = 5$，$\Delta\alpha$ 与 α 的关系如图 4 - 57 所示。

现代飞机的导管零件在管壁厚度、截面椭圆度、波纹度、弯曲半径和弯曲角等方面都有一定的技术要求，可查看有关资料与标准。

（二）弯管工艺

飞机上的弯曲导管，其相对厚度和相对弯曲半径都较小，如现代高速运输机上就有不少用不锈钢管材制成的通风、暖气和排气等管道，其相对厚度（t_0/D_0）往往小于 0.02，相对弯曲半径（ρ/D_0）小于 2.5，又是空间弯曲件，这类导管弯曲的主要难点是预防管壁失稳起皱和圆截面的畸变，目前普遍采用在弯管机上绕弯的方法，效果较好。在弯管机上进行管材绕弯如图 4 - 58 所示。

1

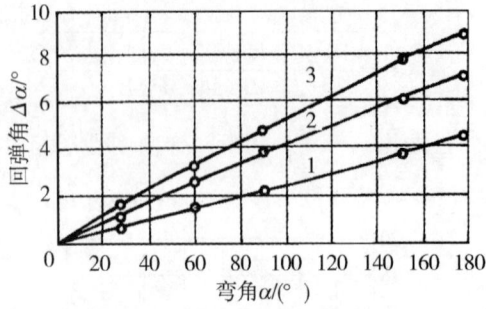

1— 无冷作硬化的直线塑性弯曲；2— 有冷作硬化的直线塑性弯曲；3— 有冷作硬化的立体塑性弯曲

图 4-57　铝合金导管回弹角与弯曲角关系

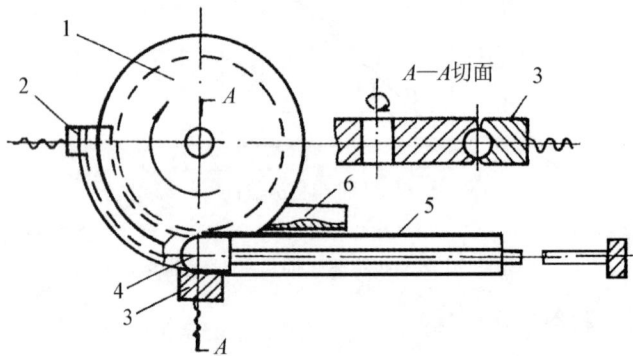

图 4-58　管子绕弯

弯管模胎 1 固定在机床的主轴上，由电动机经过蜗轮蜗杆传动，作顺时针方向旋转，管料 5 由夹持块 2 夹紧在弯管模上，在管材毛料和弯管模胎相切的切点附近装有压块 3，内侧垫有防皱块 6，而管材内部塞有心棒 4，当弯管模胎转动时，管料即绕弯管模胎逐渐弯曲成形。

心棒的作用是从管材内部支撑管壁，预防管材截面畸变和管壁起皱，常用的心棒有以下几种形式：圆柱心棒、单侧型面心棒、单球式心棒和多球式心棒等，如图 4-59 所示。

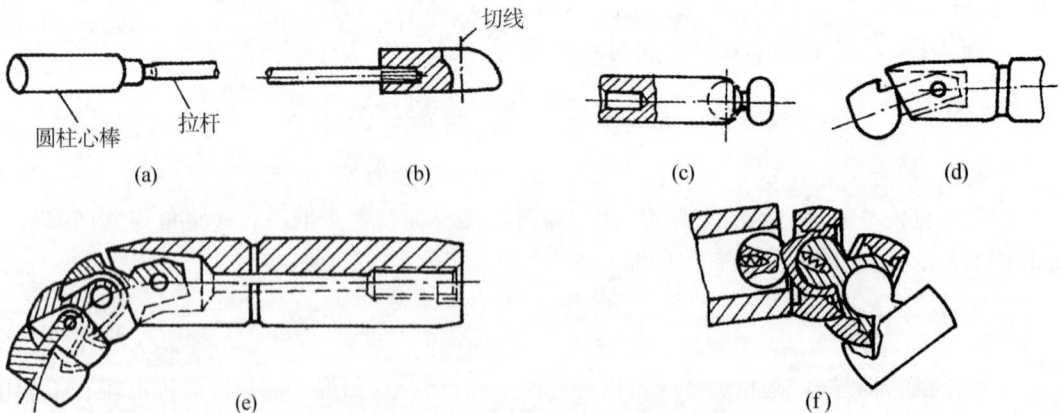

图 4-59　各种心棒形式

(a) 圆柱心棒；(b) 单侧型面心棒；(c) 球窝式单球心棒
(d) 轴销式单球心棒；(e) 铰接式多球心棒；(f) 球窝式多球心棒

下面以圆柱心棒为例,对心棒的尺寸、安装和材料等要求加以说明。由于管料的内径总有偏差,为使心棒能顺利地插入管内且能起到维持管形和防止起皱的作用,心棒的外径应比管料名义内径小 $0.1 \sim 0.3$ mm。心棒前端的表面要光化加工,以免擦伤管料内表面,心棒的另一端用螺纹与拉杆连接,拉杆固定在机床的尾部支架上,这样只要旋转拉杆就可调整心棒的端头在管材弯曲变形区的前后位置。图 4-60 表示弯管模胎、防皱块、心棒和管料都保持良好的接触,因而能保证弯管的质量。其中 α 角应保持 $90°$,心棒端头的超前量 L 通常在 $0 \sim 5$ mm 之间,随弯管的相对弯曲半径大小而选用适当的数值。心棒可用中碳钢和低合金钢制成,而铝青铜心棒仅用于不锈钢管。

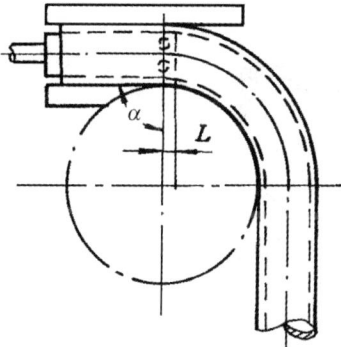

图 4-60　心棒端头超前量　　　　　　　图 4-61　防皱块

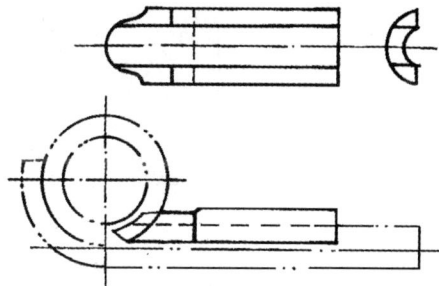

靠近切点又未进入弯曲变形区的管料,其外表面没有得到弯管模胎型槽的支撑,即使有了心棒,弯管时仍可能在这里起皱,因此要加装如图 4-61 所示的防皱块。防皱块的前端呈圆弧刃口形,插在弯管模胎和管料之间,前端应紧靠管壁和弯管模胎相切处,有效地填补了弯管模胎和管料内侧之间的空隙,从而起着从外面支撑管壁,防止起皱的作用。防皱块与管料外表面接触,产生滑动摩擦,因此,防皱块的工作表面应具有一定的硬度和表面粗糙度,一般用工具钢或铬钼钢制造,硬度 $50 \sim 55$HRC,表面粗糙度应低于 $Ra0.8$ μm。

关于弯管模胎、夹持块和压块的设计,加工要求与材料选用等可参考有关书本和手册资料,这里不再介绍。

管材绕弯工艺仍在发展,如先将直管两端密封,再充入具有一定压强的液压油,使管壁在纵向预先承受一定的拉伸应力,就可减小弯管时管材内侧的压缩应力,达到预防起皱的目的,也可防止管材截面的畸变。这种充液压油弯曲一般用于手工弯管,两个弯曲半径之间的直线段大大小于正常值的弯曲件,它广泛用于直径较小的不锈钢的不规则弯曲。

除绕弯工艺外,还有滚弯和冲模压弯等弯管工艺。模弯法生产率高,模具调整简单。但此法也存在一些缺点,如管子与凸凹模开始接触处,剖面会有一些畸变,在模具上修出回弹量比较困难。对称管件、V 形件和 U 形件冲弯模具结构分别如图 4-62 ~ 图 4-64 所示。滚弯法在弯制圆环或螺旋线形件弯管时特别方便,也是在三滚轮或多滚轮机床上进行的,各个滚轮之间的确切位置要经过现场试弯方可确定。不论用冲模压弯或滚弯,一般都需在管内装填黄砂、松香或低熔点合金以及石英砂等填充物,预防圆管截面畸变。

以上所述皆属管材冷弯。铝及铝合金、碳钢及合金钢等管材还可以加热弯曲,以获得比冷弯时所能达到的更小的相对弯曲半径。热弯所需的弯曲力、弯曲半径和弯角的回弹量也大为减小。图 4 - 65 是用高频电流加热弯管。管子由滚轮 1 使它向右推进,由感应线圈 2 发出的高频电磁场作用对管子加热,温度可达 800 ~ 1 200 ℃(根据钢材的化学成分而定)。管子弯曲是由滚轮 3 完成的。位于弯曲后方区域的管子,由装在感应圈上的环形装置喷水冷却到 300 ℃,使管子获得足够的刚性,钛管用电热元件加热,其装置如图 4 - 66 所示。为防止压块上的热量传到压块拖板的支承上去,要将压块安装在隔热垫上。钛管装入心棒后,用压块压牢,当到达一定温度时,断电,并立即弯曲。在成批生产时,必须先将工具开温。不锈钢管子不允许热弯,因为在加热弯曲时,不锈钢管子会产生晶界腐蚀。

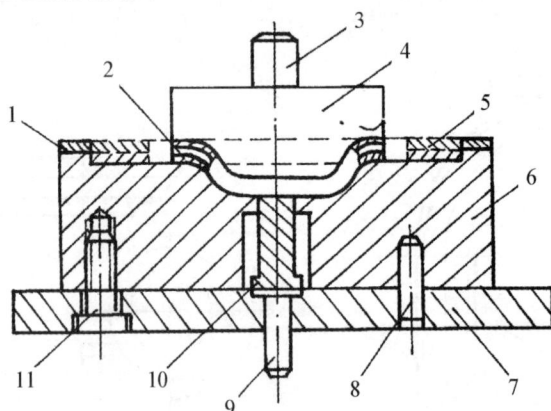

1— 定位块;2— 管子弯后的形状;3— 模柄;4— 凸模;5— 管子弯前的位置;
6— 凹模;7— 底座;8— 定位销;9— 顶杆;10— 顶块;11— 螺钉

图 4 - 62　对称管件冲弯模

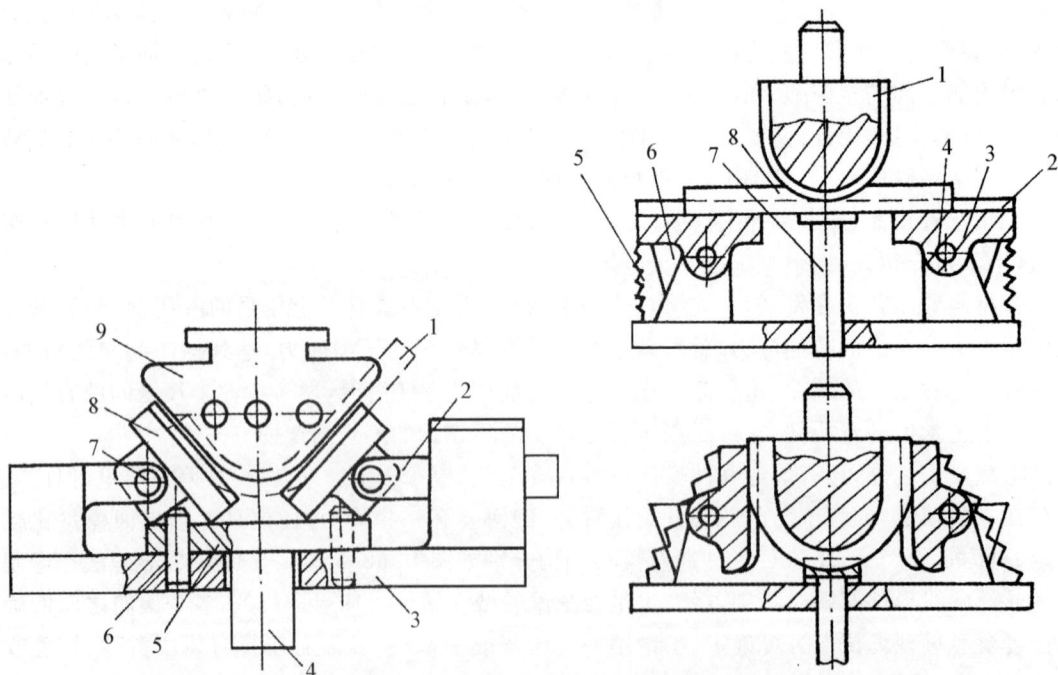

1— 管子;2— 支杆;3— 底座;4— 顶杆;5— 托板;
6— 销钉;7— 活动销;8— 凹模

图 4 - 63　V 形冲弯模

1— 凸模;2— 摆动式夹块;3— 凹模;4— 枢轴;
5— 弹簧;6— 挡片;7— 顶件器;8— 管子

图 4 - 64　U 形冲弯模

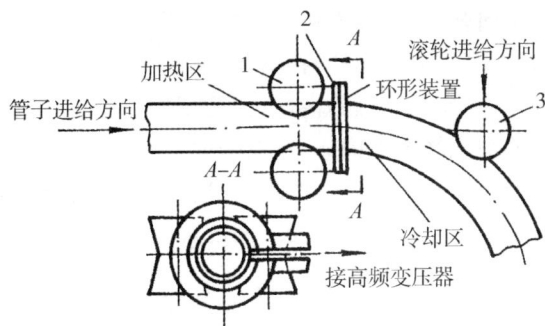

图 4-65　用高频电流加热弯管

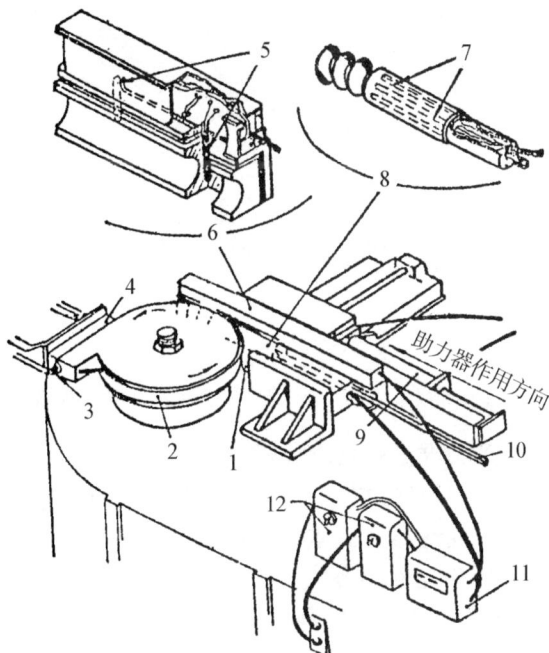

1— 防皱块；2— 弯曲模胎；3— 夹紧塞；4— 夹块；5— 杆式加热元件；6— 加热的压块；
7— 电热元件；8— 加热的心棒；9— 压块助力作动筒；10— 心棒；11— 温度控制器；12— 可调变压器

图 4-66　加热弯曲钛管装置

§4-8　拉　弯

飞机上的框肋缘条、机身前后段和发动机短舱的长桁，都是尺寸大、相对弯曲半径大的变曲率挤压型材弯曲件。这类零件是组成飞机骨架的受力零件，并直接影响到飞机的气动外形，因而形状准确度的要求很高。为了制造这类型材弯曲件，生产中普遍采用拉伸弯曲（简称"拉弯"）的方法。

一、拉弯基本原理

拉弯基本原理是在毛料弯曲的同时加以切向拉力，改变毛料剖面内的应力分布情况，使之趋于均匀一致,以达到减少回弹、提高零件成形准确度的目的。

由于弯曲时,毛料内区受压、外区受拉,在这一基础上加以切向拉力,其结果:对于原来受拉的外区,是要继续加载;对于原来受压的内区,由受压变为受拉,经历一个卸载和反向加载的过程。为了合理地反映这种加载情况下的应力-应变关系,显然不能忽略弹性变形的影响。采用图4-67所示的实际应力曲线作为考察拉弯时应力-应变关系的依据。图4-67所示的实际应力曲线为一折线形式,在弹性范围内应力与应变之间的关系为$\sigma = E\varepsilon$,而在塑性范围内则为

$$\sigma = \sigma_s + \left(\varepsilon - \frac{\sigma_s}{E}\right)D \qquad (4-46)$$

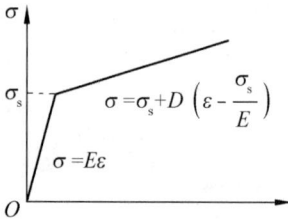

图4-67　折线形式的实际应力曲线

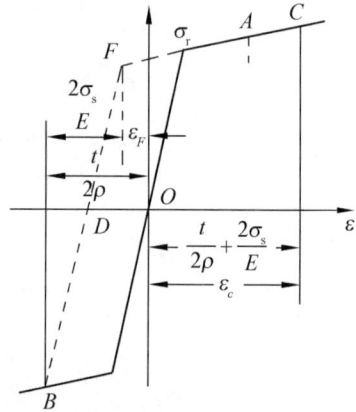

图4-68　先弯后拉的应力应变情况

以下对拉弯时应力应变的情况进行具体分析(见图4-68)。

假设先将毛料弯曲,使最外层纤维应力达到A点,最内层纤维应力达到B点。然后施加拉力,A点继续加载,沿实际应力曲线移至C点;B点则发生卸载,到D点时压应力完全消失,然后受拉,反向加载,由于反载软化现象,至F点受拉屈服,压区完全进入拉伸塑性变形。此后,继续增加拉力,内外两区的应力-应变关系沿着同一直线上升。

拉弯时,为了使整个毛料的剖面内应力尽量均匀一致,最内层纤维的应力至少应达到由压转为拉的屈服点(即F点)。如果B点的应力以σ_B表示,F点的应力以σ_F表示,则中性层最小的必要拉伸应变量ε_{ρ_0}为

$$\varepsilon_{\rho_0} = \frac{\sigma_B}{E} + \frac{\sigma_F}{E} = \frac{2\sigma_s}{E}$$

如果弯曲时中性层的半径为ρ_0,距离中性层y处因为弯曲产生的切向应变为$\frac{y}{\rho_0}$,加上最小必要拉伸应变量ε_{ρ_0}后,此处的切向总应变ε_y,为

$$\varepsilon_y = \varepsilon_{\rho_0} + \frac{y}{\rho_0} = \frac{2\sigma_s}{E} + \frac{y}{\rho_0} \qquad (4-47)$$

将式(4-47)代入式(4-46)中,即可求得距中性层y处的切向应力σ_y为

$$\sigma_y = \sigma_s + \left(\frac{\sigma_s}{E} + \frac{y}{\rho_0}\right)D \qquad (4-48)$$

先弯后拉沿剖面切向应力与应变分布如图4-69所示。

如果拉弯毛料为板料,板料宽为B,厚为t,则弯曲加拉以后,外加弯矩M变为

$$M = \int_{-\frac{t}{2}}^{\frac{t}{2}} y\sigma_y B \, \mathrm{d}y = \int_{-\frac{t}{2}}^{\frac{t}{2}} B \left[\sigma_s + \left(\frac{\sigma_s}{E} + \frac{y}{\rho_0} \right) D \right] y \, \mathrm{d}y$$

$$= \frac{D}{\rho_0} \frac{Bt^3}{12} = \frac{DI}{\rho_0} \tag{4-49}$$

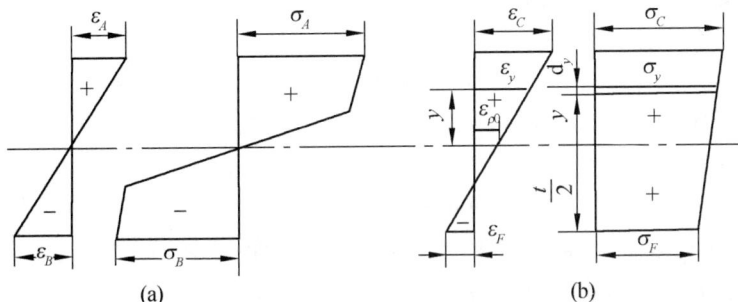

图 4-69　先弯后拉沿剖面切向应力应变分布

(a) 弯曲后；(b) 弯曲加拉后

此弯矩卸去以后，产生的曲率回弹 ΔK 见式(4-16)，将式(4-49)代入得

$$\Delta K = \frac{1}{\rho_0} - \frac{1}{\rho'} = \frac{M}{EI} = \frac{D}{\rho_0 E} \tag{4-50}$$

回弹后的半径 ρ' 为

$$\rho' = \frac{\rho_0}{1 - \dfrac{D}{E}} \tag{4-51}$$

由于拉弯卸载中只有 D/E 的作用，而且 $D \ll E$，所以拉弯的回弹量可以显著减少，这与纯弯时产生的回弹量有很大的不同。同时，从实际应力曲线还可看出，材料的应变刚模数 D 并非定值，拉伸变形程度愈大，D 的数值愈小，所以在拉弯过程中加的拉力愈大，愈有利于减少零件曲率的回弹量。因此实际操作中常常以不拉断零件为原则，尽量增加拉力，而以下式作为控制拉力 P 的依据：

$$P = (0.7 \sim 0.9)\sigma_b F \tag{4-52}$$

式中，σ_b 为零件材料的强度极限(MPa)；F 为零件的剖面面积(mm^2)。

既然减小材料的应变刚模数有利于降低回弹，如果用加热拉弯，当变形温度高于再结晶温度时，应变强化效应被再结晶所消除，$D \to 0$，曲率回弹也就趋近于零。

此外，从式(4-49)和式(4-50)还可看出，曲率半径愈大，拉弯效果愈好，所以在生产中拉弯主要用于成形曲度不大、外形准确度要求较高的零件。

以上分析是先弯后拉的情况，如果将工艺过程改为先拉伸，然后在预加拉力的作用下进行弯曲，则所得效果显著不同。如图 4-70 所示，假设先将毛料均匀拉伸到实际应力曲线上的 A 点，然后进行弯曲。

弯曲时外区受拉，内区受压。最外层纤维因继续加载，由 A 点上升到 B 点，最内层纤维因卸载而反向加载，由 A 点到达 F 点。这时毛料剖面内的应力分布由原来的图 4-70(b)变为图 4-70(c)，仍有异号应力存在。应力分布显然不如先弯后拉均匀，所以卸载后的回弹量也比先弯后拉大。总之，先弯后拉，只要很小的最小必要拉伸量 $\dfrac{2\sigma_s}{E}$（因为一般材料的 $\sigma_s \ll E$，$\dfrac{2\sigma_s}{E} < 1\% \sim$

2%）就可取得应力分布均匀一致的结果。而先拉后弯，即使拉伸值很大，预拉效果也会因弯曲时压区的卸载作用很快消失。从减少回弹量来看，先拉后弯不如先弯后拉有利。但先弯后拉，当毛料与模具完全贴紧后，由于模具对于毛料的摩擦作用，后加的拉力很难均匀地传递到毛料的所有剖面上，因此，也会影响后加拉力的效果。因此生产实践中往往采用先拉后弯最后补拉的复合方案。即首先在平直状态拉伸毛料超过屈服点（拉伸量约为 0.8% ~ 1%），然后弯曲。毛料完全贴合后，再加大拉力进行补拉，以便工件更好地保持弯曲中所获得的曲度。此外，弯曲前预先加一拉力，对于薄壁型材还可减少其内壁弯曲时受压失稳的可能性，便于工艺过程的顺利进行。上述的方案使补拉后型材最小曲率半径处剖面的内层纤维达到拉伸屈服极限，零件卸载后仍有少量回弹，必要时可将模具修出回弹量。此外，在生产中还可采用二次拉弯的方案，因为当零件的相对弯曲半径较小、弯曲角较大时，上述一次拉弯的效果不理想，弯曲后的补拉难以完全消除型材内边的压应力，这时可以将拉弯工作分为两步进行。第一步先用退火料进行预拉和弯曲，但不加补拉。由于毛料第二次弯曲时的变形量很小，内边所产生的压应力很容易为后续的补拉所消除，所以零件贴模好，回弹量小，可以不修模具。第二次补拉量一般约在 1% ~ 3%。淬火后的第二次拉弯，必须在材料孕育期（如对 2A12 为 1.5 h）内完成。为了延长淬火后的孕育期，新淬火的零件应置入冷藏设备内。

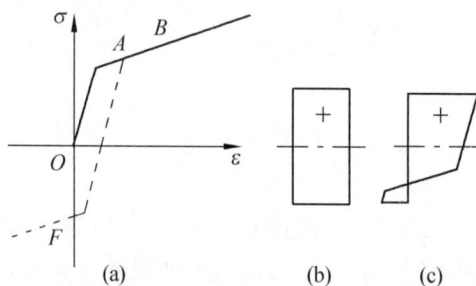

图 4-70　先拉后弯沿剖面切向应力应变分布
(a) 加载曲线；(b)(c) 应力分布

二、拉弯工艺

(一) 拉弯机

飞机上的型材弯曲件都是一些尺寸较大、刚度较小、外形准确度要求较高、曲率又有变化的形状复杂的零件。要用拉弯方法制造这类零件，必须借助专用的机床设备。

按工作原理和构造特点，拉弯机可分为转台式和转臂式两种。

1. 转台式拉弯机

这种拉弯机由旋转台面、拉伸装置和侧压装置三部分组成，如图 4-71 所示。

转台 1 安装在底座的立轴上，由电动机或液压马达经蜗轮蜗杆和齿轮带动，可以正、反向转动。在台面上安装拉弯模 2 和固定夹头 3，拉弯模的安装位置应使夹头的轴线与模具的工作面在起始位置相切。

拉伸装置由床身 4、拉伸油缸 5、滑块 6 和旋转支臂 7 四个部分组成。床身与转台的底座连成一个整体。拉伸油缸的双活塞杆 8 分别固定在床身的两端，工作时活塞固定，缸体运动。滑块 6 与缸体连接，沿床身的滚动导轨前后移动。在滑块 6 的立轴上安装着旋转支臂 7。支臂 7 的前端装着另一夹头 9。支臂 7 可以绕立轴在水平面内自由转动,使拉力线的作用方向在拉弯过程中始终与拉弯模的工作面相切。

　　侧压装置由侧压床身 10、跟踪油缸 11、滑枕 12 和侧压油缸 13 四个部分组成。侧压床身与拉弯机的主床身平行,跟踪油缸的活塞杆两端分别固定在床身的两侧,在缸体的上方固定着可沿床身导轨滑动的滑枕 12,由缸体带动沿导轨左右移动。侧压油缸 13 安装在滑枕上,在其活塞杆的端部安装着侧压块 14,在跟踪油缸带动下,跟踪着切点。

　　机床工作时,先将毛料的两端装在夹头 3 和 9 上,调整好两个夹头的相对位置,使毛料在起始位置与模具工作面相切。此时打开液压阀门,通过油缸 5 对毛料进行拉伸。当预拉力达到材料的屈服极限时,通过侧压油缸将侧压块压在毛料的切点上,然后转动台面使毛料在拉伸力和侧压力保持不变的条件下逐渐沿模具型面绕弯。油缸 5 在毛料的牵引下逐渐排出后腔的液体而向前移动,使毛料受到的拉力保持不变。侧压块在跟踪油缸 11 的带动下压在毛料的切点上直至绕弯过程结束。

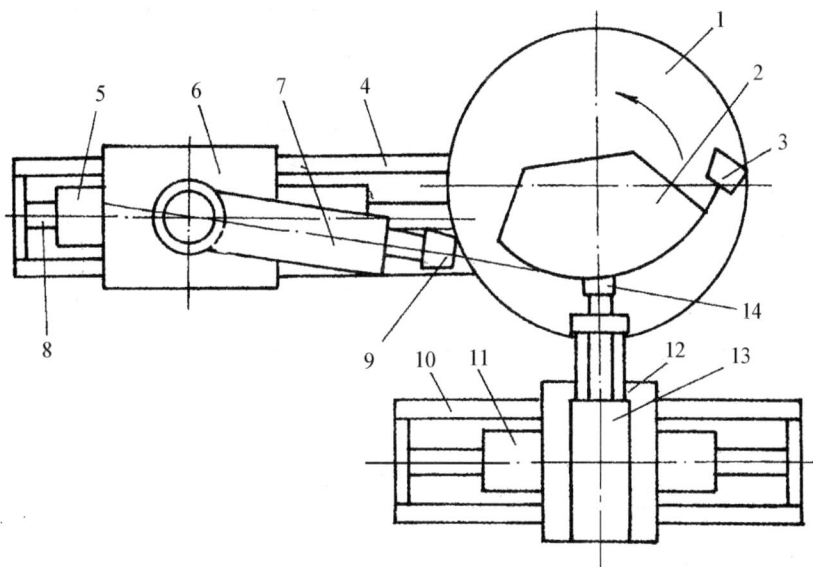

1—转台;2—拉弯模;3—固定夹头;4—床身;5—油缸;6—滑块;7—旋转支臂;
8—双活塞杆;9—夹头;10—侧压床身;11—跟踪油缸;12—滑枕;13—侧压油缸;14—侧压块
图 4-71　转台式拉弯机

2.转臂式拉弯机

　　转臂式拉弯机如图 4-72 所示,其台面固定不动,在台面两侧的立轴上装有可以绕床台转动的支臂。每个支臂上装一个拉伸油缸,拉伸油缸在支臂上的位置可以通过机械传动装置调节,以适应不同的毛料长度。在拉伸油缸活塞杆的端头,装有气动夹头以夹紧毛料。支动臂由装在床身上的作动筒经滑块和拉杆带动旋转。根据机床型号的不同,两个支臂可由一个作动筒带动同时转动,也可以分别由两个作动筒带动,既能分别转动,也可同时转动。模具装在机床床台上,应使模具的对称轴线或拉伸力的合力作用线与机床的纵轴线重合。

　　工作时先将转臂伸开,毛料的两端用气动夹头夹紧;然后开动拉伸油缸使毛料受拉。两个拉伸油缸的拉力应相同,以免毛料发生窜动。当拉伸力达到规定的数值后,转动两个支臂,使毛料沿模具型面进行绕弯。待毛料全部贴模后,增大拉伸油缸的压力,对毛料进行补拉。

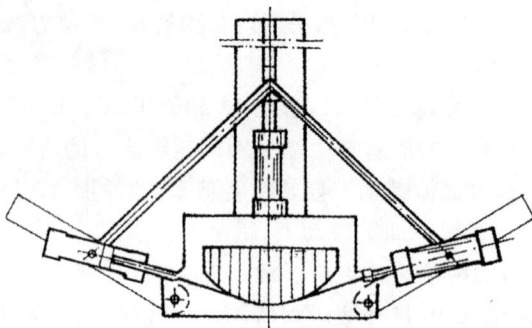

图 4-72　转臂式拉弯机

目前国内采用的型材拉弯机有多种型号,其技术规格见表4-7。

表 4-7　拉弯机的主要技术规格

型　号	毛料长度范围 /m	最大拉力 /kN	最大弯曲角 /(°)	结构形式	其他说明
型拉-6	1～5.5	90	180	转臂式,有两臂联动或单动两种结构	
型拉-7	1～6	250	220	转臂式,两臂单动	附有前顶油缸,压力 300 kN
型拉-8	2～9	600	280	转臂式,两臂单动	
XL-2	3	300		转台式,有侧压装置,压力 120 kN	
ZTLW-8	2	80		转台式,有侧压装置,压力 40 kN	拉力可以自动控制

(二) 拉弯模与夹头

型材拉弯模的典型构造如图4-73所示。模具由工作部分、垫板和底板组成,用螺栓装成一个整体。模具工作面的周长应比零件的切割长度每边加长 10 mm,两端圆角半径 R 应不小于 20 mm。模具侧边通常沿法线方向削平或开出如图4-73所示的缺口,使拉弯结束时夹头不致碰到模具侧边。模具工作面的外形按零件的理论外形加工,不考虑回弹量。模具的断面外形应与型材断面的内形吻合。垫板的厚度应均匀,并比型材腹板的厚度大 0.2～0.5 mm。

拉弯铝合金型材的模具可用精制层板制造。国内工厂多采用厚铝板和废旧铝铸造。用于转台式拉弯机上的模具,因工作时需承受较大的侧压力,以选用厚钢板为宜。

在转臂式拉弯机上工作的模具,为便于在机床台面上定位,模具上钻有两个定位孔。模具上的定位孔和螺栓孔均按机床台面专用钻孔样板钻制。在这类机床上拉弯断面形状复杂的型材时,为了防止拉弯过程中断面形状发生畸变,可用精制层板、铸铝或塑料等加工成垫块,用细钢丝绳串接组成柔性垫条,拉弯时垫条预先垫在缘板之间或腹板与模具槽口之间(见图4-74)。

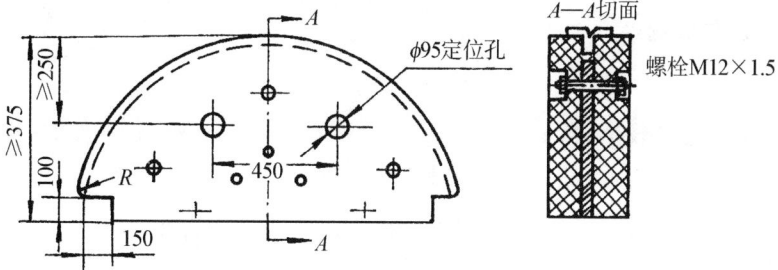

图 4-73　拉弯模具

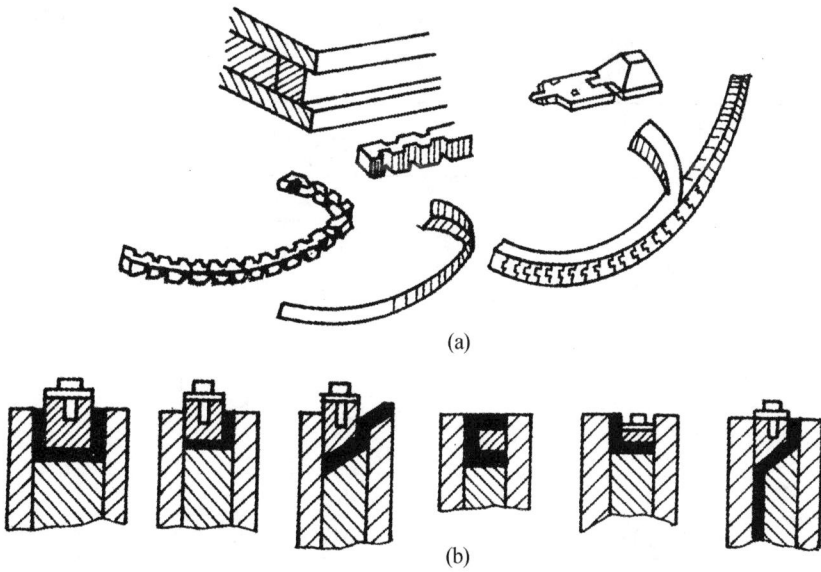

(a)

(b)

图 4-74　拉弯用的垫条

（a）垫条形式；（b）垫条应用

　　型材拉弯过程中拉弯夹头受到很大的拉力。通常对拉弯夹头的结构要求为：夹头内的齿块必须根据型材截面形状的不同而可更换；齿块的齿面应保证可靠地啮入型材毛料，传递拉力均匀；为了防止将整个拉力集中在型材某一剖面上，齿面前端应带有平缓的过渡区（见图 4-75）；所有齿块与型材表面均匀接触，并使合力的作用点与型材截面形心相吻合（见图 4-76）。

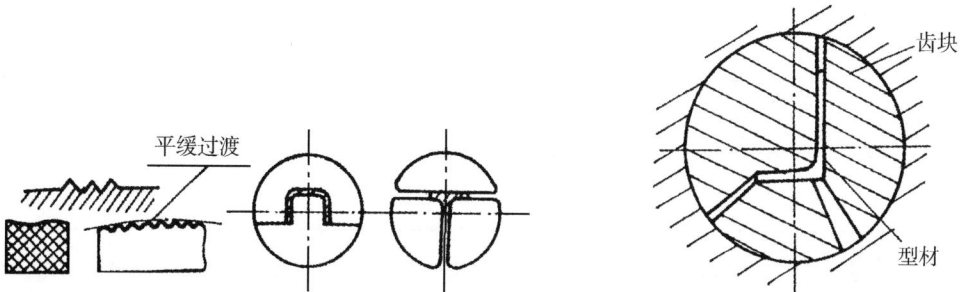

图 4-75　齿面前端的平缓过渡区

图 4-76　合力作用点与截面形心相吻合

（三）拉弯工艺参数选择

1. 一次拉弯

一次拉弯适用于弯形较小、截面惯性矩不大于 8 cm⁴ 的中小型型材零件的拉弯。其最小相对弯曲半径见表 4-8。一次拉弯补拉延伸率见表 4-9。

表 4-8 2A12-O,7A04-O 一次拉弯最小弯曲半径

相对弯曲半径	弯曲角 α/(°)					
	30	60	90	120	150	180～220
$\dfrac{R}{H}$	10	15	23	27	34	38

表 4-9 一次拉弯补拉延伸率 ε　　　　单位:%

α /(°)	R/H						
	材料	≥ 100	75	50	40	35	30	24
90	LY12	3.0	3.2	3.8	4.2	4.5	4.9	5.6
	LC4	1.5	2.6	2.8	3.0	3.1	3.3	4.4
120	LY12	3.5	3.9	4.4	4.8	5.2	5.6	
	LC4	3.0	3.2	3.4	3.6	3.7	3.9	
150	LY12	4.1	4.4	5.0	5.5	5.8		
	LC4	3.6	3.7	4.0	4.2	4.4		
180 以上	LY12	4.7	5.0	5.7	6.1			
	LC4	4.2	4.3	4.6	4.8			

2. 二次拉弯

二次拉弯适用于截面惯性矩大于 8 cm⁴,变形程度大的大中型型材零件的拉弯。二次拉弯成形具有准确度高、手工修整量少和残余应力较低的优点。

二次拉弯中第一次拉弯的工艺参数同一次拉弯法。淬火后的第二次拉弯,必须在材料孕育期内完成。淬火后的拉弯延伸率见表 4-10。

表 4-10 2A12,7A04 淬火后的拉弯延伸率　　　　单位:%

α /(°)	R/H				
	30～15	10	8	6	5
90	1.3	1.7	1.8	2	2.4
120	1.4	1.8	2.0	2.2	2.5
150	1.5	1.9	2.1	2.3	2.6
180	1.6	2.0	2.2	2.4	2.8

3. 预拉力、补拉力的计算

预拉力是为了消除毛料的扭曲,防止型材腹板弯曲时起皱,可按下式计算:

$$P_A = F\sigma_s \tag{4-53}$$

式中，σ_s 为材料屈服强度，对铝合金，$\sigma_s = \sigma_{0.2}$；F 为型材截面积。

补拉的目的在于减少回弹，可按下式计算：

$$P = \int_F \left[\sigma_s + \left(\frac{\sigma_s}{E} + \frac{y}{\rho}\right)D\right]b\,\mathrm{d}y \tag{4-54}$$

式中，y 为任意一层纤维到中性层的距离；b 为任意型材在 y 处的宽度；ρ 为任意零件剖面中性层处的曲率半径，如图 4-77 所示。

考虑摩擦，型材自由段两端的总拉力为

$$P_B = Pe^{\frac{\mu a}{2}} \tag{4-55}$$

式中，μ 为零件与模具的摩擦因数，取 0.15；a 为零件的弯曲角（以弧度表示）。

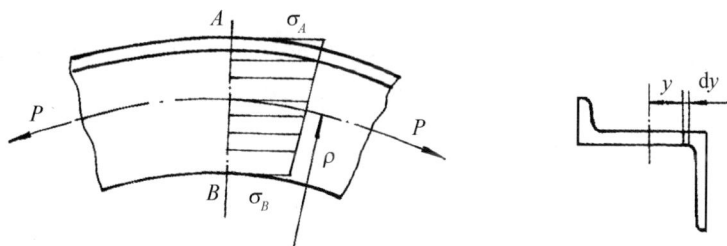

图 4-77　型材补拉力的计算

在实际生产中，补拉力往往按经验公式[式(4-52)]估算。

二次拉弯法淬火后的拉校工序在于校正淬火变形，并使零件最终贴模，拉校力按下式计算：

$$P_C = (1 \sim 1.5)\sigma_{0.2}Fe^{\frac{\mu a}{2}} \tag{4-56}$$

式中，$\sigma_{0.2}$ 为材料在新淬火状态下的屈服强度。

拉校力亦可按下式估算：

$$P_C = (0.7 \sim 0.8)F\sigma_b \tag{4-57}$$

式中，σ_b 为新淬火状态下材料的抗拉强度。

转台式拉弯机拉弯时拉力计算与张臂式拉弯机相同。弯曲过程侧压力与拉伸力的匹配影响因素较多，尚无可靠的计算方法，生产中通过试拉确定。

试拉时，侧压力可按下式初步估算：

$$Q = P_D = (0.3 \sim 0.5)F\sigma_s \tag{4-58}$$

铝合金 2A12 及 7A04 材料的屈服强度 $\sigma_{0.2}$ 及极限强度 σ_b 见表 4-11。

表 4-11　2A12 及 7A04 的 $\sigma_{0.2}$ 及 σ_b 值

材料牌号	品种	热处理状态	$\sigma_{0.2}$/MPa	σ_b/MPa
2A12	型材	退火的	106	240
		新淬火的	215	320
	板材	退火的	100	186
7A04	型材	退火的	140	280
		新淬火的	170	320
	板材	退火的	106	240

计算出的拉力往往误差较大,在生产中由于机床、原材料截面尺寸及机械性能的变动,新淬火材料的机械性能随时间的不断变化,及工件的几何和工艺特征(如 ρ/H)等的影响,实际拉力与计算值往往有较大的出入,需在试拉中加以调整。

4.零件的毛料长度

可按下式计算:

$$L_M = 0.99[L + 2A] + 2B \tag{4-59}$$

式中,L_M 为零件的毛料长度;L 为零件的展开长度;A 为由切割线至夹头端面的过渡段长度,约为 $40 \sim 60$ mm;B 为夹头夹紧段的长度,可取 $30 \sim 50$ mm;0.99 为考虑到毛料在拉弯过程中伸长的系数。

(四) 加热拉弯

对低塑性材料(如镁合金)及相对弯曲半径小于极限值的 7A04(7075),2A12(2024) 材料,应采用加热拉弯的方法。加热方法有自阻加热(适用于热容量较小的型材)和电炉加热(适用于热容量较大的型材)。

加热拉弯铝、镁合金时,常用的润滑剂是水剂石墨或滑石粉。

室温下拉弯常用的润滑剂是机油和工业凡士林油。

习　题

1.简述板料弯曲变形过程。

2.分析说明板料在立体纯塑性弯曲阶段变形区的应力状态与应变状态。

3.比较说明自由弯曲和校正弯曲。

4.计算图 4-78 所示弯曲件的毛坯长度。

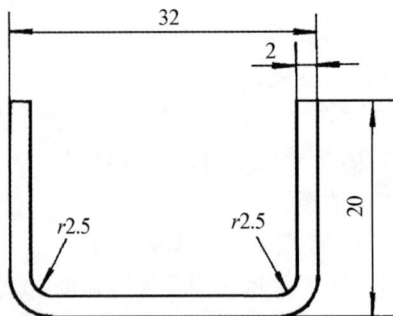

图 4-78　弯曲件

5.试述最小相对弯曲半径及其影响因素。

6.试述弯曲回弹及其影响因素。

7.试述减小回弹的措施及其原理。

8.进行图 4-79 所示工件的工艺性分析。工件材料为 08F,批量为 20 000 件 / 年。

9.试述板弯型材制造方法及其原理。

10. 试述拉弯减小回弹的原理。如工件材料为 2A12 – O，$E = 71 \ \mathrm{kN/mm^2}$，$D \approx 0.19 \ \mathrm{kN/mm^2}$，确定回弹前后半径的比值。

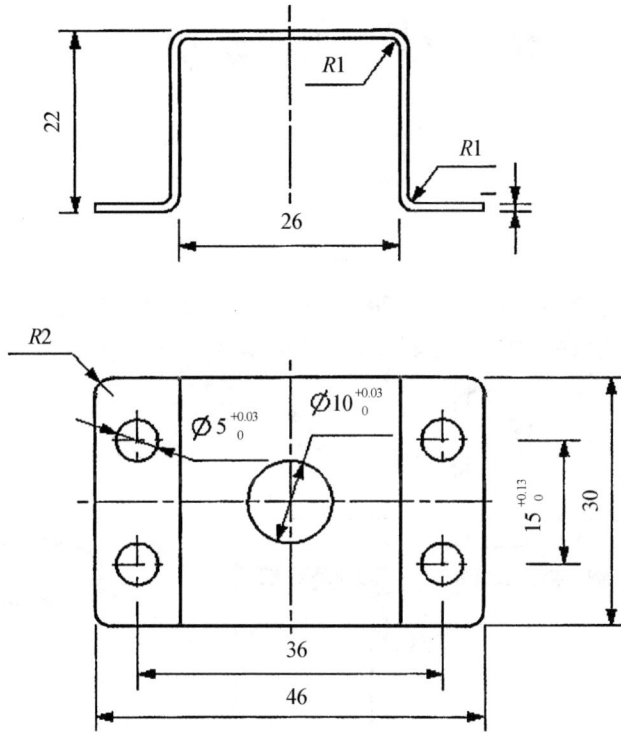

图 4 – 79 工件

第 5 章　拉 深 成 形

§5-1　概　述

拉深是指将平板毛坯或杯形毛坯在凸模作用下拉入凹模型腔形成开口空心零件的成形工艺方法(见图5-1)。拉深也称压延,是钣金成形的基础性工艺。

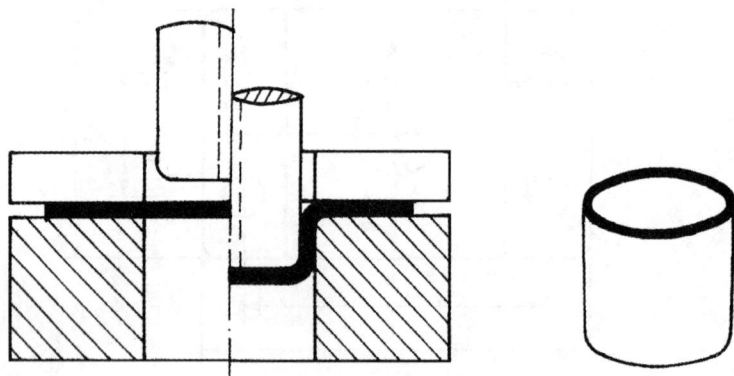

图5-1　拉深过程示意图

用拉深成形可以制成筒形、阶梯形、锥形、半球形、盒形和其他不规则形状的立体空心零件。拉深零件的尺寸范围很宽,直径小至1 mm,大至2～3 m,厚度为0.2～30 mm。拉深加工的对象广泛,材料品种繁多,因此,在日用品、电器元件、机械零件、飞机结构件和汽车零件的成形中有着广泛的应用。图5-2是典型拉深件外形示意图。

图5-2　典型拉深件外形示意图

拉深有多种形式。按照零件的外形,拉深可划分为筒形件、锥形件、半球形件、阶梯形件、盒形件和复杂形状零件拉深。按照工序数,拉深可划分为单次和多次拉深。按照材料变形情况,拉深可划分为正拉深、反拉深、变薄拉深和特种拉深等。在各种拉深成形工艺中,圆筒形件拉深是最基本的。

§5-2　圆筒形件拉深时材料的变形分析

圆筒形件拉深过程如图5-1所示,凸、凹模工作部分带圆角,凸模和凹模之间的单侧间隙稍大于板料厚度。直径D_0的平板毛坯在凸模的作用下,逐渐地被拉入凹模形成圆筒。图5-3为平板毛坯逐步成形为圆筒形件的过程示意图。

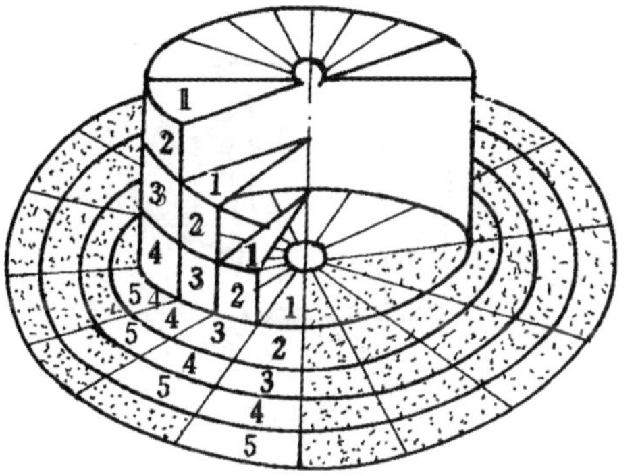

图5-3　圆筒形件拉深过程示意图

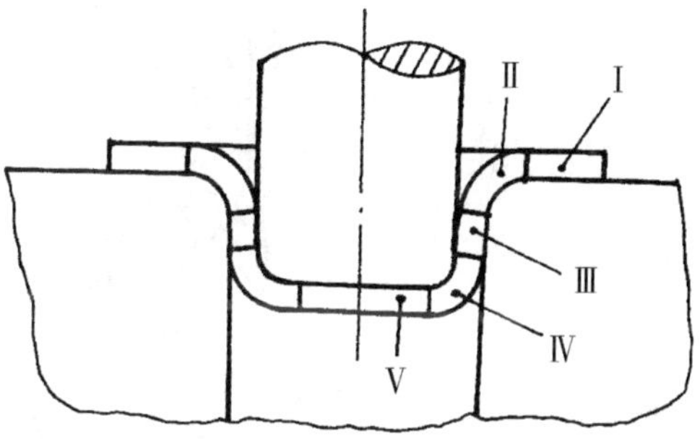

图5-4　圆筒形件拉深时材料的
分区及应力应变状态

按照材料的变形和受力情况,拉深过程中的任一时刻,工件材料可以划分为五个区,即凸缘区Ⅰ、筒壁区Ⅲ、筒底区Ⅴ、凹模圆角区Ⅱ和凸模圆角区Ⅳ(见图5-4)。各区材料的变形和受力状态不同,现分析如下。

一、凸缘材料的变形

拉深过程中,凸缘区材料不断拉入凹模型腔形成筒壁。随着凸缘区的不断减小,筒壁高度逐渐增大。凸缘区是拉深材料的主要变形区,而压缩变形是该区材料的主要变形特征。拉深过程任一瞬间(见图5-5),凸缘上任一点处的周向工程应变为

$$\varepsilon_\theta = \frac{r-r_0}{r_0} \qquad (5-1)$$

设拉深过程中板厚不变,则材料体积不变条件转化为面积不变的关系,即

$$\pi(R_0^2 - r_0^2) = \pi(R^2 - r^2) \qquad (5-2)$$

从而有

$$r_0 = \sqrt{R_0^2 - R^2 + r^2} \qquad (5-3)$$

将式(5-3)代入式(5-1),得

$$\varepsilon_\theta = \frac{r}{\sqrt{r^2 + R_0^2 - R^2}} - 1 \qquad (5-4)$$

凸缘材料的变形以压缩为主,所以没有拉裂之忧。

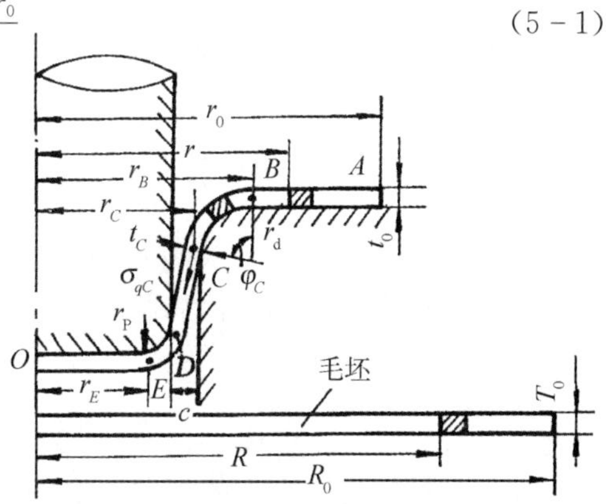

图5-5　拉深时凸缘材料的变形

二、板料厚度方向的变形

虽然在式(5-4)的推导过程中,引用了厚度不变的假设,但在实际拉深过程中,板料厚度是有一定变化的。凸缘外边缘材料厚度增加约 20% ～ 30%,而凸模圆角区材料厚度减薄约10%。图 5-6 是拉深件厚度变化情况示意图。

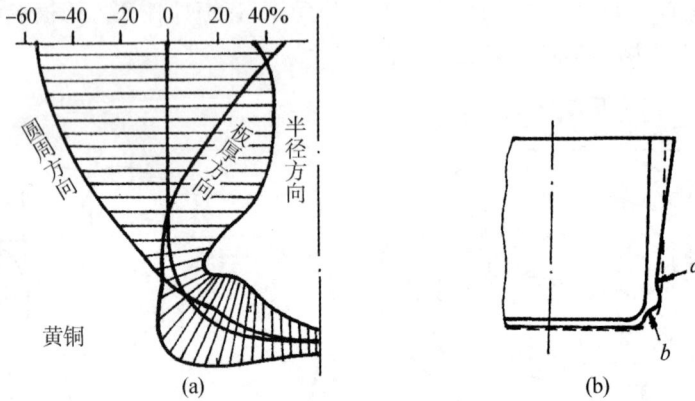

图 5-6   板料厚度变化情况
（a）应变分布；（b）板厚变化

凸模圆角区的材料在拉深一开始就受到凸模的冲压,在拉深过程中,又受到双向应力的张拉和一定的弯曲作用,从而使厚度变薄。在图 5-6(b) 中,点 b 处的变薄最严重,材料应变硬化效应又小,所以承载能力最弱,被称为危险断面。

对凸缘区材料厚度分布规律可作以下简单分析。

由塑性形变理论知

$$\frac{\sigma_r - \sigma_t}{\sigma_\theta - \sigma_t} = \frac{\varepsilon_r - \varepsilon_t}{\varepsilon_\theta - \varepsilon_t} \tag{5-5}$$

式中,下标 r, θ, t 分别指凸缘区的径向、周向和厚向。

忽略凸缘区材料所受的厚向应力,即假设

$$\sigma_t = 0 \tag{5-6}$$

而材料体积不变条件又可表示为

$$\varepsilon_r + \varepsilon_\theta + \varepsilon_t = 0 \tag{5-7}$$

联立式(5-5) ～ 式(5-7),得

$$\varepsilon_t = \frac{\sigma_r + \sigma_\theta}{\sigma_r - 2\sigma_\theta} \varepsilon_\theta \tag{5-8}$$

设凸缘材料为理想塑性,屈服应力为 σ_s,则凸缘上的应力可表示为(推导过程见 §5-4)

$$\left. \begin{aligned} \sigma_r &= \sigma_s \ln \frac{R}{r} \\ \sigma_\theta &= \sigma_s \left(\ln \frac{R}{r} - 1 \right) \end{aligned} \right\} \tag{5-9}$$

式中,R 和 r 的意义参见图 5-5。

将式(5-9) 代入式(5-8),得

$$\varepsilon_t = \frac{2\ln\dfrac{R}{r} - 1}{2 - \ln\dfrac{R}{r}} \qquad (5-10)$$

由于 ε_θ 恒负，所以 ε_t 的符号主要取决于分子项。令

$$2\ln\frac{R}{r} - 1 = 0$$

则得 ε_t 为零的条件是

$$r \approx 0.607R \qquad (5-11)$$

从而，当 $r > 0.607R$ 时，$\varepsilon_t > 0$，即板料增厚。当 $r < 0.607R$ 时，$\varepsilon_t < 0$，即厚度减薄。也就是说，凸缘材料的厚度变化规律以 $0.607R$ 为分界线，外区增加，内区减薄。

需要说明的是：① 式中 R 是变化的，因此厚度应变的分布规律是动态的；② 厚度变化分界线 $0.607R$ 是近似的，因为它是根据近似式（5-6）和式（5-9）求得的。

三、圆筒壁和筒底材料的变形

凸缘材料经过凹模圆角区拉入凹模型腔时，在凹模圆角处，材料除受径向拉深外，同时产生塑性弯曲，使板厚减小。进一步从凹模圆角区拉向筒壁时，又要被校直，即经受反向弯曲。

圆筒侧壁受轴向拉伸。筒壁区材料原为凸缘区的材料，经过拉深变形后才形成筒壁，材料经过程度较大的变形之后，产生显著的应变硬化效应。在正常拉深条件下，筒壁仅仅传递凸模的作用力，变形甚微。

位于筒底凸模端部的筒底区材料受平面拉伸，又由于凸模圆角处外摩擦的制约作用，这部分材料受力不大，因而变形也不大［见图 5-6(a)］。筒底区材料在拉深过程中保持基本稳定状态。

四、硬化、凸耳及回弹

拉深过程中，材料经过塑性变形从凸缘转化为筒壁，从而产生了应变硬化效应。由于变形不均匀，各处材料的硬化程度自然也不均匀。硬化效应提高了筒壁材料的承载能力。拉深后的筒形件上，从凸模圆角区向外缘，应变硬化程度逐渐增加，相对来说，凸模圆角区材料的硬化效应较小。

金属板料的面内各向异性，导致拉深过程中沿圆筒形件周向各个方位材料变形不一致，从而要在拉深件上形成图5-7所示的凸耳。凸耳的数量有2，4，6和8个，视材料的异性情况而定。

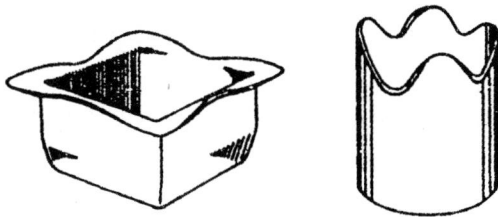

图 5-7　拉深凸耳

材料的各向异性用厚向异性指数 r 和面内异性指数 Δr 表示，r 和 Δr 的定义式为

$$r = \frac{\varepsilon_b}{\varepsilon_t}$$
$$\Delta r = \frac{r_0 - 2r_{45} + r_{90}}{2}$$

$$(5-12)$$

板料在轧制过程中,沿板面内各个方位形成了不同的晶粒状况和组织结构,从而使各个方向的变形能力不同,对应的 r 值大小也不同。在拉深过程中,工件凸缘上,r 值较大的方位板厚变化小(即 ε_t 小),r 值较小的方位板厚变化大,从而使 r 值较大的方位成形后零件筒壁高度较高,各方位高度不同,在宏观上形成了凸耳。凸耳的高度和位置与 Δr 有关。

拉深成形零件口部出现凸耳,使零件边缘不齐,影响零件的成形质量,必须增加去除凸耳的修边工序。

如前所述,拉深件凸缘区的变形以塑性压缩变形为主。由于塑性变形总是伴有弹性变形,所以拉深结束后,工件会因卸载而产生回弹,通常,回弹将使拉深件筒口直径扩大。回弹的大小还受到拉深凸模和凹模之间间隙大小的影响。因此,拉深凸模需要将零件完全从凹模中顶出,否则零件会卡死在凹模模腔内。

§5-3 圆筒形件拉深时材料的受力分析

拉深过程中,经凸模施加的外载作用区为筒底,而材料的变形主要集中在凸缘区,因此,呈现出十分复杂的应力状态。图 5-8 所示为工件上各部分的应力状态。

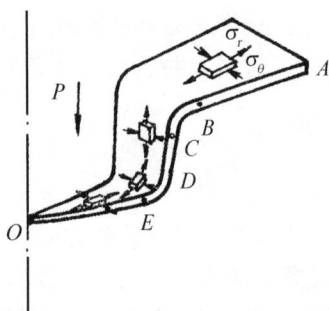

图 5-8 拉深件应力状态示意图　　　　图 5-9 凸缘的微单元体

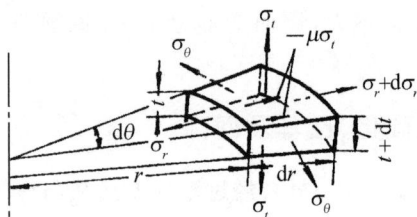

一、凸缘区材料的应力分析

作用于筒底的拉深力经筒壁传至凸缘。凸缘材料受径向拉应力 σ_r 和周向压应力 σ_θ 作用,逐步向凹模型腔流动。

从凸缘上取微单元体,受力状态如图 5-9 所示。根据沿单元径向的静力平衡条件(忽略摩擦影响),得

$$(\sigma_r + \mathrm{d}\sigma_r)(t + \mathrm{d}t)(r + \mathrm{d}r)\mathrm{d}\theta - \sigma_r t \cdot r\mathrm{d}\theta - 2\sigma_\theta \sin\frac{\mathrm{d}\theta}{2} \cdot t\mathrm{d}r = 0 \quad (5-13)$$

化简并略去高阶微量,得

$$\frac{\mathrm{d}(\sigma_r t)}{\mathrm{d}r} + \frac{(\sigma_r - \sigma_\theta)t}{r} = 0 \quad (5-14)$$

此式的求解需利用数值计算方法。为简化求解过程,现仍假设板料厚度不变,则式(5-14)转化为如下形式:

$$\frac{d\sigma_r}{dr} + \frac{\sigma_r - \sigma_\theta}{r} = 0 \qquad (5-15)$$

若不考虑凸缘材料的应变硬化效应,假设材料服从 Tresca 屈服条件,则

$$\sigma_r - \sigma_\theta = \sigma_s \qquad (5-16)$$

将式(5-16)代入式(5-15),并考虑到在 $r = R$ 处 $\sigma_r = 0$ 的边界条件,可得

$$\left.\begin{array}{l} \sigma_r = \sigma_s \ln \dfrac{R}{r} \\[2mm] \sigma_\theta = \sigma_s \left(\ln \dfrac{R}{r} - 1 \right) \end{array}\right\} \qquad (5-17)$$

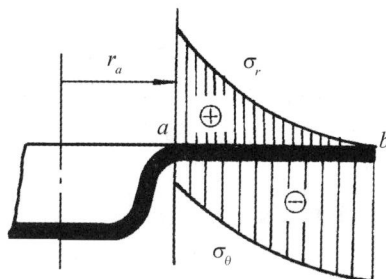

图 5-10　拉深件凸缘上的应力分布规律

式(5-17)即确定了拉深过程任一瞬间凸缘上应力的分布规律(见图5-10)。由此可以看出:

(1)凸缘外区应力状态以压缩为主,内区应力状态以拉伸为主。这也就是外区材料厚度增加、内区材料厚度减薄的原因。

(2)在凹模型腔入口处,径向应力最大,即

$$\sigma_{r\max} = \sigma_{r|r=r_a} = \sigma_{r_a} \qquad (5-18)$$

(3)凸缘上 σ_θ 恒负,所以式(5-16)可改写为

$$|\sigma_\theta| = \sigma_s - \sigma_r \qquad (5-19)$$

等式左边表示 σ_θ 的绝对值。由此说明增大 σ_r 可减小 σ_θ 的绝对值。

二、拉深件摩擦力分析

拉深过程中,凸缘材料流入凹模型腔时,受到图5-11所示的摩擦力作用,即凸缘材料与压边圈和凹模面之间的摩擦,凹模圆角区材料与凹模圆角之间的摩擦。这两类摩擦力的作用方向与材料流动方向相反,阻碍材料向凹模型腔流动,增加了筒壁承受拉应力的负担,因此对变形是不利的,要设法克服。

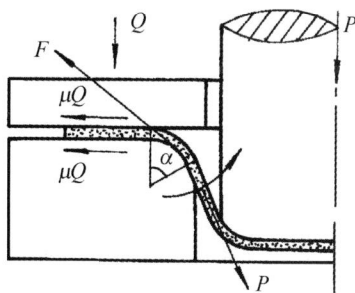

图 5-11　摩擦力作用

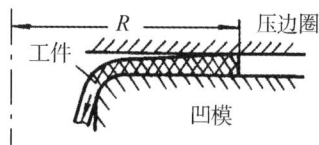

图 5-12　压边圈与工件的接触状态

拉深过程中,工件外边缘厚度增加最多,压边圈实际上主要作用于外边缘上(见图5-12)。因此,压边力引起的摩擦力 $2\mu Q$ 可用作用于外边缘的径向拉应力 σ_H 等效,则

$$\frac{2\mu Q}{2\pi} d\theta = \sigma_H \cdot R \cdot d\theta \cdot t$$

化简得

$$\sigma_{\mathrm{H}} = \frac{\mu Q}{\pi R t} \qquad (5-20)$$

式中，Q 为压边力；μ 为摩擦因数；R 和 t 分别为外边缘的半径和厚度。

凹模圆角处摩擦力的影响类似于皮带绕过圆柱体拉动重物时皮带与圆柱体之间的摩擦作用。如图 5-13 所示，可有

$$\sigma_c = \sigma_a \mathrm{e}^{\mu\varphi} \qquad (5-21)$$

式中，μ 为摩擦因数；φ 为包角；σ_a 和 σ_c 分别为凹模入口处和筒壁与凹模圆角切点处的径向应力。

凸模圆角处材料受拉有向外流动的趋势，所以摩擦力指向内。这对拉深是有利的。一方面可以减缓凸模圆角区材料的变薄；另一方面可以抵消一部分筒壁拉应力。

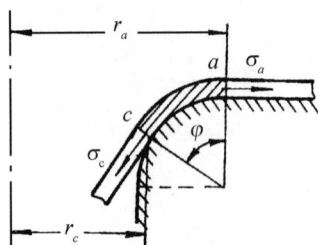

图 5-13　凹模圆角处的摩擦的影响

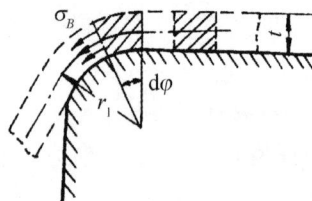

图 5-14　凹模圆角处的弯曲等效模型

三、弯曲附加应力分析

材料从凸缘流入凹模模腔经过凹模圆角区时，要产生弯曲变形，从而增加了材料的流动阻力，使筒壁拉应力的负担加重。

弯曲引起的变形阻力可用径向拉应力 σ_B 等效。参照图 5-14 的弯曲模式，对单位宽度板条的弯曲由功平衡原理得

$$M\mathrm{d}\varphi = \sigma_B t r_1 \mathrm{d}\varphi \qquad (5-22)$$

式中，M 为塑性弯曲力矩，对理想塑性材料

$$M = \frac{\sigma_s t^2}{4} \qquad (5-23)$$

将式（5-23）代入式（5-22）得

$$\sigma_B = \frac{t}{4r_1}\sigma_s \qquad (5-24)$$

式中

$$\left. \begin{array}{l} r_1 = r_d + \dfrac{t}{2} \\[2mm] t \approx t_0 \end{array} \right\} \qquad (5-25)$$

而 r_d 为凹模圆角半径；t_0 为板料厚度；σ_s 为屈服应力。

当材料从凹模圆角区向筒壁转变时，要经受反向弯曲，这同样会增加筒壁拉应力负担。由反向弯曲引起的等效附加应力 σ'_B 与 σ_B 基本一致，故近似取

$$\sigma'_B = \sigma_B \qquad (5-26)$$

四、筒壁拉应力与拉深力

筒壁是拉深时的传力区，将作用于筒底的外载传递到凸缘上。筒壁传递的力既要使凸缘材料产生塑性变形，又要克服各种有害力的影响。综合前述几方面因素，筒壁拉应力由四部分构成，即凸缘材料变形抗力 σ_r、压边摩擦力 σ_H、凹模圆角处的摩擦力和弯曲附边应力 σ_B。筒壁拉应力可表示为

$$\sigma_c = (\sigma_{r_a} + \sigma_H)e^{\mu \cdot \varphi} + 2\sigma_B \qquad (5-27)$$

式中

$$\sigma_{r_a} = \sigma_s \ln \frac{R}{r_a} \qquad (5-28)$$

在式（5-27）中，σ_{r_a} 在拉深过程中是变化的。式（5-28）是在理想塑性材料的条件下得到的。对硬化材料，σ_{r_a} 的变化为两个相互消长因素作用结果，即变形抗力不断增加和 $\frac{R}{r_a}$ 不断减小，拉深开始时前一因素起主导作用，之后后一因素起主导作用，从而使 σ_{r_a} 在 $\frac{R}{R_0} = 0.8 \sim 0.9$ 时取最大值，用 $\sigma_{r_a}^{\max}$ 表示。式（5-27）中的 σ_H 由压边力 Q 决定，而 Q 值与压边方法有关。对下面提到的固定压边圈和弹性压边圈来说，一般 Q 值随拉深过程的进行而增大。式（5-27）中的包角 φ 的最大值是 $\frac{\pi}{2}$，并且在拉深开始后不久，φ 就达到这一最大值。综合考虑可知，筒壁拉应力 σ_c 在拉深初期即取得最大值。图 5-15 是 σ_c 在拉深过程中的变化趋势。

$$\sigma_c^{\max} = (\sigma_{r_a}^{\max} + \sigma_H)e^{\frac{\pi}{2}\mu} + 2\sigma_B \qquad (5-29)$$

其中 σ_H 和 σ_B 由式（5-20）和式（5-24）给定。

求得筒壁拉应力 σ_c 后，进一步参照图 5-16 可得拉深力为

$$P = \pi d t \sigma_c \sin\varphi$$

最大拉深力为

$$P_{\max} = \pi d t_0 \sigma_c^{\max} \qquad (5-30)$$

式中，d 为圆筒形件中径；t_0 为板料厚度。最大拉深力 $P_{\max}$ 也是在拉深初期就达到的。图 5-17 是实验记录的拉深力与行程的关系曲线。

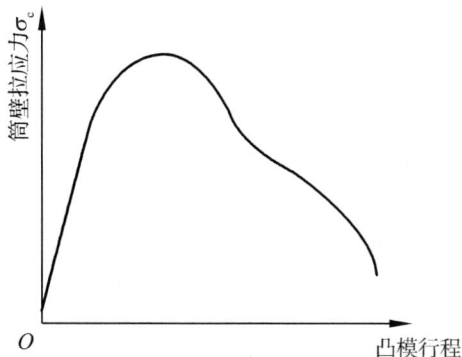

图 5-15　筒壁拉应力变化趋势　　　图 5-16　拉深力作用模型

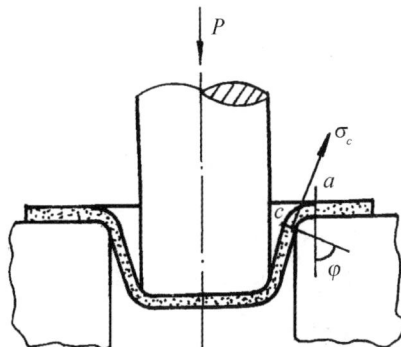

从上述分析可知,最大拉深力 P_{max} 的大小不仅与材料特性有关,而且与包括压边力、润滑状况和凹模圆角半径等在内的成形条件有很大关系。

为了简化计算,生产中也可采用经验式估算拉深力:

$$P_{max} = 3(\sigma_b + \sigma_s)(D_0 - d - r_d)t_0 \qquad (5-31)$$

式中,σ_s 为屈服应力(MPa);σ_b 为材料抗拉强度(MPa);D_0 为毛坯直径(mm);d 为圆筒形件直径(mm);r_d 为凹模圆角半径(mm);t_0 为毛坯厚度(mm);P_{max} 为拉深力(kN)。根据估算结果选用压力机。

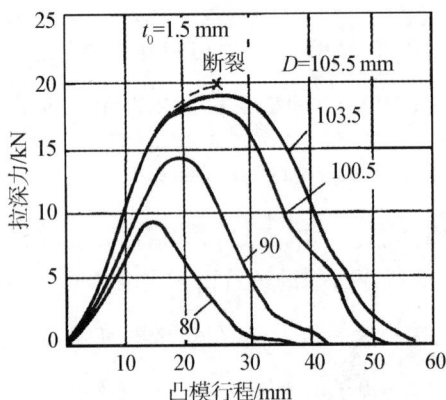

图 5-17 拉深力与行程的关系

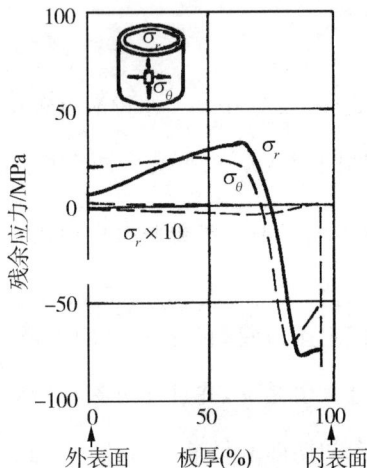

图 5-18 拉深件残余应力

五、残余应力

经拉深而成的筒形件由于拉深过程中在凹模圆角处的弯曲和反弯曲引起了残余应力。筒壁外表面的残余应力为拉应力,内表面为压应力,如图 5-18 所示。

§5-4 拉深毛坯尺寸和拉深系数

一、拉深毛坯尺寸

拉深过程中材料的变形特点是直径较大的毛坯收缩为直径较小一些的筒形件。由于在工程实践中一般先给定筒形零件的尺寸,所以在确定零件的拉深成形方案时,应先计算出拉深毛坯尺寸。

拉深毛坯尺寸计算的基本思想是金属塑性变形体积不变。如果不考虑薄板厚度在拉深成形过程中的变化,则体积不变可进一步退化为面积不变。对圆筒形拉深零件,毛坯为圆形平板,设其直径为 D_0,则毛坯的表面积为

$$A_0 = \frac{\pi}{4} D_0^2 \qquad (5-32)$$

为了便于计算拉深件的表面积,可将零件划分为若干个形状简单的组成部分(见图5-19),分

别计算出各个部分的表面积并相加后,得到零件的总面积 A,即

$$A = A_1 + A_2 + \cdots + A_n = \sum_{i=1}^{n} A_i \qquad (5-33)$$

根据表面积不变条件得

$$D_0 = \sqrt{\frac{4}{\pi}} = \sqrt{\frac{4}{\pi} \sum_{i=1}^{n} A_i} \qquad (5-34)$$

需要说明的是,式(5-34)中拉深件各组成部分面积 A_i 应按中性面计算。即便如此,计算出的毛坯直径依然是近似的,在实际应用中,还应根据具体情况作必要的修正。

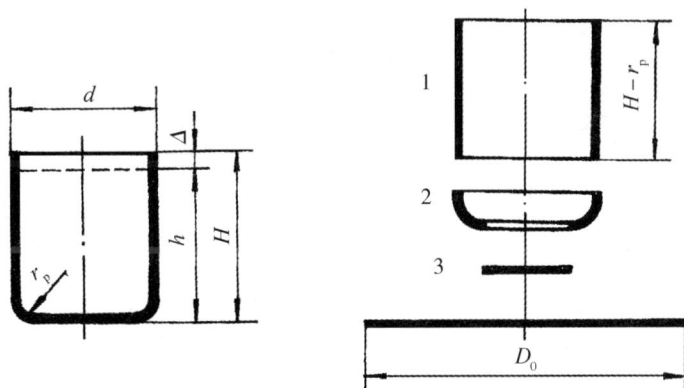

图 5-19   圆筒形拉深件及几何划分

如前所述,由于板料各向异性,会在拉深件上产生凸耳。另一方面,板料厚度不均匀、毛坯定位不准或者凸模和凹模之间的间隙不均匀等因素,也都会导致拉深件边缘不整齐。因此,拉深后要修边,而这一修边余量在计算毛坯直径时应当予以考虑。如图 5-19 所示,Δ 就表示修边余量。圆筒形拉深件的修边余量参考表 5-1。

表 5-1   圆筒形拉深件的修边余量

零件高度 h/mm	修边余量 Δ/mm
$10 \sim 50$	$1 \sim 4$
$50 \sim 100$	$2 \sim 6$
$100 \sim 200$	$3 \sim 10$
$200 \sim 300$	$5 \sim 12$

二、拉深系数

拉深系数用 m 表示,定义为拉深后筒形件直径与拉深前毛坯直径之比,即

$$m = \frac{d}{D_0} \qquad (5-35)$$

式中,d 指拉深后筒形件中径,对薄板料也可用筒形件外径或内径进行计算。D_0 为毛坯直径,可按式(5-34)计算。

拉深系数 m 是拉深成形过程的重要工艺参数,它直观、简便地反映了材料的变形程度。m 值愈小,拉深前、后直径差别愈大,变形程度愈大。拉深系数值决定了拉深件的精度和质量,当

m 值小于一定数值时,需采取有效的工艺措施来防止拉深件的起皱、破裂或者其他质量问题。

类似于拉深系数,也用拉深比作为衡量拉深件变形程度的简单指标。拉深比 K 的定义为

$$K = \frac{D_0}{d} = \frac{1}{m} \tag{5-36}$$

K 值愈大,变形程度愈大。

§5-5　拉深件的起皱和破裂

起皱和破裂是拉深成形的两类性质不同的工艺问题,对拉深件质量有严重影响。据统计,由于破裂和起皱而造成的废品约占拉深废品总数的 $80\% \sim 90\%$。因此,对起皱和破裂现象进行分析与研究,对于提高工艺技术水平、减少试验、节约材料和工时费用等具有十分重要的意义。

一、起皱

1.起皱机理与类型

起皱指拉深成形中凸缘材料上出现的局部皱褶,如图 5-20 所示。

由 §5-3 节的应力分析知道,拉深过程中主要变形区凸缘上材料的应力状态外区以压缩为主。外区的压缩应力 σ_θ 的绝对值会随变形程度的增加而增加。对一定厚度的板料,当 σ_θ 超过某个临界值时,便会出现类似于压杆失稳的现象,凸缘材料失稳形成波浪状的皱褶。因此,起皱的原因是压缩失稳,而起皱的条件和皱褶的大小则主要取决于变形程度和板料抗压失稳刚度。变形程度用拉深系数表示,板料抗压失稳刚度可用板料的相对厚度(t_0/D_0)来表示。

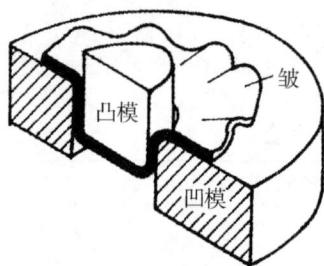

图 5-20　起皱　　　　图 5-21　外皱和内皱

当皱褶轻微时,仍可能勉强从凸模和凹模之间的间隙通过,但会在零件的侧壁上遗留下起皱的痕迹,因此说起皱是非破坏性缺陷。然而,如果皱褶严重,则材料不能从凸模和凹模之间的间隙通过,强行拉深就导致拉裂。

根据皱褶出现的部位不同,起皱有外皱和内皱之分(见图 5-21)。外皱指出现在拉深件凸缘外区的皱褶。内皱指出现在凸模与凹模之间悬空部分材料上的皱褶,它也是由周向压缩应力引起的。

2.起皱的条件

起皱的原因虽然是周向压缩应力,但并不是周向压缩应力就一定引起皱褶。皱褶的产生受到诸如拉深系数、板料相对厚度、模具结构类型与几何参数、润滑状态和材料硬化指数等多方面因素的制约,其中尤以拉深系数和板料相对厚度影响显著。

拉深成形过程中,起皱与否的极限条件可用经验式判定:

$$\frac{t_0}{D_0} \geqslant k(1-m) \qquad (5-37)$$

式中,t_0 和 D_0 分别为拉深毛坯的厚度和直径;m 为拉深系数;k 为修正系数,其值参考表 5-2。

表 5-2　起皱条件修正系数值 k

实　验　者	k	材　料
Sachs	1/6	—
Esser 和 Arendd	1/8.7	退火铜,黄铜,软钢
Senio Johnson	1/6.3	镇静钢,7/3 黄铜,铝
宫川	7/80	铝

如果零件的拉深系数和相对厚度满足式(5-37)给定的条件,拉深过程不会起皱。反之,如果不满足式(5-37),拉深件就会起皱。板料相对厚度(t_0/D_0)愈小,则抗压失稳能力愈差,愈易起皱。拉深系数 m 愈小,凸缘材料变形程度愈大,周向压缩应力也随之增大,同时 m 值小时,凸缘宽度大,抗压失稳刚度也就差。所以 m 值愈小,皱褶愈严重。

拉深成形过程是否起皱,也可通过图 5-22 所示曲线图来判断。

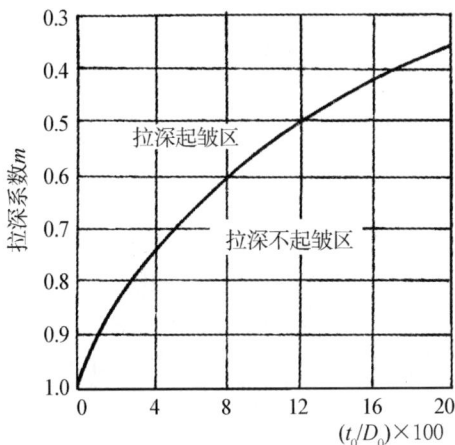

图 5-22　第一次拉深时的起皱临界线

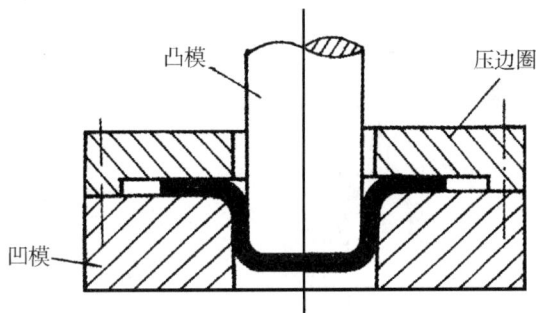

图 5-23　固定压边圈

3. 防皱措施

如果拉深件的拉深系数和板料相对厚度不能满足式(5-37),则会起皱。为保证拉深过程顺利进行、产品质量符合要求,必须采取措施防止失稳起皱。

(1)固定压边圈。所谓压边圈就是将凸缘材料压紧在凹模面上限制起皱的一块板件。固定压边圈结构如图 5-23 所示,压边圈刚性固定于凹模,与凹模面之间的间隙是固定不变的。固定压边圈与凹模面之间的间隙大小对压边效果有显著影响。间隙太大起不到压边防皱的作用,间隙太小会把材料压死,阻碍材料顺利流入凹模型腔。一般固定压边圈与凹模面之间的间隙取为

$$t_h = 1.15t_0 \qquad (5-38)$$

压边圈与凸模之间的间隙也应选择合适的值,一般,根据材料厚度的不同,单边间隙在

$0.2 \sim 0.5$ mm 范围内。拉深薄料时间隙取小值,反之取大值。

在双动冲床上拉深时,采用冲床外滑块压边也属于固定压边圈,不过,这时压边圈不是固定在凹模上,而是固定在冲床外滑块上,如图 5-24 所示。

刚性压边圈的特点是结构简单,工作稳定可靠,但灵活性差,取件有时不方便,对厚度公差较大的板料,防皱效果较差,模具的开敞性差,不利于操作。

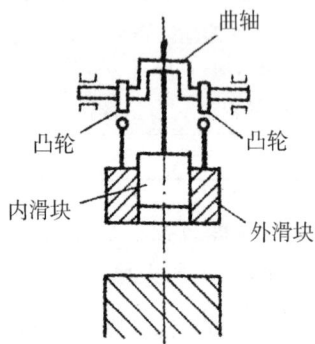

图 5-24 双动压力机拉深

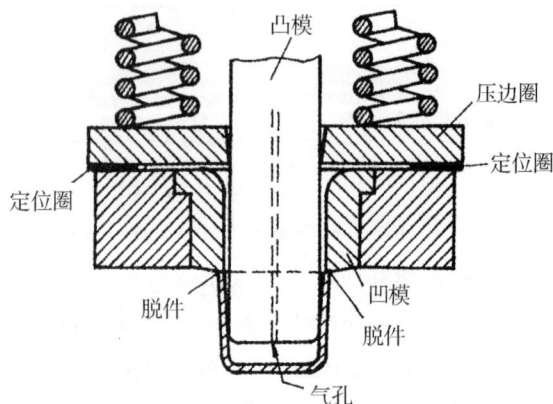

图 5-25 弹性压边圈

(2)弹性压边圈。弹性压边圈是拉深模中最为普遍的压边装置,其典型结构如图 5-25 所示。压边圈与弹性元件连接在一起,压边圈与凹模面之间的间隙是变化的。弹性压边圈的压边力可以预先估算,从而保证良好的压边效果。

图 5-25 所示为正装式拉深模,压边圈的压边力由弹簧提供,压边圈与弹簧属于模具的零件。图 5-26 所示为倒装式拉深模,压边力由缓冲器来提供,缓冲器一般装在下模座或冲床下台面上。

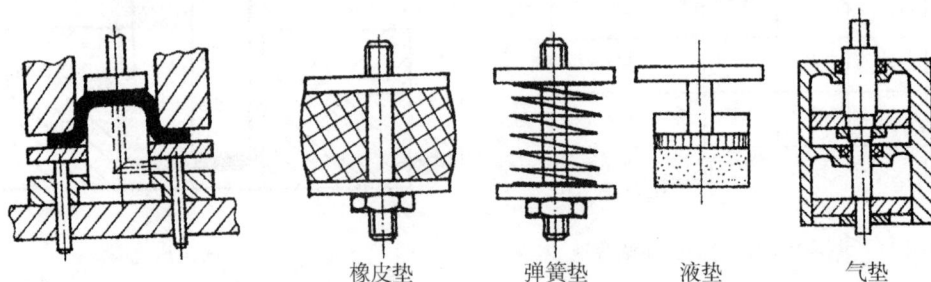

图 5-26 弹性缓冲器压边

弹性压边圈的防皱效果取决于压边力的大小,合适的压边力应既能防皱又能保证材料顺利拉入凹模。压边力太大会把材料压死在凹模面上,无法流动,徒然助长筒壁拉裂的危险。压边力太小又难以防止凸缘材料失稳。由于拉深过程中,凸缘起皱的可能性是变化着的:一方面凸缘材料厚度在增加,凸缘宽度在减小,抗失稳刚度提高;另一方面周向压缩应力绝对值在增加。矛盾的两个方面互相消长,并且周向压缩应力在拉深初期增长较快,因此,凸缘失稳的可能性发生在拉深初期。经验表明,这一时机出现在 $R = (0.8 \sim 0.9)R_0$ 时,由此,不难推断,理想的压边力变化规律应如图 5-27 所示。然而,提供图示压边力在技术上是很困难的。生产中用经验公式近似估算压边力的最小值：

$$Q = \frac{\sigma_s + \sigma_b}{1\,765}(D_0 - d - 2r_d - 8t_0)\frac{D_0}{t_0} \quad (5-39)$$

式中，σ_s、σ_b 为材料屈服应力和抗拉强度（MPa）；D_0 为毛坯直径（mm）；d 为圆筒形件外径（mm）；r_d 为凹模圆角半径（mm）；t_0 为毛坯厚度（mm）；Q 为压边力（kN）。

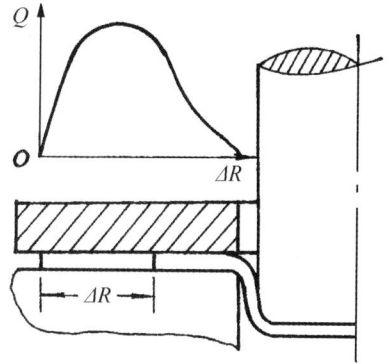

图 5-27　理想压边力

　　（3）防皱埂。防皱埂又称拉深筋，是防止内皱的有效手段。防皱埂就是在凹模面上设置筋条，使材料从凸缘进入凹模型腔时在防皱埂上产生弯曲和反弯曲变形，从而使凸模和凹模之间无约束区材料的径向拉伸应力增大，达到防皱的目的。这是因为由前 §5-3 的分析结论知，增大径向拉应力 σ_r 时，周向压缩应力 σ_θ 的绝对值会减小的缘故。图 5-28 是拉深半球形件时用防皱埂防止内皱的例子。

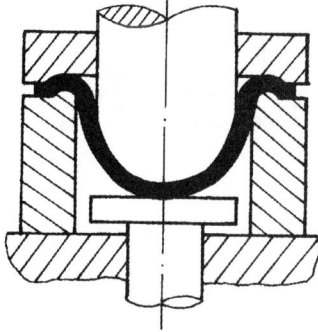

图 5-28　防皱埂

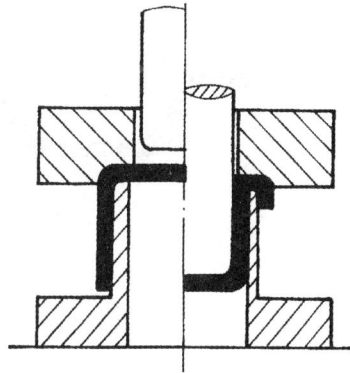

图 5-29　反拉深

　　（4）反拉深。反拉深就是将首次拉深后的半成品拉深件倒扣在凹模上再进行拉深（见图 5-29）。由于反拉深中材料进入凹模型腔前增加了弯曲、反弯曲变形和摩擦作用，使径向拉应力增大，从而达到防止起皱的目的。

　　（5）曳物线凹模或锥形凹模拉深。拉深过程中，凸缘材料沿周向是收缩的。板料与凹模面之间沿周向的摩擦力有阻碍起皱的作用。利用这一原理采用图 5-30 所示的曳物线凹模拉深可以收到防皱的效果。所谓曳物线凹模就是凹模型腔的轮廓线为数学上的曳物线，其方程如图 5-30 所示。与普通凹模相比，用曳物线凹模拉深时，只是凸缘外边缘与凹模面接触，周向接触摩擦力较大，从而起到了防皱的效果。

　　曳物线凹模的加工要复杂一些，主要用于多次拉深时的首次拉深，而且板料厚度不可太薄。

　　有时，为简化加工，用锥形凹模代替曳物线凹模。

二、破裂

　　拉深系数是表示材料拉深过程中变形程度的指标。当拉深系数小于某个临界值时，拉深过程会出现图 5-31 所示的破裂现象，对应的拉深系数称为极限拉深系数（m_{lim}）。对成形过程来说，破裂是一种破坏性的成形障碍，一旦出现，成形即告失败。

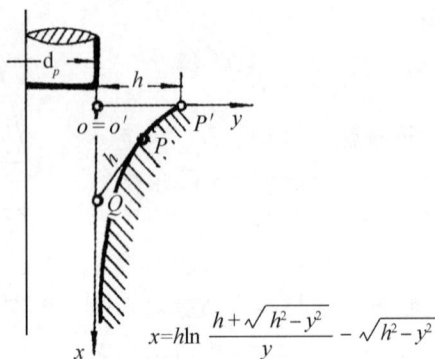

$$x = h\ln\frac{h + \sqrt{h^2 - y^2}}{y} - \sqrt{h^2 - y^2}$$

图 5-30　曳物线拉深凹模

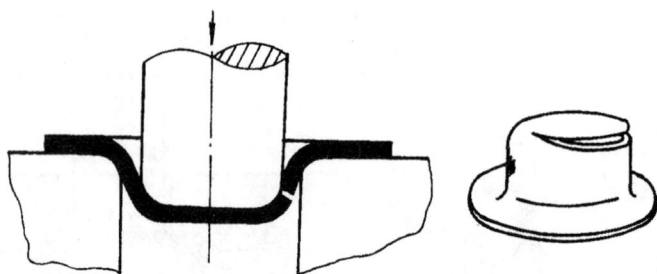

图 5-31　拉深破裂

　　拉深过程中凸缘材料的基本变形特征是压缩变形。对一般韧性金属材料来说,这意味着凸缘区材料无破裂之忧。筒壁和凸模圆角区材料受拉,存有拉深破裂的可能性。由 §5-2 节中关于板料厚度变化规律的分析可知,凸模圆角区材料由于在拉深初期受凸模的顶压和弯曲变形的影响,局部有一定变薄,在拉深过程中进一步受双向拉伸,厚度又有所变薄,成为厚度最薄的区域。同时由于凸模圆角区材料的变形量较小,应变硬化效应相对来说也比较小。所以,在将凸模作用于筒底的力向凸缘传递时,凸模圆角区成为承载的薄弱区。其中特别是筒壁与凸模圆角相切点稍靠内侧的材料,不仅厚度薄,而且受凸模的有利摩擦也小,所以成为最容易破裂的位置,被称为危险断面。

　　除了拉深系数过小,即变形程度过大引起破裂外,压边力过大、凸缘起皱、凸凹模间间隙过小和材料内部缺陷等其他因素也会引起拉深件的破裂。

　　拉深件破裂一般发生在最大拉深力出现之前的拉深成形初始阶段,如图5-17所示。因此,保证拉深成形过程顺利进行的必要条件是:筒壁传力区材料所承受最大拉应力应当小于其危险断面的抗拉强度(或称承载能力)。设危险断面抗拉强度为 σ_i,由于拉深件筒壁受力状态类似于两端受拉力的薄壁管,内部有凸模支承,所以可以近似认为筒壁受拉时属于平面应变状态,从而有

$$\sigma_i = \frac{2}{\sqrt{3}}\sigma_b \tag{5-40}$$

式中,σ_b 为材料单拉时的抗拉强度。

　　筒壁不发生破裂的临界条件可表示为

$$\sigma_c^{\max} = \sigma_i \qquad (5-41)$$

严格讲,将式(5-29)和式(5-40)代入式(5-41)是能够解出极限拉深系数的,但由于式(5-29)本身也是近似式而且求解相当费时,所以现采用较为简便的方法。即将式(5-30)和式(5-31)与式(5-41)联立求解,可得

$$\frac{1}{m_{\text{lim}}} = 1 + \frac{r_d}{d} + \frac{2\pi}{3\sqrt{3}} \frac{\sigma_b}{\sigma_b + \sigma_s} \qquad (5-42)$$

Whitely 在考虑了材料厚向异性指数 r 的影响后给出

$$\sigma_i = \frac{1+r}{\sqrt{1+2r}} \sigma_b \qquad (5-43)$$

仍按式(5-42)的推导过程可得

$$\frac{1}{m_{\text{lim}}} = 1 + \frac{r_d}{d} + \frac{\pi(1+r)}{3\sqrt{1+2r}} \cdot \frac{\sigma_b}{\sigma_b + \sigma_s} \qquad (5-44)$$

式(5-42)和式(5-44)中符号的意义与式(5-31)相同。

当已知板料的性能参数时,即可利用式(5-42)或式(5-44)近似估算 m_{lim} 值。当然,更准确的方法是通过实验直接确定。表5-3是一些常见材料的极限拉深系数。如果零件的拉深系数小于材料的极限拉深系数,则拉深过程中会破裂。反之,如果零件的拉深系数大于材料的极限拉深系数,则拉深破裂可以避免。

表 5-3　常见材料的极限拉深系数

材料名称	牌　号	首次拉深 m_1	以后各次拉深 m_n
铝及铝合金	035-O,L6M,3A21-O	0.52～0.55	0.70～0.75
	2A11-O,2A12-O	0.56～0.58	0.75～0.80
铜	T2,T3,T4	0.50～0.55	0.72～0.80
黄　铜	H62	0.52～0.54	0.70～0.72
	H68	0.50～0.52	0.68～0.72
康　铜		0.50～0.56	0.74～0.81
镍及镍合金	N6.N7,NSi0.19,NSi0.2,NMg0.1	0.48～0.53	0.70～0.75
膨胀合金	4J29	0.65～0.67	0.85～0.90
镀锌铁皮		0.58～0.65	0.80～0.85
酸洗钢板		0.54～0.58	0.75～0.78
不锈钢	1Cr18Ni9Ti	0.52～0.55	0.78～0.81

注:1. $r_d/t_0 < 6$ 时,拉深系数取大值;$r_d/t_0 \geqslant 7\sim8$ 时,拉深系数取小值;

2. $(t_0/D_0) \times 100 < 0.6$ 时,拉深系数取较大值;$(t_0/D_0) \times 100 \geqslant 0.6$ 时,拉深系数取较小值。

三、拉深性及其影响因素

拉深性指材料对拉深成形的适应能力,通常指不发生破裂的最大可能性。不同的材料其拉深性也不同,对拉深性的评价有多种实验方法。最常用的拉深性指标是极限拉深系数 m_{lim}。极限拉深系数的值小,拉深性好;反之,拉深性差。影响拉深性的主要因素如下。

1. 材料的机械性能

从材料的组织结构看,单相、晶粒大小均匀、晶粒度为 $5 \sim 7$ 级时,拉深性最好。

在材料性能指标中,硬化指数 n 和厚向异性指数 r 对拉深性的影响最显著。n 值愈大,材料抵抗拉伸失稳的能力愈高。在拉深过程中,危险断面受拉变薄,n 大的板料能以加速硬化来弥补因变薄造成的强度损失。因此,n 值愈大,拉深性愈好。材料屈强比 $\dfrac{\sigma_s}{\sigma_b}$ 对拉深性的影响与 n 相似,不过趋势相反,即 $\dfrac{\sigma_s}{\sigma_b}$ 愈小,极限拉深系数 m_{lim} 愈小,愈有利于提高拉深性。图 5-32 为 n 对极限拉深系数的影响。

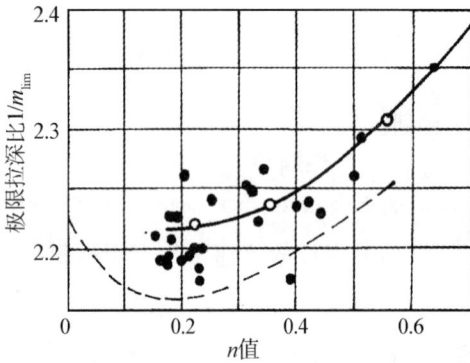

图 5-32　n 对 m_{lim} 的影响

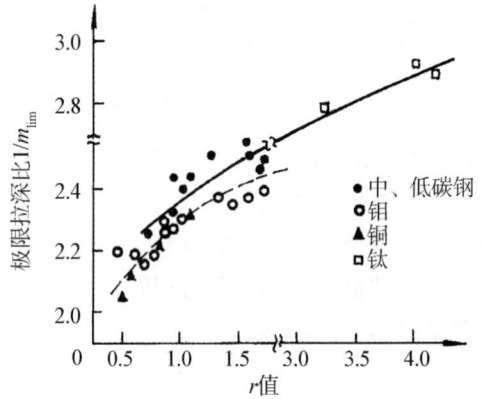

图 5-33　r 对 m_{lim} 的影响

r 值愈大,板料愈不易在厚度方向发展变形,危险断面也愈不易变薄、拉裂,极限拉深系数值也就愈小。另外,r 较大的板料,凸缘材料较易发生周向压缩变形,因此对拉深有利。r 对拉深性的影响如图 5-33 所示。

2. 板料相对厚度 t_0/D_0

板料相对厚度愈大,拉深性愈好。因为相对厚度大时,凸缘材料抗压失稳刚度大,不易失稳起皱,从而可以减小压边力,减小由压边力引起的摩擦,减小筒壁拉应力,提高拉深性能。图 5-34 所示为板料厚度对极限拉深系数的影响。

3. 凸模圆角半径 r_p

凸模圆角是拉深时破裂位置所在,凸模圆角半径 r_p 的值对拉深性有着显著的影响。当 r_p 较小时,凸模圆角处材料变形大,板厚减薄严重,使危险断面强度

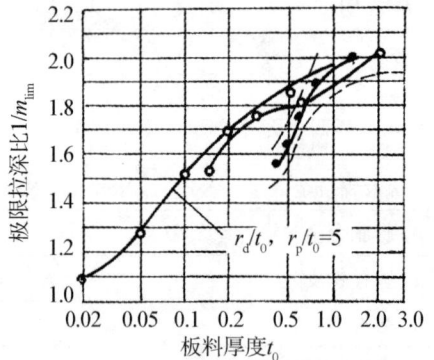

图 5-34　料厚对拉深性的影响

降低。当 r_p 较大时,凸模与板料的接触面积减小,接触压力增大,双向拉应力引起筒底板料在大范围内变薄,使拉深性降低。此外,当 r_p 值较大时,凸模与凹模之间悬空部分材料增多,容易引起内皱。图 5-35 反映了凸模圆角半径 r_p 对拉深性的影响。选择恰当的 r_p 值对提高拉深性是重要的。生产中,r_p 值一般在下式给定范围内选择:

$$4 \sim 6 \leqslant r_p/t_0 \leqslant 10 \sim 15 \tag{5-45}$$

r_p 的值也可参考图 5-36 确定。当然,r_p 值能够与拉深件筒底圆角半径一致是最理想的。如果不

能取得一致,则应先按可行的 r_p 值拉深,然后通过校形达到要求的圆角半径。

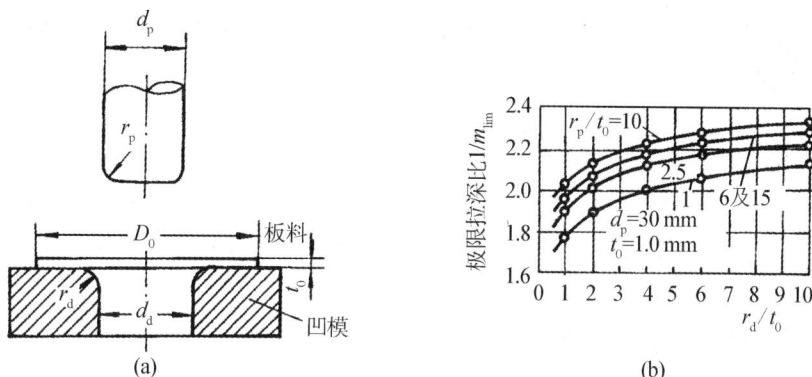

图 5 - 35　r_p 和 r_d 的取值范围
(a)拉深模具工作部分结构参数;(b)凸、凹模圆角半径与极限拉深比关系

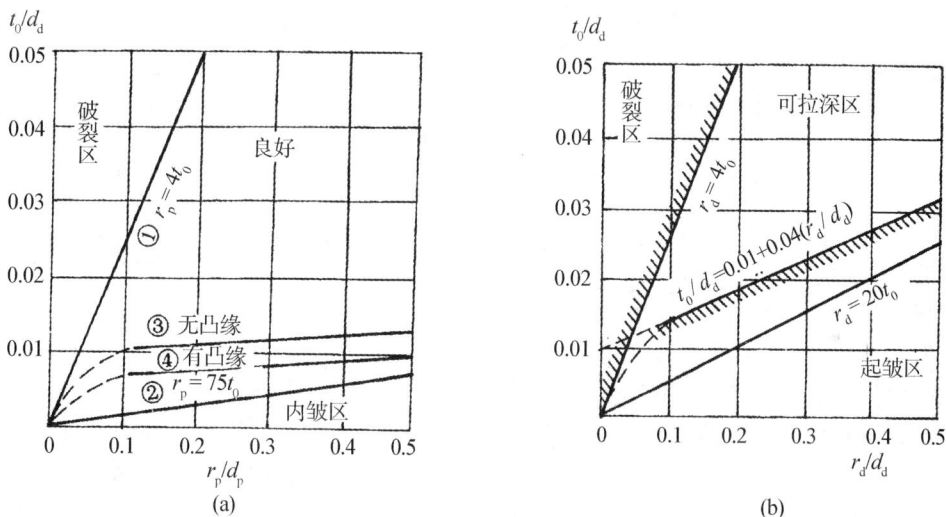

图 5 - 36　r_p 和 r_d 的取值范围
(a)凸模圆角半径确定;(b)凹模圆角半径确定

4.凹模圆角半径 r_d

拉深过程中,凸缘材料流入凹模型腔时,在凹模圆角处的弯曲和反弯曲变形以及摩擦均会增加筒壁拉应力。因此,凹模圆角半径对拉深性有显著的影响。

r_d 过小,会使拉深力增大,影响模具寿命。一般来讲,较大的 r_d 对拉深性是有利的,如图 5-35 所示。但过大的 r_d 值会减小压边面积,在拉深后期,毛坯外缘过早地离开压边圈,容易起皱,同时,因凸模和凹模之间材料悬空部分过大而招致内皱。一般,r_d 的取值范围是

$$6 \sim 8 \leqslant r_d/t_0 \leqslant 10 \sim 15 \tag{5-46}$$

当板料厚度较小时取上限;反之,当板料厚度较大时取下限。当材料的拉深性好,且使用的润滑剂合适时,r_d 的值可取小一些。

r_d 的值也可参考图 5 - 36 确定,或者按 Kaczmarek 的经验公式计算:

$$r_d = 0.8\sqrt{(D_0 - d_d)t_0} \tag{5-47}$$

式中各量意义如图 5 - 36 所示。该式适用于 $D_0 - d_d \leqslant 30$ 时；当 $D_0 - d_d > 30$ 时，应取较大 r_d 值。当 $d_d > 200$ mm，r_d 可按下式确定：

$$r_{dmin} = 0.039d_d + 2(\text{mm}) \tag{5-48}$$

5. 凸、凹模间隙

凸缘材料收缩进入凸模和凹模之间形成筒壁是拉深的变形特征。凸、凹模之间的间隙对拉深力、零件质量、模具寿命等都有影响。间隙过小，凸模和凹模对筒壁的挤压和摩擦会加重危险断面的负担，导致零件变薄严重，甚至拉裂。间隙过大，易起皱，零件有锥度，回弹增大，影响拉深件的外形准确度。一般，单边间隙取值为

$$c = (1.1 \sim 1.25)t_0 \tag{5-49}$$

不过，有资料表明，适当的变薄可以减小筒壁周向残余应力。

6. 压边力

如前所述，压边是防皱的有效措施，但压边引起的摩擦对成形是不利的。压边力过大会把凸缘材料压死，难以进入凹模，引起破裂。压边力过小则不足以防皱。因此，压边力的取值原则为：在凸缘材料不起皱的条件下，压边力应最小。图 5 - 37 是压边力对拉深性的影响规律。

7. 润滑条件

拉深过程中，拉深件与凸、凹模之间的摩擦可分为四部分，即凸缘材料与凹模面之间的摩擦、凸缘材料与压边圈之间的摩擦、拉深件

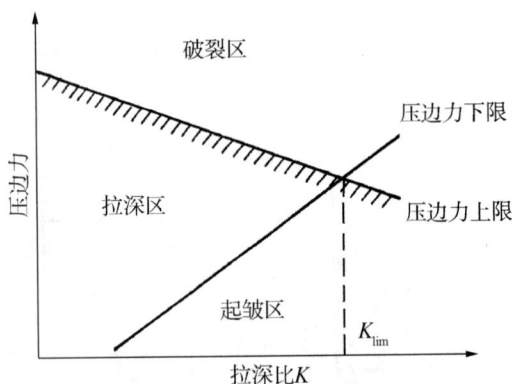

图 5 - 37　压边力对拉深性的影响

材料与凹模圆角之间的摩擦以及拉深件与凸模圆角之间的摩擦。其中前三项对拉深不利，应设法予以克服，最后一项对拉深有利，应设法增加。因此，润滑剂的选择与涂抹方式对拉深有着重要的影响（参见表 5 - 4）。一般，润滑剂只涂在凹模侧。对不锈钢，为了防止凹模与拉深件之间的粘贴，不仅要在凹模侧涂润滑剂，而且凹模还应镀铬。

表 5 - 4　润滑状况对拉深性的影响

凸模形状	润滑状态	毛坯最大直径 /mm	极限拉深系数
平底凸模	两面润滑	200.7	0.508
$r_p = 3.18$ mm	不润滑	193	0.526
$d_0 = 101.6$ mm	凹模侧润滑	205.7	0.495
	凸模侧润滑	193	0.526
半球头凸模	两面润滑	215.9	0.472
$r_p = 50.8$ mm	不润滑	210.8	0.481
$d_0 = 101.6$ mm	凹模侧润滑	226	0.450
	凸模侧润滑	205.7	0.495

图 5-38 所示的机械液压拉深（又称对向液压拉深）就是通过改善润滑条件来提高拉深性的。一方面消除了板料与凹模之间的摩擦；另一方面高压液体使拉深件筒壁紧紧包覆在凸模上，增大了凸模与工件之间的有利摩擦。两方面的综合效应使拉深性显著提高，从而可以获得用普通拉深难以成形的零件尺寸、外形和精度。

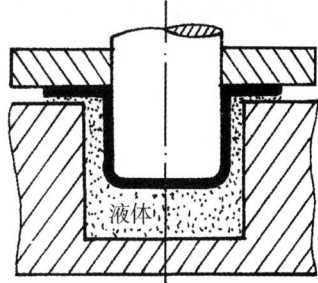

图 5-38　机械液压拉深

§5-6　筒形件多次拉深

多次拉深就是把零件的拉深过程分为多个工序，顺次逐步完成，如图5-39所示。即把成形零件所需的总变形量分摊到各次中，使每一次拉深的变形量减小，变形抗力降低。

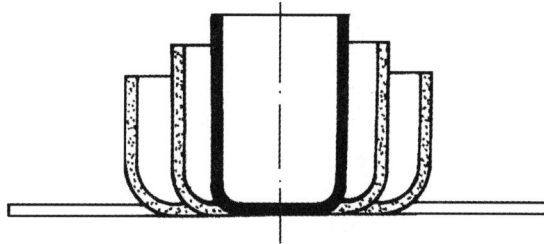

图 5-39　多次拉深

$$m = \frac{d}{D_0} = \frac{d_1}{D_0} \frac{d_2}{d_1} \cdots \frac{d}{d_N} = m_1 m_2 \cdots m_N \qquad (5-50)$$

由拉深性分析我们知道，极限拉深系数可作为拉深破裂极限指标。当实际零件的拉深系数 m 大于极限拉深系数 $m_{\lim}$ 时，可以一次拉深成功而不破裂。反之，当 m 小于 $m_{\lim}$ 时，零件因拉深破裂而难以直接由平板材料一次拉深出来。实际生产中，很多零件正是属于后者，多次拉深是这类零件的有效和简便的成形方法。

一、多次拉深的特点

多次拉深的首次拉深与前面介绍的拉深过程相同，从第二次开始的以后各次拉深统称再拉深，虽然变形规律、应力状态等仍然是一致的，但由于毛坯状态的不同，而表现出以下的特征：

（1）毛坯为筒形件，再拉深过程中变形区（见图5-40中阴影部分，仍称为凸缘）保持不变。

（2）筒形毛坯由拉深制成，厚度和机械性能都不均匀。

（3）毛坯筒壁材料已经硬化，再拉深时又要经过两次弯曲和反弯曲变形后才被拉入凹模，所以变形抗力大，极限拉深系数要比首次拉深大得多，但各次再拉深过程之间相差不大。经中间退火等软化处理措施可以提高拉深性，但作用有限。因为决定拉深极限的是筒壁传力区的强度而非变形区塑性好坏。

（4）再拉深过程中，凸缘区材料外周有毛坯筒壁支持，不容易起皱。

（5）危险断面在各次拉深中不同。前几次拉深的危险断面在当前拉深件的筒壁上。再拉深的最大拉深力在拉深的结尾阶段，所以破裂也往往出现在拉深的末尾。

（6）再拉深时，在毛坯筒口边区域会产生弯曲力矩，由此所引起的弯曲附加力可导致拉深件口部出现竖向裂纹（见图5-41）。

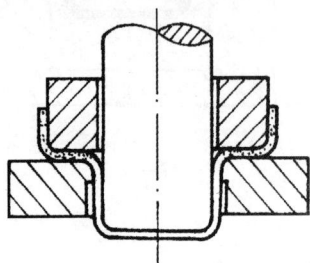

图 5-40　再拉深变形区　　　　图 5-41　再拉深件竖向裂纹

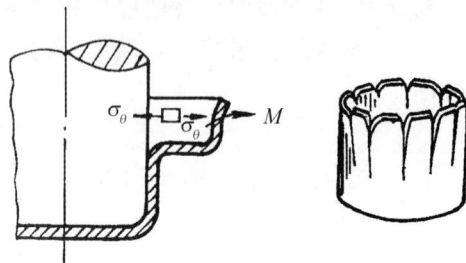

二、多次拉深的方式

由于再拉深时的毛坯为筒形件，带来了定位、防皱等技术问题，所以生产中再拉深常采用如下几种方法。

1. 正拉深

正拉深就是当前拉深与前次拉深材料流动方向一致［见图5-42（a）］。相对厚度较大的零件可采用这种方式再拉深。

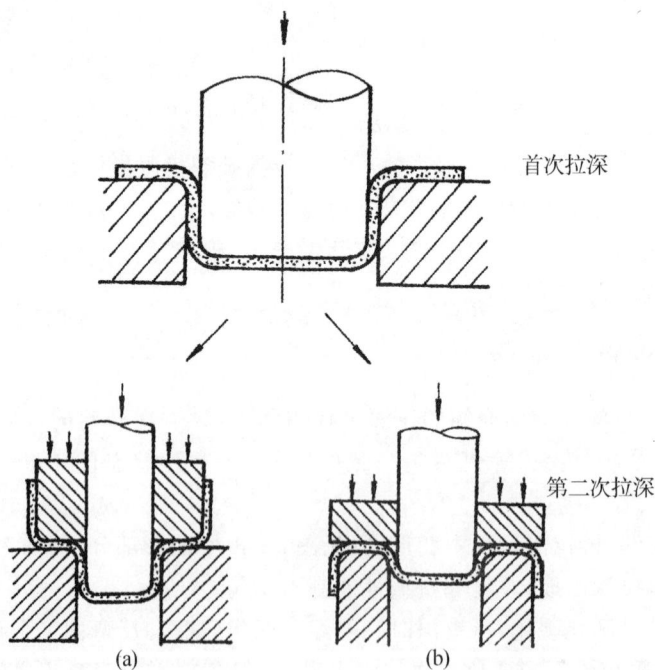

图 5-42　正拉深与反拉深
（a）正拉深；（b）反拉深

2.反拉深

反拉深就是当前拉深与前次拉深材料的流动方向不一致[见图5-42(b)]。反拉深具有较好的防皱效果。

3.带料连续拉深

带料连续拉深指拉深毛坯与板料不完全分离开来,板料带动拉深毛坯在同一模具内送进,顺次完成多次拉深,最后仍在模具内将拉深件与板料分离的拉深方法。图5-43是典型的带料连续拉深排样图。这种方法操作安全、简便,拉深件质量稳定,适用于小件大批量生产。

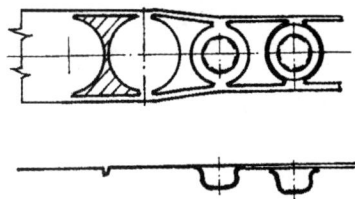

图 5-43 带料连续拉深

带料连续拉深的关键是选择合适的工艺切口形式。工艺切口的作用在于使拉深毛坯与条料处于半分离状态,条料对拉深毛坯的变形无影响,拉深变形也不会引起条料起皱等问题,同时保证各拉深工序之间的送进步距一致。图5-44是三种典型的切口形式。图(a)所示的标准切口工序简单,但条料宽度缩小,不利于定位。图(b)所示单圈切口条料宽度基本不变,工序也比较简单,但模具寿命与(a)相比要略差一些,切口后的拉深毛坯不平整。图(c)所示双圈切口保证条料宽度不变,但模具结构复杂。

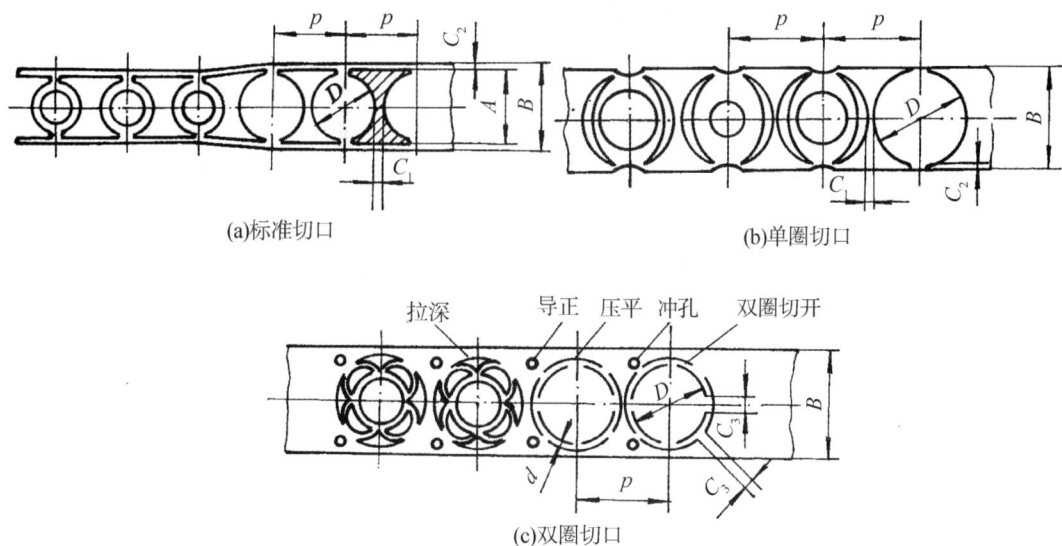

(a)标准切口

(b)单圈切口

(c)双圈切口

单位:mm

毛坯直径 D	C_1	C_2	C_3	d
$\leqslant 10$	$0.8 \sim 1.5$	$1.0 \sim 0.7$	$1.5 \sim 2.0$	$1.0 \sim 1.5$
$10 \sim 30$	$1.3 \sim 2.0$	$1.5 \sim 2.3$	$1.8 \sim 2.5$	$1.2 \sim 2.0$
$30 \sim 60$	$1.8 \sim 2.5$	$2.0 \sim 2.8$	$2.3 \sim 3.0$	$1.5 \sim 2.5$
60 以上	$2.2 \sim 3.0$	$2.5 \sim 3.8$	$2.7 \sim 3.7$	$2.0 \sim 3.0$

(d) 切口尺寸

图 5-44 带料连续拉深工艺切口形式及尺寸

三、拉深次数和拉深系数的分配

拉深次数和拉深系数的分配是多次拉深工艺设计的关键,对产品质量、模具数量、废品率、生产率等有着重要的影响。

实际生产中,拉深次数 N 和各次拉深系数多采用经验法确定。根据多次拉深时材料的变形特点可以推论出

$$m_1 < m_2 \leqslant m_3 \leqslant m_4 \leqslant \cdots \leqslant m_N \qquad (5-51)$$

由于再拉深时各次的极限拉深系数相差不大,可近似设

$$m_2 = m_3 = \cdots = m_N = m_s \qquad (5-52)$$

式中,m_s 称为再拉深极限拉深系数。

将式(5-52)代入式(5-50),得

$$m = m_1 m_s^{N-1} \qquad (5-53)$$

该式两边取对数并化简,得

$$N = 1 + \frac{\ln(m/m_1)}{\ln m_s} \qquad (5-54)$$

计算出的 N 加上 0.5 然后四舍五入即是拉深次数。其中 m_s 的值可参考表5-5和表5-6确定。拉深次数确定后,可以返回去对再拉深各次拉深系数 $m_2, m_3, \cdots, m_N$ 按式(5-51)作适当的调整。

上述经验方法相当简便,但准确性和精度要差一些,对新材料还要进行大量的试验。因此,借助计算机,通过对拉深成形过程进行数值模拟,进而对拉深次数和各次拉深系数分配进行最优化设计已受到广泛重视。

表5-5 无凸缘筒形件用压边圈时总的极限拉深系数

总拉深次数	毛坯的相对厚度$(t_0/D_0) \times 100$				
	2～1.5	1.5～1	1～0.5	0.5～0.2	0.2～0.06
1	0.46～0.50	0.50～0.53	0.53～0.56	0.56～0.58	0.58～0.60
2	0.32～0.36	0.36～0.39	0.39～0.43	0.43～0.15	0.15～0.48
3	0.23～0.27	0.27～0.30	0.30～0.33	0.33～0.36	0.36～0.39
4	0.17～0.20	0.20～0.23	0.23～0.27	0.27～0.30	0.30～0.33
5	0.13～0.16	0.16～0.19	0.19～0.22	0.22～0.25	0.25～0.28

注:$r_d = (8～15)t_0$ 时取较小值,$r_d = (4～8)t_0$ 时取较大值。

表5-6 无凸缘筒形件用压边圈时各次拉深的极限拉深系数

拉深系数	毛坯料相对厚度$(t_0/D_0) \times 100$				
	2～1.5	1.5～1	1～0.5	0.5～0.2	0.2～0.06
m_1	0.46～0.50	0.50～0.53	0.53～0.56	0.56～0.58	0.58～0.60
m_2	0.70～0.72	0.72～0.74	0.74～0.76	0.76～0.78	0.78～0.80
m_3	0.72～0.71	0.74～0.76	0.76～0.78	0.78～0.80	0.80～0.82

拉深系数	毛坯料相对厚度$(t_0/D_0)\times 100$				
	$2\sim 1.5$	$1.5\sim 1$	$1\sim 0.5$	$0.5\sim 0.2$	$0.2\sim 0.06$
m_4	$0.74\sim 0.76$	$0.76\sim 0.78$	$0.78\sim 0.80$	$0.80\sim 0.82$	$0.82\sim 0.84$
m_5	$0.76\sim 0.78$	$0.78\sim 0.80$	$0.80\sim 0.82$	$0.82\sim 0.81$	$0.84\sim 0.86$

注:1. 表中所列小的系数适用于拉深模具有大的圆角半径$(r_d=8t_0\sim 15t_0)$;大的系数适用于小的圆角半径$(r_d=4t_0\sim 8t_0)$。

2. 表值适用于深拉深钢$(08、10s$ 及 $15s)$ 与软黄铜。

3. 对于塑性较差的金属(如 $20\sim 25$ 号钢),拉深系数增大 $0.015\sim 0.02$;对于塑性更好的金属$(05、08Z$ 及 $10Z$ 号钢等),拉深系数减小 $0.015\sim 0.02$。

4. 退火后的拉深系数,可较表值$(m_2\sim m_5)$小 $0.02\sim 0.03$。

§5-7　其他形状零件的拉深

除了筒形件以外,拉深还可以成形许多其他零件。这些零件的变形性质依然属于拉深,但由于其与筒形件在几何形状方面的差别,因此拉深方法也各有特点,这里选取几种典型类型作简要介绍。

一、凸缘件的拉深成形

凸缘件是一个带边的筒形件。由于有凸缘边,毛料直径需比无凸缘边的筒形件大,不用压边圈容易起皱,用压边圈筒壁又容易拉裂。因此,凸缘件较筒形件难于拉深,而且凸缘宽度越大,拉深越困难。

凸缘件的拉深方法视其拉深系数而定。

1. 一次拉深$(m>m_{lim})$

当凸缘件拉深系数 m 大于极限拉深系数 m_{lim} 时,凸缘件可以通过控制凸模行程一次拉深成形。

2. 多次拉深$(m>m_{lim})$

当拉深系数小于极限拉深系数时,凸缘件需要多次拉深。拉深的次数和方法主要与凸缘的宽度有关。凸缘宽度可用凸缘的相对直径$\dfrac{d_f}{d}$ 表示,其中 d_f 为凸缘外径,d 为圆形部件的外径。

当$\dfrac{d_f}{d}\leqslant 1.1\sim 1.4$ 时,称为窄凸缘件,可以按图 5-45 的工序来拉深。即先按筒形件拉深,只是在倒数第二道工序才拉深出凸缘边,或是利用锥形压边圈拉出锥形凸缘边,然后进行整形、修边,以获得合格零件。

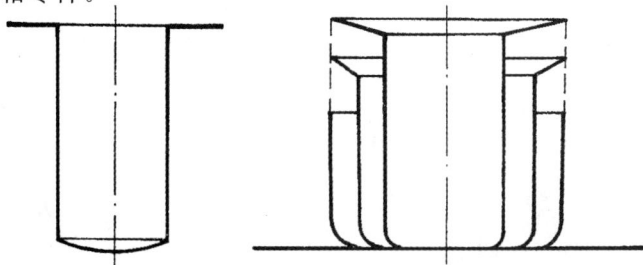

图 5-45　窄凸缘件拉深

当 $\dfrac{d_f}{d} > 1.4$ 时,称为宽凸缘件,其拉深工序如图 5-46 所示。其中图(a) 所示适用于中小件 $(d_f \leqslant 200)$,各次拉深中凸、凹模圆角半径 r_d,r_p 保持不变,首次拉深中准确拉深出外缘直径 d_f,以后外缘不动,内形筒壁直径逐步缩小,高度逐次增大,直到尺寸满足要求。这种方法拉深的零件直壁和凸缘边上留有中间工序中弯曲和厚度局部变化的痕迹,需要加一道整形工序。对 $d_f > 200$ mm 的大件,可采用图(b) 所示方法拉深。即首次拉深后得到的半成品,其凸、凹模圆角半径较大,高度约等于零件高度。在以后各道工序中,毛坯高度基本不变,只减小筒径和圆角半径。这种方法拉深出的零件表面光整、厚度均匀。但首次拉深时因圆角半径大,易起皱。

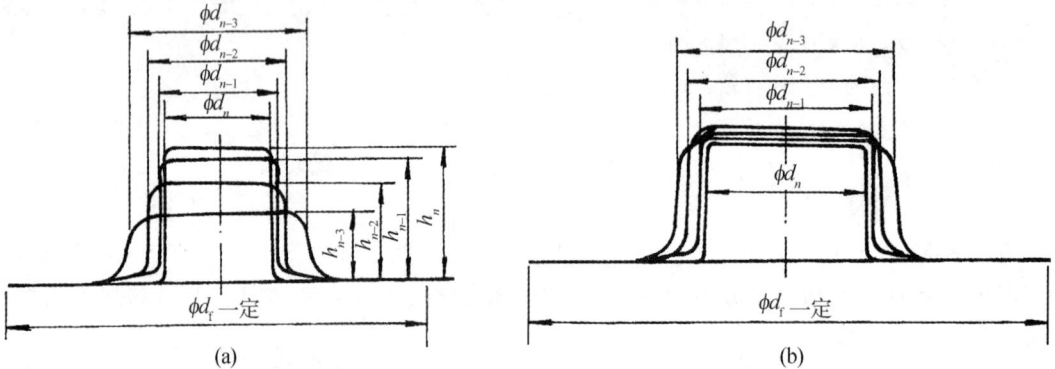

图 5-46　宽凸缘件的拉深
(a) 中小件拉深;(b) 大件拉深

二、锥形件的拉深成形

锥形件的拉深成形主要存在两方面的困难:其一,凸模和凹模之间毛料悬空部分太多,容易产生内皱;其二,凸模顶端与板料的接触面积较小,凸模圆角半径也较小,容易使材料变薄、拉裂(参考图 5-47)。除此之外,由于锥形件口部与底部直径差别大,回弹比较严重。

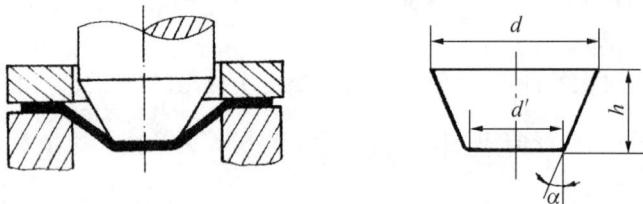

图 5-47　锥形零件拉深成形

根据锥形件几何参数的不同,所用拉深方法也不同。

1. 浅锥形件

浅锥形件指相对高度 $\dfrac{h}{d} \leqslant 0.25$,锥角 $\alpha = 50° \sim 80°$ 的锥形零件。这类零件由于变形程度小,拉深成形后零件回弹大,不易保证形状,所以宜采用带防皱埂的模具结构[见图 5-48(a)]一次拉深,使毛坯材料在很大的拉应力作用下成形。

2. 中等高度锥形件

中等高度的锥形件指相对高度 $\dfrac{h}{d} = 0.3 \sim 0.5$,锥度 $\alpha = 25° \sim 45°$ 的锥形零件。这类零件

当板料相对厚度 $\frac{t_0}{D_0}\times100\geqslant1.5$ 时，可以一次拉深成形；当相对厚度 $\frac{t_0}{D_0}\times100<1.5$ 时，可以采用反拉深分两次拉深成形[见图 5-48(b)]。

3.深锥形件

对于相对高度 $\frac{h}{d}>0.5$，锥度 $\alpha=10°\sim30°$ 的深锥形零件，一般需经过多次拉深成形，最后再校形才能制成[见图 5-48(c)]。

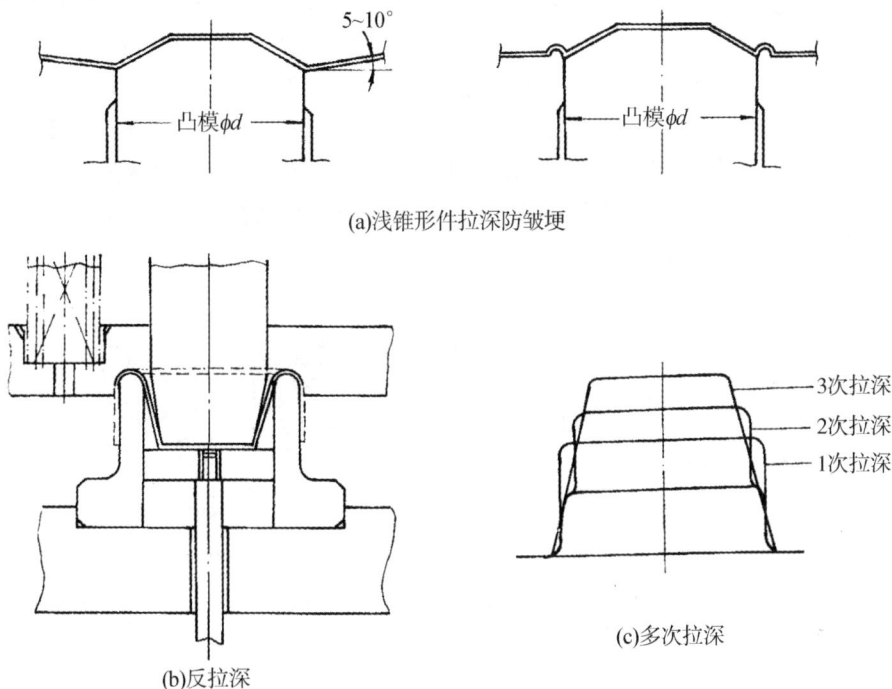

(a)浅锥形件拉深防皱埂

(b)反拉深

(c)多次拉深

图 5-48　锥形零件拉深方法

三、半球形零件的拉深成形

半球形零件拉深成形时，只有凸模圆顶与毛料接触，毛料在凸模和凹模之间的悬空部分很多，与锥形件拉深相比，更易起内皱。同时，在凸模圆顶附近形成一个变薄严重的环形带，因此，也容易拉裂。

半球形件的拉深系数为常数 0.707。因此，拉深成形的关键是毛坯料的相对厚度 t_0/D_0。

当 $\frac{t_0}{D_0}\times100\geqslant3$ 时，半球形零件可不用压边圈直接拉深成形。当 $\frac{t_0}{D_0}\times100<3$ 时，可采用反拉深（见图 5-49）或带防皱埂的模具（见图 5-28）来成形。当零件成形高度较大或对材料变薄量限制严格时，可采用多次拉深成形。

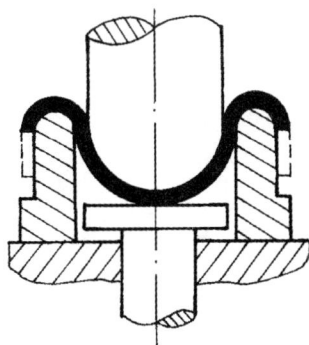

图 5-49　半球形件的反拉深

四、盒形零件的拉深成形

1. 盒形件拉深的变形特点

拉深是图 5-50 所示盒形件常用的成形方法。与筒形零件拉深成形相比,盒形零件拉深时材料的变形性质基本未变,依然是周向压缩、径向拉伸。但从变形的分布来看,盒形件拉深成形比圆筒形零件拉深成形的变形要复杂得多。

根据材料的变形情况,盒形件的拉深变形区可分为两部分:隅角部分和直壁部分。隅角部分的变形与筒形件拉深时的变形相似。但由于受直壁部分应变分散效应的影响,隅角部分材料沿周向向直壁流动,使直壁部分产生周向压缩,减轻了隅角部分的材料变形程度。直壁部分的成形相当于弯曲,但由于直壁和隅角相连为一个整体,变形相互制约,所以直壁中间区域的变形接近于弯曲变形,而靠近隅角的直壁两侧区域的变形受隅角部分拉深变形影响兼有拉深和弯曲两种变形。图 5-51 是拉深毛坯板料上的矩形网格经拉深成形后的状态。

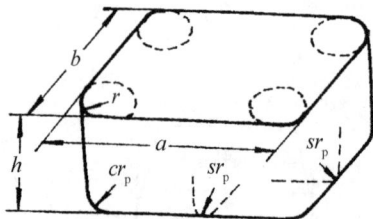

图 5-50 盒形件

图 5-51 盒形件拉深的变形状态

盒形件拉深时,材料的变形程度通常用盒壁的相对高度 $\dfrac{h}{r}$ 作为指标。$\dfrac{h}{r}$ 愈大,材料的变形程度愈大。由平板毛料一次拉深可能达到的最大相对高度 $\left(\dfrac{h}{r}\right)_{max}$ 取决于相对隅角半径 $\dfrac{r}{b}$ 和板料相对厚度 $\dfrac{t_0}{b}$。表 5-7 列出了一些盒形件首次拉深的最大相对高度。

表 5-7   盒形件首次拉深的最大相对高度 $(h/r)_{max}$

$\dfrac{r}{b}$	方 形 盒			矩 形 盒		
	板料相对厚度 $\dfrac{t_0}{b} \times 100$					
	0.3 ～ 0.6	0.6 ～ 1	1 ～ 2	0.3 ～ 0.6	0.6 ～ 1	1 ～ 2
0.4	2.2	2.5	2.8	2.5	2.8	3.1
0.3	2.8	3.2	3.5	3.2	3.5	3.8
0.2	3.5	3.8	4.2	3.8	4.2	4.6
0.1	4.5	5.0	5.5	4.5	5.0	5.5
0.05	5.0	5.5	6.0	5.0	5.5	6.0

注:对塑性较差的金属拉深时,$\dfrac{h}{r}$ 的数值比表值减小(5～7)%;对塑性较好的金属拉深时,比表值大 5～7%。

2.毛坯料形状和尺寸的确定

盒形件毛坯料展开所依据的原理与筒形件毛坯料展开的原理相同,即毛料面积等于盒形件面积。由于盒形件拉深时隅角部分材料要向直壁转移,转移量的多少取决于盒形件的相对高度 $\dfrac{h}{r}$ 和隅角半径 $\dfrac{r}{b}$,所以计算而得的毛料形状需要通过试验加以修正。

对于相对高度较小的浅盒形件,拉深过程中隅角部分材料向直壁部分转移量较小,所以其毛坯按下述方法展开:首先将零件的直壁部分按弯曲变形情况展开,将隅角部分毛料按筒形件展开。直壁部分和隅角部分的展开长度和展开半径为

$$l = h + 0.57r_p \qquad (5-55)$$

$$R = \sqrt{r^2 + 2rh - 0.86r_p(r + 0.16r_p)} \qquad (5-56)$$

由此展开的坯料形状如图 5-52 所示的 $ABCDEF$。然后通过 BC 和 DE 的中点 G,H 作为 R 的圆弧 CD 的切线,再用圆弧将切线和直边展开外形 AB,EF 连接起来,即可得到经过修正的较为合理的坯料展开外形 $ALGHMF$。

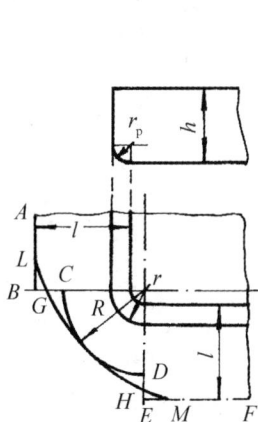

图 5-52　浅盒形件毛坯展开计算

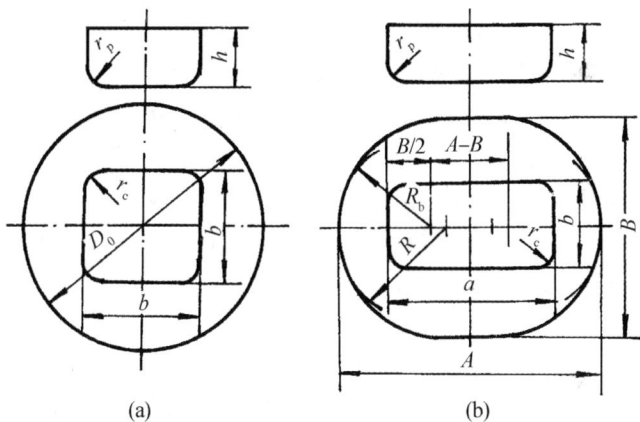

图 5-53　深盒形件毛坯展开计算
(a) 正方形盒形件;(b) 矩形盒形件

对于相对高度较大的深盒形件,成形过程中会有大量材料从隅角部分流向直边部分,因而正方形盒形件展开毛坯料可近似地认为是一圆形[见图 5-53(a)],矩形盒的展开毛料可认为是一长圆形[见图 5-53(b)]。方形盒和矩形盒展开尺寸按如下公式估算:

$$D_0 = 1.13\sqrt{b^2 + 4b(h - 0.43r_p) - 1.72r(h + 0.5r) - 4r_p(0.11r_p - 0.18r)} \qquad (5-57)$$

$$A = D_0 + (a - b) \qquad (5-58)$$

$$B = \frac{D_0(b - 2r) + [b + 2(h - 0.43r_p)](a - b)}{a - 2r} \qquad (5-59)$$

以上简述了盒形件的两种毛坯展开方法,并没有涉及所有形状和尺寸的盒形件。实际上盒形件几何尺寸不同,毛坯展开的方法也不同。合理的毛坯形状可以减少工序、节约材料、改进拉深性、提高盒形件的质量。随着计算机技术的发展,在对盒形件进行数值模拟的基础上确定出合理的毛坯形状已成为可能。图 5-54 是利用平面应变滑移线理论进行拉深毛坯展开计算的例子。图 5-55 是用有限元、滑移线、平面应力特征线等方法展开计算的毛坯外形比较。

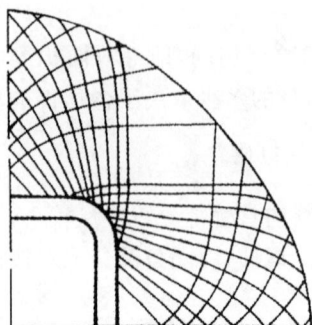

图 5-54 用滑移线场展开的毛坯外形

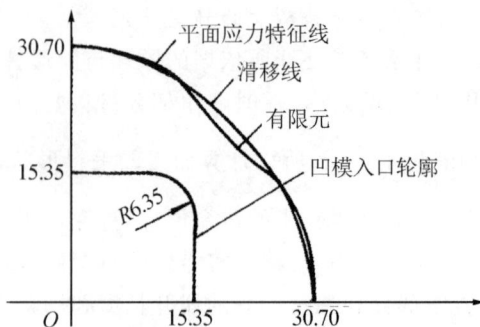

图 5-55 由不同展开方法获得的毛坯外形的比较

3.盒形零件的多次拉深

盒形零件能否一次拉深成形,可通过比较零件的相对高度与表 5-7 中的数值加以确定。如果 $\dfrac{h}{r} \leqslant \left(\dfrac{h}{r}\right)_{\max}$,则可一次拉深成形,否则就必须用多次拉深来成形。盒形件多次拉深的关键是拉深次数和各次拉深工序件的外形设计。

(1)方盒形零件各次拉深工序件的形状和尺寸。方形盒零件多次拉深时采用直径为 D_0 的圆形毛坯,各中间工序为圆筒形,最后一次拉深成方盒形(见图 5-56)。

如果共用 n 次拉深,先计算 $(n-1)$ 道工序的工序件直径,其值为

$$d_{n-1} = 1.41b - 0.82r + 2\delta \qquad (5-60)$$

式中各变量的意义如图 5-56 所示。其中 δ 值对拉深变形程度和变形均匀性有直接影响,合理的 δ 值按下式确定或由表 5-8 查取:

$$\delta = (0.2 \sim 0.25)r$$

其他各次拉深的工序件尺寸可按圆筒件多次拉深计算,即由直径 D_0 平板毛坯拉深成直径为 D_{n-1}、高度为 h_{n-1} 的圆筒。

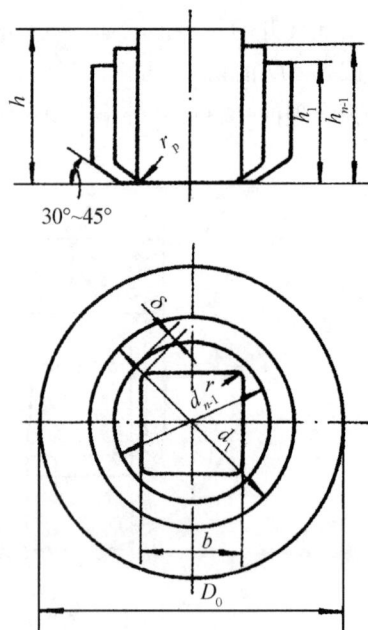

图 5-56 方盒形多次拉深工序件的形状和尺寸

表 5-8 角部壁间距 δ 值

角部相对圆角半径 $\dfrac{r}{b}$	0.025	0.05	0.1	0.2	0.3	0.4
相对壁间距离 $\dfrac{\delta}{r}$	0.12	0.13	0.135	0.16	0.17	0.2

(2)矩形盒多次拉深工序件的形状和尺寸。矩形盒多次拉深工序如图 5-57 所示,即先拉深为椭圆形,最后拉成矩形。

矩形盒同样从 $(n-1)$ 道工序开始计算,$(n-1)$ 道拉深后的椭圆形尺寸为

$$\left.\begin{array}{l} R_{a(n-1)} = 0.705a - 0.41r + \delta \\ R_{b(n-1)} = 0.705b - 0.41r + \delta \end{array}\right\} \qquad (5-61)$$

式中,$R_{a(n-1)}$,$R_{b(n-1)}$ 分别为$(n-1)$次拉深椭圆形工序件在短轴和长轴上的曲率半径,其余各量的意义如图 5-57 所示。

$R_{a(n-1)}$ 和 $R_{b(n-1)}$ 的圆心可按图 5-57 的尺寸关系确定,圆弧交接处应光滑过渡,得到$(n-1)$次拉深后的工序件外形和尺寸。然后,用矩形盒首次拉深的计算方法校核是否可由平板毛坯一次拉深而成。如果不行,再进行$(n-2)$次拉深工序的计算。$(n-2)$次拉深是从椭圆形拉成椭圆形的工序件,此时,两次拉深工序件的壁间距离 a_{n-1} 和 b_{n-1} 应满足如下关系:

$$\frac{R_{a(n-1)}}{R_{a(n-1)}+a_{n-1}} = \frac{R_{b(n+1)}}{R_{a(n-1)}+a_{n-1}} = 0.75 \sim 0.85 \tag{5-62}$$

式(5-62)也可改写为

$$\left.\begin{array}{l} a_{n-1} = CR_{a(n-1)} \\ b_{n-1} = CR_{b(n-1)} \end{array}\right\} \tag{5-63}$$

其中 $C = 0.176 \sim 0.333$

$(n-2)$次拉深椭圆形工序件的长半轴和短半轴上圆弧曲率半径为

$$\left.\begin{array}{l} R_{a(n-2)} = \dfrac{R_{a(n-1)}}{m_{n-1}} \\[2mm] R_{b(n-2)} = \dfrac{R_{b(n-1)}}{m_{n-1}} \end{array}\right\} \tag{5-64}$$

式中,m_{n-1} 参照圆筒形件拉深系数取值。

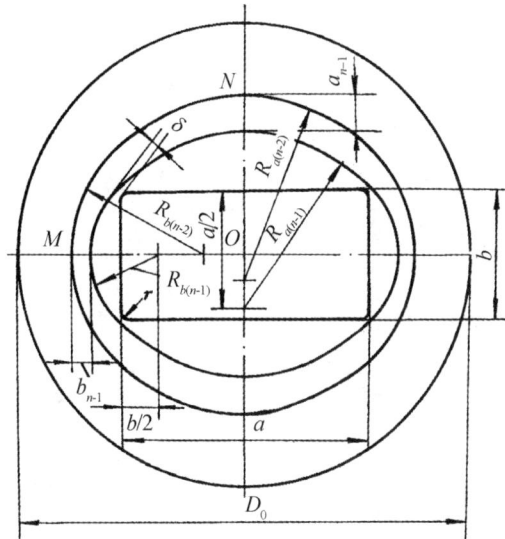

图 5-57   矩形盒多次拉深工序件形状和尺寸

求出 a_{n-1} 与 b_{n-1} 后,在对称轴上找到 N 与 M 点,然后作圆弧分别通过 M 和 N 点,并光滑连接,得到$(n-2)$次拉深的工序件。再检查是否可由平板毛坯一次拉深成形。如果不行,则应继续进行前次拉深工序的毛坯计算。

五、变薄拉深成形

变薄拉深成形是拉深凸模和凹模之间的间隙小于坯料厚度,使坯料在拉深成形过程中,厚度得到预计减薄量的塑性成形方法。变薄拉深的毛坯料为筒形件,成形过程如图 5-58 所示。利用变薄拉深可获得高径比很大的零件,使零件底部厚度大于壁部。

变薄拉深过程中主要依靠毛坯壁厚的减薄来增加筒壁高度,而毛坯的内直径变化很小。因此,变薄拉深时材料的变形程度用变薄率 φ 表示:

$$\varphi = \frac{A_0 - A}{A_0} \tag{5-65}$$

式中,A、A_0 为变薄拉深前后工件的横剖面积。对内径不变的变薄拉深,有

$$\varphi = 1 - \frac{d_0 + t}{d_0 + t_0} \cdot \frac{t}{t_0} \tag{5-66}$$

式中,d_0 为筒壁内径;t_0、t 为变薄拉深前后的壁厚。

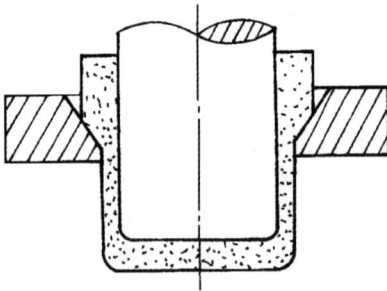

图 5-58　变薄拉深示意图　　　　图 5-59　多次连续变薄拉深示意图

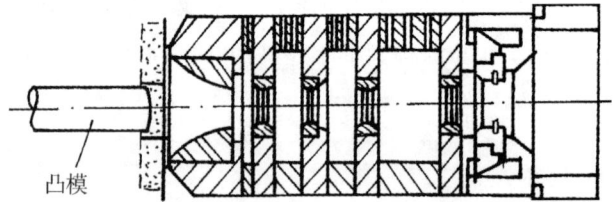

φ 愈大,材料的变形程度愈大。当 φ 大于材料的极限变薄率 $\varphi_{\max}$(见表 5-9)时,可采用多次变薄拉深。图 5-59 是多次连续变薄拉深的示意图,即一个拉深凸模一次行程中连续通过多个变薄拉深凹模完成零件的成形。

表 5-9　常见材料的极限变薄率

材　　料	首次变薄系数 φ_1	中间工序变薄系数 φ_2	末次变薄系数 φ_n
铜、黄铜(H68、H80)	0.45~0.55	0.58~0.65	0.65~0.73
铝	0.50~0.60	0.62~0.68	0.72~0.77
低碳钢、拉深钢板	0.53~0.63	0.63~0.72	0.75~0.77
中碳钢($w_C = 0.25\% \sim 0.35\%$)	0.70~0.75	0.78~0.82	0.85~0.90
不锈钢	0.65~0.70	0.70~0.75	0.75~0.80

注:厚料取较小值,薄料取较大值;中碳钢为试用数据。

六、覆盖件的拉深成形

覆盖件是指覆盖在汽车、拖拉机内、外表面上的大型薄板零件。图 5-60 是汽车的典型覆盖件示意图。

覆盖件的特点是形状复杂、结构尺寸大、材料薄、表面质量要求高、刚度要求高和变形不均匀。覆盖件成形包括下料、拉深、切边、弯曲和冲孔等工序,其中拉深是最重要的工序。图 5-61(a)所示汽车前护板的拉深工序件如图 5-61(b)所示。

覆盖件拉深成形的工艺和模具设计中要重点考虑以下问题。

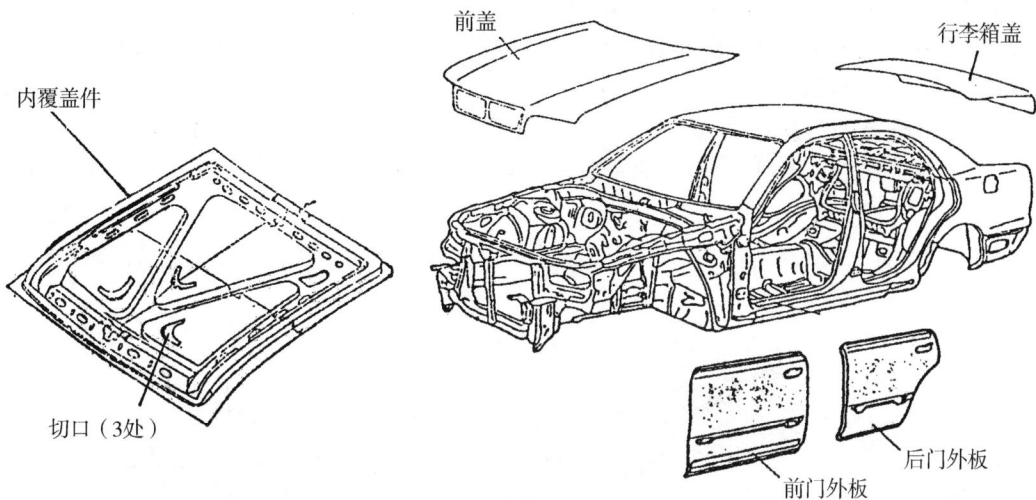

图 5 - 60　汽车的典型覆盖件示意图

1.正确的冲压方向

冲压方向指拉深件相对于凸模运动方向的位置关系,如图 5 - 62 所示。冲压方向对能否成形出合格的覆盖件是至关重要的。

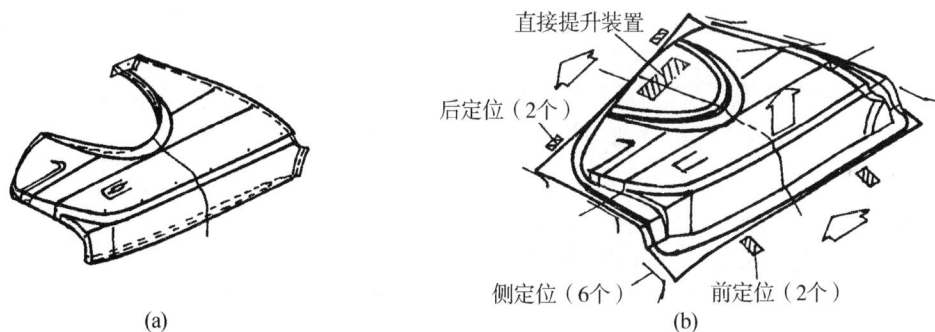

(a)　　　　　　　　　　　　　　(b)

图 5 - 61　汽车前护板及拉深工序件

(a) 汽车前护板;(b) 拉深工序件

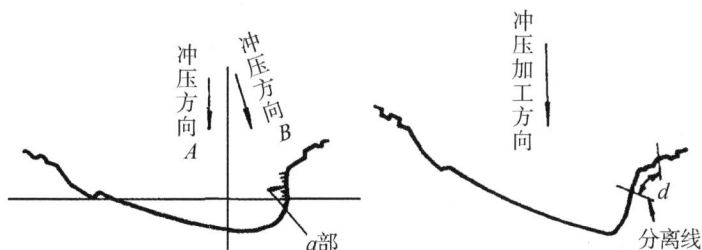

图 5 - 62　冲压方向

确定冲压方向的基本原则如下:

(1) 保证凸模能顺利进入凹模;

(2) 凸模与毛坯的接触面应尽量大;

(3) 拉深件各个部位的拉深深度尽量均匀。

这些原则对应的冲压方向可能各不相同,需要设计者根据各因素的重要性按权重作出综合决策。

2. 补充必要的工艺余料

工艺余料是在覆盖件以外增加的一部分材料,在后续工序中切除(见图 5-63)。补充工艺余料的目的一方面是用压边圈把毛坯压紧在凹模压料面上,以防起皱;另一方面是调整覆盖件各处的拉深深度,形成局部侧直壁,以使成形过程中材料变形更加均匀,内皱不易出现(见图 5-64)。

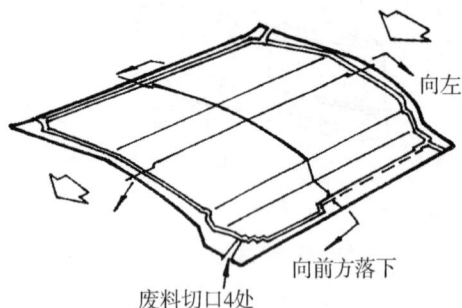

图 5-63　工艺余料示意图

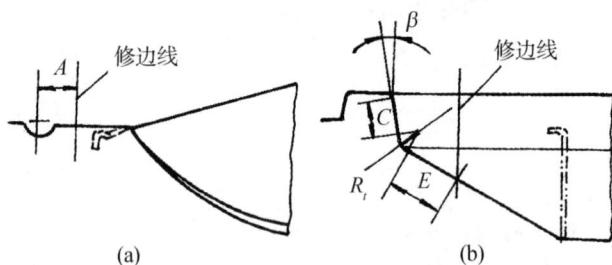

图 5-64　工艺余量补充的原理

(a) 工艺余料用于压边;(b) 工艺余料用于调整工件拉深深度

3. 设计合理的压料面

压料面指毛坯在凹模圆角以外的凸缘部分,包括覆盖件本身的凸缘边和必要的工艺余料。成形过程中,压料面被压边圈压紧在凹模面上,防止毛坯起皱。

压料面的形状为平面、圆柱面、圆锥面和单曲度面等可展曲面。

压料面的设计原则如下:

(1) 满足毛坯定位稳定的要求,便于取件;

(2) 使覆盖件成形时,毛坯各点均产生拉伸变形,以减少回弹和残余应力;

(3) 调整压料面形状,降低拉深深度,以防止拉裂;

(4) 尽量减少工艺余料,降低材料的消耗。

4. 合理布置拉深筋

覆盖件拉深时,毛坯各处变形程度相差较大。设置拉深筋[见图 5-65(a)]或拉深槛[见图 5-65(b)]可以平衡各方向材料的流动阻力,使压料面以内的材料有足够的径向拉伸变形,以防毛坯起皱或材料流动不均匀(见图 5-66)。

拉深筋的数目和布局、结构形式、几何尺寸以及表面质量等均会影响拉深筋的效果,是其设计要素。拉深筋的设计方法不再详述。

5. 确定合理的毛坯形状和尺寸

覆盖件毛坯外形是否合理,不仅影响到材料利用率,而且影响到是否能顺利成形。

目前,生产中毛坯外形是先按图形或样件拉线估量,然后加上必需的工艺余料,最后,在试模过程中,通过修正,逐步求精,确定出合理的毛坯外形和尺寸。

随着计算机技术的发展,利用数值计算方法和材料变形的力学规律,在计算机上完成覆盖件毛坯外形的设计已成为可能。图 5-67 是一种确定毛坯形状的几何映射技术。

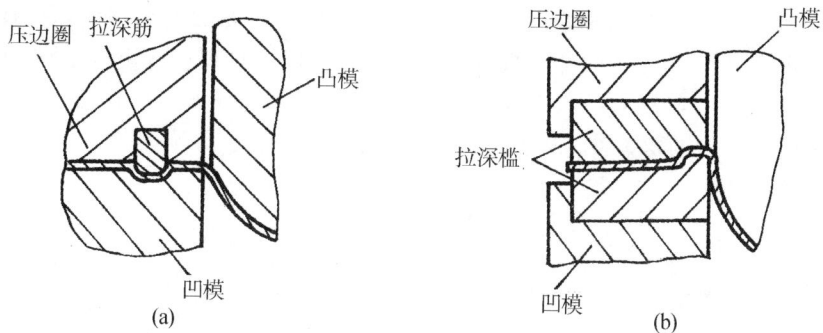

图 5 - 65　拉深筋或拉深槛

（a）拉深筋；（b）拉深槛

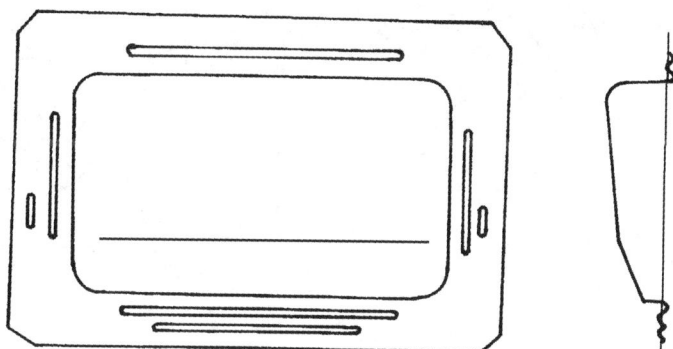

图 5 - 66　拉深筋的布置

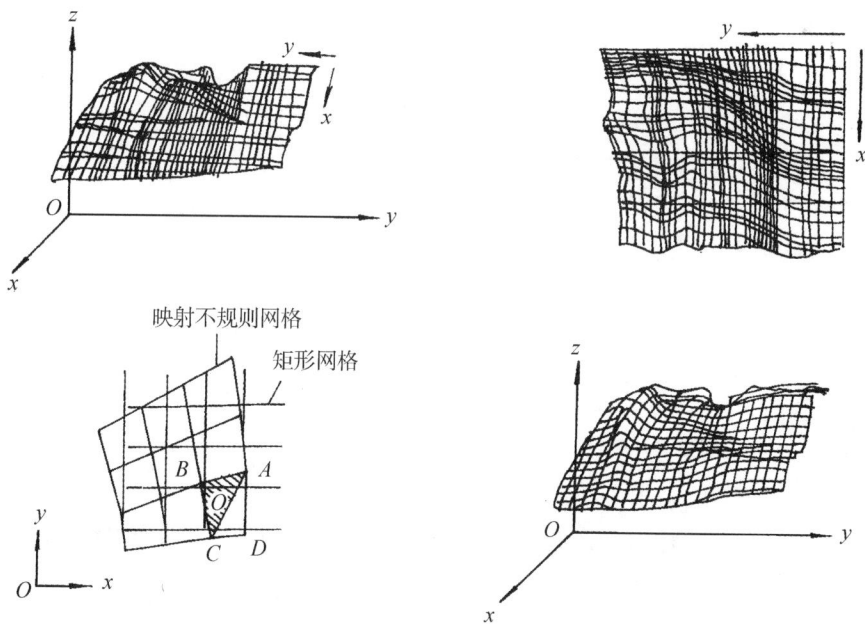

图 5 - 67　毛坯展开的几何映射技术

（a）零件模型划分网格；（b）网格映射到初始平面；

（c）重叠与不规则网格上的矩形网格；（d）平面矩形网格反映射到曲面上

覆盖件成形涉及十分复杂的理论和工艺问题,随着汽车工业的发展和计算机技术的广泛应用,利用数值计算方法与先进的计算机技术来对覆盖件成形过程进行模拟,进而实现对工艺过程的预测预报和工艺问题的诊断,已受到普遍重视,国内外均开展了卓有成效的研究。图 5-68 是日本丰田公司开发的覆盖件成形的模面 CAD 系统示例。

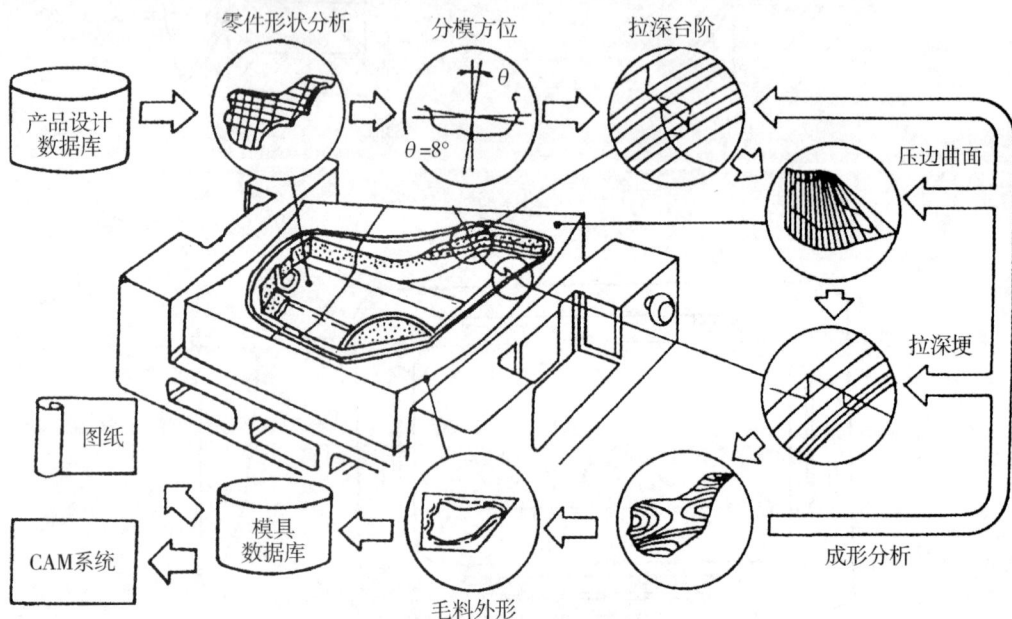

图 5-68　模面 CAD 的典型过程

习　题

1. 拉深过程中主变形区材料的应力与应变状态是怎样的?

2. 拉深时板料起皱的主要影响因素是什么?防止起皱的方法有哪些?并说明其原理。

3. 一般筒形件拉深时的危险断面位于何处?为什么?

4. 什么是拉深系数和极限拉深系数,其作用是什么?

5. 什么是拉深性?并分析各因素对拉深性的影响。

6. 拉深时通过危险断面传递的拉深力 F 由哪几部分组成?

7. 用图示说明拉深件润滑剂涂布方式,并解释原因。

8. 说明筒形件多次拉深的特点及其拉深方式。

9. 锥形件拉深成形会出现什么问题?

10. 盒形件拉深时有何特点?

11. 推导筒形件高度与直径之比 h/d 与拉深系数 m 的关系。假设拉深过程中板料厚度不变。

12. 装饮料和啤酒的易拉罐采用防锈铝板经拉深、再拉深和变薄拉深而成。一般,易拉罐的高度为 132 mm,直径为 62 mm,筒底厚 0.4 mm,筒壁厚 0.15 mm,计算:

(1) 毛料直径取多大?

(2) 设首次极限拉深系数为 0.56,需要多少次拉深?

(3) 设首次极限变薄率为 0.5,需要多少次变薄拉深?

第 6 章　飞机钣金零件成形

飞机钣金零件的主要特点是品种多、数量少、结构复杂、外廓尺寸大、刚度小以及质量要求高。由于上述特点,飞机钣金成形技术具备了有别于其他工业冲压成形技术的特色。这些特色主要包括:使用适合某一类零件成形的专业设备,使用半模成形,使用简易模和通用模成形以及利用材料的热处理状态进行成形等。本章就框肋零件的橡皮成形、蒙皮零件的拉形以及复杂形状零件落压成形作一论述。

§6-1　模线和样板

由于飞机的外形必须是合乎空气动力学要求的复杂曲面,而飞机钣金件的形状又多与飞机外形有关。因此,在制造飞机钣金零件时不便采用通用量具来度量其外形尺寸,而是采用一种与一般机器制造业不同的技术 —— 模线样板工作法,以保证制造出的各种工艺装备和零件互相协调,能顺利进行装配。

模线样板工作法包括模线和样板两部分内容。模线是按 1:1 的尺寸在专门的图板上准确地画出飞机的真实外形与结构形状。在生产中,模线就作为飞机外形与结构形状的原始依据。样板是根据模线加工出具有工件真实外形的平板。在生产中,样板作为加工或检验各种工艺装备及测量工件外形的量具。

在模线样板工作法中,模线有理论模线和结构模线之分,样板的种类也很多。

一、理论模线和结构模线

(一) 理论模线

在绘制理论模线之前,需选定坐标系。对于机身,采用三个互相垂直的坐标面 V,H,W 组成的直角坐标系(见图 6-1)。其中 V 为 XOY 平面,又称机身的对称平面,H 为 XOZ 平面,又称水平基准平面;W 为 YOZ 平面,又称零点距离平面。V 和 H 平面的交线为机身纵轴线 OX,V 和 W 平面的交线为对称轴线 OY,H 和 W 平面的交线为水平基准线 OZ。

飞机的理论模线一般以部件为单位进行绘制,如机身、机翼和垂直尾翼等部件理论模线。

1. 机身理论模线

机身理论模线包括隔框综合切面模型、机身平面模线以及长桁外形线。

(1) 综合切面模线。将机身隔框平面所在的机身横切面外形线按同一基准线(对称轴线和水平基准线) 集中画在一块图板上,便得到综合切面模线。机身属于左右对称形体,所有切面外形线只需右边一半,但为了避免线条过于密集拥挤,通常将前机身各隔框所在的切面外形线画在对称轴线的左边,而将后机身隔框所在的切面外形线画在对称线右边,如图 6-2 所示。所有隔框平面沿 OX 轴的位置都是设计时已经确定了的,因此综合切面模线一经绘成之后,按照已定的位置将各个隔框平面的切面外形线依次拉开排列,就可以表示整个机身的外形。

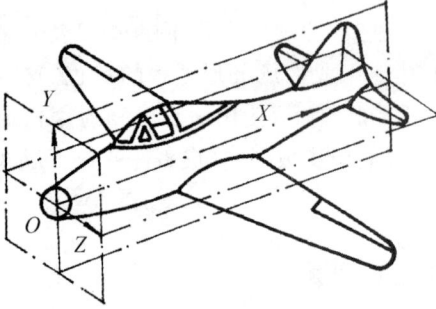

图6-1 选定坐标系　　　　图6-2 综合切面模线

(2)平面模线。根据气动要求,机身的外表面必须是光滑的,而任何光滑形体,其任何切面的切面外形线也必然是光滑曲线。反之亦然,只有任何切面的外形线都是光滑曲线,这些切面外形线所表示的才是外表面光滑的形体。由于这个缘故,在绘制综合切面模线之后,还要绘制平面模线即纵向切面模线,主要包括平行于对称平面V的垂直平面模线,平行于水平基准面H的水平平面模线。绘制平面模线的目的,主要是检查综合切面模线是否能准确反映一个光滑的机身外形。

(3)长桁外形线。除了上述模线之外,由于制造长桁样板需要,还要绘制长桁外形线。长桁外形线是按$1:1$比例绘制的长桁的真实外形,不是外形的投影。

2.机翼的理论模线

绘制机身理论模线时所用的坐标系为基本坐标系。由于可以作为机翼坐标面的平面并不与机身坐标面平行,在绘制机翼理论模线时就不便采用适用于机身的基本坐标系,而必须另建自己的坐标系,例如以翼肋平面、翼弦平面和翼梁平面作为坐标面的机翼坐标系。

机翼的理论模线包括综合切面模线和平面模线。

(1)综合切面模线。将机翼翼肋所在的机翼横切面外形线按同一基准线(弦线)集中画在一块模线图板上,就得到机翼综合切面模线(见图6-3)。

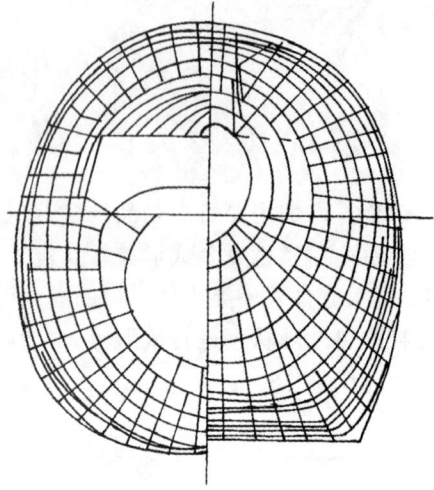

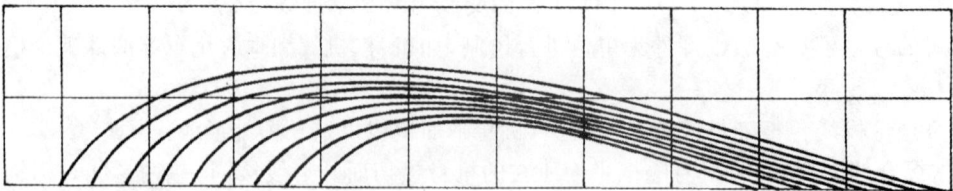

图6-3 机翼综合切面模线

(2)平面模线

机翼为直母线部件,除了翼尖部分为双曲面外,其余部分皆为单曲面,平面模线所呈现的外形为直线,为了节省模线图板面积,这一部分的平面模线可以略去不画,只画翼尖部分的平面模线。

(二) 结构模线

理论模线为部件切面外形提供了原始依据,但并未涉及部件的内部结构,为了进行生产,还需要在喷漆的铝板上绘制 1∶1 的结构模线,表明部件的内部结构。

在结构模线中,除了部件的切面外形线移自理论模线之外,还参考结构图纸,画出主要结构的位置线(如大梁轴线、长桁轴线等),切面上全部零件的外形线,腹板上的长桁缺口,减轻孔,加强埂,各种工艺孔等。此外,还注明一些符号和文字。结构模线虽然参考结构图纸上的尺寸绘制,但一经绘成之后,其本身即成为制造样板的比较标准,因此也和理论模线一样,不再加注任何尺寸。

绘制结构模线的目的主要有以下两个:

(1)协调机身隔框、机翼翼肋等组件上的所有零件,包括穿过框、肋的大梁和长桁,如发现有互相干涉或不协调之处,可以及时改正,反转过来修改结构图纸。

(2)为零件外形样板提供制造依据。画在模线图板上的称为结构模线,加工至模线外形的称外形检验样板(见图 6-4)。需要注意,外形检验样板这个词中的外形,指的是部件切面的外形,后面将要提到的外形样板,则指的是零件外形,两处字面相同,但含义是不同的。

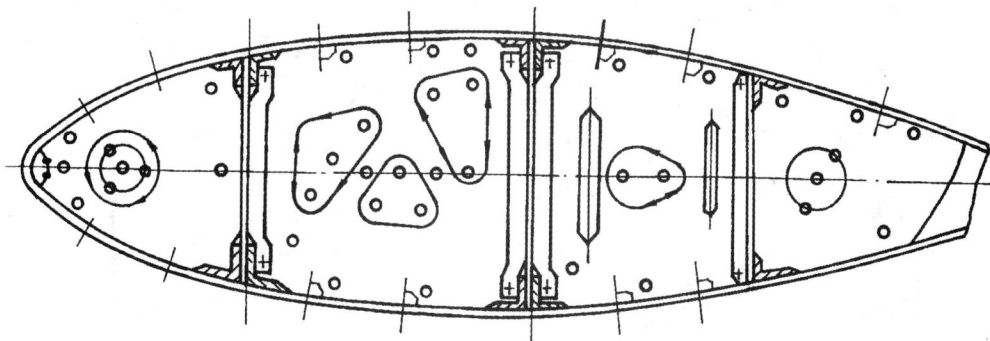

图 6-4　外形检验样板

二、样板

样板是一种平面量具,是加工和检验带曲面外形的零件、装配件和相应的工艺装备的依据。

飞机制造中所用的样板主要特点是:它们之间必须相互协调。因为,在这里样板起着制造、协调、检验零件及工艺装备的作用,要求样板之间有着相互协调的关系。生产中使用的样板种类繁多,现将几种最常用的样板分述如下。

(一) 外形样板

外形样板是表示平板零件、平形零件(腹板带弯边的框、肋)、单曲度型材零件等外形的样板。对于平板零件,样板外形就代表零件的外形;对于框-肋类平形零件,样板外形是指腹板平面和弯边曲面交线的外形(见图 6-5)。除非弯边与腹板垂直,它并不等于零件的平面投影。

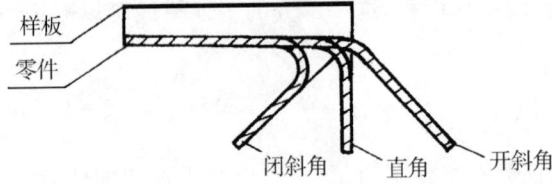

图 6-5　零件外形交线和外形样板

外形样板是直接按照结构模线（或外形检验样板——简称"外检"）并参考图纸加工的，对框-肋类零件来说，零件的外形线就是蒙皮的内形线，除了这一差别，结构模线（或外检）上的有关符号标记和文字说明都转移到外形样板上来。

结构模线和外形样板（还有其他样板）上所用符号标记和说明文字规格很多，难以列举，这里只举一例来说明怎样通过外形样板上的符号标记和说明文字，获得框-肋类零件的立体概念。

图 6-6(a) 为翼肋中段上半部的外形样板，下部为各种符号标记和文字说明的图释。由此即不难获得翼肋中段上半部这个零件的完整概念，如图 6-6(b) 所示。

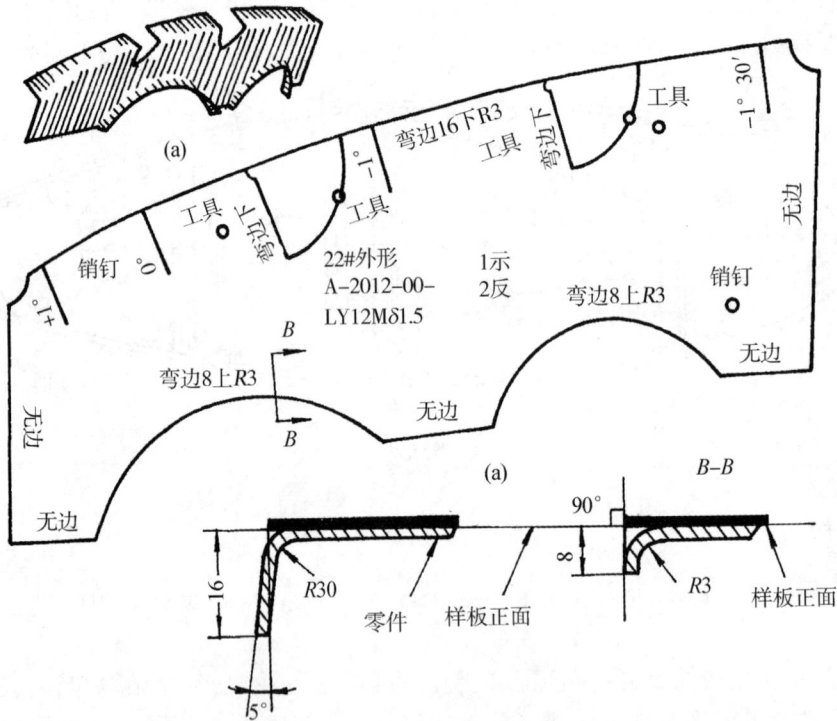

图 6-6　翼肋中段上半部外形样板
(a) 外形样板；(b) 翼肋

外形样板的主要用途如下：

(1) 作为制造其他样板如毛料展开样板、铣切样板等的依据。

(2) 制造和检验模具及零件。

（二）展开样板

展开样板用来表达有弯边的平面零件或单曲面零件展平后的准确形状。其尺寸和形状一般按计算方法得出，故有时需经工艺校正，以消除工艺因素的影响。

兼做外形样板用的展开样板上，画出零件外形交线，并在其内侧打出弯边标记。如图 6-7 所示，此时其样板名称后应增加"（外）"。

图 6-7　展开（外）样板　　　　图 6-8　四种切面样板

（三）切面样板

切面样板是用于表示双曲度钣金件纵、横切面外形的样板。切面样板又分为下列四种（见图 6-8）：

（1）切面外形样板。所反映的是零件的切面外形，简称"切外"，主要用于检验成形凹模的切面外形。

（2）反切面外形样板。是切面外形样板的反样板，简称"反切外"，主要用于检验零件的切面外形。

（3）切面内形样板。是用于表示双曲度镀金件纵、横向切面内形的样板，简称"切内"，主要用于检验零件的切面内形。

（4）反切面内形样板。是切面内形样板的反样板，简称"反切内"，主要用于检验成形凸模或模胎的切面外形。

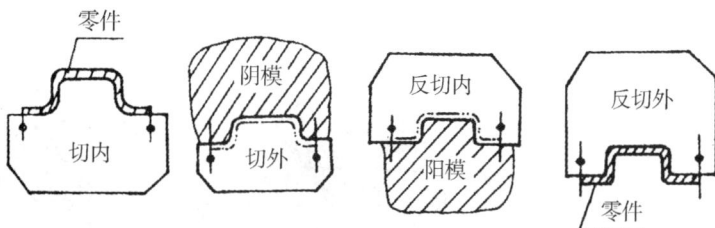

由图 6-8 可知，四种切面样板的关系是：切内加零件材料实际厚度等于切外；反切内减去此厚度等于反切外。

切面样板通常是成套制造的，用于一个零件的一套切面或反切面样板，都刻基准线和定位线。使用成套切面或反切面样板时，应设法保证所有基线在同一平面内，所有相应的定位线也应在同一平面内，如图 6-9 所示。

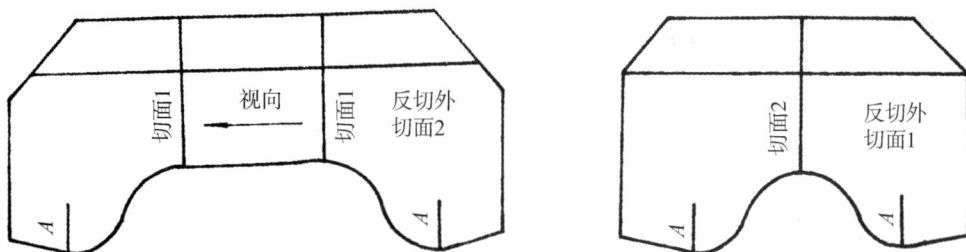

图 6-9　成套切面定位线

(四) 铣切样板

铣切样板是用于铣切下料的样板。在铣切下料过程中铣切样板的边缘起导引铣刀的作用。用于立铣的铣切样板的外形与外形样板完全相同;用于回臂铣的铣切样板,因导环外径为 19 mm,铣刀直径为 8 mm,外形应比展开样板外形缩小 5.5 mm,这样铣出的毛料刚好和展开样板相同,如图 6-10 所示。

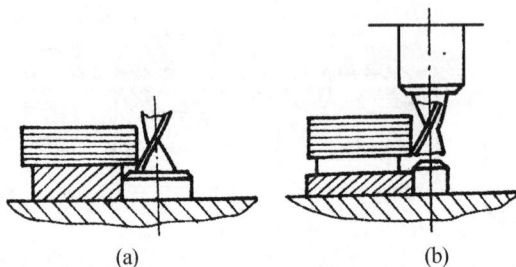

图 6-10　铣切样板

(a) 回臂铣;(b) 立铣

此外,还有切割钻孔样板、夹具样板以及表面标准样件样板等,名目繁多,这里不再一一介绍。

由于建造流线型船身的需要,模线样板工作法最初应用于造船工业。早期的飞机飞行速度较低,部件外形是否为流线,无关紧要。随着飞行速度不断提高,对部件外形的要求也逐渐严格起来,到了 20 世纪 20 年代后期,在飞机生产中也开始引用模线样板工作法,并且后来居上,经过三十年左右的改进与充实,这一工作法发展到更加完备、更加复杂的境界,以至在一架新飞机诞生之前,在绘制模线和加工样板方面竟要花费十几万工时和消耗一百多吨钢板,大大增加了生产准备工作量。

增大生产准备工作意味着加长生产准备周期,不能适应机型方面频繁更新换代的要求。因此在模线样板工作法由简到繁发展历程中,已经孕育着由繁到简的改进需要。

从 20 世纪 70 年代初开始,随着计算机技术发展起来的 CAD/CAM 技术的引入,对传统的模线样板技术产生了挑战,并将继续产生重大影响。

近年来,我国各飞机制造厂都引进或自行开发了几何图形软件,并在不同范围内、不同程度上实现了自动化数控绘制模线,较大地提高了模线的绘制精度和效率。使模线设计员基本上摆脱了传统的手工作业方式。

数控绘图机保证了模线绘制的重复精度,使模线可以对称或重复绘制,减少了用于移形的标准样板,扩大了样板制造的平行工作面,提高了样板的制造效率。

CAD 技术的发展,正在使得产品设计和模线设计逐步靠拢。在新机研制中,已广泛采用统一的飞机外形数学模型。模线 CAD 数据库已愈来愈多地为数控加工和数控测量提供各类数据。模线设计已可直接调用产品设计的图形信息。国际上广为流行的"无尺寸图"技术(即图纸-模线合一)正逐步为人们所重视,在我国设计"无尺寸图"的技术和条件已逐步成熟。随着 CAD 技术的进步,模线样板技术正迎来一个新的发展阶段。

§6-2 橡皮成形

在制造航空飞行器的框肋结构钣金件时,会遇到以下两种特殊问题:一是框肋类零件结构复杂,通常是平面带弯边、变斜角、外缘为变曲率的复杂形状零件,并且零件上一般分布有减轻孔和加强埂(见图6-11)。二是框肋类钣金件的品种多、数量少,许多框肋钣金件在一架飞机上只用几件。对于上述特殊问题在航空工厂中通常是用橡皮成形方法解决。

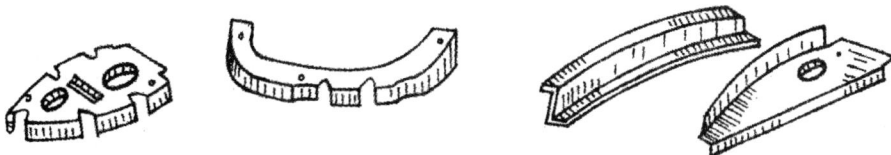

图6-11 典型的框肋件

在橡皮成形中,一般只使用压型模(阳模),而将橡皮垫作为阴模。所用的压型模一般较轻且不需要模架,因而减少了安装时间。此外,一系列形状完全不同的钣金件能在压力机的一次行程中全部成形。橡皮成形方法通常有两种:一是橡皮囊成形法,二是橡皮垫成形法。在橡皮囊成形法中,通常使用一种有弹性的橡皮膜,橡皮膜被封闭管道系统中的油膨胀。膨胀的橡皮膜迫使板料成形为模具的形状[见图6-12(a)]。在橡皮垫成形中,采用充满厚橡皮板的橡皮容框,橡皮受压产生弹性变形,将置于压型模上的板料包在模具表面上,压制出零件[见图6-12(b)]。

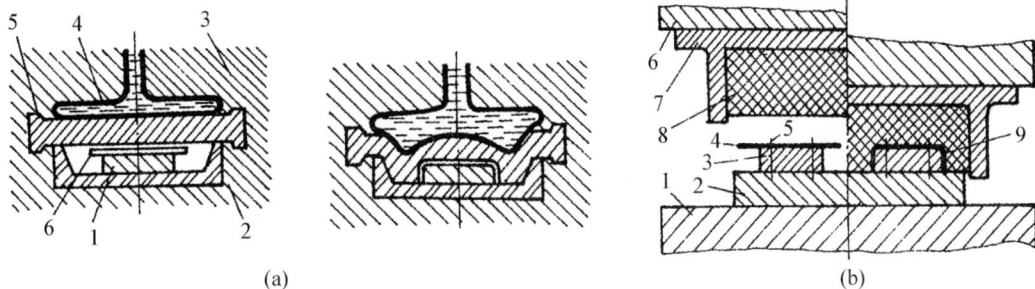

图6-12 橡皮成形原理

1— 压型模;2— 工作台;   1— 压床下台面;2— 工作台;3— 压型模;
3— 机床框架;4— 橡皮囊;   4— 板料;5— 销钉;6— 压床上台面;
5— 橡皮外胎;6— 板料   7— 容框;8— 橡皮;9— 零件
(a)橡皮囊式压床的成形原理;   (b)格林式橡皮压床的成形原理

一、橡皮成形工艺

橡皮成形技术基于以下原理:当橡皮承受高压时,它的行为特征如同液体。因此,当压力增高时,橡皮膜保持为模具的形状。具体地讲,橡皮成形过程一般包括"成形与校形"两道工序,"成形"是使板料压靠到压型模的侧壁上,所需的压力并不高,"校形"是将成形中产生的皱褶和回弹消除掉,所需的压力很高。

(一) 凸曲线弯边的橡皮成形

沿凸曲线轮廓弯边,又称压缩弯边,成形过程中弯边区毛料可能因收缩变形太大而起皱,情况和无压边圈的拉深成形相似,如图 6-13 所示。

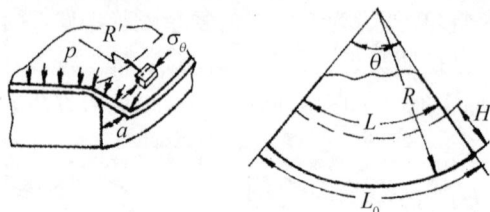

图 6-13　凸曲线弯边

1.成形过程

典型的橡皮凸曲线弯边的成形过程是:"先允许起皱,然后再压平"。具体来讲,可分为下述三个变形阶段:

(1) 压缩失稳和首次皱的形成阶段。成形时,橡皮首先压到压型模的上平面并向压型模的四周挤下,使板料悬空于压型模外的部分受压而折弯。板料沿凸曲线轮廓向下折弯时,材料在切向受到挤压。于是产生周向压应力 σ_θ 与周向压应变 ε_θ。当 σ_θ 超过板材压缩起皱的极限应力时,弯边上将起皱。起皱后,弯边上各区的弯曲刚度发生变化:皱峰部分刚度大,折弯难;皱谷部分刚度小,折弯较易。随着橡皮继续施压,皱谷加深先与压型模接触,并不断增加接触宽度,同时,皱峰不断增高和变窄,使皱形不再遵循正弦曲线规律,而成为图 6-14(b) 所示形状。

(2) 二次皱的形成阶段。当皱谷出现较宽的平台区之后,橡皮压力不断增大时,皱峰在逐渐压平和缩小过程中,使平台区又承受到愈来愈大的周向压应力。当该应力超过板的起皱极限后,于是发生第二次起皱现象,如图 6-14(c) 所示。对于 H/t 值大的弯边,有可能出现第三次或第四次起皱。板材愈薄,弯边愈高,皱纹数量也愈大。

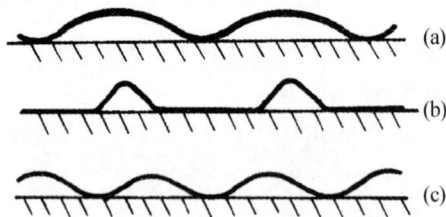

图 6-14　皱折形成过程

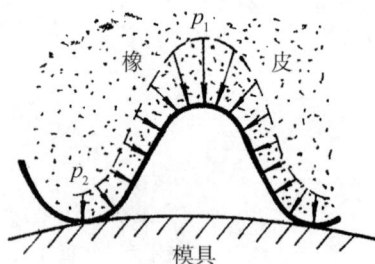

图 6-15　橡皮压力分布

(3) 皱的压平阶段。橡皮是弹性体,压皱时皱纹各部位都承受有压力(见图 6-15)。如将橡皮压力在皱纹的水平和垂直两个方向上分解,若垂直方向分力大于水平方向分力,皱峰将趋于变平;相反,皱纹会更加变窄和加高,最后成为不可修整的死皱。橡皮成形的消皱能力除与橡皮压力有关外,还取决于皱纹形状和大小,以及橡皮的硬度。从图 6-16 可以看出,硬橡皮有利于消皱,软橡皮不利于消皱;而皱的形状和大小又是由多种因素决定的,例如材料性质、板厚、相对弯边高度和橡皮硬度等。

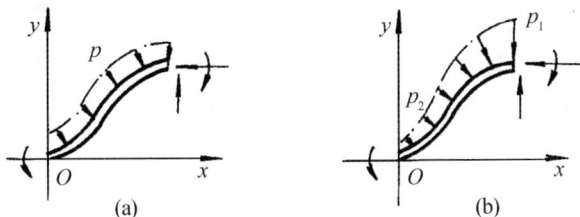

图 6-16　橡皮压力 p 分布

(a) 软橡皮　(b) 硬橡皮

2. 成形极限

(1) 定义。凸弯边成形极限指有凸曲线弯边零件,在一次弯边成形过程中,弯边部分不产生皱褶的最大变形程度。通常用极限弯边系数 K_e 表示。

凸曲线弯边成形系数表达公式为

$$K = \frac{H}{R+H} \times 100\% \approx \frac{H}{R} \times 100\% \qquad (6-1)$$

式中,K 为弯边系数;H 和 R 为结构参数(见图 6-17)。零件一次成形的条件为 $K \leqslant K_e$。

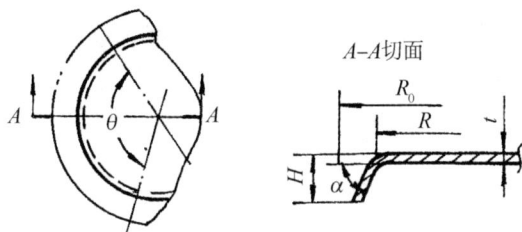

图 6-17　凸曲线弯边成形的结构参数

(2) 成形极限。极限弯边系数 K_e 的大小与板材种类、性能、状态、厚度、成形的单位压力、成形温度、橡皮硬度等有关。对于材料厚度为 $0.5 \sim 3.0$ mm,R 在 $1\,000$ mm 以下的凸曲线弯边零件,极限弯边系数见表 6-1。当板料厚度较小或零件凸曲线半径较大时,采用表中较小的数值,反之取较大的数值。

表 6-1　凸曲线弯边极限弯边系数

材料	成形条件		极限弯边系数 /(%)		材料	成形条件		极限弯边系数 /(%)	
	q/MPa	温度 /℃	不要修整	要修整		q/MPa	温度 /℃	不要修整	要修整
2A12-O	$7.5 \sim 10$	常温	$3 \sim 4$	$10 \sim 20$	MB8	$7.5 \sim 10$	300	$4.5 \sim 5.5$	$10 \sim 20$
	40	常温	$3 \sim 10$						
7A04-O	$7.5 \sim 10$	300	$3 \sim 4$	$10 \sim 20$	TA2	$7.5 \sim 10$	300	$1.0 \sim 1.5$	
	40	常温	$3 \sim 10$		TA3	40	常温	0.5	$4.5 \sim 14$

需要指出的是,当零件的弯边系数较大时,为了提高一次成功率,减小手工工作量,提高零件的成形质量,除了提高机床的单位压力外,还必须对成形模的结构进行改进。

如图6-18所示,采用塑料压盖可以把较大面积上的压力集中到有皱纹的局部接触面上,以提高局部压力,压盖的制造方法为:将厚6～12 mm的聚氯乙烯塑料板加热到120℃,放在套有零件的压型模上,用橡皮压床加压使塑料成型。冷却后整修边缘,便可使用。

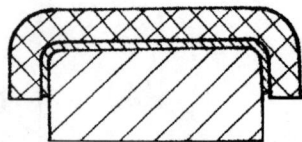

图6-18　塑料压盖

图6-19(b)所示为设置的防皱块,它和橡皮的压紧力起到了一定的压边作用,故能有效地提高成形极限。图6-19中还列出了其他几种形式的防皱块和校形块。

(二) 凹曲线弯边的橡皮成形

凹曲线弯边件的板料外缘长度小于零件边缘长度,其成形机理与翻边成形相同。当橡皮成形凹曲线弯边零件时,弯边部分的材料处于两向拉伸状态,开裂的可能性很大,所以,其边缘制备要完善,弯边系数要控制在极限范围内。

凹曲线弯边成形极限是指有凹曲面的弯边零件,在弯边一次成形过程中,弯边部分不产生破裂的最大变形程度。通常用极限弯边系数 K_t 来表示。

凹曲线弯边成形系数表达式为

图6-19　防皱块和校形块

(a) 橡皮成形;(b) 增加橡皮对凸缘压力的"陷阱";
(c) 拉深圆棒;(d) 斜楔;(e) 绕板;(f) 拉深环

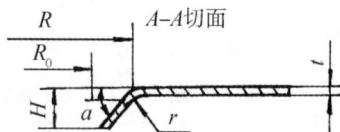

$$K = \frac{H}{R-H} \times 100\% \quad (6-2)$$

式中,K 为弯边系数;R,H 为结构参数,如图6-20所示。

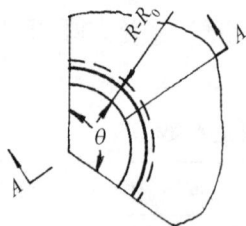

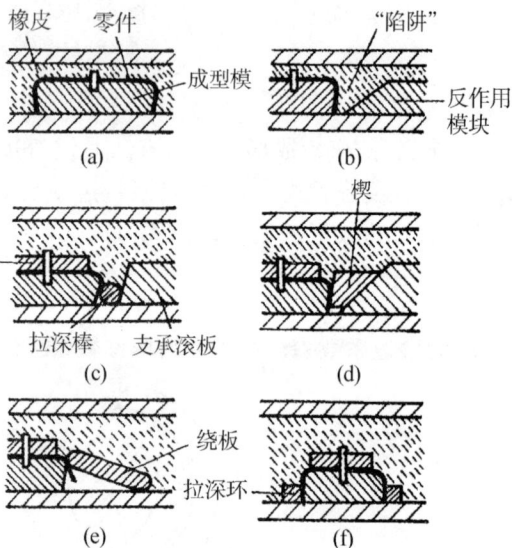

图6-20　凹曲线弯边成形结构参数

凹曲线极限弯边系数 K_t 与板料种类、性能、状态、厚度、成形的单位压力、毛料边缘的粗糙度及冷作硬化程度和弯边高度等有关。例如,新淬火状态下的2A12和7A04材料,当单位压力为7.5～40 MPa时,极限弯边系数为15%～20%。在板料厚度小,或零件凹曲线半径较大时采用较小数值,反之取较大的数值。

上述弯边工作,不论是凸弯边还是凹弯边,其弯边系数如果超过极限数值时,原则上应分次成形,并需进行中间热处理。

（三）减轻孔及加强窝的成形

为了提高框肋零件的刚度和减轻结构重量，这类零件的腹板常常有减轻孔和加强窝，如图 6 - 21 所示。

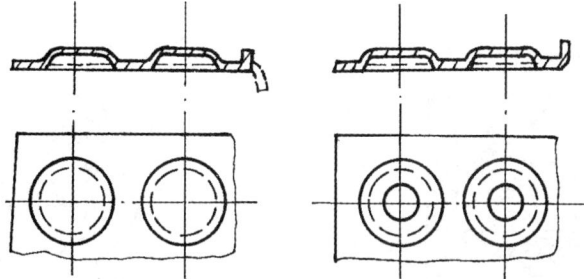

图 6 - 21　带减轻孔和加强窝的腹板

压制减轻孔时，零件的厚度愈大则所能压制的最小孔径也愈大。因此在压制材料厚度大而孔径小的减轻孔时，需在成形部位加垫橡皮或锌铝等垫块。对加强窝来讲，压窝深度应在极限范围内，当边距较小时应采用加压板或放大毛料等方法，对较大的加强窝在模腔底部要开排气孔。

二、橡皮成形设备及模具

（一）橡皮垫式成形机

橡皮垫式成形机通常有向上推进式和向下推进式两种。在各式成形机的两侧配备有送料台，当传送大尺寸板料时一般由动力送料机构完成。

对于向下推进式成形机，不需要特殊的基础，底部通常是平坦且有较大面积的区域，这使得模具安放十分安全。上推式成形机则需要一个基底凹坑，以便工作高度能达到适当位置，并且能容纳底部的凸起。

导柱的数量和直径与成形机吨位有关。小型成形机有一个直径较大的导柱，大吨位的成形机可以有两个、四个或者更多的导柱，以便给橡皮垫的整个工作区域提供平稳的载荷。

很多年来，对于不同种类的橡皮进行了很多实验研究。目的在于进一步提高橡皮垫的性能。作为垫块的橡皮一般具有接近 $0.04\%/680$ kPa 的压缩性、相对高的屈服点和 $350\%\sim650\%$ 的延伸率。橡皮垫放在一个具有足够刚性的钢体容框中，它将占去容框的 2/3 深度。

在成形过程中，将模具放在工作台上，在模具和橡皮垫之间是所要成形的金属板料。在液压载荷作用下，工作平台向橡皮垫运动并迫使金属板料向模具方向运动。由于工作台面与容框处于很好的配合状态，发生变形的橡皮将使板料成形为模具的形状。

（二）橡皮囊液压机

框架式机床［见图 6-22(a)］上部容框内装有橡皮囊，下部为工作台。将压型模和毛料放在工作台上，操纵工作台使之进入工作位置，使容框四周全部处于封闭状态，然后向橡皮囊中充入高压液体。充压的橡皮囊即膨胀，压迫位于其下的橡皮垫，使其逐渐充满容框，产生高压，迫使毛料贴附压型模形成零件。然后抽去高压液体，使橡皮垫复原，并使工作台退出工作位置，卸下零件。

这种橡皮囊液压机与橡皮垫压力机相比,结构要紧凑得多,但它的设计尚不完善,受力方式不够合理。因此,近年来国际上通常采用圆筒式橡皮囊液压机[见图 6-22(b)],这种压力机为钢丝缠绕式结构,其结构重量和功率消耗比同等吨位的框架式小得多。

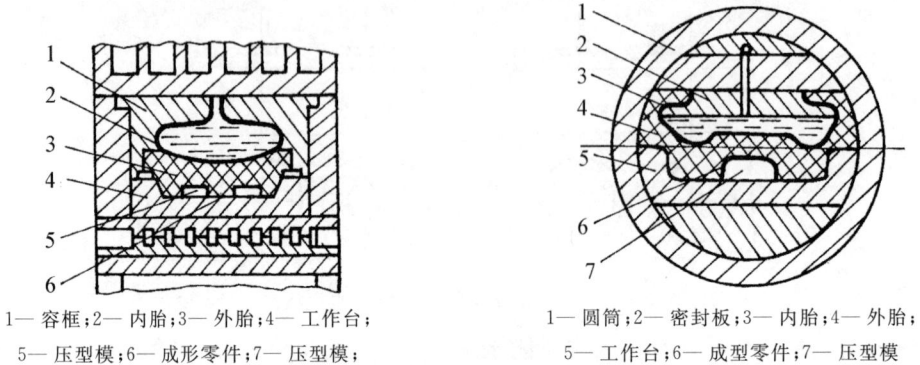

1— 容框;2— 内胎;3— 外胎;4— 工作台;
5— 压型模;6— 成形零件;7— 压型模;

1— 圆筒;2— 密封板;3— 内胎;4— 外胎;
5— 工作台;6— 成型零件;7— 压型模

图 6-22 橡皮囊液压机工作原理图
(a) 框架式;(b) 圆筒式

(三) 压型模

橡皮压型模构造简单,其外缘取决于零件的平面形状。压型模的高度视零件的弯边高度而定。由于橡皮的填充性不像液体,因此在成形过程中要求橡皮流入较小的空间是困难的。这样容框内压力一般是沿压型模高度方向自上而下地减小,在底部形成低压区。由于以上原因,压型模的高度应较零件的弯边高度大 10 ~ 15 mm。与零件接触的模具表面应有较低的表面粗糙度。压型模上通常需安装两个定位销,定位销之间的距离应尽量大一些,并避免置于压型模模面的对称位置。

压型模的材料根据零件形状、尺寸以及产量选用,可以是钢、铝、夹布胶木、精制层板、塑料板和锌基铝铜合金等。精制层板比硬木(例如桦木)的强度大,抗压性较好,一般用于小批量生产。用铸铝或轧制铝板作模具时,模具的加工性良好,但强度低、易变形,不适用于制造形状细长及尺寸大的环形模具。钢板强度大、耐磨损、不易变形,但重量大、加工困难,适于制造几何形状复杂、细长且尺寸很大的零件用模。塑料板重量轻、制造简单,但其强度和表面硬度较低,一般用于小批量生产。在飞机的研制阶段,一般多选用硬木作为模具材料。锌基铝铜合金的熔化温度不高,铸造性能和复制性能较好,并且有较高的硬度、强度及韧性,在美国、苏联以及日本等国家多用来制造压型模。

橡皮压型模的传统制造方法是以模线样板为依据,按样板下料在通用铣床上粗铣外形,然后按样板手工修锉压型模型面外形和斜角。现在国内有些工厂采用先进的方法制造压型模,具体是在模具毛坯上按构造模线(明胶板模线)用接触照相法移形,根据零件的斜角及弯曲半径确定回弹量,据此修正模具的斜角及弯曲半径。按此法制造的成形模具,零件成形后无须整修。近年来,由于数控技术在航空工业中的应用,可以充分利用飞机外形数模对与飞机外形有关的成形模进行数控加工。

三、"一步法"成形

"一步法"成形是国内采用的革新工艺,其核心是利用铝合金板材经淬火后,采用低温贮存的办法,保持铝合金板材在新淬火状态下的良好塑性,并以机械化手段一次完成新淬火料的成形和校形工作。

在一般情况下,铝合金在淬火后常温下的时效期为两小时左右。如将新淬火的毛料存放在低温冰箱内(最低达 $-100℃$)则时效时间可延长至 72 h。这样就为新淬火毛料留有充分时间,以便经一次成形压成零件,从而大大提高生产率。

在"一步法"生产线中,主要的设备有:低温室、多辊板材矫正机以及无齿收缩机。低温室为活动式钢结构或固定式砖结构,以硬质聚氨酯泡沫为绝热材料;箱体为一整体,机器房设在箱外。低温室分为工作间和预冷间,中间有拉门,室内有电灯照明,室顶部装有蒸发器。低温室有温度自动控制装置,使温度始终保持在要求的温度范围($-15 ℃ \sim -20℃$)内。

多辊板材矫正机是把下料工序制成的平板件,经热处理而产生的变形加以矫平。使其符合钣金零件技术条件所要求的平整度。

此外,钣金零件在压型模上压制成形过程中,由于弹性变形与压型模不完全贴合或零件热处理后应力、应变分布不均匀而引起变形,可使用收缩机将零件松边面收缩增厚,达到贴胎要求,同时使修整的钣金零件表面不受损伤,能获得满意的表面质量。

"一步法"成形的典型工艺流程如图 6-23 所示。

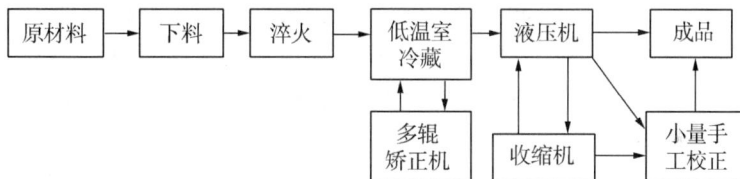

图 6-23　典型工艺流程

四、橡皮成形中的 FMS

在柔性制造系统(Flexible Manufacture System,FMS)出现之前的几十年内,板材加工的自动化几乎没有什么新进展。传统的板材冲压加工生产线由一些昂贵的大型设备及专用机床所组成。建立这种生产线耗资大、费时长、投资大、见效慢,同时不利于模具的改变。其结果就导致了这种系统只适应于大批量工件的生产。

在钣金件加工中,中小批量的生产越来越多,在市场上占有日益增加的比例,这一点在航空航天部门尤为显著。为适应这种生产特点,美国和德国的一些制造公司在 20 世纪 80 年代初就开始将电子计算机技术引入橡皮成形工艺,并逐步形成钣金加工的 FMS。

下面简单介绍美国一飞机工厂的钣金加工 FMS。在该系统中,包括有三个加工单元:第一单元是在数控／步冲轮廓压力机或特形铣床上加工平面板件;第二单元是在液压机上加工曲线型弯曲件;第三单元是在小型或大型压弯机上加工直线形弯曲件。加工过程使用的模具、零件检验和操作全部自动化,各加工单元均配置有模具、板料的自动传送和存贮系统,各加工单元之间由计算机控制的板料传送装置连接。

五、橡皮成形之优缺点

橡皮成形工艺的主要优点如下：

(1) 模具费用较低，与通常所用模具相比一般可降低 90％。

(2) 成形前的准备时间较短。

(3) 模具整修简单。

(4) 成形过程不会使工件的表面划伤。

橡皮成形的缺点如下：

(1) 试错法在该工艺中占有较大的比例。

(2) 材料的利用率较低。

(3) 橡皮成形与通常的生产方法相比，压力机的吨位(一般约为 50 000 kN) 较大，这使薄板的加工受到限制。

(4) 尽管在关键部位放置橡皮块可以提高成形深度，但成形具有凹窝的零件仍受到限制。

(5) 一般情况下，这种方法只能对零件进行初步成形，后续的工作还必须由手工来完成。

总的来讲，目前橡皮成形工艺主要用在飞机工厂成形形状简单的高强度铝合金。

§6-3 拉 形

拉形工艺主要用于航空工业，用于制造曲率变化较平缓的大型钣金件。在成形过程中，板料两端用拉形机的夹钳夹紧，拉形模由工作台顶升和板料接触，随着拉形模上升，板料逐步与拉形模贴合。在拉形过程中，板料的变形接近平面应变，由于占优势的拉应力以及沿板厚基本不存在应变梯度，因此板料成形后的回弹较小。

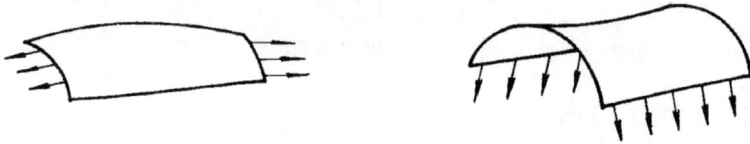

图 6-24 纵拉和横拉示意图
(a) 纵向拉形；(b) 横向拉形

按照加力方式和夹钳相对模胎位置的不同，拉形工艺可分为两类：纵拉和横拉。纵拉和横拉的基本原理相同，但在具体细节和使用设备的结构上有所差异。横向拉形一般用于制造横向曲率大、纵向曲率小的零件，如飞机的发动机短舱，前、后段机身的蒙皮等。对于狭长蒙皮，其纵向曲率比横向曲率小时，为节省材料，采用纵向拉形较合理。一般来讲，纵向拉形适用于纵向曲率大的狭长蒙皮零件。

一、拉形的特点

拉形是通过单向拉伸，使毛料的纤维产生不等量延伸的成形方法。拉形中，材料受到不均匀的拉应变，最大主应变的方向和拉力作用方向一致。为了提高成形精度、减小回弹量，要求在拉形结束时，最小延伸部位纤维的延伸量应超过金属的屈服极限。

（一）拉形过程

拉形过程大致可以分为三个阶段：开始阶段、中间阶段和终了阶段（见图 6-25）。

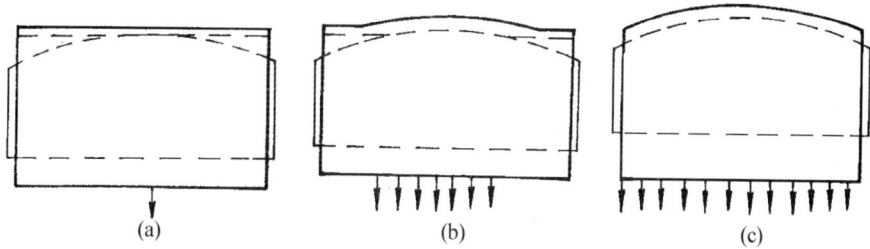

图 6-25　拉形的主要阶段

(a) 开始阶段；(b) 中间阶段；(c) 终了阶段

在开始阶段，钳口夹紧毛料，拉形模上升与毛料接触，材料开始弯曲。在中间阶段，拉形模继续上升，毛料从接触点开始产生不均匀拉伸变形，直至和模胎贴合。在终了阶段，毛料和模胎完全贴合后，工作台再上升，使毛料曲面上各点均匀变形约 0.5%，以减少零件回弹。

（二）材料的应力和应变

严格地讲，变形材料在拉形过程中实际上处于立体的应力-应变状态，并且沿板厚方向应力-应变状态也不相同。位于拉形模顶部附近的毛料，由于拉伸力的作用，毛料沿拉力方向产生拉伸变形时，将导致材料在垂直方向的收缩。但是材料与拉形模之间的摩擦力又阻碍其收缩。因此可以认为，板料内层（即贴模一面）因收缩引起的应变实际上等于零。而外层在形成驼峰形的弯曲过程中，纵、横向都产生拉伸应变，即双向拉伸应变。双向拉伸应变是不均匀的，以拱曲顶部附近的拉伸应变数值最大。

根据体积不变条件，拉形过程将引起材料厚度的减小，所以驼峰形蒙皮顶部的应变状态为两向拉伸、一向压缩。

上面已经提到，在拉伸方向毛料内部作用有拉应力；而在收缩变形受阻方向，则因变形受阻也出现拉应力；在板厚方向，拉形模与蒙皮接触处产生了压应力。因此蒙皮顶部的应力状态也是两向拉伸、一向压缩。但为了简化分析，通常忽略板宽方向的小量拉伸应变和板厚方向的压应力，而把驼峰形蒙皮顶部的应力和应变状态都看作平面状态，即双向拉伸的应力状态和一拉一压的应变状态。

板料在拉形中，沿拉伸方向的变形量是不均匀的。最大主应变的分布将视零件形状而异，如凸双曲零件的最大主应变位于零件中间脊背处，凹双曲零件的最大主应变则位于零件的最外端，如图 6-26 所示。

图 6-26　最大主应变部位

在拉形中，拉形模和夹钳之间的毛料属于传力区，起着传递拉力的作用。由于该处材料不和模胎接触，所以容易变薄。而在夹紧部分还可能出现应力集中，材料易在该处破裂。

二、拉形工艺参数

(一) 拉形系数

拉形系数 K 是用来表示蒙皮在拉形时最危险部位材料所经受的变形程度,K 值通常定义为蒙皮拉形终了时,毛料伸长最大处的长度与毛料原长之比,即

$$K = \frac{L_{max}}{L_0} \qquad (6-3)$$

式中,L_{max} 为毛料伸长最大部位处的长度;L_0 为毛料原长。

毛料伸长最大处的部位,因蒙皮的形状而异。驼峰形蒙皮位于蒙皮中部,马鞍形蒙皮则位于蒙皮的最外端(见图 6-26)。毛料的原长 L_0 一般不易准确求得,为此在生产中,从拉形模上直接量得蒙皮成形后材料延伸率最小处的长度 L_{min}。因 L_{min} 在拉形中的变形量仅超过屈服极限,故可视为近似等于毛料原始长度 L_0,这样可将 K 表示为

$$K = \frac{L_{max}}{L_{min}} \qquad (6-4)$$

当板料濒于出现不允许的缺陷(破裂、滑移线、粗晶、"橘皮"等)时的拉形系数称为极限拉形系数,通常用 K_{max} 表示。K_{max} 值取决于材料种类、厚度、蒙皮形状及摩擦等因素,在一般情况下,从理论上确定拉形系数比较困难,所以由实验确定。但是对于拉形中的破裂缺陷,可从理论上分析极限拉形系数。

如图 6-27 所示,如果脊背顶部的切向拉应力为 σ_1,则因模胎表面摩擦力的作用,钳口附近的拉应力 σ_1' 为

$$\sigma_1' = \sigma_1 e^{\mu \frac{a}{2}} \qquad (6-5)$$

式中,a 为毛料在模具上的包角,μ 为摩擦因数。

如果脊背处的切向应变为 ε_1,钳口处为 ε_1',由平面应变状态可得

$$\sigma_1 = (1.155)^{n+1} B \varepsilon_1^n \qquad (6-6)$$

$$\sigma_1' = (1.155)^{n+1} B \varepsilon_1'^n \qquad (6-7)$$

式中,B,n 为与材料性质有关的常数,由单向拉伸试验确定。所以脊背顶部的拉应变 ε_1 与钳口处的拉应变 ε_1' 的关系为

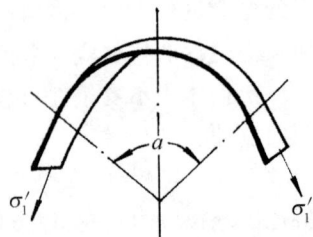

图 6-27　脊背处窄条

$$\varepsilon_1' = \varepsilon_1 e^{\frac{\mu a}{2n}} \qquad (6-8)$$

为了方便起见,改为相对应变,则

$$\delta' = e^{\frac{\mu a}{2n}} \delta \qquad (6-9)$$

考虑到拉形时材料应变不均和钳口应力集中的影响,对于一般常用材料可将拉形时材料拉应变的极限值定为 $0.8\delta_p$(δ_p 为单向拉伸试验中材料破坏时的延伸率),则拉形顺利进行的条件为

$$\delta' \leqslant 0.8\delta_p \qquad (6-10)$$

或

$$\delta \leqslant \frac{0.8\delta_p}{e^{\frac{\mu a}{2n}}} \qquad (6-11)$$

当 $\delta = \dfrac{0.8\delta_\mathrm{p}}{\mathrm{e}^{\frac{t\bar{\omega}}{2n}}}$ 时，材料濒于拉断，所以极限拉形系数 $K_{\max}$ 为

$$K_{\max} = 1 + \frac{0.8\delta_\mathrm{p}}{\mathrm{e}^{\frac{t\bar{\omega}}{2n}}} \qquad\qquad (6-12)$$

对于退火状态和新淬火状态下的铝合金如 2A12 和 7A04，拉伸破裂时极限拉形系数见表6-2。

表 6-2　2A12 和 7A04 的 $K_{\max}$

材料厚度 /mm	1	2	3	4
$K_{\max}$	$1.04 \sim 1.05$	$1.045 \sim 1.06$	$1.05 \sim 1.07$	$1.06 \sim 1.08$

注：退火状态取上限，新淬火状态取下限。

当零件的拉形系数 $K > K_{\max}$ 时，应分两次或多次拉形，或者采用加热拉形。

(二) 拉形力

在拉形中，正确估算拉形力对拉形中拉力的控制十分重要。然而用理论方法确定拉形力比较困难，因此，在实际工作中常用近似关系式估算。对于横拉，使板材不破裂的拉伸力 F 为

$$F = C B t \sigma_\mathrm{b} \qquad\qquad (6-13)$$

式中，B，t 为毛料的宽度和厚度；σ_b 为材料的强度极限；C 为修正系数（对铝合金可取 $C = 1.02$）。

若毛料在模具上的包角为 α（见图 6-28），则所需机床吨位为

$$P = 2F\sin\frac{\alpha}{2} \qquad\qquad (6-14)$$

对于纵拉，拉形力可按下式估算：

$$P = 0.9\sigma_\mathrm{b}S \qquad\qquad (6-15)$$

式中，S 为板料剖面积。

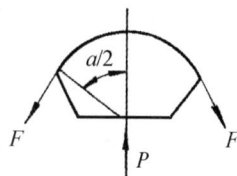

图 6-28　横向拉形

三、拉形设备及拉形模

(一) 拉形设备

根据拉形过程的需要，常用的蒙皮拉形机有三类：横向拉形机、纵向拉形机以及纵横两向拉形机。以下主要介绍前两种拉形设备。

1. 横向拉形机（台动式）

横向拉形是依靠拉形机台面上升来完成，即通过台面上升，使毛料和拉形模接触，经拉伸逐步与模具贴合而形成蒙皮。横向拉形机的构造如图6-29所示。

在拉形机中，安放拉形模的台面由液压作动筒推动，作上、下平行运动，也可作倾斜运动。两侧的夹钳可以调整位置，但工作过程中固定不动。拉形时，根据蒙皮的顶部形状，将钳口调至适当位置并

图 6-29　横向拉形机

加以固定,务必使夹钳的拉力作用线与拉形模边缘相切。

2.纵向拉形机

纵向拉形机以台、钳双动式的构造形式居多,所以一般称作台钳双动式拉形机。它的工作原理是通过台面上升和夹钳的纵向运动使毛料受到拉伸,并与拉形模相接触而逐渐贴合形成蒙皮。图6-30是常用的台钳双动式拉形机。

图6-30　纵向拉形机

在机床中,用作安放拉形模的工作台是由液压作动筒操作上、下运动或倾斜运动。位于工作台两侧的夹钳钳台用丝杠调节可作水平方向移动。倾斜作动筒用于调节钳口角度,拉伸作动筒则用于对毛料施加拉力。

(二) 拉形模

拉形模构造简单,模面相当于所拉蒙皮的内形。由于蒙皮为双曲度,形状较为复杂,而且准确度要求较高,因此在制造拉形模时,需按飞机制造的协调系统,以切面样板、表面标准样件、反模胎等作为制造依据。

拉形模的典型结构主要有以下几种:

1.木框或竹胶板框环氧胶砂模

即以松木或竹胶板组成框架,内部填入环氧胶砂作为模具基体,工作面粘贴15 mm左右环氧塑料层。环氧胶砂模的强度高,不易变形,适于拉制较厚蒙皮,但模具重、成本高。图6-31是环氧胶砂拉形模结构简图。

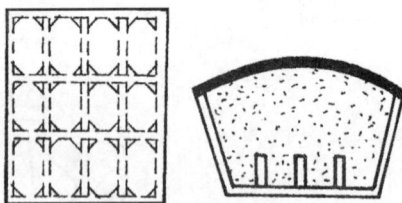

图6-31　环氧胶砂拉形模

2.金属骨架环氧塑料模

骨架可以是铸钢或铸铝,壁厚50～80 mm,也可用10～20 mm钢板焊成,工作面为约20 mm环氧塑料层,用于拉制厚蒙皮零件。

3. 环氧泡沫塑料胶砂模

用层板作框架,内充泡沫塑料作为基体,其上敷环氧玻璃钢作面层。这种拉形模的重量仅为同型胶砂模的六分之一,或者更轻。

四、拉形工艺的发展趋势

蒙皮拉形的固有难题是确定适量的预拉力,预拉力的值应在材料的屈服强度和极限强度之间。目前,拉形中机械手的出现使得拉力及其作用方向可用计算机精密控制,它的控制程序因所加工钣金件的不同而异。

这种带有适时调整机构的机床具有一定的柔性制造功能。随着控制程序及型胎的变换,它能成形形状完全不同的零件。在这种加工环境下,每个零件的加工周期一般为 3 min,其中成形所用时间仅占 0.5 min。拉力和拉角在成形中的不断变化可使板料在所有正确的角度拉伸。扫描器监视着工件的变形行为,并且将校正信息送到微处理器。全部的过程为自动进行,不需要人的技能。

现在受到重视的发展方向是这种机床具有液压夹头和自学式电脑处理器,它能记忆用于特殊工件的工序。此外,一个完善的具有一定柔性制造功能的机床还配有辅助工作站,它能从一个载有型胎的旋转运盘上自动装模,并能自动地将成形后的钣金件放回传送带上。

上述机床成形的零件优于按传统方法生产的零件。这是由于这种机床在成形零件过程中,材料厚度的减薄可降为最低,这样就增强了成形后板材的抗蚀能力,同时也使改换更轻的材料成为可能。尤其对于铝合金板材,由于它的塑性较差,所以将它成形为复杂的形状较为困难。这时更适合在具有柔性制造功能的机床上成形。从经济性能来看,这种机床具有显著的投入产出比,并对市场的反应周期较短。

$$\S 6-4 \quad 落 \ 压 \ 成 \ 形$$

在成形各种类型的钣金件中,常会遇到外形复杂、曲面急剧变化的零件(见图 6 - 32)。

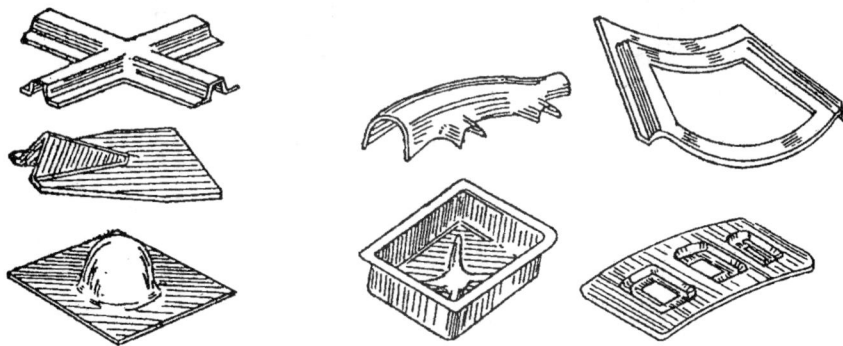

图 6 - 32　典型的落压成形零件

一般来讲,这类零件的需求量比较小,但是品种较多。在现代飞机结构的钣金件中大约有10% ～ 20% 的这种零件。

由于这种零件形状复杂、品种多、数量小,因此在实际生产中一般用一种半机械化半手工的制造方法 —— 落压成形。在落压中,利用落压机床上的落锤以及落压模使零件在逐步锤击中成形为所要求的形状。为了防止零件在成形中失稳起皱和集中变薄,除了要遵守正确的工艺规范外,往往还要使用辅助设备,如缩边机和点击锤等。此外,工人的丰富经验和熟练操作也是顺利完成落压成形的关键。

一、落压设备及模具

(一) 落压设备

制造落压零件使用的主要设备是落锤,其次是振动剪、点击锤、收缩机等辅助设备。

1. 落锤

落锤是利用锤头和上模的下落冲击来提供成形能量的机床。落锤的吨位即为锤头和上模的总重。目前使用的落锤主要是气动式。气动式落锤的构造较为简单,其下部为一大而重的床台,床台上立一龙门式支架,支架横梁当中安装一气压作动筒,其活塞杆下端与锤头相连,如图6-33所示。

落锤在工作时,锤头兼作固定上模的模座,而下模则安放在床台上,通常不予固定。改变提起锤头的高低,可控制锤击力的大小;改变按下手柄的缓急,可以控制锤击的轻重。

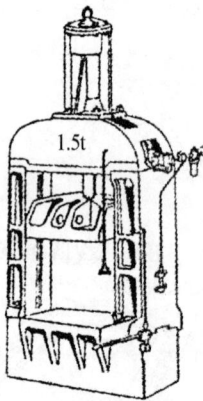

图6-33 气动式落锤

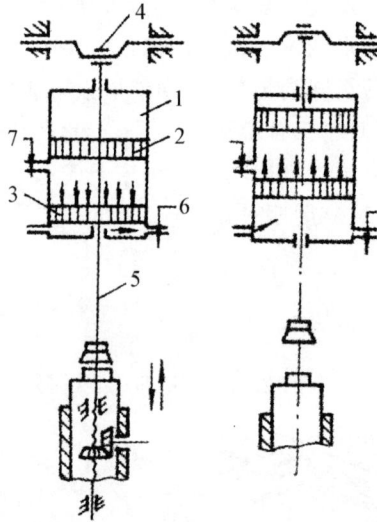

1—气缸;2—上活塞;3—下活塞;4—曲轴;
5—锤杆;6—排气门;7—舌簧

图6-34 气动式点击锤的工作原理图

2. 点击锤

点击锤用于辅助加工中的放料或消皱。其中,气动式点击锤的工作原理如图6-34所示。

图中气缸1内装有上活塞2和下活塞3,上活塞由曲轴4带动上下运动。下活塞与锤杆5相连。当上活塞上行时,气缸1内产生部分真空,在大气压力下,下活塞将连同锤杆上升,当上活塞下行时,两活塞之间的空气受到压缩,压力升高,迫使下活塞连同锤杆下降,打击放在砧座上的毛料。改变排气门6的开启量,可调整锤头锤击力的大小。

3. 收缩机

收缩机主要用于对板料周边进行收料,以便使平板毛料拱曲而达到预成形的目的。收缩机的工作原理如图 6 - 35 所示。

在进行收料之前,起压平作用的滚轮在舌杆 3 的前面。进行收料时,活动钳口 2 下行,则板料被舌杆 3 压在阴模 1 上形成半圆锥形梗槽,其后,活动钳口压紧板料,与此同时,舌杆和滚轮后退,这样磨光的滚轮与钳口结合,使已形成的梗槽被滚轮辗平,板料即局部增厚而边缘缩短。依此下去,平直的板料即变为拱曲形。

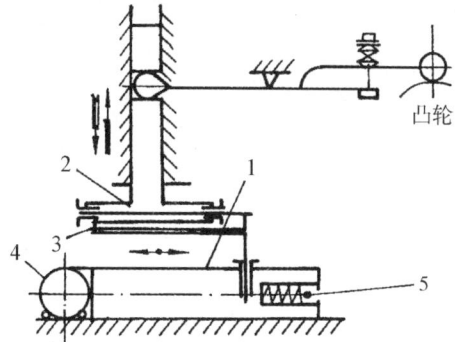

1— 阴模;2— 活动钳口;3— 舌杆;4— 滚轮;5— 伸缩弹簧
图 6 - 35　收缩机的工作原理

(二) 落压模

1.落压模材料的选择

在落压模中,通常用锌合金制造下模,用铅合金制造上模;也可用锌合金制造模体,以环氧塑料或聚氨酯橡胶作面层,制造落压模的上、下模。当批量生产钢制零件时,下模可用铸钢毛坯制造,也可将钢模胎镶铸在锌合金底座上,成为落压模的下模,再按其配制上模。作为制模材料,铅锌合金具有许多优点:铅合金上模可直接按下模铸造,加工量小、制造周期短,易保证模具间隙。此外,铅合金上模锤击能量大,零件贴模好,不易擦伤。锌合金下模具有较高的强度、硬度,可满足批量生产要求,并且比钢材容易加工。铅锌模的主要缺点是:铅合金上模寿命短,并且铅对人体有害。与铅锌模相比,以环氧塑料作面层的落压模可用制造精度较高的塑造法制造,所以模具的协调准确度高、制造周期短。但是这种材料质脆、冲击韧性差,不能回收利用。

总的来讲,落压模的制造材料虽有不少演变,但直至目前,铅锌模仍在广泛使用。

2.落压模的典型结构

落压模比较简单,除上模和下模外,没有其他元件。具体来讲,根据选用成形方案的不同,下模的型面可能是凸起的,也可能是凹入的。但不论是哪种情况,在上、下模中,下模的型面总是标准的 —— 它的型面与所成形零件的工序形状相吻合,并划有零件切割线。这是因为:下模是抵抗冲击载荷的,需用能抵抗冲击载荷的、硬度较高的材料来制造。将标准型面放在硬度较高的下模上,便可以保证标准型面在锤击中不发生变形,从而保证零件形状的精确度。上模需用韧性较好的、硬度较低的材料来制造,以使它获得所需的钣金落压工艺性能。它的型面不是标准的,为了使上、下模的型面相应协调,上模应当按下模配制。图 6 - 36 为一般落压模的典型结构。

用落压方法制造的蒙皮零件或紧贴蒙皮的骨架零件,需要以理论模线为原始依据加工样板和制造模型。对铅锌模来讲,即按模型铸造锌模,再按照锌模铸造铅模,这一过程粗略地表示于图 6 - 37 中。

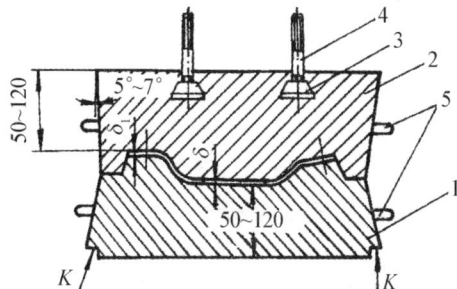

1— 下模;2— 上模;3— 固定螺母;4— 双头螺栓;5— 吊环
图 6 - 36　落压模的典型结构

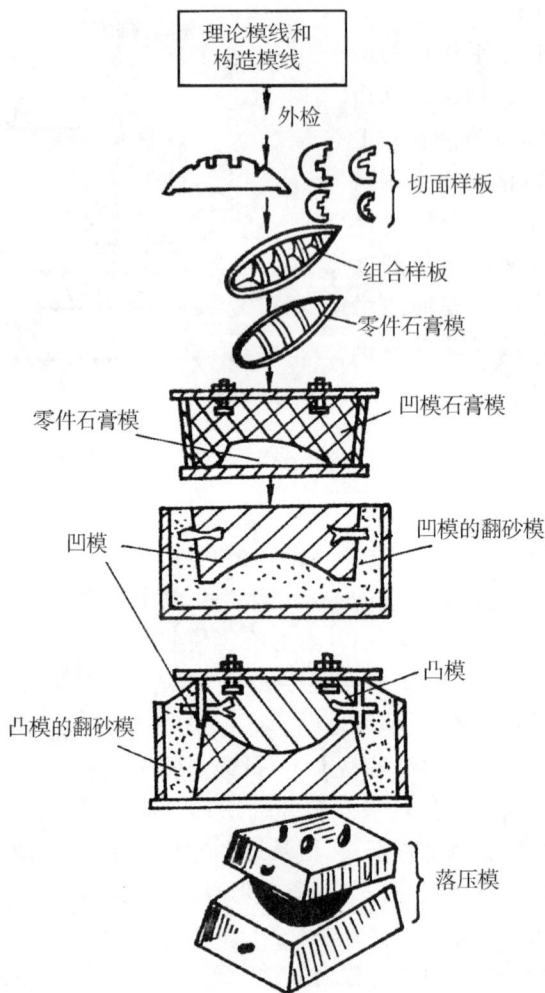

图 6－37　铅锌模制造过程

二、落压成形工艺

(一) 落压成形的特点

板材的成形过程实质上就是收料和放料的过程。收料易使板材失稳而起皱,阻碍板材的进一步变形;放料易使板材局部集中变薄,以致破裂。由于用落压方式成形的零件多为复杂的立体空壳,而落压模又无压边装置,所以防止集中变薄和失稳起皱就变得十分突出。可以这样认为:落压成形中所采取的各种措施归根到底,都是为了解决集中变薄和失稳起皱问题。

从图 6－38 所示盒形件可以看出,其凸缘径向受拉、切向受压,特别是四角为起皱最剧烈的区域。在成形过程中,随着金属流入模具型腔,多余的金属不断地互相压缩而增厚。如果多余的金属来不及流动,就会失稳起皱。所以在落压成形过程中,必须随时穿插平皱;否则,形成的皱褶 $A > B$ 时,就会形成无法排除的死皱(见切面 $A—A$)。

这里应补充说明的是,变薄与增厚是落压成形中常见的现象。使用经验证明,有关零件厚度的增加,除结构上的特殊要求外,一般不算为缺陷。关于零件厚度的变薄现象,除了产品图纸有严格要求之外,工厂一般按经验来确定其允许变薄的程度。

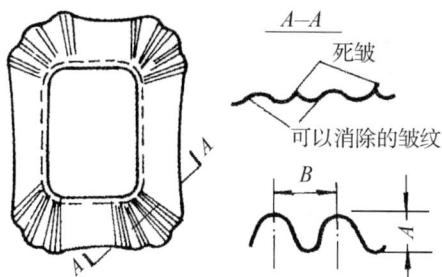

图 6-38　盒形件在成形中出现皱褶的情况

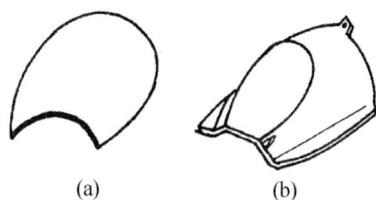

图 6-39　收缩-落压成形
(a) 收缩预成形后的工件;(b) 零件

(二) 落压成形的工艺方法

如前面所述,锤击过程也和其他钣金作业一样,不外乎是对板料进行不同程度的收料和放料来达到成形的目的。因此,放料和收料位置的选择以及收、放料程度的控制,对成形过程起着决定性作用。由于落压成形一般不使用过渡模具,落压模具也一概不附加压边装置,所以解决问题的唯一途径只有将成形过程分为若干阶段,设法控制每一阶段变形量,使之不致达到无法补救的程度。所谓将成形过程分为若干阶段,当然不像一般压制那样,按照几套模具明确地分为几个压制工序,而是每一次锤击,皆可视为一个成形阶段。在一个成形阶段出现像起皱那样的成形障碍,就要手打消皱,再进行下一次锤击也就是下一阶段的成形。

为了控制每一成形阶段的变形量,在落压中通常采取以下工艺方法:

1. 收缩-落压成形

当成形纵向曲度大、窄而长的翼尖,整流罩及风挡保护罩等零件时,由于零件形状古怪,以致无法在下模模面放稳毛料,或是即使轻击下毛料也会因变形过于剧烈而破裂或发生不能消除的死皱。遇到这种情况就需要用收缩机预先将毛料收缩出一定的弧度,然后再落压成形,如图 6-39 所示。

2. 垫橡皮落压成形

垫橡皮是落压成形中缓和毛料剧烈变形的重要手段。

当零件的几何外形比较复杂时,为了减少过渡模或者排除皱纹、贮存毛料等,通常在零件的上面或下面垫不同厚度、大小的橡皮块进行落压成形。这样可以较大程度地缓和毛料的剧烈变形。当然,板料的哪些部位需垫橡皮,以及垫什么型号的橡皮块是一项难于掌握的操作技巧。除了明确板料的变形特点外,主要依靠工人的实际经验。图 6-40 为利用橡皮块来增大落压模工作型面曲度的情况。

由图 6-40 可知,开始拉深时,毛料中间部位的下面、鼓包的里面和凸边的上面都垫上橡皮块,借以得到平滑的过渡形状。这样,使中间反向鼓包的材料有了一定的储蓄,可不因争料而拉裂。随着拉深度的增大,逐步地取下橡皮块,最后用上模校形,即完成了成形工序。

3. 垫层板落压成形

当落压零件是深度大于 30 mm 的盒形件或具有凸凹鼓包时,为了限制拉深深度及凸缘起皱,通常在零件的上面或下面垫不同厚度及形状的层板进行落压成形。层板一般用 3 ~ 5 mm 厚的航空层板或塑料板,与毛料或工件直接接触的层板用 3 ~ 5 mm 厚的钢板。所用层板重叠

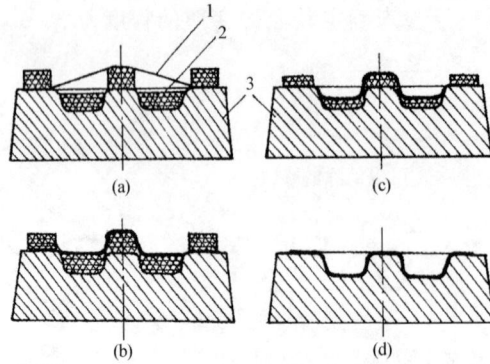

1— 毛料；2— 橡皮块；3— 下模

图 6-40　利用橡皮块进行过渡成形的过程

(a) 最初垫橡皮的位置；(b) 第一次过渡锤击；(c) 第二次过渡锤击；(d) 校形

起来的总高度应比零件深度小 5 ～ 10 mm。图 6-41 为垫层板落压成形过程。

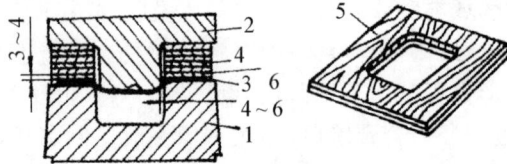

1— 下模；2— 上模；3— 毛料；4— 垫板；5— 垫校元件；6— 钢板

图 6-41　垫层板落压成形

落压成形开始时，先轻击一次，使凸模压入毛料，使毛料中部形成浅坑，以后每锤击一次，抽去一块层板，最后抽去钢板，再重击几次校形。

三、落压成形的优缺点

落压成形的优点如下：

(1) 落压成形能够加工因外形复杂而其他工艺方法不能或难以成形的飞机钣金零件。

(2) 落锤构造简单，使用维护方便，开敞性好，开启高度及台面尺寸大，可成形零件的尺寸范围广。

(3) 所用模具(落压模)结构简单、费用低、制模周期短，适合飞机"品种多、批量小、变化快"的生产特点。

落压成形的缺点如下：

(1) 成形的零件准确度及表面质量较差，废品率较高。

(2) 落锤开动时噪声大，安全性及工作条件较差，需要技术熟练的工人操作。

习　题

1. 橡皮成形的原理是什么？橡皮成形方法有哪些？

2. 蒙皮拉形有哪些形式？其应用范围是什么？

3. 说明蒙皮拉形时通常破裂部位及原因。

4. 落压成形的特征是什么？何种零件适于落压成形？

第7章 旋压成形

§7-1 概述

一、旋压

旋压成形是一种利用旋压工具,对装于旋压机上的旋转坯料施加压力,使之产生塑性变形,从而成为所需空心回转体零件的工艺方法。旋压加工以薄壁回转体成形为主,还包括分离(切割、劈口、剥皮)、焊接(封口)和组合(咬接)。旋压成形的经济性与生产批量、工件结构、设备及劳动费用等有关。在许多情况下,旋压与冲压的其他工艺方法配合应用,以获得最佳的产品质量和经济效益。长期以来,旋压加工是作为传统金属加工工艺的一种补充。在中小批量生产时,采用旋压的经济效益一般优于拉深,在成形复杂形状工件时尤为显著。

旋压成形过程如图7-1所示。先将毛坯用尾顶座压紧到芯模上,然后开启机床,芯模带动毛坯随机床主轴旋转。同时,旋轮或旋压头相对芯模和毛坯作线性进给运动,旋轮的运动轨迹与待成形零件的母线一致。毛坯材料在旋轮的多次挤压作用下,产生间断的局部塑性变形与芯模贴合,最后获得所需零件。

旋压的工件形状多是旋转体,主要有筒形、锥形、曲母线形和组合形(前三种相互组合而成)等,如图7-2所示。

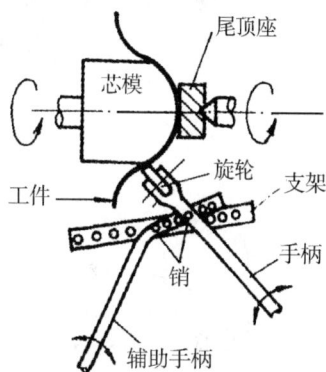

图7-1 旋压成形过程示意图

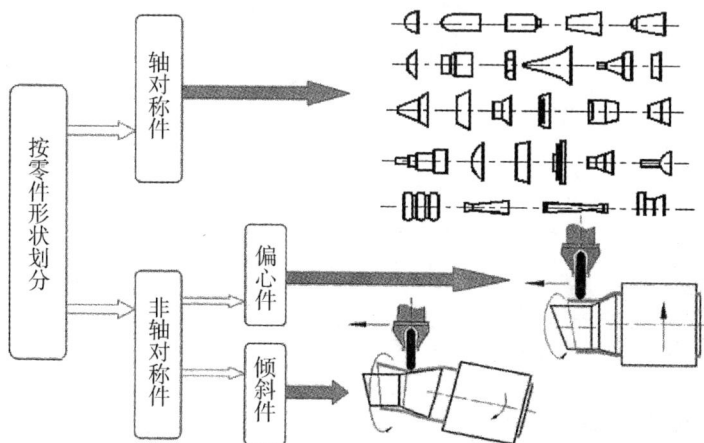

图7-2 旋压成形的零件形状

旋压加工常用材料见表 7 - 1 所示。

表 7 - 1　旋压加工常用材料

材料	牌号
优质碳素钢	20 号钢、30 号钢、47 号钢、60 号钢、17Mn、16Mn
合金钢	40Cr、40Mn2、30CrMnSi、17MnPV、17MnCrMoV、14MnNi、40SiMnCrMoV、28CrSiNiMoWV、47CrNiMoV、PCrNiMo
不锈钢	1Cr13、1Cr18Ni9Ti、lCr2INi7Ti
耐热合金	CH - 30、CH128、Ni - Cr - Mo
非铁金属及其合金	T_2、HNi67 - 7、HSn62 - 1、LO_2、LO_8、LF_3、LF_7、LF_6、LF_{12}、LF_{21}、LY_{12}、LD_2、LD_{10}、$LC_{4,1-17,164,183,919}$、LT_{24}
难熔金属稀有金属	烧结纯钼、纯钨、纯钽、铌合金 C - 103、Cb - 277、纯钛、TC_4、TB_2、Ti - 6Al - 4V、纯锆、$2r - 2$

　　旋轮是旋压成形的主要工艺装备之一,它对工件施加成形力,并且高速旋转。因此,旋轮承受着很大的作用力和剧烈的摩擦作用,对旋压成形效果有着重大的影响。

　　一般旋轮采用优质工具钢或高速钢制造,表面抛光,装有具有足够承载能力的轴承。图 7 - 3 是旋轮的结构示意图,对于不同的旋压工艺方法,旋轮有所不同。旋轮制造过程(工艺流程)如图 7 - 4 所示。

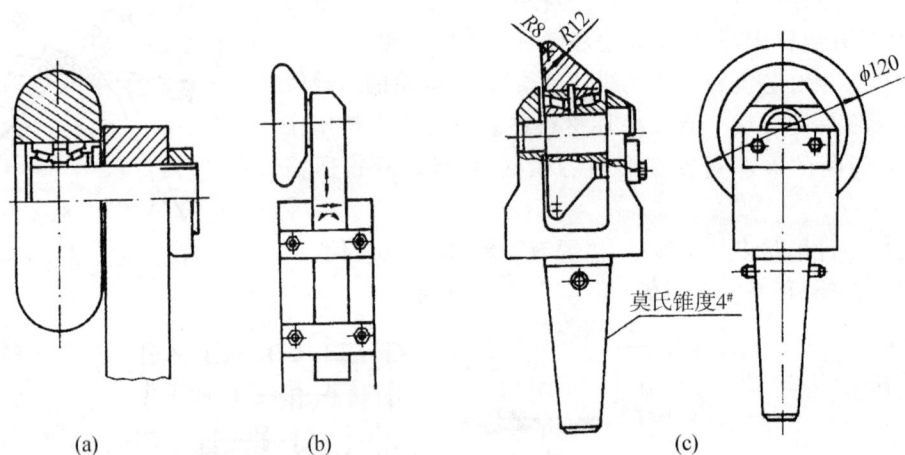

(a)　　　　　　(b)　　　　　　　　　　(c)

图 7 - 3　旋轮结构示意

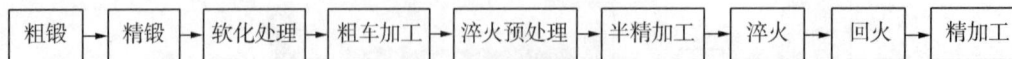

粗锻 → 精锻 → 软化处理 → 粗车加工 → 淬火预处理 → 半精加工 → 淬火 → 回火 → 精加工

图 7 - 4　旋轮制造过程

二、旋压成形的特点

(1)生产准备周期短,生产成本较低,旋压加工材料利用率高。

旋压成形不需要冲压加工的模具,即使把芯模作为模具,也只是单模,而且结构非常简单。旋轮是通用的,所以旋压成形的生产准备周期短,旋压成形通过塑性变形改变毛坯材料形状,材料利用率高,成本低。

(2)三向压应力状态,有利于发挥材料的塑性。

旋压过程中,材料通过旋轮的挤压作用产生变形,位于旋轮和芯模之间的材料受到三向压应力作用。

(3)综合机械性能有所提高(受温度影响)。

旋压成形中,材料晶粒细化并沿工件母线方向拉长,使材料的屈服、强度极限以及硬度得到提高。另外,旋压时旋轮与工件之间接触区温度达 500℃左右,从而减少或消除了工件的残余应力,提高了零件的疲劳强度。

(4)旋压属于局部连续性加工,瞬间的变形区小(点变形),所需总的变形力较小。

(5)旋压件的尺寸公差等级可达 IT8 左右,表面粗糙度 $Ra < 3.2~\mu m$。

有一些形状复杂的零件或高强度难变形的材料,传统工艺很难甚至无法加工,用旋压成形却可以方便地加工出来。

三、旋压的分类

旋压成形按其变形特点可分为以下两类:

1. 不变薄旋压

不变薄旋压时,料厚基本保持不变,主要是靠改变坯料直径而成形空心旋转体工件。有拉深旋压、缩口旋压和扩口旋压三种,如图 7-5 所示。除用于成形空心旋转体工件外,还可完成翻边、卷边、铆接、修剪和撵光等加工。手工旋压适于中小批量及薄、软坯料加工,半自动或自动旋压则能用于大中批量及厚、硬坯料加工。

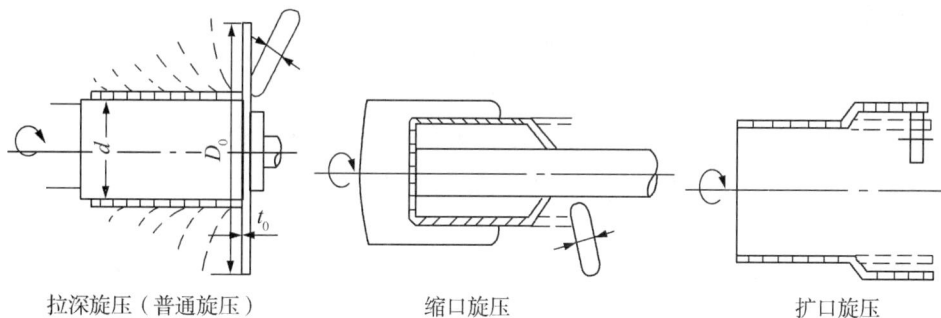

拉深旋压(普通旋压)　　缩口旋压　　扩口旋压

图 7-5　不变薄旋压

2. 变薄旋压

变薄旋压遵循体积不变条件,形式多样化,如图 7-6 所示。

变薄旋压时,在较高的接触压力下坯料壁厚逐点有规律地减薄而外径无显著变化。有锥形件变薄旋压(剪切旋压)和筒形件变薄旋压(强力旋压)两种,又分正旋和反旋两种方式。剪切旋压用于加工锥形、抛物面形等异形件(见图 7-7),强力旋压用于加工筒形件和管件(见图 7-8)。

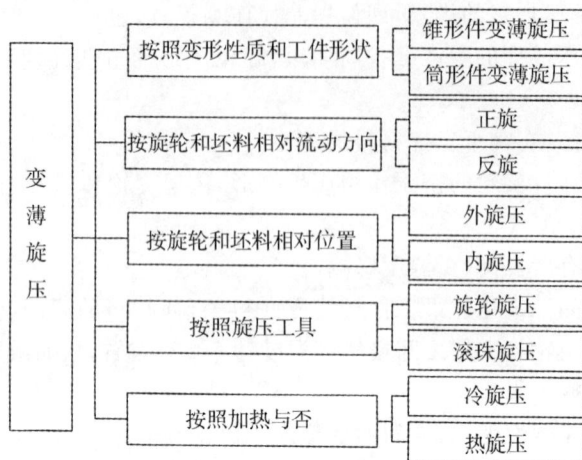

图 7-6　变薄旋压分类

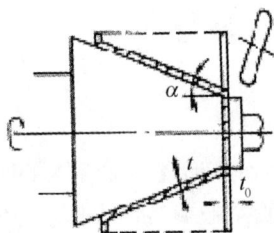

图 7-7　锥形件变薄旋压(剪切旋压)

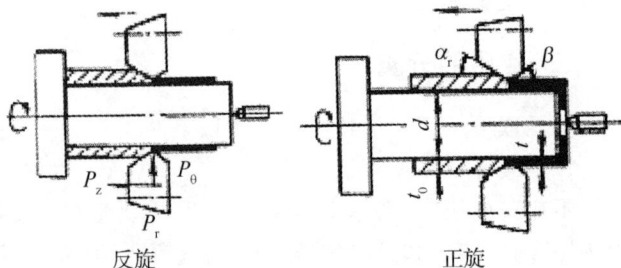

图 7-8　筒形件变薄旋压

§7-2　普 通 旋 压

普通旋压是使平板毛坯渐次包覆于芯模表面形成空心件的一种旋压方法,其宏观效果类似于拉深成形,故又称拉深旋压。按照旋轮进给方向向敞口端和逆敞口端,普通旋压可分为往程旋压和回程旋压。

普通旋压是旋压成形的最初形式,其他旋压方式都是在此基础上发展起来的。早期的旋压作业方式是靠人工手工操作旋轮或擀棒反复擀压随芯模旋转的毛坯,使其逐步贴靠于芯模上。由于手工操作劳动强度大、工作效率低、对工人技术水平要求高,所以发展了图 7-9 所示的机械液压仿形式普通旋压设备,随着计算机技术的发展,录返式数控旋压机和全数控旋压机已得到应用。

一、变形特点

1.材料的变形过程不连续

对于凸缘材料的任一质点来说,它要经过几次"与旋轮接触-脱离旋轮接触"的反复过程,其塑性变形过程也就经历了"加载-卸载"的多次反复过程,因此,普通旋压过程中材料的变形是不连续的。

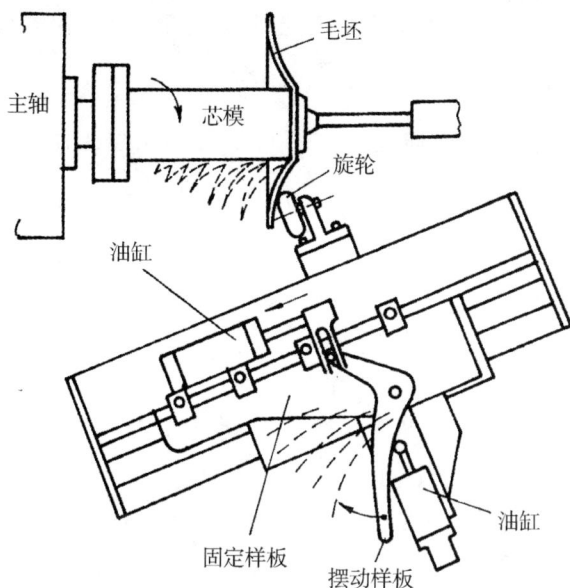

图 7-9　仿形式普通旋压

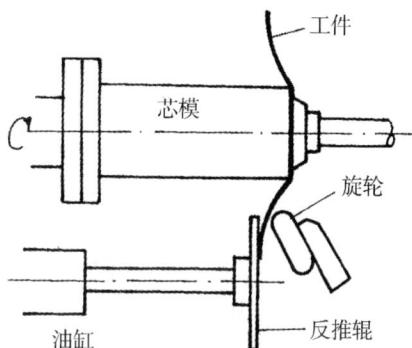

图 7-10　反推辊防皱

2. 材料的应变状态与拉深相似

普通旋压过程中，与旋轮接触的局部塑性变形区材料变形状态十分复杂。在经过不连续的塑性变形过程后，工件宏观效果上表现出毛坯直径缩小，厚度基本不变，即材料在周向发生了压缩变形，而在轴向发生了伸长变形。变形性质类似于拉深时凸缘变形区的变形性质。

3. 起皱是普通旋压过程的主要障碍

普通旋压过程和拉深相似，同样存在有毛坯凸缘起皱和零件底部圆角部位拉裂两种限制因素。只是在普通旋压中，筒壁底部所受拉应力小，正常操作中破裂的危险性较小；而毛坯凸缘完全悬空，失稳起皱的危险性更大。

通过采用适当的工艺参数和操作可以避免起皱，具体如下：

(1)在旋轮的反面加反推辊(见图 7-10)，使其和旋轮一起夹住毛坯，从而减缓变形。

(2)预成形，如旋压之前，将毛坯的边缘卷边，以提高其抗皱能力。

(3)多道次旋压时(见图 7-11)，旋轮都不压旋到毛坯的外缘位置，而应在中途转移到下一道次。

普通旋压时材料的变形程度可用拉深系数表示，即 $m = \dfrac{d}{D_0}$。

二、毛坯尺寸计算

普通旋压时的毛坯为平板毛坯。冲裁的坯料外缘比剪切的整齐，有利于防止旋压中边缘开裂。板料直径参照拉深时的方法确定，即按照面积不变原则计算，但应考虑到工件侧壁减薄的情况，故计算值应减小 7%，最终尺寸通过试旋确定。

三、工艺要素

1. 旋压次数

旋压时薄料应先将边缘预成形，以防前期旋压道次中起皱，并可提高工效。

次数参照拉深次数的方法确定,多次旋压工序间要加入退火处理,即按照多次拉深方法确定拉深次数,然后根据零件的相对高度($\frac{h}{d}$)进行修正。

铝及低碳钢杯形件采用简单拉深旋压(单道次、单向进给)的条件是相对厚度(工件厚度与直径比)$\frac{t}{d} > 0.03$,旋压系数(坯料与工件的直径比)$\frac{D_0}{d} \leqslant 1.8 \sim 1.85$,并采用适宜的旋轮。

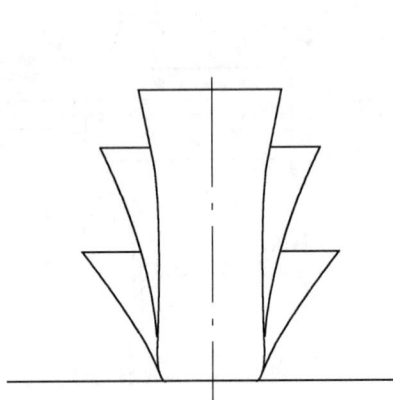

图 7-11 多道次旋压

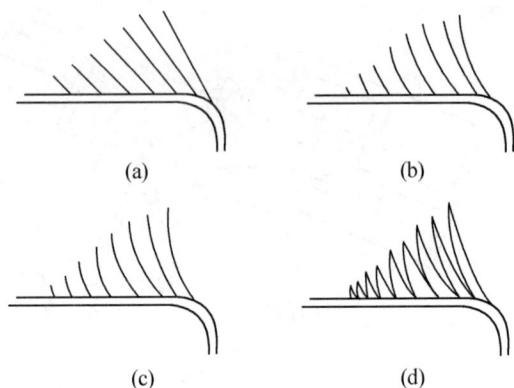

图 7-12 旋轮的运动轨迹
(a)直线型;(b)曲线-直线型;
(c)曲线型;(d)往复曲线型

2. 旋轮的运动轨迹(触点轨迹)

多道次拉深旋压(见图 7-13)时,旋轮运动轨迹可取多种形式(见图 7-12)。一般而言,利用往程成形易使壁部变薄,法兰起皱;采用回程成形易使壁部增厚。采用活动靠模板或借助计算机编程进行多道次拉深旋压时,旋轮运动轨迹采用渐开线形是较佳选择之一。

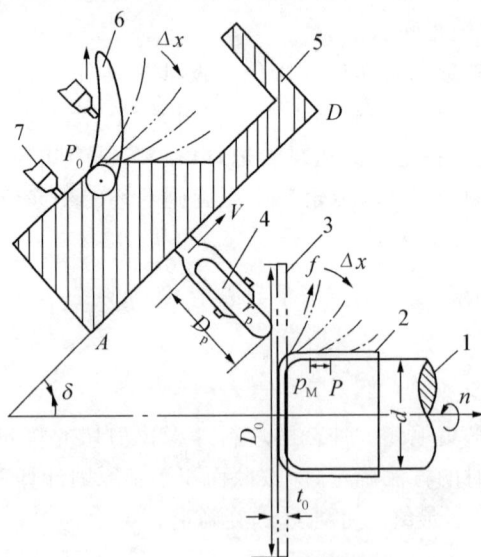

1—芯模;2—工件;3—毛坯;4—旋轮;5—固定模板;6—仿形板;7—仿形器
图 7-13 多道次拉深旋压

3. 旋轮进给方向

平板毛坯拉深旋压第一道采用往程旋压,随后的道次采用往程旋压易拉薄,采用回程旋压则旋轮路径受曲面形状限制,道次变形量偏小,因此,宜采用往程旋压和回程旋压相结合的方式。

4. 旋轮的进给率 f

旋轮进给率指芯模每旋转一周,旋轮沿工件母线方向的进给量。进给率大小对旋压力大小、成形效率、可旋性和成形质量等有直接的影响,如图 7-14 和 7-15 所示。

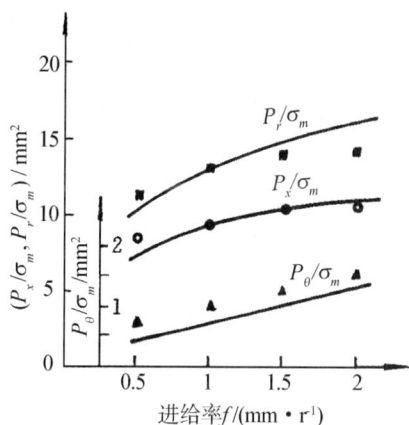

图 7-14　进给率对旋压力的影响

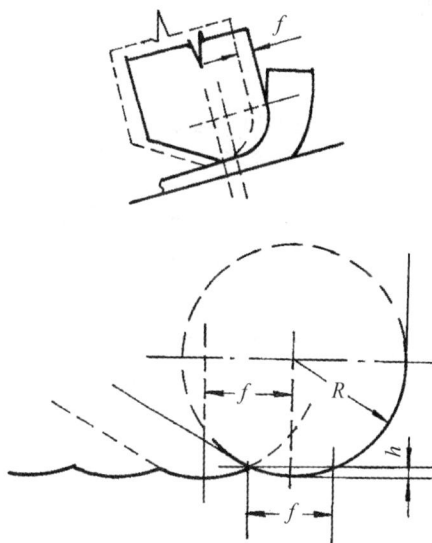

h—旋痕高;f—进给率;R—旋轮圆角半径;$h=R-\dfrac{1}{2}\sqrt{4R^2-f^2}$

图 7-15　旋轮进给率、圆角半径对工件
表面旋痕高度的影响

进给率增大,使生产率提高,工件贴模紧,对提高工件的成形有利。但也使旋压力增大,工件表面粗糙度增加。减小进给率有助于改善工件的表面粗糙度,但进给率过小,易造成壁部减薄,不贴模。常用的选择范围是 $f \approx 0.3 \sim 3 \, \text{mm/r}$。

旋痕高度:

$$h=R-\frac{1}{2}\sqrt{4R^2-f^2}$$

进给率过大或过小,都可能造成机床的振动或爬行,从而影响工件质量。

5. 主轴/芯模转速

芯模转速 ω 对旋压过程有一定的影响。增大转速,有利于提高生产率。但过高的转速往往会导致芯模摆动和机床振动,使工件精度降低。此外,在进给率和芯模尺寸确定的情况下,转速增高,材料产生的变形热量增高,需要更好的冷却。

转速大小反映到工件变形区的周向线速度上,周向线速度通常的取值范围为 $50 \sim 300 \, \text{mm/min}$。

6. 旋轮顶端的圆角半径

普通旋压使用的旋轮如图 7-16 所示。旋轮顶端的圆角半径应使在旋轮前形成适量隆起以利于坯料流动。圆角半径过大易造成起皱、扩径;过小易造成堆积、断裂。

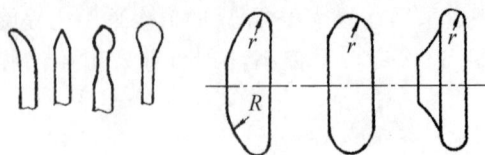

图 7-16　普通旋压旋轮

7.冷却、润滑

旋压成形过程中,工件材料在旋轮的挤压作用下,产生局部塑性变形,变形功大部分转化为热能,加之旋轮与工件之间的摩擦,形成了变形区的高温状态。为了保证旋压成形过程稳定进行,防止工件材料黏附到旋轮或芯模表面上,应对变形区进行充分的冷却和必要的润滑,且主要施于旋轮的工作表面。

冷却剂应具有较大的比热和良好的流动性;润滑剂应具有较大的附着力和浸润性。表 7-2 是常用的冷却润滑剂适用范围。

表 7-2　旋压成形常用的冷却润滑剂

材料	冷却润滑剂
铝合金	机油
低碳钢	机油
合金钢	乳化液
不锈钢	机油或乳化液冷却,二硫化钼油润滑剂

8.加热温度

在加热条件下进行旋压,会使其工艺过程复杂化,但热旋压已是解决难成形材料加工的有效措施。旋压时的加热温度与普通冲压时的加热温度略同。毛坯越厚,加热温度越高,但不要高于材料的再结晶温度,以防止发生再结晶。

§7-3　锥形件变薄旋压

锥形件变薄旋压又称剪切旋压,适用于锥形、抛物线形、椭球形及各种扩张形件的成形。锥形件变薄旋压时旋轮与芯模之间的间隙小于毛坯厚度。锥形件变薄旋压成形过程一次完成,毛坯可以是平板,也可是预制坯(一般为锥形件)。

一、变形特点

(1) 材料厚度按正弦规律变化,毛坯直径不变(见图 7-17),即

$$t_f = t_0 \sin\alpha$$

式中,t_0、t_f 为变形前后的料厚;α 为锥形件的半锥角。

变形程度用厚度变薄率 q 来表示,即 $q = \dfrac{t_0 - t_f}{t_0} \times 100\% = (1 - \sin\alpha) \times 100\%$,即说明 q 越大,厚度变薄越大,材料的变形程度越大;α 越小,变形程度越大。

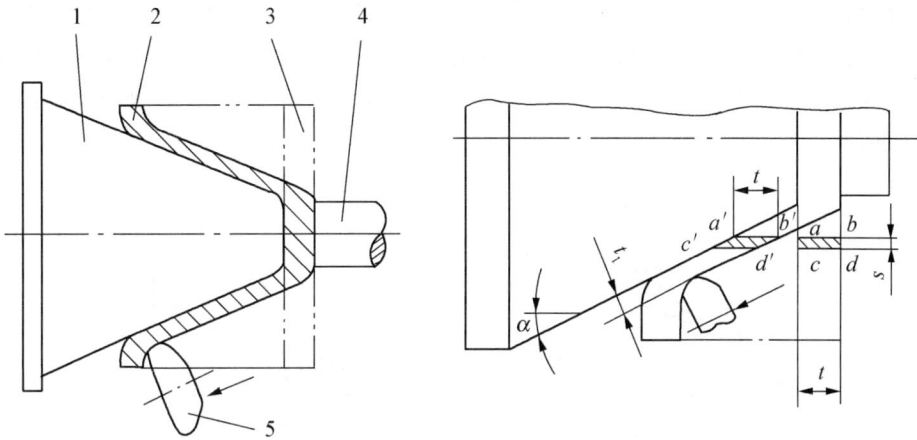

1—芯模；2—工件；3—坯料；4—顶块；5—旋轮

图 7-17　锥形件变薄旋压

（2）轴向剪切变形是材料变形的主要特征。旋压成形过程中，塑性变形区在工件的旋转和旋轮的进给中，扩展至所有凸缘材料，材料逐点产生轴向剪切。从轴向截面来看，矩形单元 $abcd$ 经简单剪切变形而成为平行四边形 $a'b'c'd'$。

（3）锥形件变薄旋压时，材料还会绕对称轴产生一定的扭转变形（见图 7-18）。

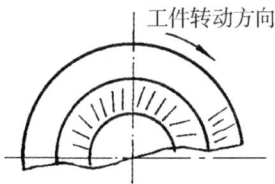

图 7-18　工件的周向扭转变形

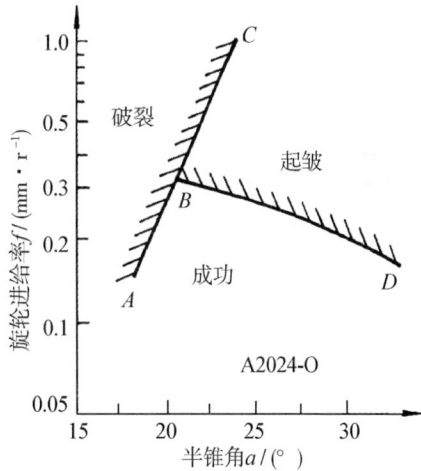

图 7-19　旋轮进给率对可旋性的影响

二、成形的主要问题

1.破裂、起皱

锥形件变薄旋压成形中，如果变形程度过大或工艺参数选择不当会导致破裂、起皱等成形障碍。如前所述，厚度变薄率和半锥角可作为衡量变形程度的指标。每种材料剪切旋压的变形程度都有一定的限制，图 7-19 所示为旋轮进给率对极限半锥角的影响，对应于极限变形情况下的变薄率和半锥角分别为极限变薄率 q_{lim} 和极限半锥角 α_{lim}。

2.凸缘倒覆

在理想状态下,锥形件变薄旋压过程中,工件凸缘与对称轴线始终保持垂直状态。但如果旋轮与芯模之间的间隙、旋轮圆角半径和进给率选择不当,凸缘就会偏离原位置,向前或向后倾斜,阻碍成形过程顺利进行,这种现象被称为凸缘倒覆(见图 7 - 20)。凸缘倒覆后,往往会出现起皱,皱褶的形式与拉深外皱类似。

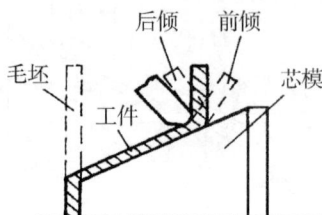

图 7 - 20 凸缘倒覆   图 7 - 21 反挤现象

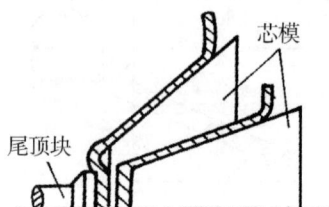

3.反挤现象

锥形件变薄旋压过程中,为了保证材料按照剪切变形方式变形,旋轮与芯模的间隙应与按正弦规律计算的壁厚一致。但在实际生产中,由于工人的操作误差,旋轮和旋压机的弹性变形等因素可能引起间隙不符合正弦规律。当间隙偏小时,如果半锥角较大,多余材料会后窜,出现反挤现象(见图 7 - 21)。

三、工艺要素

1.减薄率与道次数

剪切旋压过程一次完成不发生破裂的条件是:$q \leqslant q_{\lim}(\alpha \geqslant \alpha_{\lim})$。

2.旋轮的进给率 f

旋轮进给率为

$$f = \frac{v_s}{\omega}$$

式中,v_s 为旋轮沿工件母线进给速度(mm/min);ω 为主轴转速(r/min)。

f 大则工效高,但以不产生振动、旋压力和工件表面粗糙度不过大为限。常用的选择范围是 $f \approx (0.1 \sim 0.75)n$。其中,$n$ 为同步工作的旋轮数。

3.主轴/芯模转速

主轴转速 ω 大则工效高,但以不产生振动、旋压热不过大为限。

4.旋轮工作参数

锥形件变薄旋压使用的旋轮如图 7 - 22 所示。旋轮顶端的圆角半径小,则旋压力小,工件贴模度好,但以不形成黏附以至掉屑、表面粗糙度值不过大为限。常用的选择范围是 $(1 \sim 4)t_0$。

5.旋轮数量与配置

采用 2 ~ 3 个直径和顶端圆角半径相同的旋轮在同一截面内工作可以减少芯模的弯曲和振动(见图 7 - 23)。

采用 2 个顶端圆角半径不同的旋轮,二者之间保持一定的错距量,以顶端圆角半径小的旋轮作为精旋轮,可以减少旋轮与坯料的接触面积,减低旋压力达 40% 左右,提高精度,改善表面粗糙度和减振。

6.冷却、润滑

所用润滑剂种类同拉深旋压,但用量大。

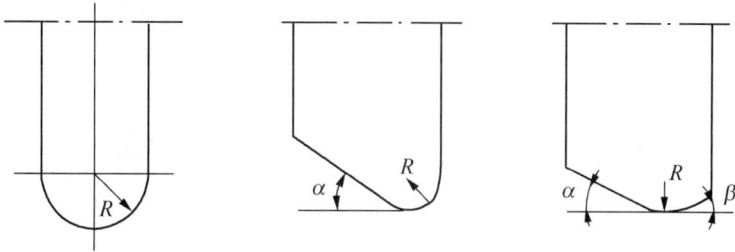

图 7 - 22　锥形件变薄旋压旋轮

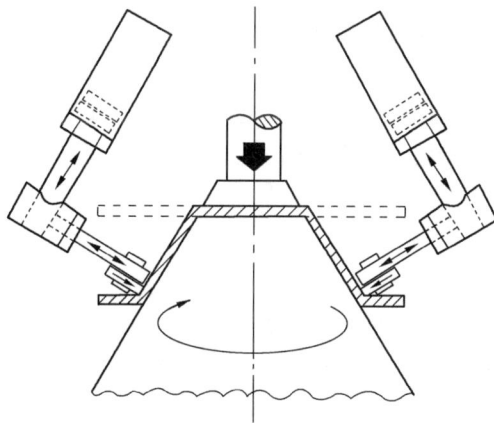

图 7 - 23　旋轮数量与配置

§7-4　筒形件变薄旋压

筒形件变薄旋压又称流动旋压或强力旋压。旋轮沿筒形毛坯轴向进给,筒形毛坯随芯模同步旋转。工件材料在旋轮的挤压下产生局部塑性变形,随着工件的旋转和旋轮的进给,变形扩展至整个工件,使筒壁厚度减薄,长度增加。筒形件变薄旋压坯料必为筒形件。

一、变形特点

(1)筒形件变薄旋压过程中,筒形毛坯内径基本不变,外径减小,筒壁厚度减薄。

(2)筒壁厚度方向变形不均匀,引起附加应力。若在毛坯纵断面上画出方形网格(见图 7-24),则每一方格代表一个圆环,外层环的体积比内层大,假定各环之间无相互影响,则旋压后外环的宽度大于内环。也就是说,在毛坯厚度方向上,越接近外表面的纤维,旋压后延伸的越长。由于成形区内材料整体性的约束,必然出现附加应力,使零件外层纤维轴向受压、内层受拉。

(3)旋轮相对于工件的送进速度 f 在变形区是变化的。由于流动旋压中材料有轴向伸长,即材料要相对于芯模运动,所以旋轮相对于工件的送进速度应当是旋轮相对于芯模的送进速度与成形区材料相对于芯模的运动速度之差。

（4）旋轮与工件之间的接触区为一空间曲面，接触压力分布不均匀（见图7-25）。

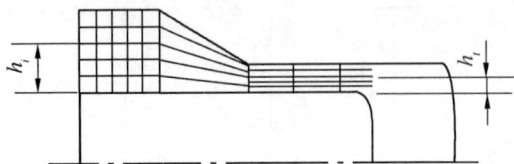

图 7-24　单圆环

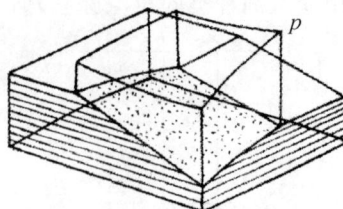

图 7-25　接触面及接触压力

二、成形的主要问题

筒形件变薄旋压成形障碍包括多方面。

1. 破裂

筒形件变薄旋压过程中，当变薄率超过一定值时，在筒壁上会出现破裂现象，从而使旋压成形无法进行。通过极限变薄率衡量，当工件的变薄率超过材料的极限变薄率时，可采用多次旋压。

2. 隆起（飞边）

隆起产生于旋轮前，是材料流动过程中的一种失稳现象，如图7-26所示。筒壁厚度、旋轮前角和进给率是影响隆起的主要原因。当隆起逐步增长时，超过一定的界限后，会产生坯料的掉皮并将工件表面压伤。减小进给率和旋轮前角可以减小隆起。

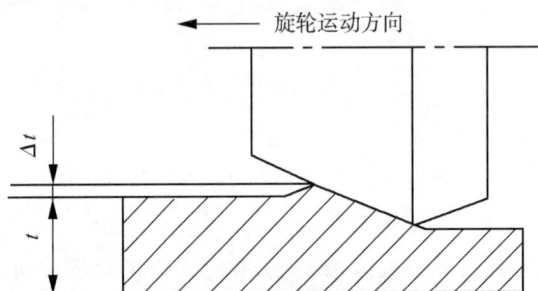

图 7-26　隆起

三、工艺要素

1. 正、反旋压

按照旋轮进给方向与工件材料流动方向的差异，筒形件变薄旋压分为正旋和反旋。

正旋适应面较宽，旋压力小，直径精度一般优于反旋；反旋的芯模及旋轮工作行程较短，但其应用限于不带底的工件。

正旋常用于筒形件，优点是：旋压力小，工件贴模性好，产生扩径和金属堆积较小。反旋常用于管形件，优点是：工件长度不受芯模长度和旋轮纵向行程的限制，固定坯料的夹具较简单。正旋的优点正好可弥补反旋的不足，而反旋的优点又正好可弥补正旋的不足。不过，在相同条件下，正旋的极限变薄率较反旋的高，因而正旋时旋轮接触角和进给比的选择范围比较大。

2. 减薄率与道次数

变形程度用厚度变薄率 q 来表示,即 $q = \dfrac{t_0 - t_f}{t_0} \times 100\%$。

筒形件变薄旋压的极限变薄率与锥形变薄旋压大体相当,但实际采用时却受限于工件精度要求、机床能力及系统刚度等因素,常选择的范围为 $20\% \sim 45\%$。

3. 旋轮的进给率 f

旋轮进给率 f 除影响锥形变薄旋压外,还对直径精度有影响。f 过小易扩径,过大易隆起,都对直径精度不利。一种有效的安排是在前期道次令 f 足够大,使工件抱模,终旋时则使 f 略减小以卸料。

正旋压时常用的选择范围是 $f \approx (0.25 \sim 1)n$,薄料取小值;反旋压时常用的选择范围是 $f \approx (0.1 \sim 0.5)n$,软料取小值。其中,$n$ 为同步工作的旋轮数。

4. 主轴/芯模转速

主轴转速 ω 大则工效高,但以不产生振动、旋压热不过大为限(主轴转速 ω 的选择与锥形变薄旋压类似)。

5. 旋轮外形与工作参数

筒形件变薄旋压旋轮的几何要素包括直径、成形角和圆角半径,如图 7-27 所示。

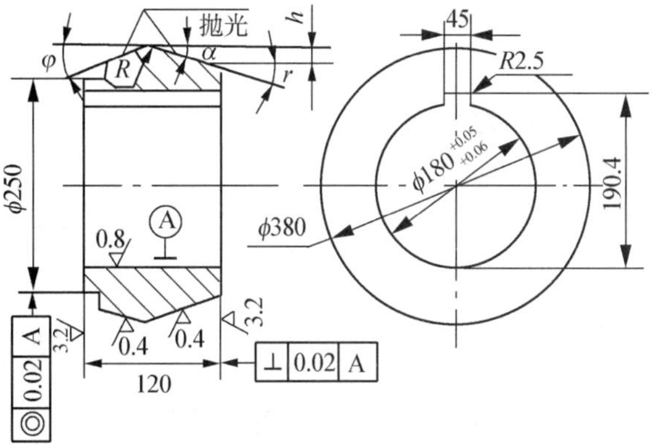

图 7-27　筒形件变薄旋压旋轮工作参数

旋轮直径受旋轮架和旋压机结构及轴承强度的限制。旋轮直径增大,旋轮与工件之间的接触压力减小,但接触面积增大,接触面沿轴向、径向的投影增大,沿切向的投影变化不大,所以沿轴向、径向的旋压力增大,沿切向的旋压力减小(见图 7-28)。为了避免旋压时发生振动,旋轮直径尽量不取芯模直径的整数倍。

旋轮圆角半径 R 对成形过程和工件表面质量都有显著影响。旋轮圆角半径大,工件表面质量好,旋压力大(见图 7-29),锥形件变薄旋压时易造成凸缘材料失稳。旋轮圆角半径小,工件质量会差一些,旋压力因接触面积小而减小。

旋轮成形角 α 也是旋轮的重要参数,α 过大易引起隆起,降低工件表面质量,α 过小容易产生扩径。

引导角 γ 对毛坯进行预压,以防止前部材料的隆起和堆积。

退出角 φ 对成形性影响不大,但如果该角过大,会使 R 的强度降低。一般为 $20° \sim 30°$。

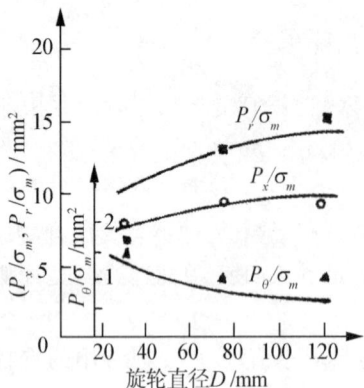

图 7-28　旋轮直径对旋压力的影响　　图 7-29　旋轮圆角半径对旋压力的影响

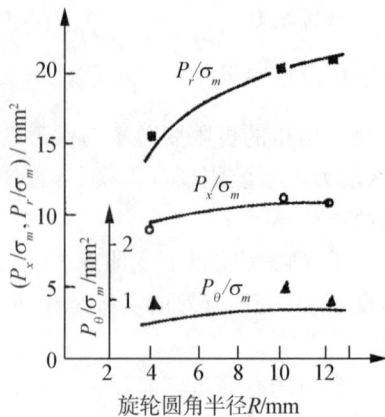

6.旋轮数量与配置

根据机床的工作条件,旋轮的工作方式有:单轮、双轮、三轮均布、三轮不均布以及四轮工作方式。

单轮工作适于薄料,粗短件;双轮旋压细长件时也易出现芯模跳动;三轮旋压最为合理,且均布胜于非均布;多旋轮工作可增加坯料夹紧可靠性,减少模具偏心并增加同一直线上的塑性区,对应力的分布有益。

变薄旋压过程中,旋轮与材料之间的作用力很大,易引起芯模偏心,影响零件精度。为了平衡筒形件变薄旋压力,实践中常采用两个以上的旋轮。

错距旋压是多次旋压和多旋轮旋压相结合的一种旋压方式(见图 7-30)。错距旋压中多个旋轮在轴向相互错开,而在径向依次使筒壁减薄。从而可以在一次旋压中完成原来需要几次才能完成的工作,提高了生产率。同时,这也增加了对变形区的约束,使工件直径精度得到改善。

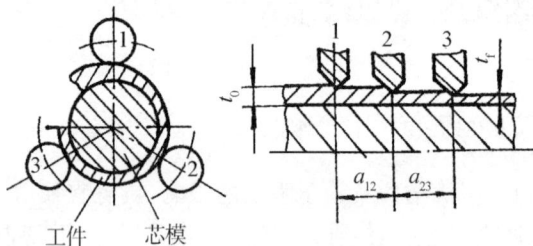

图 7-30　错距旋压

7.冷却、润滑

所用润滑剂种类同拉深旋压,但用量大(同锥形件变薄旋压)。

习　题

1.举例说明日常用品中,哪些是旋压成形的?哪些可以用旋压成形?

2.简述普通旋压的变形特点、成形过程中的主要问题及主要工艺要素。

3.简述锥形件变薄旋压的变形特点、成形过程中的主要问题及主要工艺要素。

4.简述筒形件变薄旋压的变形特点、成形过程中的主要问题及主要工艺要素。

第8章　特种成形

在飞机钣金成形中,有些零件需用特种成形方法加工,这些方法包括喷丸成形、高能成形、蠕变成形与时效应力松弛以及超塑性成形等,现分别介绍如下。

§8-1　喷丸成形

为了增加结构强度和减小结构重量,20世纪50年代中期在高速歼击机和大型运输机中出现了可代替铆接结构的整体结构和整体壁板。整体壁板不仅强度高,而且平面尺寸也大。飞机工厂原有的闸压机、滚弯机和拉形机已不能满足成形的需要,喷丸成形就是为了适应这种需要而诞生的一种工艺方法。

飞行器上的整体壁板或厚蒙皮按外形可分为单曲度和双曲度两种,如图8-1所示。图(a)为单曲度的整体壁板,用于飞机的机翼、尾翼、机身中段,以及火箭和导弹翼面;图(b)为双曲度的整体壁板,用于机翼、机身、进气道、舱门,以及火箭导弹壳体。整体壁板的剖面有各种不同的形式,如图8-2所示。

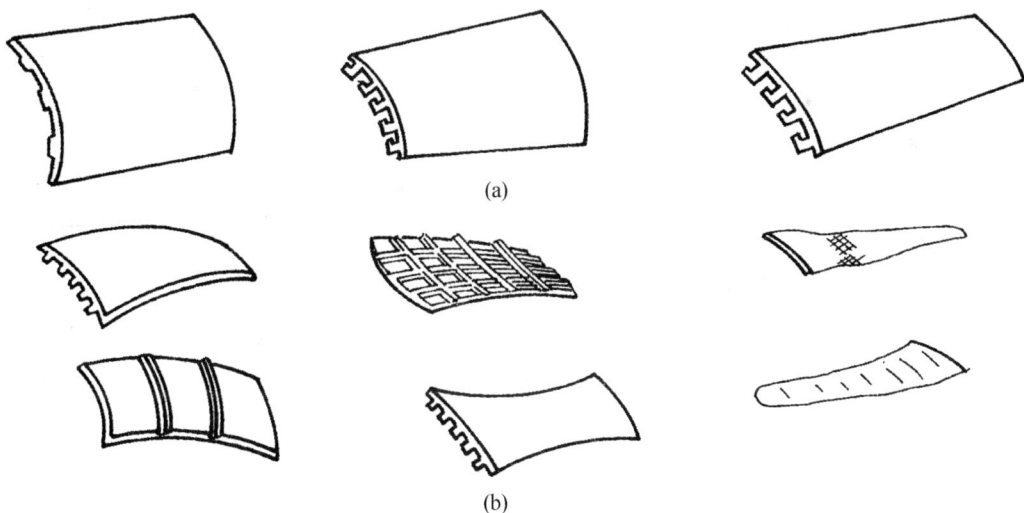

(a)

(b)

图8-1　单曲度与双曲度的整体壁板

(a) 单曲度整体壁板;(b) 双曲度整体壁板

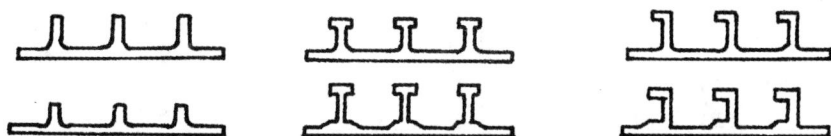

图8-2　整体壁板各种不同的剖面形式

一、喷丸成形原理

喷丸技术早期主要用于强化工件表面层,使表面层产生压缩应力,达到提高抗疲劳强度和抗腐蚀能力的目的,之后才用于成形整体壁板。

喷丸成形是利用高速的球形弹丸喷射工件表面层,使之产生塑性变性,如图 8-3 所示。弹丸打击到工件表面,表面层出现许多凹坑,凹坑周围金属向四周排挤[见图 8-3(a)],其结果是上表面的面积增加,引起壁板拱起[见图 8-3(c)]。上表层由于金属互相排挤,出现残余压应力,下表层由于拱起弯曲,也出现残余压应力。因为残余应力自相平衡,故在工件中心层出现残余拉应力,如图 8-4 所示。表层残余应力有利于抗疲劳及抗腐蚀。上表层残余压应力 σ_x 和深度 A 值取决于板件的机械性能和喷丸的喷射强度,如图 8-4 所示。

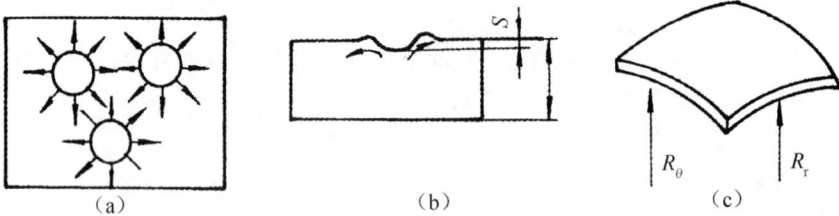

图 8-3　喷丸成形原理

(a) 弹丸打击工件表面;(b) 凹坑形成;(c) 壁板拱曲

被喷射的工件如各向刚度都相同,则喷击的结果由平面变为球面。如果工件各向刚度不一样,则喷击结果不为球面,而形成其他曲面。刚度小的方向弯曲变形大,刚度大的方向变形小或基本不变形。所以喷丸成形与工件的各向刚度大小有关。

工件喷击以后产生的曲率大小与两组因素有关。其一是喷击强度,这里包括弹丸的大小、重量、硬度和弹丸喷击的速度以及喷射的角度;其二是覆盖率,即凹坑的总面积与被喷面积之比。改变这两组因素,就可控制工件的曲率。

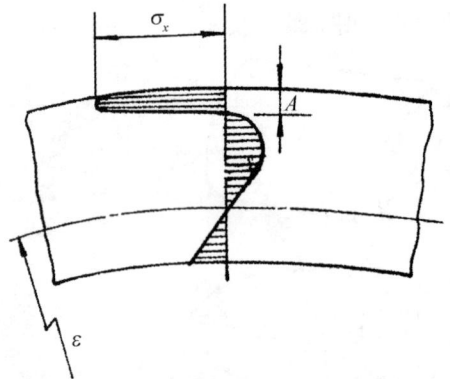

图 8-4　壁板内沿厚度方向残余应力分布图

二、喷丸设备

按推进弹丸的方式可分为气动式喷丸机和离心式喷丸机。典型的喷丸机如图 8-5 所示,它由下列主要部件构成:

(1) 弹丸的推进装置。它将弹丸加速到要求的速度,气动式是空气压缩机和喷嘴,离心式是电动机和叶轮。

(2) 弹丸输送提升机构。保证弹丸的重复使用。

(3) 弹丸分离机构。清除破碎的或小于标准的弹丸,保证弹丸质量。

(4) 弹丸添加装置。补充弹丸消耗。

(5) 保证弹丸流和被加工板坯相对运动的装置。一般是工作台移动,喷射室固定,反之也可。

（6）喷射室。板坯在此接受喷丸,控制弹丸不到处飞溅。

目前喷丸成形一般用铸钢弹丸、不锈钢弹丸效果最佳,非金属弹丸（玻璃或陶瓷）主要用于喷丸强化,铝合金整体壁板最好选用不锈钢弹丸。

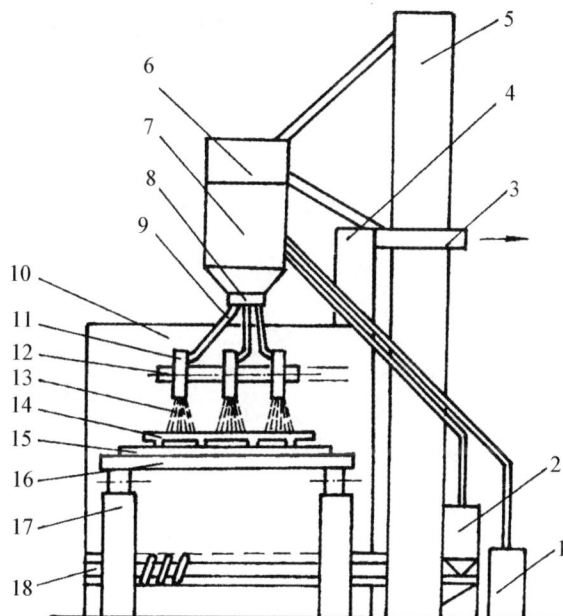

1— 破碎弹丸收集器;2— 自动式装丸器;3— 弹丸回收器;4— 排气管;5— 弹丸提升器;6— 弹丸分离器;
7— 弹丸贮存室;8— 弹丸控制活门;9— 输弹管;10— 工作室;11— 叶轮（或喷嘴）;12— 叶轮（或喷嘴）支架;
13— 弹丸流;14— 板坯;15— 垫板;16— 工作台;17— 工作架;18— 弹丸传送器

图 8-5　典型喷丸机

三、单、双曲度壁板喷丸成形

（一）单曲度壁板

机翼整体蒙皮大都是单曲度的,即在弦向有弯曲度,沿翼展方向为直母线。在结构上,一般情况下沿弦向无筋条,沿翼展方向有筋条。因此弦线方向刚度小,展向刚度大,这有利于弦向弯曲变形,而展向基本不变形。有时单依靠展向筋条刚度还不够,为此在展向增加工艺筋条（见图8-6）,以提高展向刚性,使展向在喷击过程中基本不变形。工艺筋条在成形以后去掉。

单曲度整体壁板在喷丸机上成形,弦向曲率可通过调节各喷头喷击强度加以控制。喷形后用样板检验,对于不贴合的部分,可用手提喷丸机校形。

在壁板上可能有要求局部加强的部位,其刚度远大于其他部分,此局部地区难用喷丸成形,可在压床上模压成形。

（二）双曲度壁板

双曲度壁板一般是先成形为单曲度壁板,然后再成形为双

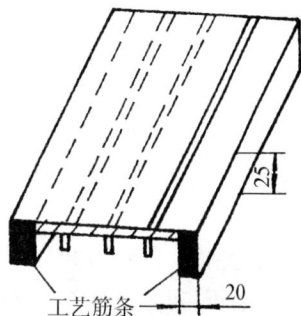

图 8-6　壁板展向工艺筋条

曲度壁板。图 8-7 所示为双曲度壁板成形顺序。

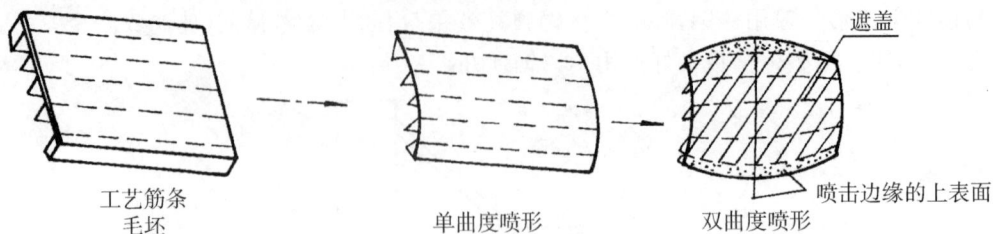

图 8-7　双曲度壁板成形顺序

图 8-8 说明喷制马鞍形壁板的过程。第一步先喷外表面,形成单曲度;第二步在剖面中性层以下涂橡皮屏蔽层,单喷筋条上面部分,以产生马鞍形。

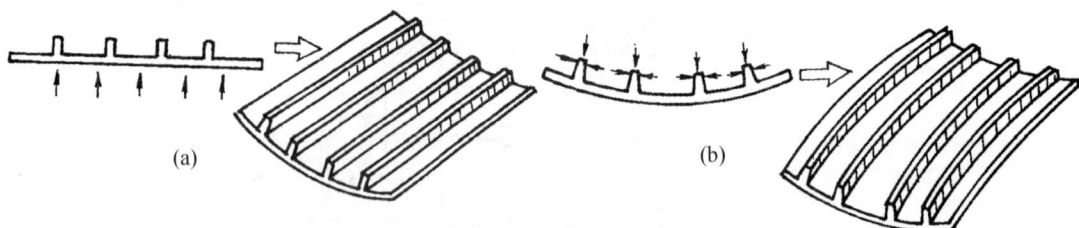

图 8-8　马鞍形壁板喷制过程

(a) 先喷外表面;(b) 再单喷筋条部分

双曲度工件成形后在成组样板上检验。

喷丸成形的特点是专用工艺装备费用少。一般情况下不会造成废品,如果出现过成形可在其背面喷击修正。喷丸成形也有缺点,首先是工件表面粗糙度增加,其次是表面包铝层可能被击破,影响抗蚀能力。

§8-2　高 能 成 形

高能成形又称脉冲成形或高速成形。其特点是使较大的能量在极短的时间内释放出来。这些能量主要通过冲击波的形式作用到被成形的毛料上,使毛料在极短的时间内接受一个脉冲能量,故可称脉冲成形。冲量变成毛料的动量,使毛料以很高的速度向模腔运动而成形,故又叫高速成形。成形 1 m 直径的半球形封头,用水压机制造时,成形时间为几十秒,而爆炸成形的时间约为 1/100 s。在这两种情况下用于使毛料变形的有效能量基本上是相等的,也就是说爆炸成形的平均有效功率要比水压机大几千倍。故高能成形实质上应称为高能率成形。图 8-9 为一般成形设备和高能成形设备变形速度的比较图。图中 1 为手动折板机,2 为橡皮液压机,3 为一般液压机,4 为机械压力机,5 为落锤,6 为气动机械,7 为火药压床,8 为爆炸气

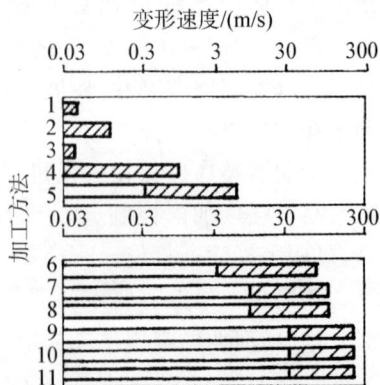

图 8-9　成形时的变形速度

体压床,9 为炸药压床,10 与 11 为电液和电磁成形压床。

高能成形首先需要一个大功率的能量。现用的第一类能源是化学能,如炸药、火药和爆炸气体。第二类能源是电能,有电液效应和电磁效应两种方式。第三类能源是高压气体。目前最常用的是炸药、电液效应和电磁效应,相应的成形方法称为爆炸成形、电液成形和电磁成形。

一、爆炸成形

利用炸药的化学能作为能源,其成形原理如图 8-10 所示。炸药由雷管引爆后,在几十万分之一秒内完全转化为高温高压气团(爆心处产生 3 000 ℃ 以上的高温和 1 MPa 以上的压力),猛烈推动周围的介质,在介质中引起强压缩的冲击波。爆炸成形多用水作介质,因为水传压均匀、安全、操作方便。冲击波传到毛料表面时,将能量传给毛料,转化成毛料的动能,使毛料中部以很高的速度向模腔运动,并带动压边圈下的材料绕过凹模圆角流入模腔。随后,炸药变成的高温高压气团急剧膨胀,推动水迅速运动,产生很大的水流动压,使毛料受到二次加载,再次得到加速,进一步促进零件成形。

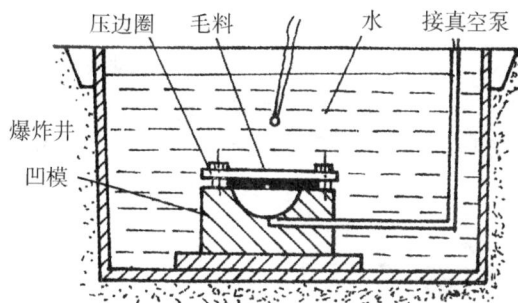

图 8-10　爆炸成形的原理

毛料以相当大的速度撞击贴模,造成很高的校形压力,零件回弹很小。

高能成形中毛料以很高的速度向模腔运动,模腔内的空气来不及排出,引爆前必须抽成所需的真空度(一般残余压力应小于 666.61 Pa),因此还需解决模腔的密封问题。

冲击波成形零件的能力可用冲击波波面单位面积上的能量 E 来估量,E 可根据下述试验公式估算:

$$E = CW^{1/3}\left(\frac{W^{1/3}}{R}\right)^r \tag{8-1}$$

式中,W 是药包的药量;R 是测量点至药包中心的距离;系数 C 与 r 是炸药和介质种类的常数;E 取决于炸药的种类和药量。炸药的含能量愈高或药量愈大,E 愈大;E 还取决于介质的种类和 R,R 愈大,E 愈小。用球形药包成形平板毛料时,药位不仅影响毛料上载荷的大小,也影响载荷的分布。药位愈低,相同的药量作用在毛料上的载荷愈大,但载荷的分布愈不均匀。解决这个问题需靠改变药包的形状。药形决定了所产生的冲击波波面的形状,因而决定了作用在毛料上的载荷分布。药形应与零件的几何形状相适应,原则上应符合毛料各部位变形量的需要,同时应使模具受载合理,药包制造简单。短柱形药包制作容易,生产中应用最多。对管坯胀形零件则应用长圆柱形药包或导爆索如图 8-11 所示。图 8-11(d)所示的零件,其毛料中部变形量很小,采用长柱药包显然对模具中部不利,故选用两个短柱药包,中间用导爆索串联。导爆索由涂防潮剂的棉线做外壳,内装黑索金炸药,一般直径为 6 mm,出厂时为盘状,可用小刀切成所需长度。

对于面积大的平板零件，需根据变形情况，采用各种特形药包，如图 8-12 所示。这时用导爆索最方便，当单股能量不够时，可以绕成多股，或将导爆索穿入塑料管，周围填充散装 TNT 炸药。

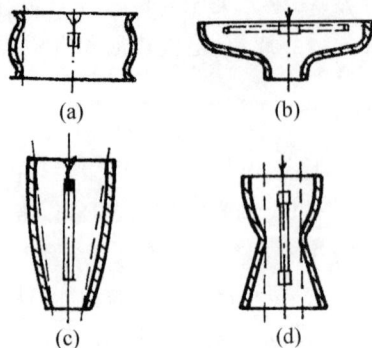

图 8-11　胀形零件药包的形状

(a) 短形柱药包；(b) 盘形药包；(c) 长柱形药包；

(d) 用导爆索连接的二短柱形药包

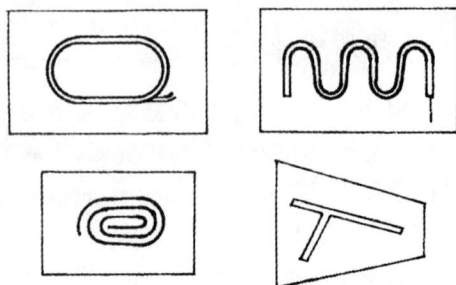

图 8-12　板状零件的特形药包

生产中，常用 TNT 炸药，以水为介质。在水井中进行爆炸成形，主要的工艺参数是药形、药量和药位，需根据具体零件，参照已有的经验，通过试验来确定。

图 8-13 所示的爆炸胀形，用于成批生产铝合金扩散器、不锈钢或工业纯钛的导风罩波纹板等。橡皮囊 1 起密封作用，2 为环状毛料，整个装置吊入水井中爆炸。

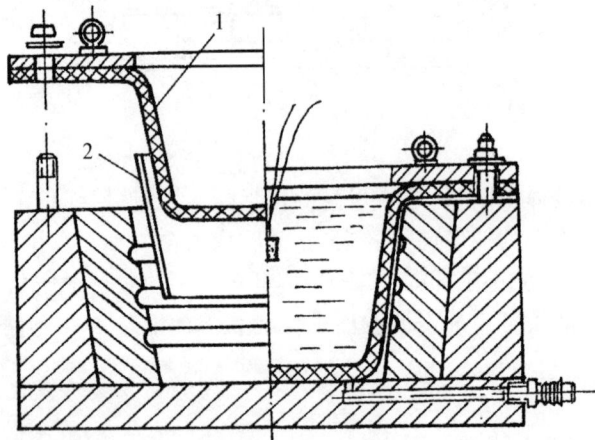

1— 橡皮囊；2— 环状毛料

图 8-13　爆炸胀形

图 8-14 所示为橡皮容框成组爆炸。当现有橡皮液压机单位压力不足或工作台深度、面积不够时，就采用这种方法。橡皮板 1 四周用螺栓固定在钢压板 2 上，成形模和毛料放进容框后用锁钩扣紧压板，抽去容框内的空气，然后吊入水井中爆炸。

爆炸成形还可用于壁板校形。图 8-15 是铸铝弹翼壁板校形模的构造。壁板外廓尺寸为 2 000 mm×780 mm，蒙皮厚 4 mm，筋高 8～10 mm，局部筋高 50 mm。模体用铝锌合金铸成。零件用一圈橡皮条密封，用压板压紧后抽真空。药包形状如图 8-15 所示，药量 500 g，药位 450 mm。零件经过一次爆炸就可达到装配要求。

水中爆炸需在室外进行，操作条件差，炸药能量利用率低。现已有多种安装于室内的爆炸

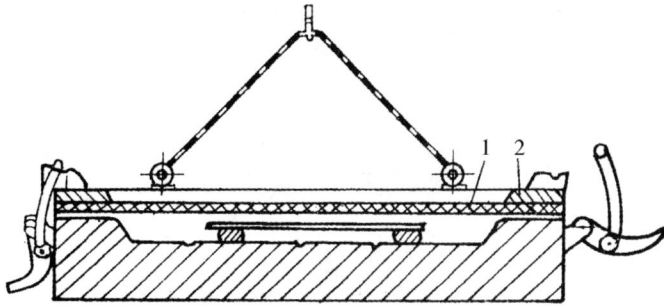

1— 橡皮板;2— 压板

图 8-14　爆炸用橡皮容框

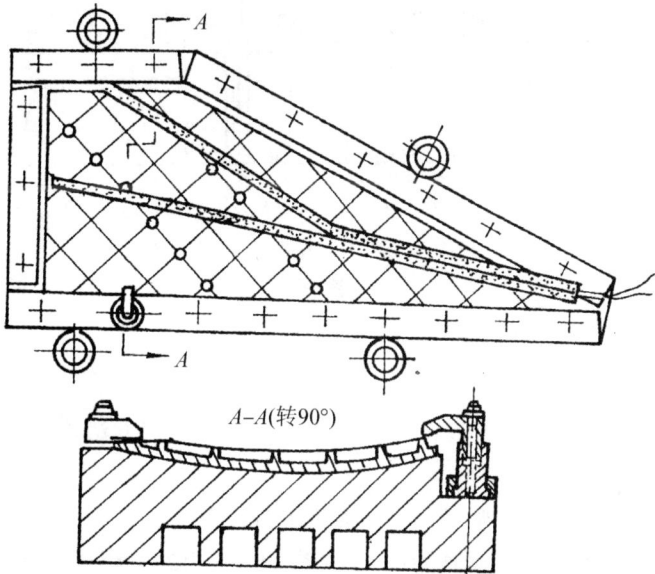

A-A(转90°)

图 8-15　爆炸校形模

成形机床,图 8-16 是其中的一例。水井筒由四个液压作动筒 3 升降,图示为升起位置。这时作动筒 6 将工作台送到橡皮囊下。降下井筒,通过 5 对工作台上的模腔抽真空。四个减震支柱 8 起缓冲作用。反射罩使药包在封闭的空间内爆炸,大大提高了炸药能量的利用率。由于反射罩的屏蔽作用,井筒壁所受的爆炸载荷大为减小,可以缩小井筒直径和壁厚。工作台有效直径为 1 m,最大装药量 70 gTNT。

　　成形数量不多、形状简单的零件时,可用塑料模具,甚至水泥模、冰模。成形形状复杂或高强度材料零件时,一般采用钢模或铸铁模。当前制造爆炸成形模用的主要材料是钢和铅锌合金、环氧塑料。环氧塑料模(或带环氧型面的模具)的主要优点是能方便准确地塑造出零件外形,避免了大量的手工修模,降低了制模成本。而且塑料模型面光滑、修理容易,寿命也比较高,模具可以成形几百个零件。

　　爆炸成形的优点是:简化设备,不要任何机床;只要一个凹模,简化模具;可获得尺寸精度很高的零件;能加工一些常规方法不易加工的材料。但是它也有缺点:诸如炸药加工、药包制造、模具和毛料的安装拆卸等方面的机械化程度较低,劳动生产率低;多为室外操作,劳动条件差。

因此,爆炸成形不能完全取代常规成形工艺,只能作为一种补充,适于生产小批量的零件。

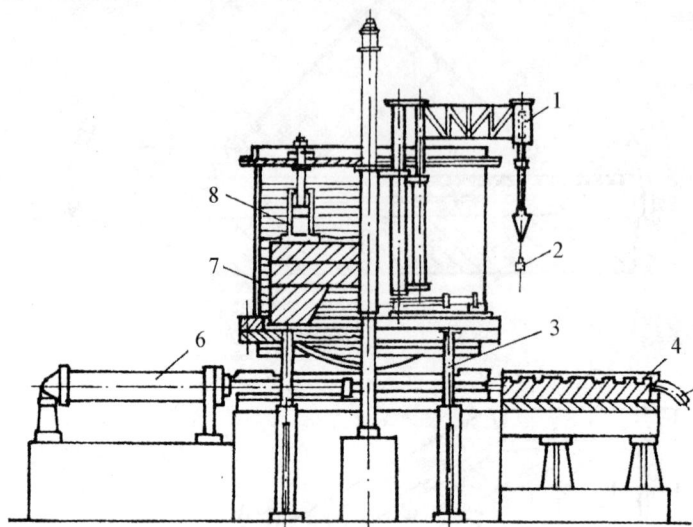

1— 活动炸药架;2— 药包;3— 液压作动筒;4— 台面;5— 抽气管;

6— 液压作动筒;7— 反射罩;8— 减震支柱

图 8 - 16　爆炸成形机床

二、电液成形

电液成形是以瞬时放电使金属板料或管子成形的一种工艺方法。成形速度与爆炸成形相似。此法适用于成批生产较小的零件。

电液成形的原理如图 8 - 17 所示。工件、模具和电极均浸入液体中。接通电源后,交流电通过变压器 1 升压.经高压整流器 2 整流,通过充电电阻 3 向电容器组 5 充电,从而在 5 上贮存相当大的电能 W。W(J) 大小为

$$W = \frac{1}{2}CU^2 \qquad\qquad (8-2)$$

式中,C 是电容器组的电容(F);U 是充电电压(V)。一般 U 为 $10 \sim 40$ kV,C 为几十至 $1\,000$ 多微法,W 可达几千至十几万焦。

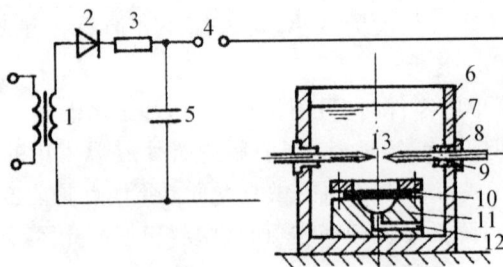

1— 变压器;2— 整流器;3— 电阻;4— 辅助间隙;5— 电容器;6— 液体;7— 筒壁;

8— 插座;9— 主电极;10— 毛料;11— 模具;12— 抽气孔;13— 主间隙

图 8 - 17　电液成形原理

当电容器5上电压上升到充电电压值后,点燃辅助间隙4,5便通过4和主间隙13放电。如间隙选择适当,整个放电过程在几至几十微秒内就能完成。几万焦耳的能量在几十万分之一秒内在主间隙13上释放出来,在介质中造成很强的冲击波。先是冲击波,然后水流动压作用在毛料上,使毛料高速成形,其过程和爆炸成形相似。放电部分的作用就是通过电液效应将充电部分贮存的电能在一瞬间变成成形零件的动能。除上述的电容组经过间隙放电的方式将电能转化为机械能外,还有一种方式,即电容组经过爆丝(电极间连接的金属丝)放电,这样避免了主间隙放电形成的冲击波的形状很难控制和改变的问题。当脉冲大电流通过主电极9之间的金属丝时,金属丝立即气化,形成高压气团,从而在液体中产生强大的冲击波。改变爆丝的形状,就可改变放电电弧的通道,从而改变冲击波的形状和载荷分布,以满足零件变形的要求,如图8-18(a)所示。还可在主电极间并联多根爆丝,以适应零件变形的要求,此法更适于粗管件及大直径的盘形件,如图8-18(b)所示。爆丝的材料多用熔点低、导电率高的材料,常用直径为1 mm的铝丝和直径为0.5 mm的铜丝。可作电极的材料有黄铜、不锈钢和低碳钢,其中不锈钢最好。

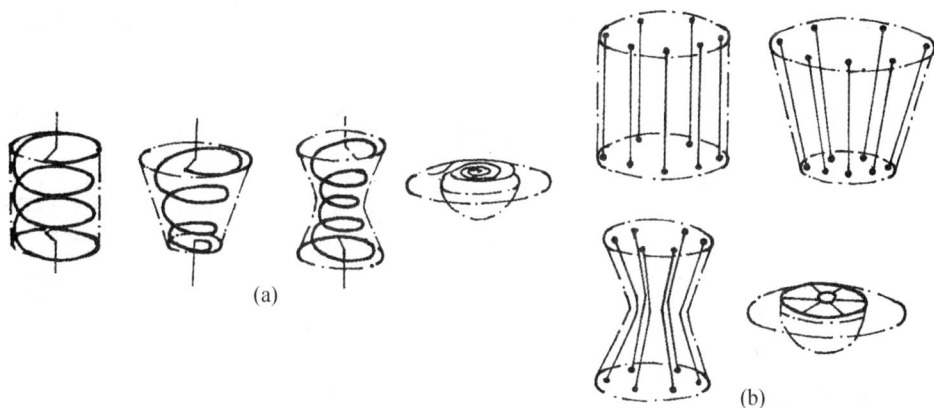

图 8-18　电液成形装置中的爆丝
(a) 爆丝的各种形状;(b) 爆丝的各种并联方法

关于液体介质的选择,一般都用清水。电液成形只需一个凹模,凹模常用的材料有碳钢、结构钢、铸铁、锌铅合金、塑料、水泥等。

电液成形对用平板毛料制造带局部压印、加强筋条、孔和各种翻边的复杂零件十分有用。对用管形毛料制造带环形槽或纵向加强筋、压印、不规则形状孔和翻边更加有用。图8-19为加工管材零件(胀形)的装置。

电液成形的变形速度很高,可以压制高强度耐热合金和各种特种材料,如钼、铌、钨、镍、钛及铍合金。贴模精度可达0.02～0.05 mm。与爆炸成形相比,电液成形操作安全,能量容易控制,容易实现机械化,但所需设备要复杂得多。

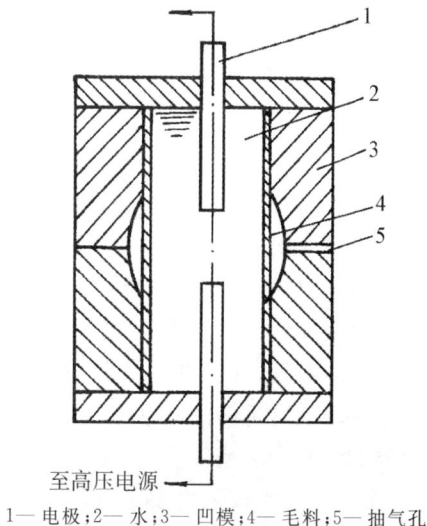

1— 电极;2— 水;3— 凹模;4— 毛料;5—抽气孔
图 8-19　电液成形管材件(胀形)

三、电磁成形

电磁成形装置与电液成形装置相比较,充电部分相同,而放电部分不同,它是利用电磁效应将电能变成机械能的。图 8-20 是电磁成形原理图。电容器上贮存有上万焦耳的电能,开关 4 闭合瞬间,一个强脉冲电流通入线圈 1,在它周围有一个迅速增强的磁场。如有一管状导体毛料 2 放在线圈内,线圈 1 变动磁场会在毛料 2 内引起感应电流,其方向与线圈电流方向相反。此两磁场方向相反,互相排斥,使线圈与毛料之间产生互相排斥力,利用此排斥力可成形零件。可在毛料内放置模具 5[见图 8-21(b)],管壁被压紧在模具上而缩径成形。图 8-21(a)是将线圈放在毛料内部,外面放模具 3,在线圈脉冲磁场增长期间,毛料受到沿径向向外扩张的磁压力而胀形。电磁成形也能使平板毛料成形[见图 8-21(c)]。用此法可完成拉深、冲孔和局部成形等工序。

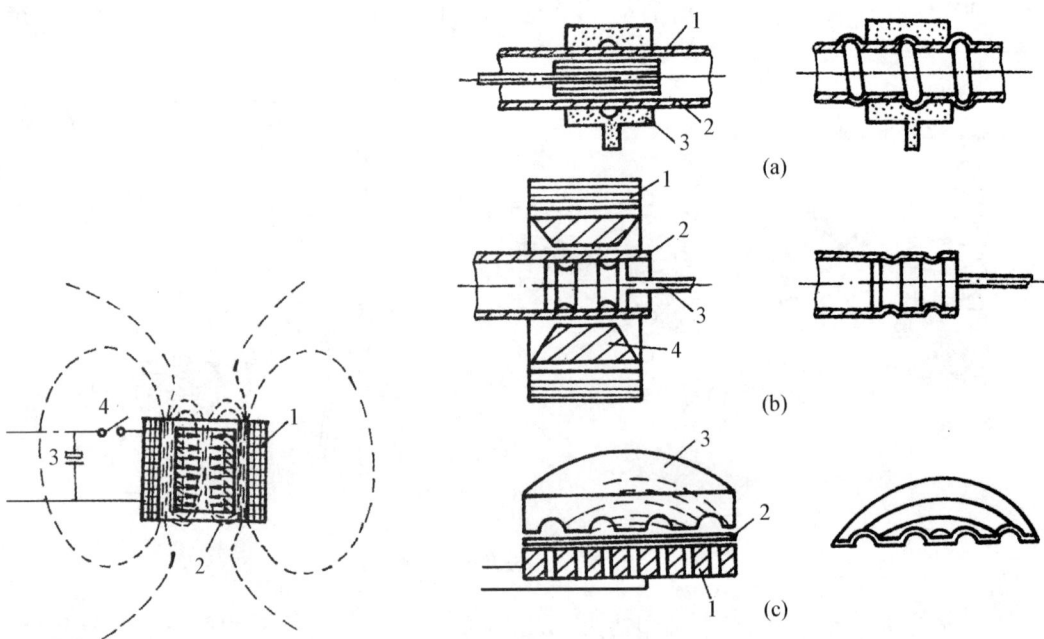

1— 线圈;2— 毛料;3— 电容器;4— 开关

图 8-20 电磁成形原理

1— 线圈;2— 毛料;3— 模具;4— 磁通集中器

图 8-21 电磁成形方法

(a)胀形管;(b)缩颈管;(c)带凸埂的盘形件

电磁成形的加工能力决定于充电电压与电容器的电容量。常用的充电电压为 5 ~ 10 kV,而充电能量介于 5 ~ 20 kJ 之间。

线圈是电磁成形中最关键的元件,它的参数及结构直接影响成形效果。线圈的形状应根据零件的形状和变形特点来确定。线圈有一次使用和耐久使用两种。一次使用的线圈在成形过程中受到脉冲磁压力的作用而变形或破坏。耐久线圈适用于批生产,线圈有足够的刚度,在规定的放电电压下有足够的电绝缘性能,能反复承受冲击力的作用而不发生显著变形。常用的方法是把成形线圈用玻璃钢固定起来。为了解决耐久线圈发热问题,可用强制空气冷却或循环水冷。线圈一般用铍青铜之类强度较大、电阻率小的粗导线绕制而成,浇注大量绝缘材料,以加大线圈的质量。

在电磁成形中,改变磁压力载荷分布的方法是采用磁通集中器。图8-22是磁通集中器的原理。改变磁通集中器3的形状,就能改变磁通的分布,使某些部位的磁场大大加强,见图中A处,而另一些部位的磁场削弱,以满足毛料各部位成形力不同的需要。磁通集中器一般用导电率高、强度高的材料(如铍青铜、黄铜)制成。

电磁成形可用来完成冲孔、拉深、翻边、局部成形、压印、收边和扩口等工序。电磁成形除具有高能成形的一般特点外,还可在惰性气体或真空中对毛料进行加工,能量和磁压力能精确控制;其设备复杂,但操作简单。目前用于加工厚度不大的小型零件。

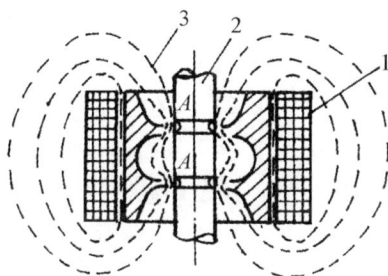

图8-22 磁通集中器
1—线圈;2—毛料;3—磁通集中器

§8-3 蠕变成形和应力松弛成(校)形

一、蠕变成形

利用金属或合金的蠕变特性,发展成一种新的钣金成形方法 — 蠕变成形工艺。蠕变成形用的单位压力很低,成形时间长,为了防止金属在高温下受到氧化和污染,通常采用抽真空的办法成形,即真空蠕变成形。图8-23是一种简单的真空蠕变成形装置。在模具内装有电热管或电热丝,并用热电偶测温和控温。在金属板料上放一块0.02～0.10 mm厚的不锈钢板,以保护钛板,并使容框密封。在抽去板料与凹模间的空气之后,通过模具加热的板料在大气压力下发生蠕变,逐渐贴附凹模,形成零件。

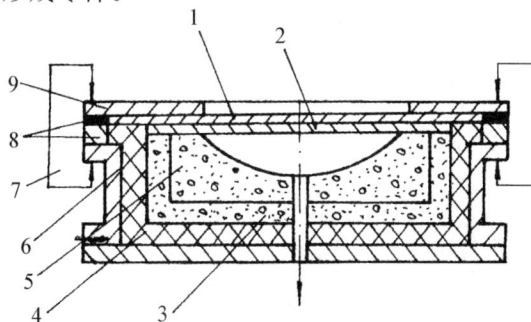

1—不锈钢保护板;2—钛板;3—加热元件;4—保温层;
5—陶瓷模;6—容框;7—E形夹;8—密封;9—盖板
图8-23 真空蠕变成形装置

这种成形的特点是成形速度低,成形压力小,板料在真空中成形可以避免高温氧化和污染。蠕变成形特别适用于钛合金成形。因为钛合金在高温下容易氧化,室温成形回弹大,易破裂,而高温蠕变性能良好。

所谓蠕变是指金属在恒定压力下,除瞬时变形外,随着时间的增长而发生缓慢、持续的变形。蠕变的机理是晶内滑移、亚晶形成及晶界变形。随着温度升高,诸如位错攀移、空位的定向扩散、亚晶完善与长大以及晶界滑动等都加快进行,而晶格畸变则减小,以致蠕变现象越来越显著。由于出现蠕变,材料的承受载荷的能力大大降低,而塑性变形的能力则显著提高,这对钣金成形极为有利。

图 8-24 是一条典型的以应变与时间为坐标的蠕变曲线,包括五个部分。

第一部分:蠕变开始部分,即曲线的 Oa 段,是在施加载荷的瞬间产生的。如果材料的内应力超过该温度下的弹性极限,则此瞬间的变形又包括弹性变形 Oa' 和塑性变形 $a'a$ 两部分。在这开始瞬间的变形还没有蠕变现象的特征,仅是加载时发生的普通变形过程。

第二部分:蠕变第一阶段,即曲线 ab 段,反映了蠕变速率随时间增长而逐渐降低,而蠕变阻力则随变形的增加而增大。在此阶段,大部分金属的蠕变主要靠滑移,当位错遇到障碍而停止时,蠕变是在应变强化所引起速率下降的情况下进行的。如果加热到一定温度,就产生了新的位错。同时由于热活能增大,遇到障碍的位错又获得足够的活动能量。这段曲线是属于蠕变开始阶段,即蠕变第一阶段,也可称为蠕变的非稳定阶段。

第三部分:蠕变第二阶段,即曲线 bc 段。在此阶段蠕变速率几乎保持不变,说明蠕变阻力随着变形增加(加工硬化),又由于回复作用而降低(软化),两个过程刚好达到平衡,因而可称它为稳态阶段或蠕变的恒速阶段。

第四部分:蠕变第三阶段,即曲线 cd 段,其特点是蠕变速率不断增长,为蠕变加速阶段。

第五部分:蠕变断裂阶段,即曲线 de 段,其特点是蠕变速率随时间增加而急剧增大,最后发生断裂。

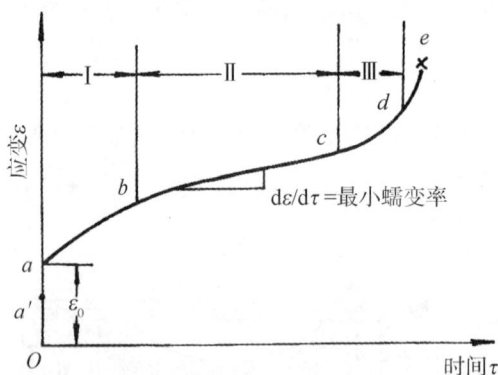

图 8-24 典型的蠕变曲线

蠕变曲线的形式与应力大小和温度高低有关。例如,在给定温度下,作用应力如果很小,蠕变曲线只反映两个阶段,如图 8-25 中的曲线 d。在此情况下,稳态蠕变阶段可能持续很久,而在断裂以前几乎不可能发生蠕变的加速阶段,稳态蠕变的速度始终是非常小的。反之,在给定温度下,材料内部的应力如果大了,则在较短的时间内就可能发生断裂,而完全没有蠕变的第二阶段或是第二阶段很短,如图 8-25 上的曲线 a 和 b 所示。由此可见,大的应力不适于蠕变成形。图 8-26 是不同温度下的蠕变曲线,可以看出,温度越高,蠕变速率越大。

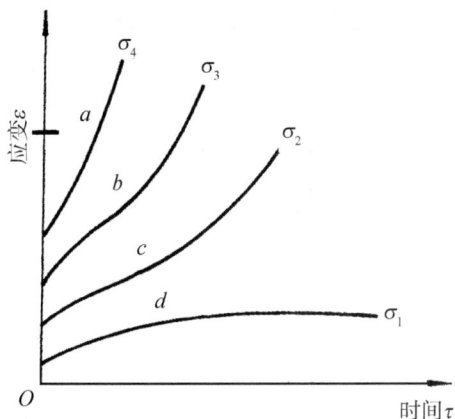

图 8-25   在给定温度下不同应力值
对蠕变曲线的影响

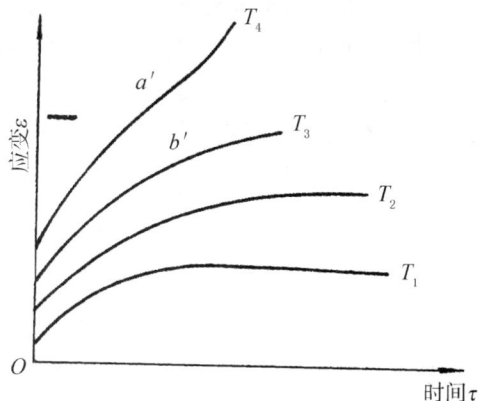

图 8-26   在给定应力下不同温度
对蠕变曲线的影响

概括起来,高温度、长时间和低应力是蠕变成形的特征,也是蠕变成形的条件。

二、应力松弛成(校)形

热校形是制造钛板零件普遍采用并行之有效的工艺方法,国外大约有 90% 的钛板零件是采用冷成形和热校形制造的,即先在室温下(或加热状态下)预成形,然后进行热校形,以制成尺寸符合要求的零件。

热校形工艺过程包括:将预成形件和模具在热校形压床中加热到所需温度,合上模具,施加足够的压力,并保温、保压一定时间,最后取出零件。

热校形主要利用材料在高温下软化与应力松弛的综合效应。经过热校形可以减小回弹,大大提高零件的尺寸准确度。

图 8-27 为典型的等温应力松弛曲线。一般可定性地将其分为两个阶段。第一阶段的特点是应力迅速下降,第二阶段的特点是松弛速度非常缓慢,而应力逐渐下降到某一平衡值 σ_r(松弛极限)。当温度足够高时,σ_r 可下降到零。

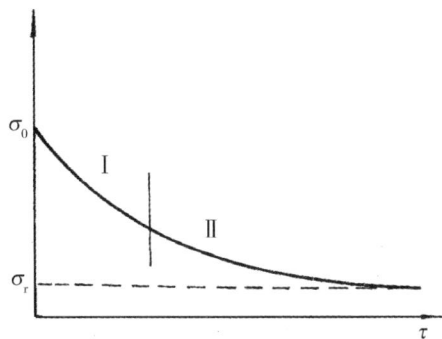

图 8-27   典型的等温应力松弛曲线

影响应力松弛过程的因素很多,有初始应力、时间、温度、预应变量与材料的化学成分、内部组织等等。一般认为应力松弛的第一阶段以晶界的扩散与黏性流动为主。温度对应力降低的影响最大;温度越高,应力下降越快。时间也是一个影响因素,时间越长,应力下降越多,但延长时间的效果不如提高温度显著。温度如不够高,即使延长时间,应力松弛也是有限的。每种材料在一定的温度下都存在着一定的应力松弛极限。在第一阶段,初始应力 σ_0 值若增大,则原子扩散快,应力降低速度加快。因此,如给定某一应力降低量 $\Delta\sigma$,σ_0 值越大,则应力松弛所经历的时间越短,应力松弛速度越快。而在第二阶段,σ_0 值对应力松弛速度几乎没有影响。

图 8-28 和 8-29 分别为 TC1 在 650℃ 和 TC4 在 700℃ 下的应力松弛实验曲线。

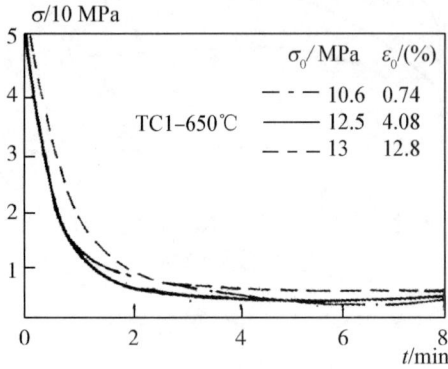

图 8-28 TC1 钛板在 650℃ 下的应力松弛曲线

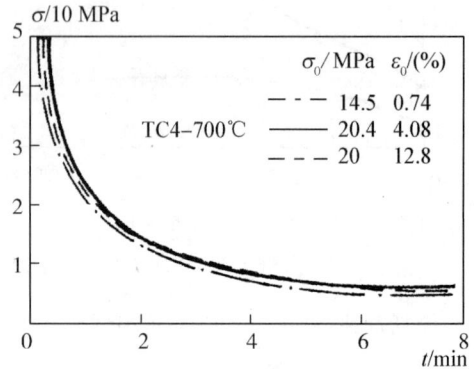

图 8-29 TC4 钛板在 700℃ 下的应力松弛曲线

应力松弛是一种依赖于时间的转变过程。应力松弛曲线方程是表达应力与时间的函数关系,通常按指数或对数规律变化。钛板短时高温下的应力松弛可用以下方程表示:

$$\sigma = \sigma_0 - S\ln(1+Vt) \qquad (8-3)$$

式中,σ 为瞬时应力;σ_0 为初始应力;t 为时间;S 和 V 为松弛系数。

钣金件压制(加载过程)成形后自模具中取出(卸载过程),其总应变中的弹性变形量自行消失,这种弹性恢复就是回弹。可以设想,如能在卸载前用某种方法使总应变中的弹性分量转变为塑性应变,消除引起回弹的内力,则卸载后零件便能维持变形终了时的形状。

通常,可用以下方程表示应力松弛过程:

$$\varepsilon_0 = \varepsilon_e + \varepsilon_p = 常数 \qquad (8-4)$$

式中,ε_0 是初始的,也是松弛过程中的总应变。在松弛过程中弹性应变 $\varepsilon_e \neq$ 常数,塑性应变 $\varepsilon_p \neq$ 常数。图 8-30 为松弛过程中叠 ε_0,ε_e,ε_p 三者间的关系曲线。ε_0 保持恒定,随着时间增加,ε_p 由于 ε_e 的减小而增大。

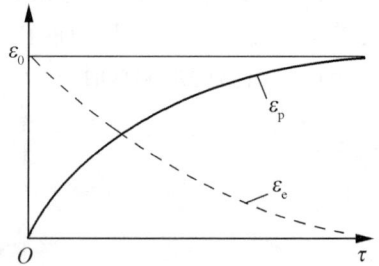

如果经过预成形的零件在高温下由校形模压至贴模程度,则在凸凹模制约下,零件的变形保持恒定。此时如在恒定的温度下保持一段时间,零件内部的应力将随着时间增

图 8-30 ε_0,ε_e 和 ε_p 关系曲线

加而不断松弛,总应变中的弹性分量不断转化为塑性分量,零件的回弹将越来越小。当温度达到某一定值时,应力松弛极限趋向于零,而回弹也几乎下降到零。

图 8-31 和图 8-32 分别为 TC4 和 TC1 钛板回弹角与时间的关系曲线。图 8-33 和图 8-34 分别为 TC4 和 TC1 钛板回弹半径与时间的关系曲线。从图中可看出,钛板热校形时回弹角、回弹半径与时间的关系和应力松弛曲线规律相似。在第一阶段,回弹值随时间增长而显著地降低,此阶段历时约 1~2 min;而在第二阶段,回弹值的下降趋于缓慢。

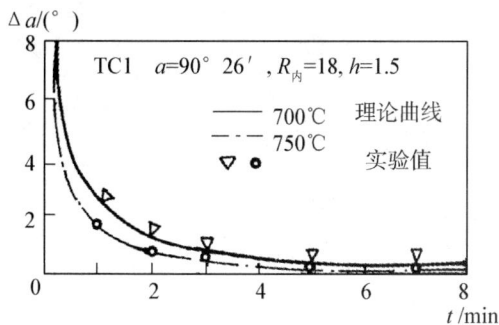

图 8-31　TC4 钛板回弹角与时间关系曲线

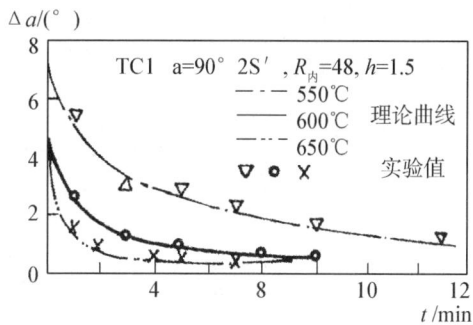

图 8-32　TC1 钛板回弹角与时间关系曲线

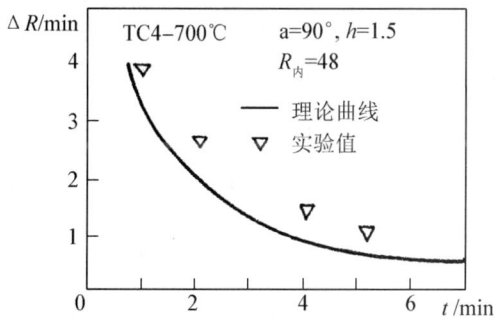

图 8-33　TC4 钛板回弹半径与时间关系曲线

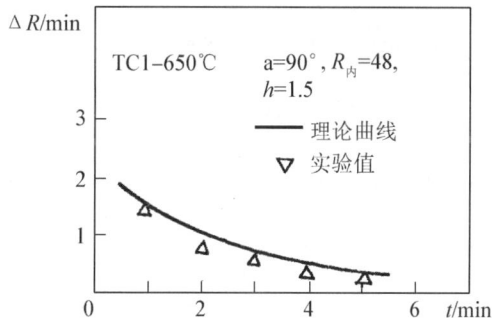

图 8-34　TC1 钛板回弹半径与时间关系曲线

§8-4　超塑性成形

除极少数几种贵重金属(如金、银、铂等)具有极好的塑性外,一般工业用的金属的塑性都不太理想。作为衡量塑性优劣的重要指标——ε 值,一般只有百分之几十。半个多世纪来,在金属变形的研究中,有人发现某些金属在特定条件下,具有大大超过一般塑性的特异性能——"超塑性"。具有超塑性的金属,其 ε 值可超过 100%,有的甚至达到百分之几千而不发生缩颈现象。例如 Ti-6Al-4V 板料,在常温下 ε 值约为 10%,但处在超塑性条件下,ε 值可达 1 000%,甚至 2 000%。所谓特定条件,其内在条件是指材料成分、组织及相变能力等,其外在条件是指温度、加热方式、压力及应变速率等。

金属在超塑性状态下变形时具有明显的特征,首先表现在拉伸变形过程中均匀变形能力极好,抗缩颈能力极强,试件断裂前可以产生很大延伸率 ε。第二个特征是变形抵抗力很小,在最佳变形条件下,如 Zn-22%Al 的最大流动应力仅 2.0 MPa 左右,Ti-6Al-4V 也仅 1.5 MPa。第三个特征是金属流动性极好,这对变形大而且形状复杂的零件成形特别有利。

金属的超塑性主要分为两大类。一类是金属必须具备一定的组织状态的特点,称为结构超塑性。由于这种超塑性是在某一固定温度下呈现的,因此常称为恒温超塑性。另一类是以变形温度反复循环为特点,称为相变超塑性。目前对结构超塑性的研究和应用比较广泛。图 8-35 表示 Ti-6Al-4V 钛板在结构超塑性状态下的拉伸试件,其 $\varepsilon = 1\ 800\%$。

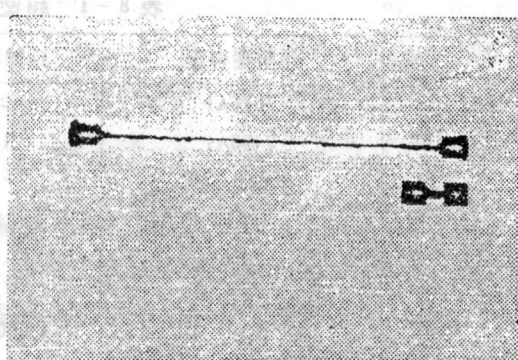

图 8 - 35　超塑性状态下 TC4 钛板拉伸试件

金属获得超塑性的主要因素如下：

1. 温度

目前生产中应用较多的结构超塑性一般是在$(0.5 \sim 0.7)T_m$温度下进行的，其中 T_m 是绝对温度表示的熔化温度，略低于该金属的临界温度 T_c。相变超塑性是将金属在其相变温度上下反复循环加热和冷却而实现的。

2. 稳定而细小的晶粒

只是结构超塑性才有这种要求，而对相变超塑性则没有组织方面的要求，只要金属在固态下具有相变能力即可。要实现结构超塑性，一般要求晶粒度在 10 μm 以下，除要求晶粒细化外，在高温下还应具有一定的稳定性。如果晶粒在高温下很快长大，则会失去超塑性。

3. 变形速度要小

为了实现超塑性，材料的变形速度必须比普通成形时低得多，如以应变速率表示变形速度，则一般在 $10^{-4} \sim 10^{-2} \, s^{-1}$ 范围内。

利用光学显微镜和电子显微镜对超塑性变形进行的大量研究证实，结构超塑性变形时，金属内部一些晶粒相对于另外一些晶粒发生了相对移动和转动。这种运动既然发生于晶界，则晶界必然产生变形。变形的主要方式是发生于晶界处的原子扩散迁移。为便于这种变形，材料就必须有细而等轴且稳定性好的晶粒。在变形过程中晶界难免要产生裂纹型空穴，这就要求有一个晶界愈合过程。因而，采用的温度和应变速率就应使愈合过程来得及完成，而又不能使晶粒长大过快。

金属塑性变形时，材料的流动应力 σ，应变 ε 和应变速率 $\dot{\varepsilon}$ 之间的关系为

$$\sigma = K \varepsilon^n \dot{\varepsilon}^m \qquad (8-5)$$

式中，K 为材料常数；n 为硬化指数；m 为应变速率敏感性指数。超塑性变形时，材料一般不存在应变硬化现象，即 $n = 0$，式（8-5）可改写成

$$\sigma = K \dot{\varepsilon}^m \qquad (8-6)$$

称为超塑性状态方程。m 值是一个重要参数，当 $m = 0.3 \sim 0.9$ 时为超塑性流动。m 值增大，表示材料的变形抵抗力随应变速率 $\dot{\varepsilon}$ 的增加而增加，单向拉伸试件上可能出现的细颈就愈不易发展。

目前研究较多、应用较广的一些细晶超塑性金属材料及其特性列于表 8-1 中。

表 8 - 1　超塑性材料及其特性

基体	超塑性合金	延伸率/(%)	m 值	超塑性温度/℃
铝基	7075Al	＞200		510
	7475Al	1 200	＞0.8	516
	Al - 6Cu - 05Zr	＞1 000	0.5	350～475
	2A12	254	0.35	435
	LF6	400	0.45	420
	铝锂合金	800		520～530
钛基	Ti - 6Al - 4V	1 000～2 000	0.85	800～930
	Ti - 5Al - 2.5Sn	150	0.72	90.0～1 100
	TB2	300	0.3～0.5	730～780
锌基	Zn - 22%Al	＞1 500	0.45～0.6	250～275
	Zn - 5%Al	500	0.5	285～325
其他	Pb - 39Sn	1 500～2 000	0.4～0.7	25～170
	Sn - Bi	1 000	0.72	20
	Mg - 33.6Al	2 100	0.80	400
	IN744	600	0.50	870～980
	高合金钢	820	0.58	900
	低合金钢	400	0.65	800～9.00
	轴承钢	513	0.42	700
	超高碳钢	817		650

　　金属或合金超塑性成形时,必须具备一定的成形条件——最佳的温度和压力。要将板料加热到超塑性温度,然后加上载荷。常用的各种气压(充气或抽气)超塑性成形装置如图 8 - 36～图 8 - 38 所示。

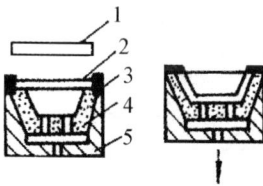

1—加热器;2—板料;3—夹具;4—凹模;5—支架
图 8 - 36　真空成形凹模法

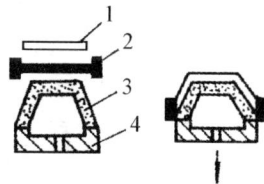

1—加热器;2—板料;3—凸模;4—支架
图 8 - 37　真空成形凸模法

　　在上述各种充气成形方法中,为了保证板料在高温下不被氧化或污染,充入的气体最好是惰性气体,如氩气等。真空成形是利用大气压成形的方法,成形压力很小,不大于 0.1 MPa,只适于厚度小、形状简单、曲率变化缓和的钛板零件的超塑性成形。充气成形(吹塑成形法)虽然充的是低压气体,但成形压力可大于 0.1 MPa,并且还可通过气源系统对压力进行调节,因而可以制成形状比较复杂、曲率变化较大的零件。

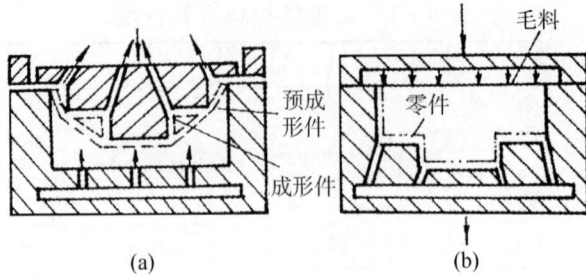

图 8-38　气压成形充气法

(a)凸模法；(b)凹模法

钛板超塑性成形具有以下一些优点：

(1)一次成形的变形量大。

(2)可只用半模(或称单模，即只用一个凹模或凸模)成形。

(3)可采用小吨位的成形设备。

(4)成形后的零件具有稳定的形状和尺寸。因为超塑性成形不存在残余应力，不会产生回弹。

(5)可给结构设计带来更大的灵活性。由于材料在超塑性状态下变形的潜力很大，因而可以显著地减少零件的数量和接头的数量。例如，航空航天工业中用的一些大型钣金结构件，有可能设计成整体件。图 8-39 为原设计的组合式发动机短舱钛隔框。它是由 8 个分散的 Ti-6A1-4V 钣金件用 96 个紧固件组成的，这些钣金件有的要在偶合模具(包括凹模和凸模)内成形，并经热校形。若改用超塑性成形后，可由一张 Ti-6A1-4A 板料压成带有整体的法兰和梗槽的腹板(见图 8-40)，弯曲半径降到 1 t，由此制成薄而刚度好的腹板，重量可降低 30％以上，成本节约 50％以上。Ti-6A1-4V 钛板超塑性成形温度为 900～950 ℃，气压为 0.1～1 MPa，压力保持时间为 15 min～4h，视具体情况而定。

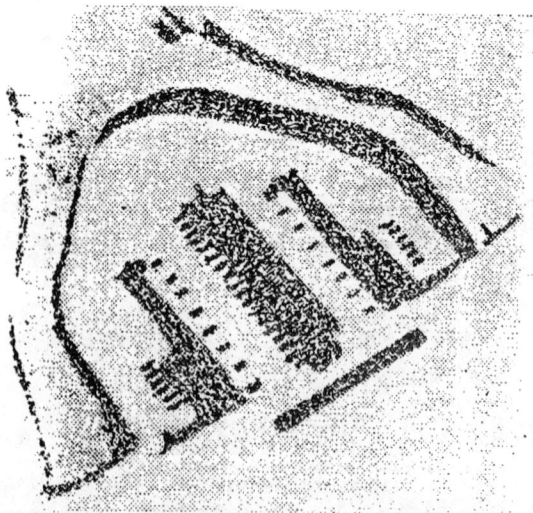

图 8-39　原设计的发动机短舱钛隔框

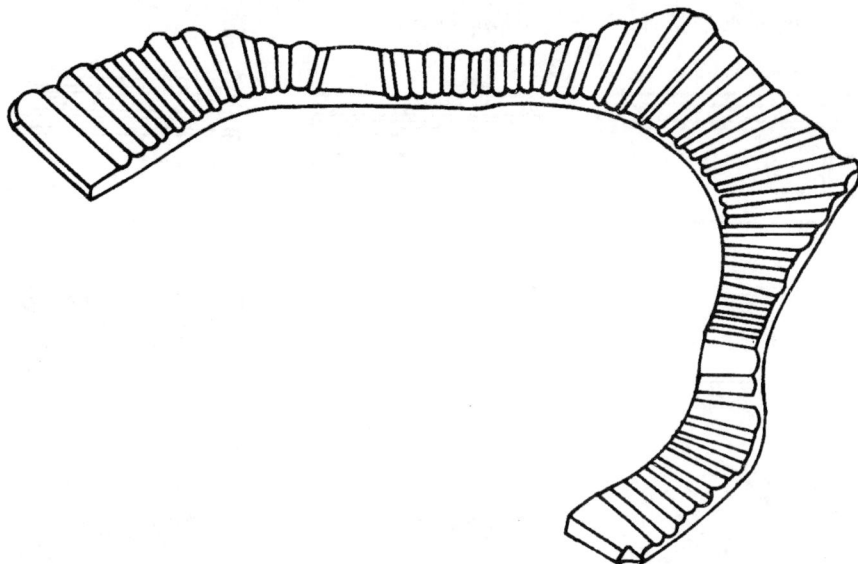

图 8 - 40 整体式钛隔框(超塑成形件)示意图

(6)组织性能均匀。超塑性成形组织是均匀的等轴晶粒,零件成形后机械性能均匀,无各向异性。

(7)可发展新的结构。借助超塑性成形可直接用薄板制成形状复杂、重量轻、成本低的高效结构。钛合金板料超塑性成形与扩散连接相结合,则更能使超塑性成形在实现上述高效结构方面所起的作用得到进一步发挥。

Ti-6A1-4V 最佳超塑性成形温度约为 925 ℃。经过反复试验证明,在这一工作温度和一定的工作压力下,两块以上 TC4 钛板零件如叠合在一起,则接触面上的分子和原子相互渗透而使界面消失,几个零件最后连成整体。这就是所谓扩散连接。

钛板超塑性成形和扩散连接组合工艺是在同一温度下同时完成成形和连接工序。所需的压力,后者约为前者的 6~10 倍。钛板超塑性成形和扩散连接基本上可分为三种形式,如图 8-41所示。

1.局部加强

钛合金板料超塑性成形时使板料与预先放在模具内的钛合金相接触,这样先进行超塑性成形,紧接着扩散连接,两者在加热过程中进行。用这种方法能将附加板、垫板或其他增强件同已成形的零件扩散连接在一起。

2.整体加强

用两块 Ti-6A1-4V 板料,在成形前将需成形部分涂上隔离剂(止焊剂),需要扩散连接的部分则空出不涂。隔离剂可以是石墨、氮化硼或氧化钇。可采用喷涂法或丝网漏印法涂覆,以控制最后成形的零件形状。当模腔内温度达到 925℃时,通氩气加压,将来涂覆隔离剂的部位扩散连接成为一体,然后再通入压缩氩气,使涂有隔离剂的未连接部位经过超塑性成形,制成帽形或波纹形的加强件。

3.夹层结构

用三块 Ti-6A1-4V 钛合金板料,在两个接触面的一定部位涂覆隔离剂,组装在一起,放入模具内,先进行扩散连接,随后充气压成最终形状。

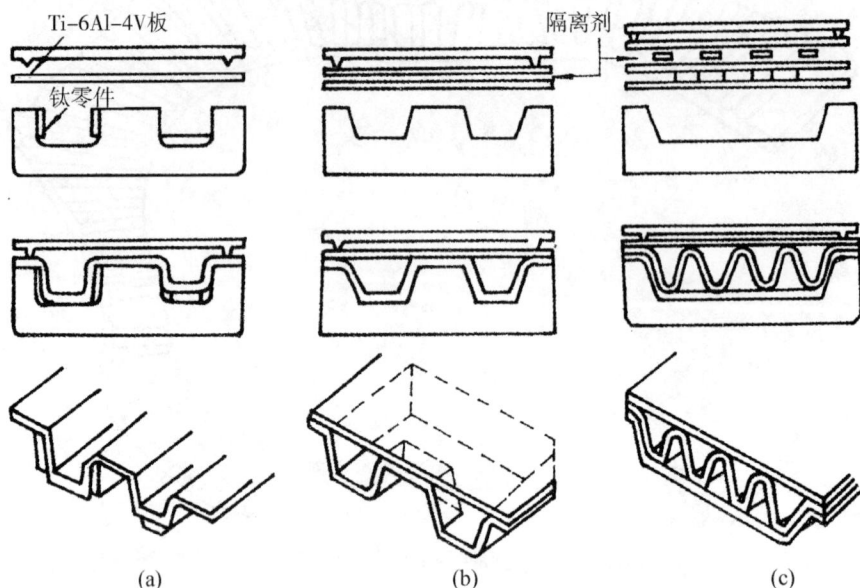

图 8-41　超塑性成形与扩散连接的结构的基本形式
(a)局部加强;(b)整体加强;(c)夹层结构

§8-5　激光切割技术

激光加工技术作为一种新的光电子技术,受到世界各国的广泛推崇,它与原子能、计算机以及半导体并称为 20 世纪四大发明,是人类文明进步的一项重要标志。在各行各业的应用过程中起到了非常重要的作用,激光加工技术是通过激光束和其他物质相互作用的特性,对材料进行切割、焊接、打孔、表面加工处理等的一项加工技术。它由激光器、电源和机械系统三个部分组织构成,作为一项先进的加工技术已经应用到各行各业,在提高我国加工制造业技术、生产效率和产品质量等方面起到了非常重要的作用。

激光加工过程是激光与材料相互作用的过程,它不像刀具切削加工会有大量的切屑产生,消耗许多被加工材料并磨损刀具,同时产生较大的加工噪声。激光加工时激光束照在被加工工件上与材料相互作用从而完成加工过程,因此它是非接触、无磨损、无噪声、无切屑,基本上不对环境造成污染。所以,激光加工技术是一种非接触、无污染、低噪声、节省被加工材料的绿色加工技术。由于激光具有亮度高、单色性、方向性好等特点,在它问世后不到 10 年的时间就开始应用到加工领域,但是其真正广泛地应用在加工领域是在 20 世纪 80 年代快速横流和轴流激光器出现后,并且在近 10 年得到了飞速发展。

一、激光切割原理

从激光切割各类材料的不同物理形式来看,激光切割大致可分为汽化切割、熔化切割、氧助熔化切割和控制断裂切割四类,激光作用的原理互不相同,现分别加以介绍。

1. 汽化切割

当高功率密度的激光照射到工件表面时,材料在极短的时间内被加热到汽化温度,部分材料化作蒸气逸去,形成割缝,其功率密度一般为 10^8 W/cm^2 量级,是熔化切割机制所需能量的 10 倍,这是对不能熔化的材料如木材、碳素和大部分有机材料所采用的切割方式,其加工机理如下:

(1)激光束照射工件表面,光束能量部分被反射,剩余部分被材料吸收,工件表面温度迅速升高到材料的沸点温度,足以避免热传导造成的熔化。

(2)蒸气从工件表面以近似声速飞快逸出,其加速力在材料内部产生一应力波,使蒸发前沿压力升高,汽化温度提高。

(3)随蒸气带走熔化质点,形成孔洞,在汽化过程中,60%的材料是以熔滴形式被去除的。

2. 熔化切割

利用一定功率密度的激光加热工件使之熔化,形成孔洞,同时依靠与光束同轴的非氧化性辅助气流把孔洞周围的熔融材料吹除、带走而形成割缝,其所需的功率密度约为汽化切割的 1/10,可使用氮气作辅助气体切割铝合金。熔化切割的机理具体如下:

(1)激光束照射到工件表面,除反射损失外,剩余能量被吸收,加热材料并蒸发成小孔。

(2)一旦小孔形成,它作为黑体将吸收所有光束能量,小孔被熔化金属壁所包围,依靠蒸气流高速流动,使熔壁保持相对稳定。

(3)熔化等温线贯穿工件,依靠辅助气流喷射压力将熔化材料吹走。

(4)随着工件的移动,小孔横移并留下一条切缝,激光束继续沿着这条缝的前沿照射,熔化材料持续或脉动地从缝内被吹走。

对于试验的铝合金薄板材料,切割速度过慢会使大部分激光束直接通过切口白白地损失能量;相反,提高切割速度会使更多光束照射材料,增加与材料的耦合功率,获得保证切割质量的较宽参数调节范围。

3. 氧助熔化切割

利用激光将工件加热至其燃点,利用氧气或其他活性气体使材料燃烧,由于热基质的点燃,除激光能量外的另一热源同时产生作为切割热源,可使用压缩空气做辅助气体切割铝合金。氧助熔化切割的机理具体如下:

(1)在激光照射下,材料表面被加热达到燃点温度,随之与氧气接触发生激烈燃烧反应,放出大量热量。在此热量作用下,材料内部形成充满蒸气的小孔,其周围被熔融金属壁所包围。

(2)蒸气流运动使周围熔融壁向前移动,并发生热量和物质转移。

(3)氧与金属的燃烧速度受控于燃烧物质转移成熔渣和氧气扩散通过熔渣达到点火前沿的速度。氧气流速越高,燃烧化学反应和材料去除速度也越快,同时切缝出口处反应物的冷却速度也越快。

(4)最后达到燃点温度的区域,氧气流作为冷却剂缩小热影响区。

4. 控制断裂切割

通过激光束加热,易受热破坏的脆性材料高速、可控地切断,称之为控制断裂切割。其切割机理可概括为:激光束加热脆性材料小块区域,引起热梯度和随之而来的严重机械变形,使材料形成裂缝。

二、激光切割机

激光切割机应能提供实现激光切割过程所要求的光束和工件间的相对运动,保证必要的精度,且具有好的静动态特性和热稳定性。与普通加工机床不同,激光切割机以光束为刀具,靠光学系统传输加工用能量,且具有很高的运动速度和加速度,因此激光切割机和其他切割机在构成上有较大的区别。归纳起来,激光切割设备主要由激光器、导光系统、工件装夹及运动系统、控制系统、光学系统、冷却及保护设备和其他安全设备组成,如图 8 - 42 所示。

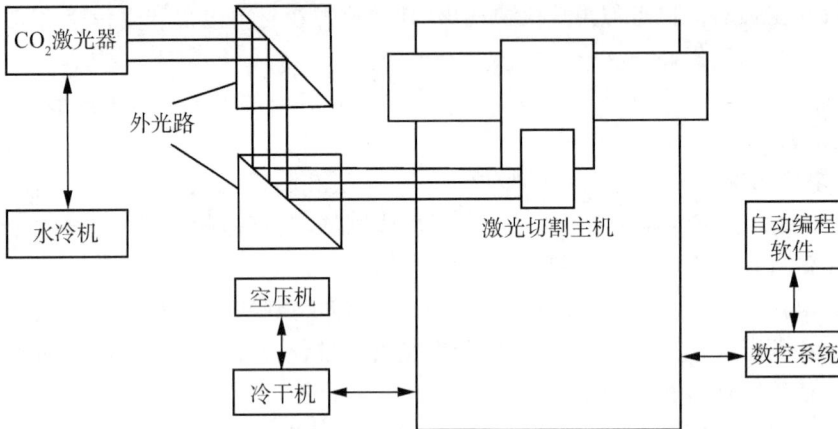

图 8 - 42　激光加工系统

1. 激光器

用于现代工业激光加工的激光器主要有 CO_2 激光器和 YAG 固体激光器两种。前者主要用于机械制造等领域的激光加工,后者主要用于电子工业等领域的微细加工。

(1)CO_2 激光器。CO_2 激光器具有高功率、高效率、高光束质量和长波长的特点。加工用的商用激光器均采用电激励,其最大连续输出功率达 25 kW 甚至更高。CO_2 激光器功率高、效率高、光束质量好,所以在激光加工中,CO_2 激光器占的比例很大,例如,在汽车行业和船舶工业的钢板切割、核工业中核反应堆混泥土墙切割等。CO_2 激光器的量子效率高达 40%,以 CO_2、N_2、He 等混合气体为工作物质,而且 CO_2 激光的模式较好而且比较稳定。

CO_2 激光器输出为 $10.6~\mu m$ 波光的红外光,比其他加工用激光的波长要长得多,对于如此波长的红外光非金属材料一般能很好地吸收,但金属材料会产生较强烈的反射,这是 CO_2 激光用于金属材料加工的一个主要问题。

(2)YAG 激光器。目前应用比较广泛的固体激光器主要是掺钕钇铝石榴石(即 YAG)激光器。它有很多优点:钕离子激光跃迁的上能级寿命较长,钇铝石榴石晶体具有良好的热物理性能;YAG 激光器可在连续或脉冲状态下工作,和其他固体激光器相比,它有较高的平均输出功率和效率。离子经过激发获得能量到达高能态,在外来光子的影响下,高能级的离子会发生跃迁,从高能态转到低能态,能量以光子的形式释放,如图 8 - 43 所示。

YAG 激光器的特点:YAG 激光器可以在连续和脉冲两种状态下工作,功率范围可从几瓦扩展到几千瓦,峰值功率较高。Nd：YAG 激光器中的晶体 Nd：YAG 是指在铷铝石榴石(YAG)中掺入三价钕(Nd)离子,是迄今为止发现的唯一能够连续工作的固体物质,在光泵的作用下,使得光放大,从而发出激光,如图 8 - 44 为 Nd：YAG 激光原理图。这种激光器发射的单脉冲功率可以在很高的速度下加工材料。

图 8-43　原子辐射原理图

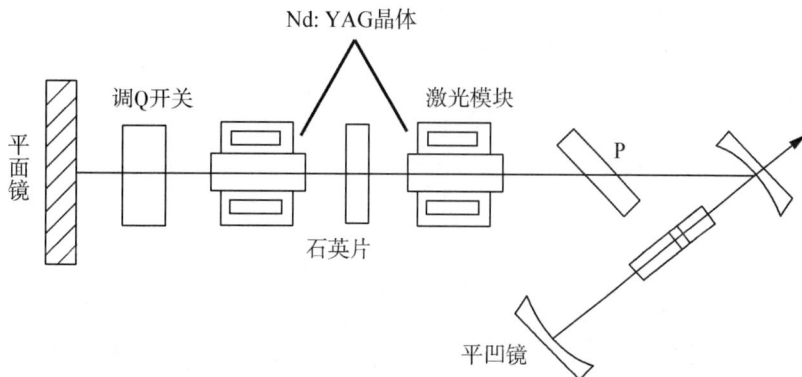

图 8-44　Nd：YAG 激光器原理图

相对于 CO_2 激光器而言，YAG 激光器输出激光的波长仅为 $1.06~\mu m$，是 CO_2 激光器波长的 1/10。波长较短对聚焦、光纤传输和金属表面的吸收有利，这是 YAG 激光器应用于激光加工的一大优势，但是 YAG 激光器的光束质量较差。表 8-2 是 YAG 和 CO_2 激光器的性能比较。

表 8-2　YAG 和 CO_2 激光器的优缺点比较

性能	YAG 激光器	CO_2 激光器
连续（平均）功率	较低	较高
脉冲峰值功率	较高	较低
光束质量	较差	较好
光纤传输	能	不能
转化效率	较高	较低
体积和重量	较小	较大

2. 聚光系统

激光功率对切割厚度、切割速度、切缝宽度和质量等都有很大的影响。一般来说，激光功率越大，所能切割的板厚越大，切割速度也快。但随着功率的增加，切缝宽度略有加大。通常，激光功率可根据加工板厚和对切割速度的要求按下述方法估算，激光照射功率 P_1（W）的表达式为

$$P_1 = E_0 V d$$

式中，E_0 为激光照射能量密度（J/cm³）；V 为切割速度（cm/s）；d 为激光束聚焦后光斑直径（cm）。

由此可见，光斑直径越小，激光照射能量密度越高，因此在系统中必须使用聚焦光学系统。在功率为 2 kW 以下的激光加工系统中，常采用透镜聚焦，透镜有好的聚焦性能。采用短焦距透镜可得到很小的聚焦光斑直径和较高的焦斑功率密度。千瓦级激光切割系统常采用透镜聚焦。为了制造方便，基本上采用球面镜，但球面镜不可避免地存在像差。对于一束沿光轴方向平行入射的激光，像差主要是球差。

3.激光切割机组成

激光加工机床与传统的加工机床相比，最大的不同就是用激光代替了刀具，相应地增加了导光系统。例如，某国产激光切割机如图 8-45 和图 8-46 所示，为保护机床工作台，在工作台上加上一层针板，在切割头附近配有辅助气体导管，X 轴为传统的龙门轴，X、Y、Z 轴方向电机转速达 3 000 r/min 以上。

图 8-45　激光切割机（正面）

图 8-46　激光切割机（侧面）

控制电路是控制激光切割机的物理核心，软件的控制最终表现为电信号的控制。激光切割机控制电路包括切割机床控制电路、激光器电源控制电路、行程开关、控制电路、气阀控制电路、故障报警电路、激光功率控制、Z 轴浮动控制和伺服电机的运动控制部分。

激光加工机可以实现激光加工过程所要求的光束和工件间的相对运动，保证必需的精度，且具有良好的动静特性和热稳定性。相对于普通机床和二维工件的激光（切割）加工机床来说，三维激光切割加工机还需要通过附加运动来保持激光束和工件表面基本垂直。汽车工业中应用的激光切割机主要分为龙门式激光切割机和激光切割机器人。

（1）主要部件。

激光切割机和机器人主要包括以下几部分：导光系统、切割头、控制系统、工件装夹系统以及工件运动系统。它们是实现激光切割功能的主要部件。

1）导光系统：导光系统将激光从激光器引导至激光切割头，根据激光加工机运动设计的不同，导光系统可以是静止的或包括若干轴线的运动，光学元件的选择取决于激光的波长和功率。

2）切割头：切割头将激光束聚焦至所要求的功率密度或形成所要求的光斑和光斑密度分布。此外，切割头还可能按一定轴线运动，以适应工件轮廓的变化或调整其相对于工件表面的方位。

3）控制系统：激光加工机有数控系统，用以控制激光光斑与工件间的相对运动。此外，控制系统还应能随运动状态自动调节激光功率以及连续与脉冲运动方式,并对激光加工过程所需的气体及添加材料等进行控制。

4)工件装夹系统:工件装夹装置用来确定工件相对于加工系统的位置。

5)工件运动系统:工件运动系统与导光系统及加工头的运动一起来保证激光与工件间要求的相对运动。

(2)外围设备。

1)光学元件的冷却装置:激光加工机中所有的光学元件均会吸收一部分入射光并转换成热量,所以需采用冷却系统来减少光学元件的热变形,防止其过热。

2)光学系统的保护装置:防止来自工业环境和激光加工过程本身对光学系统造成的污染。

3)辅助材料:对于激光切割过程,需要供应在加工过程中起反应的气体。对于一般的物质常辅助以氧气以加快切割过程;对于易燃和易氧化的物质,则需加惰性气体来防止工件过燃或氧化。

4)过程和质量的监控装置:为进行加工过程和质量的监控需采用一些专门的设计装置,如激光加工区的在线检测和喷嘴高度控制装置等。

5)工件的上、下料装置:上、下料装置可以将激光加工机和生产线联系起来。

6)安全装置:安全装置首先是用来保护操作者免受激光辐射,其次是保证系统的安全运行。

三、激光与材料相互作用引起的物态变化

激光加工的实质就是材料对激光能量的吸收以及随后一系列的化学和物理反应。材料在激光作用下吸收激光能量,表面温度迅速上升至熔化乃至汽化温度,从而出现汽化。汽化产生的蒸气继续吸收激光能量,使其温度进一步升高,形成蒸气等离子体。这种等离子体的出现对材料与激光的相互作用产生巨大的影响,主要表现在三个方面:一是蒸气等离子体自身对激光有很强的吸收作用,能使后续的激光脉冲部分甚至全部不能到达材料表面,即在工件与激光束之间形成一个屏蔽激光能量的"墙";二是蒸气等离子体对工件的作用,主要是力学和热学作用(包括压力和冲量传递、工件内部应力波等力学效应);三是相互作用过程中蒸气等离子体的点燃和发展过程(包括等离子体的时间和空间行为)。因此,在激光加工的过程中应尽量避免等离子体的产生。

在激光与材料相互作用过程中,激光的波长、能量密度和材料的本质以及作用时间等都将影响材料的变化。材料将通过吸收激光而获得能量,并转化成其他能量形式,如热能、电能、化学能、不同波长的光能等。研究激光与材料相互作用过程中的能量变化,是为了说明激光加工时激光将能量传递给各种物质的机理。显然,激光与材料的能量转化仍将遵从能量守恒定律。热能以材料温度升高的形式表现出来,随着材料温度的升高,材料表面再发生热辐射,将能量反馈。如果反馈的能量与入射激光功率相比很小,在分析计算材料的温度变化时,就可以忽略材料表面再发生的热辐射。

金属材料在脉冲激光束的作用下,当第一个脉冲到达材料表面并被吸收时,由于材料表面的温度梯度很陡,表面上先产生熔化区域,接着产生汽化区域。当下一个脉冲来临时,光束能量在熔融状材料的一定厚度内被吸收,此时较里层的材料就能达到比表层汽化温度更高的温度,使材料内部汽化压力加大,促使材料外喷,把熔融状材料也一起喷射出来。所以,在一般情

况下材料是以蒸气和熔融状两种形式被去除的。如果功率密度更高而脉宽更窄,在很短时间内多次将汽化能量传输给材料,这就会在局部产生过热现象,从而引起爆炸性气体,此时材料完全以汽化的形式被去除而几乎不出现熔融状态。

非金属材料在激光照射下的破坏效应十分复杂,不同的非金属之间又有很大差异。一般来说,非金属材料的反射率比金属低得多,因而进入非金属材料内部的激光能量就比金属多得多。加上非金属材料的导热性较差,使得"热影响区"的动力学过程与金属材料有着本质的差异。对所有材料来说,可以用激光加热使材料处于液态、气态或等离子体等不同状态。当激光光能转换为热能的能量达到或超过熔解潜热时,物质处于液态;达到或超过汽化潜热时,物质处于气态;达到或超过升华潜热时,物质由固态直接转变为气态。

总之,激光加工大多基于光束对非透明介质的热作用,激光束与材料的相互作用过程大致可概括为如下几个阶段:材料对激光能量的吸收以及向固体晶格的热振动传输能量;激光对材料的无损伤加热(包括熔化);通过熔化和汽化喷溅使材料破坏;激光作用终止后的冷凝。

四、激光切割技术的应用

智能、精密、微细、多学科交叉、系统化、自动化是先进制造技术的发展趋势,这种趋势是为了满足制造产品的多变性、高品质、低成本、交货期短等市场要求而出现的。作为先进制造技术之一的激光切割技术,由于其特有的优异加工性能而被广泛应用,西方工业化国家和先进的发展中国家均致力于这项技术的研究和应用,其正以每年 15%～20% 的速度增长。以日本为例,目前已拥有 CO_2 激光加工机两万多台,约占全球激光加工机总量的 1/3,其中 80% 为激光切割设备。现在,激光切割技术已从特殊用途的加工技术变为通用的、具有多种加工能力的加工技术。几年前,美国科学家就预言"激光将成为未来制造业的通用手段",德国亦有"无所不能的激光技术"的长篇报道。目前,国外探索的激光切割应用范围正在不断地扩大,已达 20 多个领域。激光被誉为"万能加工工具""未来制造系统的共同加工手段",不仅在国防工业领域而且在民用工业领域也获得了广泛应用。工业用激光器的制造及其引入生产的速度已成为衡量一个国家工业生产效率及其在发达国家中地位的标志之一。

在国外的航空制造领域,激光切割技术在飞机蒙皮的切割中得到广泛应用,并且飞机蒙皮的定位采用柔性夹具通过真空吸盘方式进行定位,可实现飞机蒙皮切割的柔性夹持定位,图 8-47 所示为采用柔性夹具定位的飞机蒙皮激光切割应用实例。国内航空企业也正逐步开展此技术的应用。

§8-6 渐 进 成 形

一、2060 铝锂合金渐进成形

在 20 世纪 90 年代,科研人员首次阐述了板材渐进成形工艺,描述了其成形工序和特征,以及渐进成形相对冲压等传统加工方法的优势和先进性。渐进成形是一项柔性先进的快速原型制造技术,其原理来自"分层制造"思想,复杂三维零件沿着高度方向被分解成一连串的二维等高层面,即等高线轨迹,成形工具沿着这些轨迹逐层挤压板材,使板材产生局部变形,最终加工出所需工件,实现板材快速柔性的数字化制造,图 8-48 所示为渐进成形原理示意图,渐进

图 8－47　激光切割技术在蒙皮切割中的应用

成形加工的零件如图 8－49 所示。

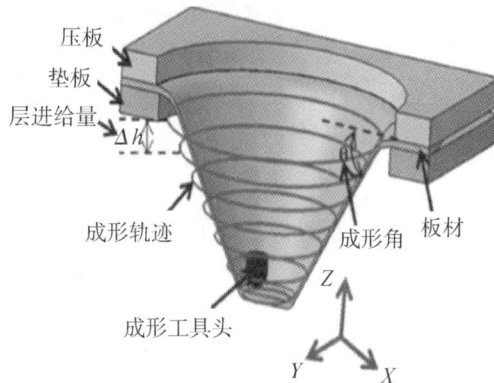

图 8－48　渐进成形原理意图

图 8－49　渐进成形零件

　　渐进成形有两种方式,如图 8－50 所示,一种方式称为负渐进成形,另一种方式称为正渐进成形。负渐进成形一般无需准备支撑模型,简单的夹具即可满足加工的条件,托板和夹板将板材四周夹紧,成形工具头沿着运动轨迹逐层挤压板材。负渐进成形主要成形一些外形简单的构件,其加工面为零件的内表面,如图 8－51 所展示的一样。正渐进成形主要用于成形外形复杂的构件,需要支撑模型,但是该模型与传统成形模具有非常大的不同,其在选材上比较灵活,如代木等,且其精度要求较低。正渐进成形的加工面为零件外表面,同时在正渐进成形中当工具头向下移动时,压板及托板也会随之向下移动。板材渐进成形是按 CAD 模型的处理、加工代码的生成、支撑模型(正渐进成形)的制备及成形操作等工艺流程实施的,其工艺路线如图 8－52 所示。

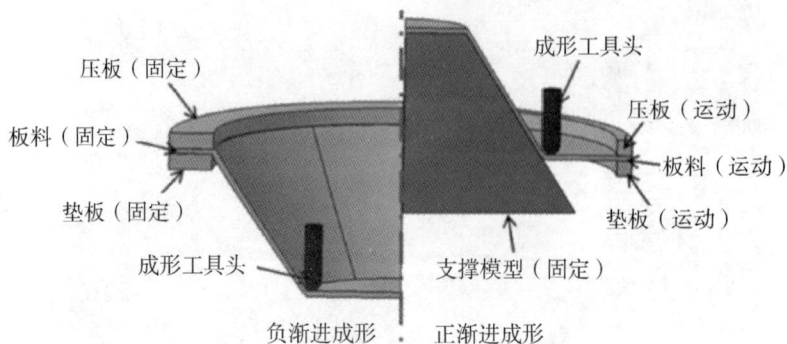

图 8－50　正、负渐进成形方式对比

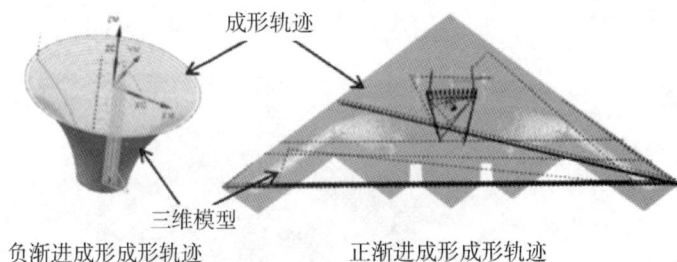

图 8－51　渐进成形轨迹

同冲压等加工工艺相比较,渐进成形的优势明显,其优势如下:

(1)渐进成形可实现柔性制造,模具简单甚至不需要模具,与传统成形工艺相比,可节约巨额的模具制造成本,降低产品的制造成本并缩短开发及制造周期,对航空航天工程领域小批量产品研制具有巨大的应用潜力。

(2)由于渐进成形为数控柔性局部成形技术,便于成形且修改方便,易实现金属流动的控制。

(3)相比于冲压等传统加工方法,渐进成形能有效地改善材料的成形能力,防止破裂等失稳现象发生。

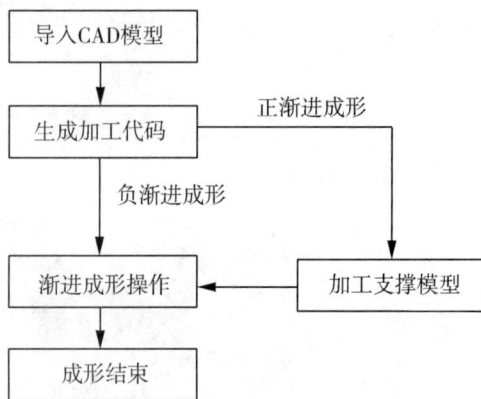

图 8－52　渐进成形加工流程图

二、TA15 钛合金激光快速成形

以前,很多产品的原型都是先根据二维图纸的设计,由很多熟练的模型技术人员制备,这个过程即耗时又费钱。现在人们发明了快速成形制造技术,再加上 CAD/CAM 计算机辅助制造技术,可以直接由三维 CAD 模型快速制造出产品原型。因此产品的开发成本和时间均大幅减少,据报道快速成形制造技术多到可以节省新产品成本的 70％,推向市场的时间节省约 90％。

快速成形技术或快速原型制造技术(简称"RP"或"RPM"技术,Rapid Prototyping/Rapid Prototyping Manufacturing)的基本原理是基于"离散-堆积"的成形方法,通过三维 CAD 软件进行零件的复杂三维虚拟实体的设计或通过对已有实体的测量(如使用三坐标测量仪等),经过一定的转换或修改,将三维虚拟实体表面转换为用一系列三角面片逼近的表面,生成面片文件,再按虚拟三维实体高度方向分解成具有一定厚度的层片文件,由三维轮廓转换为近似的二维轮廓,然后根据不同的快速成形工艺对文件进行处理,对层片文件进行检验或修正并且生成正确的数控加工代码,将此数控代码传送给工控机,由工控机控制快速成形设备将成形材料逐层堆积,最终成为真实的原形实体。与传统的去除成型形成鲜明的对照,两者的区别如图 8－53所示。

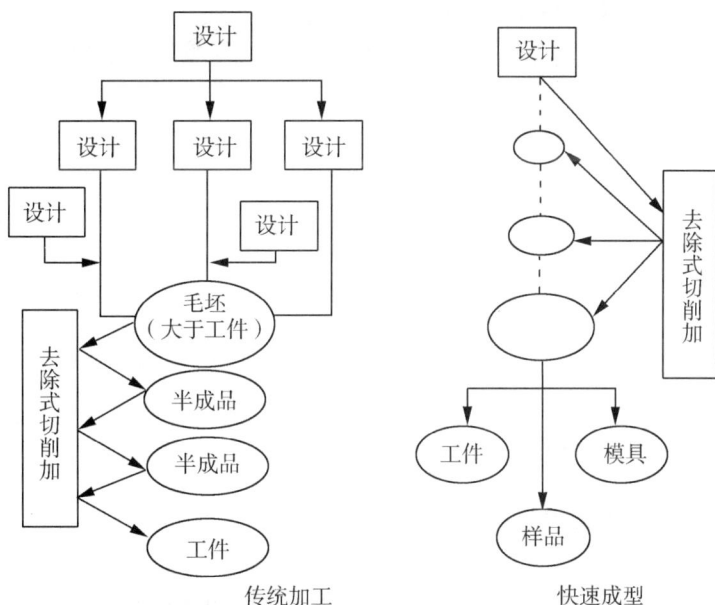

图 8-53　传统加工与激光快速成形技术的比较

采用快速成形技术翻造零件原型的主要工艺过程如下:

(1)零件三维 CAD 模型构造。由于 RP 系统只接受计算机构造的产品三维模型,然后才能进行切片处理,因此首先应在 PC 或工作站上用 CAD 软件,根据产品要求设计三维模型,或将已有产品的二维三视图转换成三维模型,或在仿制产品时,用扫描机对已有的产品实体进行扫描,得到三维模型,即反求工程的三维重构。

(2)零件 CAD 三维模型的近似处理。由于产品上往往有一些不规则的自由曲面,加工前必须对其进行近似处理。最常用的方法是用一系列三角形平面来逼近自由曲面。每个小三角形用 3 个顶点坐标和一个法向量来描述。三角形的大小是可以选择的,从而得到不同的曲面近似程度。经过上述近似处理的三维模型文件称为 STL 格式文件,它由一系列相连的空间三角形组成。典型的 CAD 软件都有转换和输出 STL 格式文件的接口,但有时输出的三角形会有少量错误,需要进行局部的修改。

(3)零件 CAD 三维模型的切片处理。由于 RP 工艺是按一层一层截面轮廓来进行加工的,因此加工前必须从三维模型上沿成形高度方向每隔一定的间距进行切片处理,以便提取截面的轮廓。间隔的大小按精度和生产要求选定。间隔越小,精度越高,但成形时间越长。间隔的范围为 $0.05 \sim 0.5$ mm,常用 0.1 mm 能得到相当光滑的成形曲面。切片间隔选定后,成形时每层叠加的材料厚度应与其相适应。各种成形系统都带有切片处理软件,能自动提取模型的截面轮廓。

(4)截面加工。根据切片处理的截面轮廓,在计算机控制下,RP 系统中的成形头(如激光扫描头或喷头)在 XOY 平面内自动按截面轮廓进行扫描、切割(或固化液态树脂,烧结粉末材料,喷射黏结剂和热熔材料),得到一层一层的截面。

(5)截面叠加。每层截面成形之后,下一层材料被送至已成形的层面上,然后进行后一层截面的成形,并与前一层面相黏结,从而将一层层的截面逐步叠合在一起,最终形成三维产品。

(6)后处理。从成形机中取出成形件进行打磨,或者放进高温炉中进行热处理,进一步提高其强度。对于选择性激光烧结(SLS)工艺,成形件放入高温炉中处理是为了使黏结剂挥发掉,以便进行渗金属(如渗铜)处理。

光快速原型制造工艺过程如图 8-54 所示。

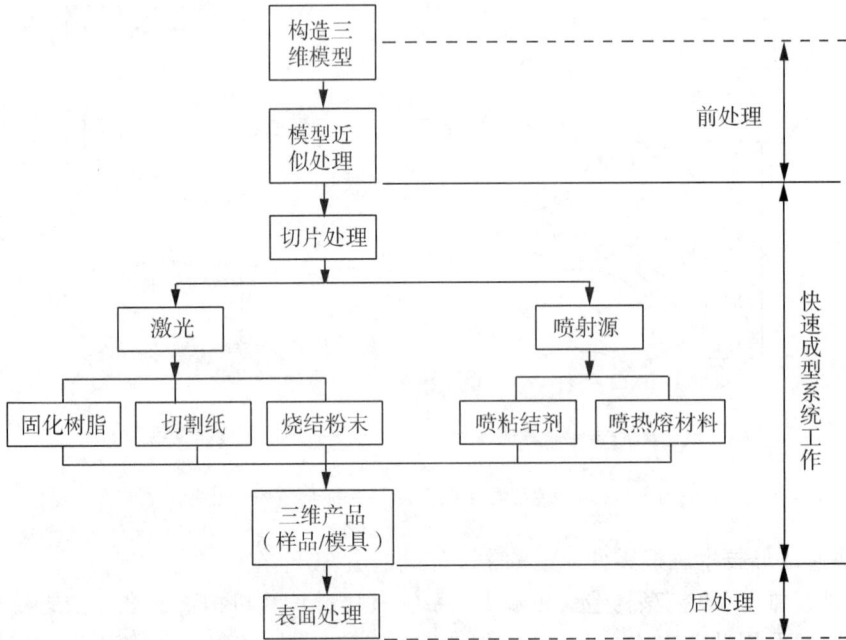

图 8-54 光快速原型制造工艺过程

习　题

1.传统的钣金零件成形方法有哪几种? 各有什么特点?

2.简述激光切割的原理及设备组成,以及在航空领域的应用实例。

3.简述钛合金激光快速成形原理及主要工艺过程。

参 考 文 献

[1] 科垂.晶体中的位错和范性流变[M].北京:科学出版社,1960.

[2] 塞格.晶体的范性及其理论[M].北京:科学出版社,1964.

[3] 李寿萱.钣金成型原理与工艺[M].西安:西北工业大学出版社,1985.

[4] 哈森.物理金属学[M].北京:科学出版社,1984.

[5] 黄昆.固体物理学[M].北京:人民教育出版社,1979.

[6] 什彻平斯基,徐秉业.金属塑性成型力学导论[M].机械工业出版社,1987.

[7] 王仁,黄文彬.塑性力学引论[M].北京:北京大学出版社,1982.

[8] 蒋泳秋,穆霞英.塑性力学基础[M].北京:机械工业出版社,1982.

[9] 王祖成,汪家才.弹性和塑性理论及有限单元法[M].北京:冶金工业出版社,1983.

[10] 河合望.应用塑性加工学[M].台南:复汉出版社,1980.

[11] 徐秉业.弹性与塑性力学:例题和习题[M].北京:机械工业出版社,1983.

[12] 湖南省机械工程学会锻压分会.冲压工艺[M].长沙:湖南科学技术出版社,1984.

[13] 吴诗惇.冲压工艺学[M].西安:西北工业大学出版社,1987.

[14] 李硕本.冲压工艺学[M].北京:机械工业出版社,1982.

[15] 张钧.冷冲压模具设计与制造[M].西安:西北工业大学出版社,1993.

[16] 肖景容.冲压工艺学[M].武汉:华中理工大学出版社,1988.

[17] 航空制造工程手册总编委会.航空制造工程手册飞机钣金工艺[M].北京:航空工业出版社,1992.

[18] 林兆荣.航空导管加工[M].北京:国防工业出版社,1979.

[19] 胡世光.板料冷压成形原理[M].北京:国防工业出版社,1979.

[20] 梁炳文.钣金冲压工艺手册[M].北京:国防工业出版社,1989.

[21] HOSFORD W F,CADDELL R M. Metal Forming Mechanics and Metallurgy[M]. Cambridge:CambridgeUniversityPress,2011.

[22] 日本《冲压加工技术手册》编委会.冲压加工技术手册[M].谷维忠,译.北京:轻工业出版社,1988.

[23] 彭建声.冷压技术问答[M].北京:机械工业出版社,1981.

[24] 日本塑性加工学会.压力加工手册[M].江国屏,等,译.北京:机械工业出版社,1984.

[25] 王云渤.飞机装配工艺学[M].北京:国防工业出版社,1990.

[26] 杨志成,王静.板材 FMS 的发展及构造[J].锻压装备与制造技术,1992,27(4):22-23.

[27] 常荣福.飞机钣金零件制造技术[M].北京:国防工业出版社,1992.

[28]　胡世光,陈鹤峥.板料冷压成型原理[M].北京:国防工业出版社,1989.

[29]　陈适先.强力旋压工艺与设备[M].北京:国防工业出版社,1986.

[30]　王成和.旋压技术[M].北京:机械工业出版社,1986.

[31]　叶山益次郎.成形技术旋压[M].陈敬之,译.北京:机械工业出版社1988.

[32]　唐荣锡,陈鹤峥,陈孝戴.飞机钣金工艺[M].北京:国防工业出版社,1983.

[33]　林兆荣.蠕变、应力松弛与金属板料热压成形简介[J].稀有金属材料与工程,1982,4(6):51-57.

[34]　林兆荣,熊志卿.TA2,TC1,TC4钛板高温短时应力松弛的研究[J].稀有金属材料与工程,1983,4(6):1-7.

[35]　林兆荣.金属超塑性成形原理及应用[M].北京:航空工业出版社,1990.

[36]　李英民.激光加工技术在工程机械制造中的应用探讨[J].山东工业技术,2018(16):43.

[37]　梁磊,张宁.激光技术应用综述[J].河南科技,2019(35):79-80.

[38]　王旭阳.激光切割技术在改变电阻片阻值上的应用研究[J].硅谷,2012,5(19):76-78.

[39]　马传杰,刘国东,肖龙勇,等.烧结钕铁硼激光打孔工艺影响分析及参数优化[J].科学技术与工程,2018,18(27):125-129.